CAILIAO CHENGXING JIANCE JISHU

# 材料成形检测技术

李晨希　曲迎东　杭争翔　李 强　编著

化学工业出版社

·北 京·

本书从应用角度出发，按照由浅入深、从理论到实践、先分析后综合的原则，系统地介绍了电测法的基本知识和对电测装置的基本要求；常用传感器的基本原理及所测参量；常用测量电路的基本测量原理；各种测量显示及记录仪表的测量原理、特点与使用；应力、应变及位移的测量方法；热工测量技术、传统热分析测试技术、差热分析、示差量热分析、热重分析的基本原理及应用；常用的无损检测方法、金属材料的腐蚀与磨损的检测方法；透射电镜、扫描电镜的基本原理和应用等。

本书可作为材料成形及控制专业的教材，也可供材料，尤其是金属材料成形工程技术人员参考使用。

**图书在版编目(CIP)数据**

材料成形检测技术/李晨希，曲迎东，杭争翔，李强编著.—北京：化学工业出版社，2007.1（2019.1 重印）
ISBN 978-7-5025-9936-2

Ⅰ.材… Ⅱ.①李…②曲…③杭…④李… Ⅲ.工程材料-成形-检测 Ⅳ.TB3

中国版本图书馆 CIP 数据核字（2007）第 010190 号

责任编辑：丁尚林　　文字编辑：颜克俭
责任校对：宋　夏　　装帧设计：尹琳琳

出版发行：化学工业出版社（北京市东城区青年湖南街 13 号　邮政编码 100011）
印　　装：北京科印技术咨询服务有限公司数码印刷分部
787mm×1092mm　1/16　印张 16¾　字数 421 千字　2019 年 1 月北京第 1 版第 4 次印刷

购书咨询：010-64518888　售后服务：010-64518899
网　　址：http://www.cip.com.cn
凡购买本书，如有缺损质量问题，本社销售中心负责调换。

定　价：29.00 元

# 前 言

材料成形检测技术是研究与材料成形技术有关的参量的检测原理与方法，包括为保证产品质量而进行的检测。检测技术在材料热加工工程中占重要地位，检测技术的完善和发展推动着材料热加工技术的进步。

《材料成形检测技术》是材料成形与控制工程专业的一门技术基础课，通过本课程的学习，使读者能够建立材料成形检测的基本概念，了解各种物理量或参量的测量原理和方法，掌握各种常用传感器、测量电路及测试方法，熟练使用各种仪表对被测量数据进行记录和处理，为以后进行科学实验和生产过程检测与控制打下基础。

本书从应用角度出发，按照由浅入深、从理论到实践、先分析后综合的原则，把全书内容分为10章，第1章介绍测试技术在材料成形与控制技术中的重要性及通常检测的参量；第2章介绍了电测量法的基本知识和对电测装置的基本要求；第3章着重介绍常用传感器的基本原理及所测参量；第4章介绍了常用测量电路的基本测量原理；第5章介绍了各种测量显示及记录仪表，目的是使读者能够掌握各种测量仪表的测量原理及特点，并熟练使用；第6章介绍了应力、应变及位移的测量方法；第7章为热工测量技术，要求掌握常用的测温方法及基本原理，了解流体压力和流量的测量、炉气成分分析及料位测量显示技术；第8章介绍了传统热分析测试技术、差热分析、示差量热分析、热重分析的基本原理及应用；第9章介绍了常用的无损检测方法、金属材料的腐蚀与磨损的检测方法；第10章介绍了透射电镜、扫描电镜的基本原理和应用。

本书可作为材料成形及控制专业的教材，也可供材料加工、成形工程技术人员参考使用。

本书第2～4章由曲迎东编写；第1、6、10章由李强编写；第5、7章由杭争翔编写；第8、9章由李晨希编写；李晨希负责全书统稿。由于编者水平有限，书中难免存在缺点和不足之处，恳请读者批评指正。

编 者<br>2007年2月

# 目　录

# 第 1 章　绪　　论

**(1) 检测技术的重要性**

检测技术包括测量和实验两方面内容，它是实验科学的重要组成部分。它的主要研究内容为各种物理量的测量原理和测量方法，它是进行科学实验和生产过程参量测量与控制必不可少的手段。测试是人们认识客观事物的重要手段，通过测试可以揭示事物的内在联系和变化规律，从而帮助人们认识和利用它，推动科学技术的不断进步。从科学技术发展的过程来看，很多新的发明和发现都与测试技术分不开；同时科学技术的发展又大大促进了测试技术的发展，为测试技术提供更新的方法和设备。

科学研究中的问题十分复杂，很多问题无法进行准确的理论分析和计算，这就必须依靠实验方法来解决，特别是对于那些影响因素多而且影响因素之间相互作用的问题，通过实验能够快速找出各种因素的影响规律。

测试技术是自动化系统的基础。随着自动控制生产系统的广泛应用，为了保证系统高效率地运行，必须对生产流程中的有关参数进行测试采集，以准确地对系统实现自动控制。此外，对产品质量的评估也要通过测试才能实现。

检测技术在材料科学与工程学科中占有一席重要的地位，检测分析技术的完善和发展推动着现代材料科学技术的进步。同时，检测技术的发展又得益于其他科学技术的研究成果。

**(2) 材料成形中经常检测的物理量**

材料成形生产中，经常需要检测的物理量和有关参量概括如下。

① 温度　温度是铸造、焊接和锻压生产中的重要工艺参数，金属材料成形过程基本上都是在高温状态下进行的，因此只有准确地测量温度变化，才能正确控制材料加工工艺，从而才能获得高质量的产品。

② 与流体运动有关的参量　主要有气体与液体的速度、流量、液面高度等。

③ 应力与应变　在研究构件的强度与变形、焊接结构、铸造应力及锻压塑性变形时，都涉及应力、应变的测量。

④ 工件缺陷检测　检测工件中的气孔、缩孔、裂纹、夹渣等。

⑤ 材料的成分与结构测定　如化学成分、晶体结构、晶体缺陷、晶粒形貌、断口等。

⑥ 力学性能　如抗拉强度、屈服极限，伸长率、断面收缩率、冲击韧性、显微硬度、布氏硬度等。

⑦ 其他　材料的熔点、相变温度，材料的耐磨、耐蚀、耐热等性能的检测。

上述物理量或参量的检测方法很多，按照测量原理可分为机械测量法、电测法和光测法等。机械测量法是利用机械器具对被测参量进行直接测量，比如杠杆应变计测量应变、用机械式测振仪测量振动参量。电测法是将被测参量转换成电信号，通过电测仪表进行测量的方法，如利用电阻应变仪测量应力-应变，用电动式测振仪测量振动参量，电测法是目前应用最广泛的一种测试方法。光测法是利用光学原理对被测参量进行测量的办法，如应力/应变的光测法就有：光弹性实验法、密栅云纹法等。

# 第 2 章　电测量法

利用各种传感器，将温度、速度、几何尺寸、位移等非电量转换成相应的电量信号，再借助相关的测量电路对这些信号进行滤波、放大等处理，最后将处理的结果显示出来，这就是所谓的电测量法。

材料成形加工过程涉及的参量、变量多，工艺过程复杂，为获得微观组织性能优异、宏观几何尺寸精确的优质零件，检测技术在材料加工过程中不可缺少。目前，电子技术、计算机技术发展迅速，使得电测量检测在材料加工领域里应用的范围正逐步扩大。随着材料成形过程自动化、智能化的发展，各种电测量技术在材料加工领域应用前景更加广泛，许多新的测量技术在材料加工领域里已有应用，如 CCD（电荷耦合器件）摄像头对焊接熔池尺寸的检测、相多普勒分析仪 PDA（phase doppler animometer）对喷射成形雾化液滴尺寸的检测、喷射沉积坯表面温度远红外线的检测等。

电测量法对物理量检测前，需了解如下内容：①被测量的物理性质及其动态变化特点；②传感器，电测装置的静、动态特性。此外，误差是评价检测准确性的一个重要指标，有关内容在本章也将涉及。

## 2.1　被测参量的特征及其频谱分析

被测量的特征一般指其物理特征、量值特征和时变特征。物理特征主要包括被测量的密度、质量、速度、形变等反映其物理特点的特征；量值特征是指被测量的量值大小和范围；时变特征指被测量随时间而变化的情况，即物理量的动态变化特征。因为这些特征都是选择与设计传感器和电测装置的主要依据，故掌握被测量的这些特征是实现其精确测量的前提条件。在实际应用中，可根据被测量的物理特征和量值特征选择传感器的种类、电源装置的形式和量程大小；根据被测量的时变特征选择传感器和电测装置的频率特性。由于物理量的时变特征是任何检测过程都必须了解的共性问题，下面将讨论之。

在检测过程中，被测量是时间和空间的函数，可用 $F=F(t, x, y, z)$ 来描述。对于大多数物理量的检测，测试的位置常常固定不变，则被测量只是时间的函数，故上式可简化为 $F=F(t)$，也可用图 2-1 所示的曲线来表示，图中的纵坐标表示被测量 $F(t)$，横坐标表示时间 $t$，$\tau$ 为被测量的持续时间，$T$ 为工作周期。

根据被测量随时间变化的特点可将被测物理量分成两类。

**(1) 静态过程**

特点是 $F(t)$ 在一定时间 $\tau$ 内固定不变，即 $F(t)$ ＝常量，一般 $\tau$＝10min 或更大，图 2-1 中最上面的实直线表示的就是静态过程。静态过程也称稳态过程，泛指物理量不随时

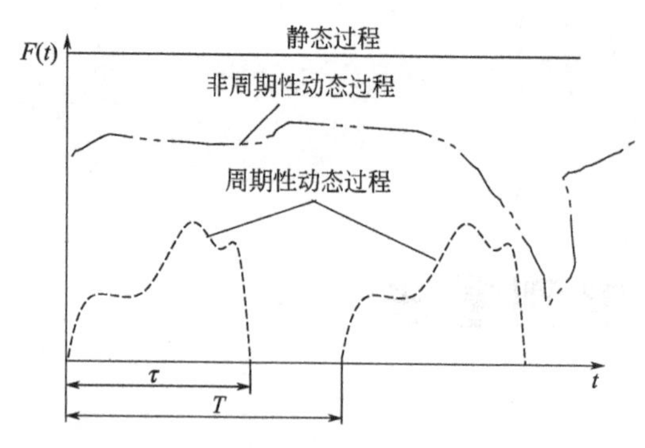


图 2-1　被测参量的变化曲线

间发生变化的过程。

**(2) 动态过程**

$F(t)$＝变量，是指物理量随时间变化的过程，也称非稳态变化过程。根据 $F(t)$ 是否周期地变化，可将动态过程分为周期性动态过程与非周期性动态过程。周期性动态过程的特点是 $F(t)=F(T+t)$，$T$ 为工作周期，图 2-1 中的两个虚线就是物理量的周期性变化过程。而非周期性动态过程的特点是 $F(t)\neq F(T+t)$，这类变化是检测过程中遇到的更为普遍的一类物理量变化过程，见图 2-1 中的双点划线。

被测物理量随时间的变化过程，可直接用时间域的方法描述，即 $F=F(t)$ 为时间的显示函数。时间域描述方法虽然直观，但在工程实际中，被测量的时变过程比较复杂，其频谱难以从时间域信号中直接获得。为此，常将复杂的时变函数展开成一系列正弦函数（谐波分量）的和或积分，即用频率域的方法描述。将复杂的时变函数按谐波分量描述的方法，称为频谱分析或谐波分析，这是工程中对信号分析常采用的方法。

### 2.1.1　周期过程的频谱分析

周期性变化的物理量在时间域内的函数形式可以表达为一系列频率离散的正弦函数（谐波分量）的和，其频谱分析所采用的方法为傅里叶级数。由高等数学的知识可知，如果某一周期性函数满足狄利克里（Direchlet）条件：①除有限个第一类间断点外，函数处处连续；②分段单调，即单调区间的个数有限，则该周期性函数可由一个处处收敛的傅里叶（Fourier）级数表达：

$$F(t)=F_0+\sum_{n=1}^{\infty}A_n\cos n\Omega t+\sum_{n=1}^{\infty}B_n\sin n\Omega t \tag{2-1}$$

式中　$F(t)$——满足狄氏条件的周期函数；

$\Omega=2\pi/T$——$F(t)$ 的圆频率；

$F_0$，$A_n$，$B_n$——分别为常数，可计算为：

$$F_0=\frac{1}{T}\int_{-T/2}^{T/2}F(t)\mathrm{d}t, A_n=\frac{2}{T}\int_{-T/2}^{T/2}F(t)\cos n\Omega t\,\mathrm{d}t, B_n=\frac{2}{T}\int_{-T/2}^{T/2}F(t)\sin n\Omega t\,\mathrm{d}t \tag{2-2}$$

式(2-1) 利用三角函数关系，可变换成：

$$F(t)=F_0+\sum_{n=1}^{\infty}F_n\sin(n\Omega t+\Phi_n) \tag{2-3}$$

式中：

$$F_n=\sqrt{A_n^2+B_n^2}, \ \Phi_n=\arctan\frac{A_n}{B_n} \tag{2-4}$$

式(2-3) 的物理意义是：任何周期性过程都可以表示为满足正交关系的许多谐波分量的叠加。所谓正交关系，是指式(2-1) 中任意两个不同的正弦、余弦三角函数在 $[-\pi, +\pi]$ 区间内的积分为 0。系数 $F_0$，$F_n$，$\Phi_n$ 可根据式(2-2) 计算，利用三角函数的和差公式最终将其表达为式(2-3) 的形式，该式中第一项称零次谐波或平均值；第二项 $F_n\sin(n\Omega t+\Phi_n)$ 称第 $n$ 次谐波；$n\Omega$，$F_n$，$\Phi_n$ 为 $n$ 次谐波的圆频率、幅值、相位；$n=1$

时，第二项称一次谐波或基波，$n=2$ 时称二次谐波，其余项如此类推。

图 2-2(a) 描述了某物理量与时间的关系曲线，该物理量由一次谐波、三次谐波和五次谐波叠加而成。其频率域可表示为图 2-2(b)，横坐标表示各谐波的频率（$\omega$），纵坐标表示各谐波的幅值（$F_n$），此图清晰地描述了各谐波分量频率和幅值的关系。

周期过程的频谱有三个特点：频谱的不连续性，是离散频谱；各谐波频率对基波频率有简单的倍数关系；谐波的幅值随频率增加而衰减。这三个特性分别称为周期过程频谱的离散性、谐波性和收敛性。

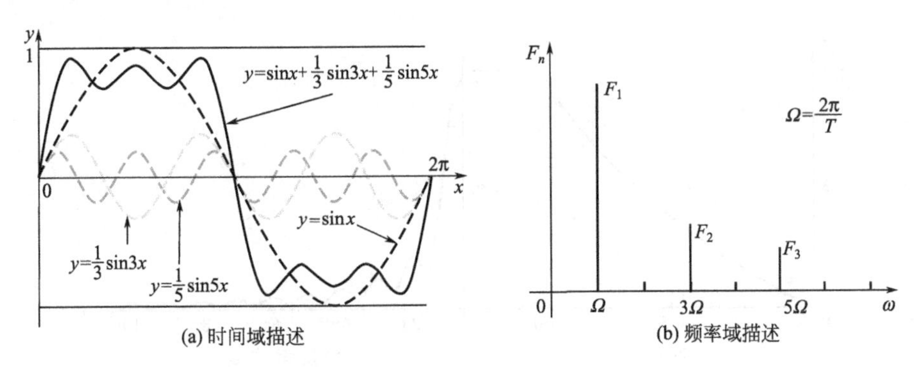


图 2-2　周期过程的频谱分析实例

### 2.1.2　非周期过程的频谱分析

与周期过程变化的物理量一样，非周期变化的物理量也可在时间域、频率域内进行描述，其实质与周期性过程的频谱分析没有分别，都是将时间域的物理量变换为频率的描述形式，只是非周期过程的频谱分析采用傅里叶变换而非傅里叶级数的方法。非周期函数 $F(t)$ 的傅里叶变换为：

$$F(j\omega)=\int_{-\infty}^{\infty}F(t)\mathrm{e}^{-j\omega t}\,\mathrm{d}t=\left|F(\omega)\right|r^{j\varphi_{\omega}} \tag{2-5}$$

式中　$\omega$——谐波分量的圆频率，为 $0\to\infty$ 的连续量；

$F(\omega),\varphi_{\omega}$——各谐波分量的幅值和相角。

$F(t)$ 也为 $F(\mathrm{j}\omega)$ 的逆变换，即为各谐波分量（频谱）在（$-\infty$，$+\infty$）内的积分：

$$F(t)=\frac{1}{2\pi}\int_{-\infty}^{\infty}F(\mathrm{j}\omega)\mathrm{e}^{\mathrm{j}\omega t}\,\mathrm{d}\omega \tag{2-6}$$

根据傅里叶积分定理，只要函数 $F(t)$ 满足：①$F(t)$ 在任一有限区间满足狄利克里条件；②$F(t)$ 在（$-\infty$，$+\infty$）区间绝对可积，即：

$$\int_{-\infty}^{\infty}\left|F(t)\right|\mathrm{d}t<+\infty \tag{2-7}$$

则 $F(t)$ 的傅里叶积分收敛，即式(2-6) 成立。

例如，有一过程如图 2-3(a) 所示（$\tau=1$）：

$$y=\begin{cases}\mathrm{e}^{t} & t\leqslant\tau\\ 0 & t>\tau\end{cases}$$

现对它进行频谱分析：

$$F(\mathrm{j}\omega)=\int_{-\infty}^{\infty}F(t)\mathrm{e}^{-\mathrm{j}\omega t}\,\mathrm{d}t=\int_{0}^{\tau}\mathrm{e}^{t}\mathrm{e}^{-\mathrm{j}\omega t}\,\mathrm{d}t=-\frac{1}{1-\mathrm{j}w}\mathrm{e}^{(1-\mathrm{j}\omega)t}\Big|_{0}^{\tau}=F(\omega)\mathrm{e}^{\phi_{\omega}\mathrm{j}}$$

解得：

$$F(\omega)=\sqrt{(\mathrm{e}^{2\tau}+1-2\mathrm{e}^{\tau}\cos\omega\tau)/(1+\omega^2)}$$

即：$\Phi(\omega)=\Phi_1(\omega)+\Phi_2(\omega)$，其中 $\Phi_1(\omega)=\arctan\omega$，$\Phi_2(\omega)=\arctan[\mathrm{e}^x\sin\omega\tau/(\mathrm{e}^x\cos\omega\tau-1)]$。

$F(\omega)$，$\Phi(\omega)$ 描述了各谐波分量的幅值、相角与频率 $\omega$ 的关系。它的频谱图如图 2-3 所示，图 2-3(a) 为物理量时间域的描述，图 2-3(b) 为频率域描述。与周期过程的频谱不同，非周期过程的频谱是连续频谱，并且各谐波的幅值随着频率的增加而衰减，也呈现幅值收敛的特性。

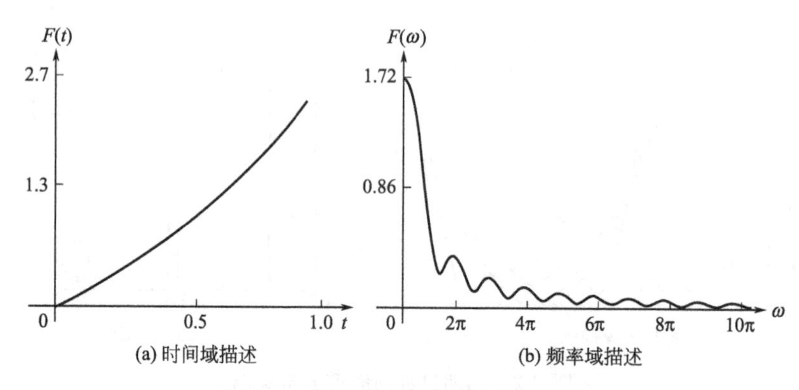


图 2-3　非周期过程得频谱分析实例

可见，对于任一变化的物理量，无论它是周期性变化过程，还是非周期性变化过程，都可以利用频谱分析的方法将其分解成一系列谐波分量的和或积分，从而将时间域的函数转换成频率域的描述形式。被测量的频谱分析对于传感器和电测装置的选择具有重要意义。根据频谱分析结果，可初步估算被测参量的频率范围，以作为选择与设计传感器和电测装置的依据。被测物理量频率范围的估算过程如下：对未知的被测量 $F(t)$，若它为周期函数，则其变化的周期 $T$ 应已知，因此可知其基波频率为 $1/T$；若它为非周期函数，则其持续时间 $\tau$ 应已知，故可知其主要频率为 $1/\tau$。再根据谐波分量的幅值随频率增加而递减的特点，对周期函数最高谐波取其基本频率的 7～10 倍；对非周期函数最高频率取其主要频率的 4～5 倍。这样，物理量的频率范围可估算为：周期动态过程为 $[0, n/T]$，其中$n=7\sim10$；非周期动态过程为 $0\sim n/\tau$，其中 $n=4\sim5$。

## 2.2　电测装置的静态特性和动态特性

对于一般的检测过程，电测装置是对传感器输出信号进行处理不可缺少的装置，包括信号放大、滤波、相敏检波等器件。电测装置的输出信号 $y(t)$ 与电测装置的输入信号 $F(t)$之间必然存在某种内在的对应关系，这种关系可由电测装置的静态特性和动态特性来描述。

### 2.2.1　电测装置的静态特性

电测装置的静态特性又称为“标定曲线”或“校准曲线”，是指在静态条件下，电测装置的输出与输入量间的关系。输出量 $y(t)$ 与输入量 $F(t)$ 在静态特性下的关系，可用代数方程 $y=f(F)$ 来描述，此时方程中 $F$ 和 $y$ 都是与时间无关的值，该方程称电测装置的静态数学模型，可用图 2-4 的曲线描述，此曲线称静态特性曲线或工作曲线。静态方程与曲线的形式完全取决于电测装置各组成环节的特性。电测装置的静态特性可用灵敏度、线性度、迟滞、量程等参数进行表征。

**(1) 灵敏度**

用检测系统的输出变化量 $\Delta y$ 与引起该输出量变化的输入变化量 $\Delta F$ 之比来表征，见图 2-4，工作曲线上某点的斜率即为该工作点的灵敏度 $K_i$：

$$K_i=\lim_{\Delta F\to 0}\frac{\Delta y}{\Delta F}=\frac{\mathrm{d}y}{\mathrm{d}F} \tag{2-8}$$

若工作曲线呈线性关系，则各点的灵敏度相同。当输入量或输出量采用相对变化量时，灵敏度还有多种表征形式。灵敏度可用来描述电测装置输出对输入变化的反应能力，灵敏度越大，表示电测装置越灵敏。

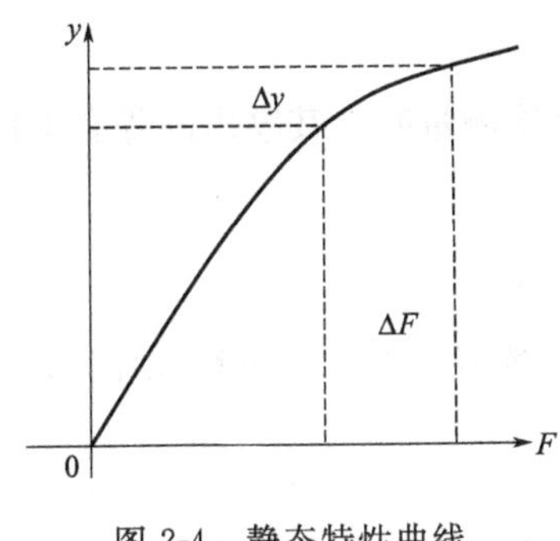


图 2-4　静态特性曲线

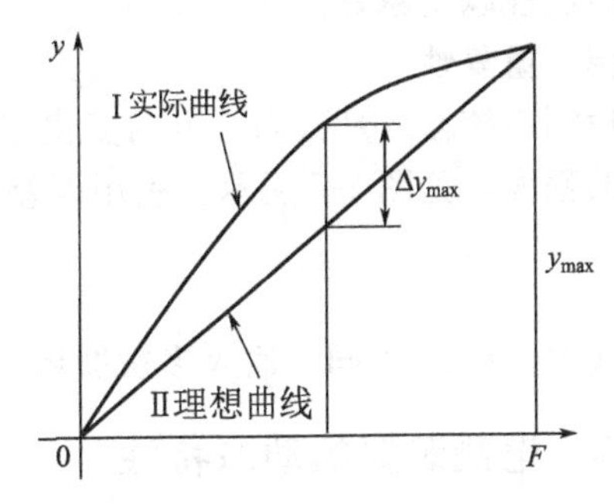


图 2-5　线性和非线性系统

**(2) 线性度**

用以描述电测装置输出与输入之间关系曲线对直线的接近程度。它用非线性引用误差 $\gamma_L$ 表示，见图 2-5，Ⅰ、Ⅱ分别为实际和理想工作曲线，最大偏离值 $\Delta a_{max}$ 与额定输出值 $a_{max}$ 之比即为 $\gamma_L$：

$$\gamma_L=\frac{\Delta y_{max}}{y_{max}}\times 100\% \tag{2-9}$$

当 $\gamma_L=0$ 时，电测装置的工作曲线为直线，此时该系统称为线性系统；当 $\gamma_L\neq 0$ 时，电测装置的工作曲线为曲线，此时该系统称为非线性系统。测量时都希望电测装置为线性系统，但实际的工作曲线，往往与理想的工作曲线有一定偏离，$\gamma_L$ 正是描述这种偏离程度的参量。线性系统最重要的特点是可应用叠加原理，叠加原理表明，若输入是个复杂信号，但可被分解为几个简单分量的叠加，则总输出就等于各分量单独作用时输出的叠加，这一点正是测试所要求的。对于动态测量，必须采用线性系统，否则会产生非线性失真。对于静态测量，为了便于测量换算或仪器刻度读数方便，也需采用线性系统。所以，线性系统是理想的测量系统。对于实际系统，若 $\gamma_L\ll 1$，则该系统可近似为线性系统。

**(3) 迟滞**

也称“滞后”，在检测系统的全量范围内，当输入由小到大和由大到小循环变化时，输出的工作曲线不一致的程度，如图 2-6 所示。一般以两个曲线的最大不重合值 $H$ 与额定输出值 $y_{max}$ 的比值 $\gamma_H$ 来表示：

$$\gamma_H=\frac{H}{y_{max}}\times 100\% \tag{2-10}$$

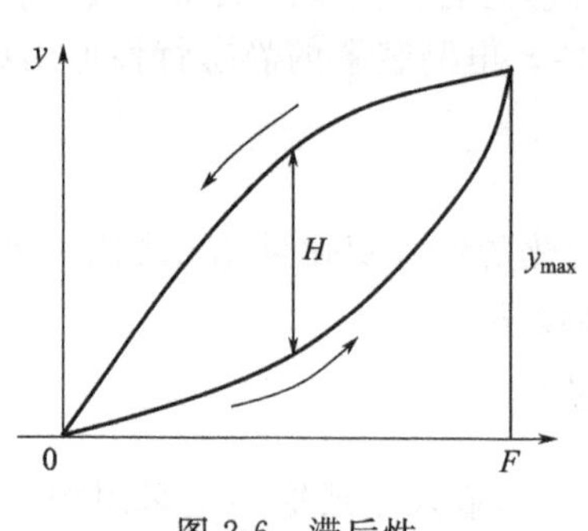


图 2-6 滞后性

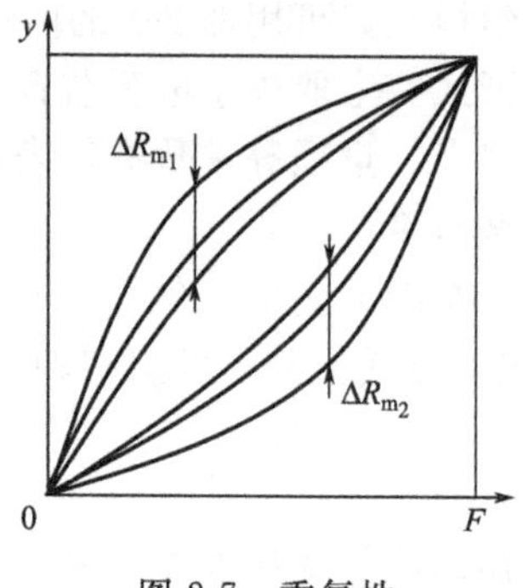


图 2-7 重复性

滞后性是由于材料滞后（磁滞等）以及仪器的不工作区等引起的。对于电测装置，希望其滞后性越小越好。

**(4) 重复性**

检测系统输入量按同一方向变化作全量程连续多次测量时，其输出的静态工作曲线不一致的程度，见图 2-7 所示。引用误差 $\gamma_R$ 可表示为：

$$\gamma_R = \pm \frac{\Delta R_m}{y_{max}} \tag{2-11}$$

式中，$\Delta R_m$ 为同一输入多次循环测量时输出量的绝对误差，可由标准偏差计算。

## 2.2.2 电测装置的动态特性

电测装置的动态特性是指在动态条件下 $y(t)$ 与 $F(t)$ 的关系，此时输入量为 $t$ 的函数。电测装置的动态特性取决于自身的性质，它反映了电测装置对动态信号的反映能力。由于输入信号可表示为频率离散的谐波分量的和（周期函数）或频率连续的谐波分量的积分（非周期函数），要求电测装置在对应的频率范围内具有匹配的动态特性，以使其输入、输出间具有相同的变化规律。现仅介绍描述电测装置动态特性的一般方法。

根据电测装置的物理特性，可写出描述其输入、输出动态关系的微分方程，即时间域的数学模型：

$$a_n y^n(t) + a_{n-1} y^{n-1}(t) + K + a_1 y(t) + a_0 y(t) = b_m F^m(t) + b_{m-1} F^{m-1}(t) + K + b_0 F(t) \tag{2-12}$$

式中 $a_n, a_{n-1}, \cdots, a_0, b_m, b_{m-1}, \cdots, b_0$——与电测装置有关的常数，完全取决于电测装置的物理特性，微分方程（2-12）的解就是时间域内输出、输入间的动态关系。

电测装置输入和输出的动态关系也可用频率域的方法描述，传递函数 $K(S)$ 是频率域上描述动态输入、输出关系常采用的方法。所谓传递函数是指测量系统在零初始条件下输出、输入的拉氏变换的比值：

$$K(S) = \frac{L[a(t)]}{L[F(t)]} = \frac{y(S)}{F(S)}$$

式中 $y(S) = \int_0^\infty y(t) e^{-S \cdot t} dt$ 为输出的拉氏变换；

$F(S) = \int_0^\infty F(t) e^{-S \cdot t} dt$ 为输入的拉氏变换。

对式(2-12) 两边取拉氏变换，并设初始条件为零，则有：

$$K(S)=\frac{y(S)}{F(S)}=\frac{b_mS^m+b_{m-1}S^{m-1}+\Lambda+b_1S+b_0}{a_nS^n+b_{n-1}S^{n-1}+\Lambda+b_1S+a_0} \tag{2-13}$$

传递函数 $K(S)$ 中的 $S=\sigma+j\omega$，在复平面上取值，当 $S$ 仅在复平面的虚轴上取值时，有 $\sigma=0$，$S=j\omega$，这时传递函数也称频率响应函数 $K(j\omega)$：

$$K(j\omega)=K(S)\big|_{s=j\omega}=\frac{y(j\omega)}{F(j\omega)} \tag{2-14}$$

式中 $y(j\omega)=\int_0^\infty y(t)e^{-j\omega t}dt$——输出的富氏变换；

$F(j\omega)=\int_0^\infty F(t)e^{-j\omega t}dt$——输入的富氏变换。可见频率响应函数是输出傅立叶变换与输入傅立叶变换的比值，它反映了将各种频率不同、幅值相等的正弦信号输入到电测系统时，其输出的正弦信号的幅值、相位与频率间的关系。若在电测装置的输入端加上正弦信号 $F\sin\omega t$，其输出信号为 $a\sin(\omega t+\phi)$，则输出与输入的幅值比为 $A=a/F$，相位角（差）为 $\phi$，幅值比 $K$ 及相位角 $\phi$ 就是频率响应函数 $K(j\omega)$（仅当频率为 $\omega$ 时）的幅值与相角。

幅频特性 $A(\omega)$：即频率响应函数 $K(j\omega)$ 的模，也是电测装置输出与输入的幅值比，是以 $\omega$ 为自变量的函数，它表明了输入与输出信号幅值的比值或放大倍数随频率 $\omega$ 的变化关系。将 $\omega$-$K(\omega)$ 绘制的曲线称为幅频特性曲线，见图 2-8(a)。

相频特性 $\phi(\omega)$：即频率响应函数 $K(j\omega)$ 的相角，也是电测装置输出与输入的相角差，是以 $\omega$ 为自变量的函数，它表明了输出与输入信号之相位角（差）随频率 $\omega$ 的变化关系。将 $\omega$-$\phi(\omega)$ 绘制的曲线称为相频特性曲线，见图 2-8(b)。幅频特性与相频特性统称为频率特性，对一固定频率 $\omega$，$A(\omega)$ 和 $\phi(\omega)$ 分别为电测装置对频率 $\omega$ 的谐波信号的放大倍数和相角差。

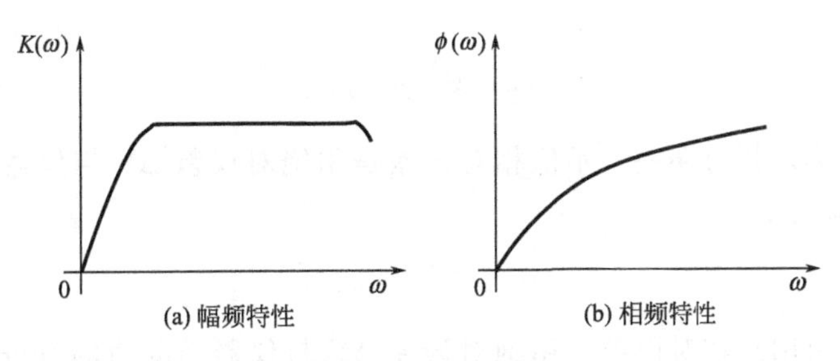


图 2-8 频率特性

频率特性描述了系统对不同频率的谐波分量的响应情况，由幅频特性可知道各频率信号在幅值上放大了多少倍，由相频特性可知各频率信号在相位上产生了多大的相位移；再根据叠加原理，就可以方便地从已知的输入确定其输出，或从已知的输出确定其输入。测量是属于后一种情况，即由测试结果 $y(t)$ 求被测量 $F(t)$。需要强调的是，式(2-16) 仅为频率特性的定义式，当电测装置的各个环节确定后，其频率特性也随之确定，而并非由输入和输出决定其频率特性，但电测装置的输入和输出关系必须满足式(2-14)。

## 2.3 测量误差及其分类

任何测量都会存在误差，这是因为测量所涉及的每一环节，包括设备、方法、测量者、环境等因素，都会影响测量结果，使得测量结果与被测量实际值之间存在偏差。研究误差的目的是找出误差产生的原因，使得测量结果尽可能接近物理量的实际真值。

真值：真值是指被测量的实际值。被测量真值只是一个理论值，实际中常用一定精度的仪表测出的约定值或用特定的方法确定的约定真值代替真值。

约定真值：约定真值是对于给定不确定度的、赋予确定量的值，有时也称指定值、最佳估计等。约定真值常可由以下几种方法确定：①采用权威组织推荐该物理量的值；②用某量的多次测量结果确定约定真值；③可采用约定参考标尺中的值作为约定真值；④由国家标准计量机构标定过的标准仪表测量的值。

### 2.3.1 按误差的表示方法分类

**(1) 绝对误差**

某一物理量的测量值 $y$ 与真值 $Y_0$ 的差值称为绝对误差 $\Delta Y$：

$$\Delta Y=y-Y_0 \tag{2-15}$$

在实验室测量和计量工作中常用修正值来表示绝对误差，测量值加上修正值就可得到真值，故有：

$$C=Y_0-y \tag{2-16}$$

比较式(2-15) 和式(2-16) 可知，修正值与绝对误差大小相等、符号相反，即：

$$C=-\Delta Y \tag{2-17}$$

**(2) 相对误差**

为了说明测量精度的好坏，常用相对误差表示，根据引用的约定真值不同，相对误差可分为以下几类。

① 实际相对误差　用绝对误差 $\Delta Y$ 与被测量的约定真值 $Y$ 的百分比来表示的相对误差：

$$\delta_{实}=\frac{\Delta Y}{Y}\times 100\% \tag{2-18}$$

② 示值（标称）相对误差　示值相对误差是用绝对误差 $\Delta Y$ 与仪器示值 $y$ 的百分比值来表示的相对误差：

$$\delta_{标}=\frac{\Delta Y}{y}\times 100\% \tag{2-19}$$

③ 满度（或引用）相对误差　用绝对误差 $\Delta Y$ 与仪器满度值的百分比来表示的相对误差：

$$\delta_{引}=\frac{\Delta Y}{标尺刻度上限-标尺刻度下限}=\frac{\Delta Y}{量程}\times 100\% \tag{2-20}$$

④ 最大引用误差　用最大绝对误差与量程的比值表示，常被用来确定仪表的精度等级：

$$\delta_{引,m}=\frac{\Delta Y_m}{标尺刻度上限-标尺刻度下限}=\frac{\Delta Y_m}{量程}\times 100\% \tag{2-21}$$

### 2.3.2 根据误差的性质和产生的原因分类

**(1) 系统误差**

在相同条件下多次测量时，所得的平均值与被测量真值之差，或在条件改变时，按某一确定规律变化的误差，称为系统误差。根据误差变化与否，系统误差又分为定值系统误差和变值系统误差。由于重复测量次数是有限的，真值只能用约定真值代替，故系统误差只是估计值，具有一定不确定度。

系统误差产生的原因大体上有：测量所用的工具本身性能不完善而产生的误差；测量设备和电路等安装、布置、调整不当而产生的误差；测量人员感觉器官和运动器官不完善或不良习惯而产生的误差；在测量过程中因环境发生变化所产生的误差；测量方法不完善，或者由于测量所依据的理论本身不完善等原因所产生的误差。总之，系统误差的特征是：系统误差出现的规律性和产生原因的可知性。

在一个测量系统中，测量的准确度由系统误差来表征。系统误差愈小，则表明测量准确度愈高。

**（2）随机误差**

在相同条件下多次测量同一物理量时，在已经消除引起系统误差的因素之后，测量结果仍有误差，呈无规律的随机变化，称为随机误差。随机误差既不能修正，也不能用实验方法消除，它的符号和大小无一定规律可循，但总体上服从统计规律（如正态分布、均匀分布）。随机误差表现了测量结果的分散性，通常用精密度表征其大小。误差值越小，精密度越高，表明测量的重复性好。

系统误差和随机误差的综合又称综合误差，它反映了测量的“准确度”和“精密度”。因此，精确度高说明准确度、精密度均高，也就是说系统误差和随机误差都小。精密度与准确度的区别，可以用图 2-9 射击的例子说明：图 2-9(a) 表示精密度差；图 2-9(b) 表示准确度差；图 2-9(c) 表示精密度与准确度都很好。

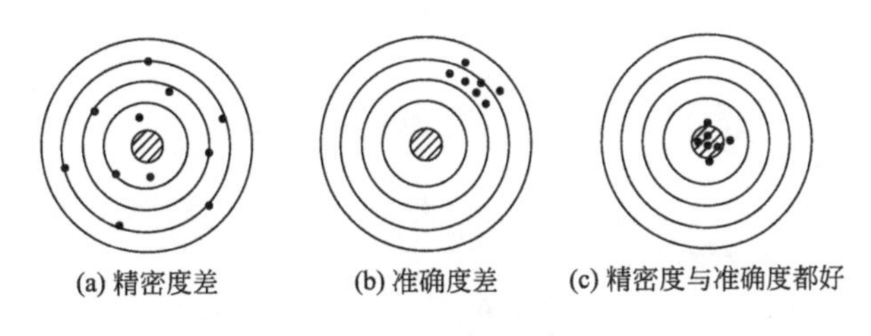

(a) 精密度差　(b) 准确度差　(c) 精密度与准确度都好

图 2-9　误差评价性能指标

由于在任何一次测量中，系统误差与随机误差一般都同时存在，所以常按其对测量结果的影响程度分三种情况来处理：当系统误差远大于随机误差，此时按纯粹系统误差处理；系统误差很大，可按纯粹随机误差处理；系统误差和随机误差两者影响差不多，此时应分别按不同方法来处理。

**（3）疏忽误差**

疏忽误差是由于仪器产生故障、操作者失误或重大的外界干扰所引起的测量值的异常值。这种测量值一般称为“坏值”，发现时应从测量数据中剔除。一般可通过加强测量者的工作责任心、采用科学测量方法、选择平稳的外界测量环境等措施，消除疏忽误差的影响。

## 2.4　对电测装置的基本要求

综上所述，确定电测装置必须慎重，为选择合适的电测装置，对电测装置有如下几点基本要求。

① 整个电测装置应具有较高的灵敏度，以提高检测系统对输入变化的反应能力。

② 电测装置的各个环节应在线性状态下工作，即其输出与输入呈线性关系，以保证不产生非线性失真。

③ 电测装置各环节要具有较好的频率特性，避免产生幅频失真和相频失真。

④ 电测装置应具有小的迟滞特性，响应速度要快，能及时反映出被测量的瞬变。

⑤ 电测装置应具有良好的工作稳定性和抗干扰能力，延长电测装置的使用寿命。

# 第3章 传 感 器

传感器是一种能够感受外界信息，如力、热、声、磁、光、色、味、位移、尺寸等信息变化，并按一定规律将其转换成电信号的装置。在非电量测量中，必须通过传感器将其转换成电量，然后再用电测装置进行信号处理，最终获得被测量值。在现代科学技术发展过程中，非电量（压力、应变、速度、加速度、温度、流量、液位、浓度、成分、pH值、反应速率、血压、脉搏等）检测技术已经应用于国民生产的各个领域，是测量技术中的关键环节，一切与测量相关的技术均以传感器为核心展开。此外，随着自动化技术在国民经济中的应用范围不断扩大，传感器成为自动控制系统中不可缺少的组成部分，利用传感器提供的准确数据，是任何控制系统中实现精确控制不可缺少的重要环节。

## 3.1 传感器的基本概念

### 3.1.1 传感器定义与组成

在非电量测量中，传感器是将被测非电量信号转换为与之有确定对应关系电量输出的器件或装置。传感器也称变换器、换能器、探测器和检测器。

传感器一般是利用某种材料所具有的物理、化学和生物效应或原理，按照一定的加工工艺制备出来的电器元件，由于传感器原理存在差异之处，故传感器的组成也不同。一般情况下，传感器可以抽象出由敏感元件、传感元件、信号转换和调节电路、其他辅助元件组成的电子元件，见图 3-1。

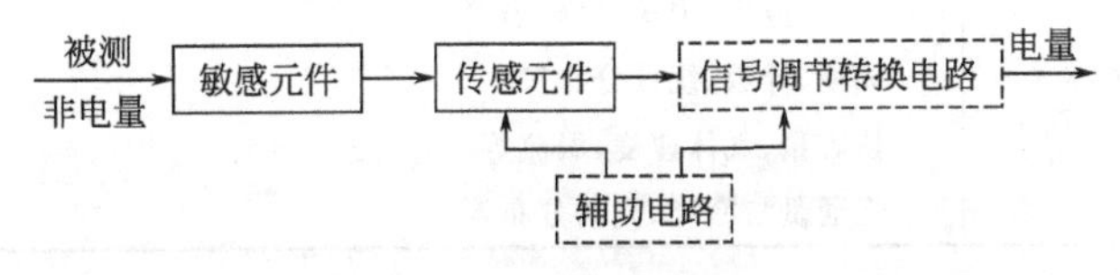


图 3-1 传感器组成框图

敏感元件是直接感受被测非电量，将被测量转换成与之有确定关系的其他量（一般为非电量）的元件。如在电感式传感器中，当铁芯和衔铁距离变化时，两者的磁阻也发生改变，位移和磁阻间建立了一定关系，因此衔铁是位移敏感元件。

传感元件又称变换器，是将敏感元件感受到的非电量直接转换成电信号的器件，这些电信号包括电压、电量、电阻、电感、电容、频率等。在前面的例子中，铁芯上连接线圈后，当磁阻变化时，线圈感知了磁阻的变化并使自身的电感也随之发生相应的变化。因此，线圈起到传感元件的功能。

传感器都包含敏感元件与传感元件，分别完成感知被测量和将被测量转换成电量的过程。但在有些传感器中，敏感元件和传感元件区别不是很明显。如果敏感元件直接输出电量，它就同时兼为传感元件；如果传感元件能直接感受被测非电量而输出与之成确定关系的电量，它同时兼为敏感元件。可见，敏感元件和传感元件两者合二为一的例子在传感器中也很常见，例如压电晶体、热电偶、热敏电阻等。

信号调节与转换电路是位于传感器和终端之间的各种元件的总称，其作用是将传感器输出的信号转换为便于显示、记录、处理和控制的信号，常用的信号处理电路包括放大、滤波、调制、A/D 和 D/A 转换等。

辅助电路通常指电源，包括直流电源和交流电源，由传感器类型而定。由于交流电源不需要额外的转换电路，在传感器辅助电路中应用最广泛；此外，有些传感器系统也常用电池供电。

传感器技术包括传感器原理、传感器设计、传感器开发和应用等多项综合技术，正朝着高精度、智能化、微型化和集成化的方向发展，但新材料的开发和加工工艺技术水平的提高才是传感器技术发展的基础。

### 3.1.2 传感器的分类

各领域生产中所涉及的被测对象千差万别，采用的传感器也不同，可见被测量的差异性决定了传感器种类的多样性，一般传感器可分为如下几类。

**(1) 按输入物理量分类**

这种方法是根据输入量的性质进行分类，每一类物理量又可抽象为基本物理量和派生物理量两大类。例如：力可视为基本物理量，而压力、拉力、质量、应力、力矩、电磁力等为派生物理量，对上述物理量的测量，只要采用力传感器就可以完成。现将常见的基本物理量和派生物理量列于表 3-1。

**表 3-1 基本物理量和派生物理量**

| 基本物理量 | 派生物理量 |
|---|---|
| 位移(线、角位移) | 长度、厚度、高度、应变、振动、磨损、不平度、旋转角、偏转角、角振动等 |
| 速度(线、角速度) | 速度、振动、流量、动量等、转速、角振动 |
| 加速度(线、角加速度) | 振动、冲击、质量等、角振动、扭矩、转动惯量等 |
| 力(压力、拉力) | 重力、应力、力矩、电磁力等 |
| 时间(频率) | 周期、计数、统计分布等 |
| 温度 | 热容量、气体速度、涡流等 |
| 光 | 光通量与密度、光谱分布等 |

以输入量性质不同分类传感器，其优点是比较明确地表达了传感器的检测对象，便于使用者根据具体的使用用途选用传感器；但是，对于同一个物理量可以采用不同的传感器进行检测，故以输入物理量分类传感器的方法并不能体现传感器的工作原理，每种传感器在工作机理上的共性和差异难以被区分。所以，这种分类方法不利于初学者学习传感器的一些基本原理及分析方法。

**(2) 按检测时传感器与被测对象接触与否进行分类**

测量时与被测对象接触的传感器称为接触式传感器；而与被测对象无直接接触的传感器，则称为非接触式传感器，如超声波传感器、光传感器、热辐射传感器等均为非接触式传感器。由于非接触传感器不接触被测对象，故传感器和被测间不会产生交互影响。

**(3) 按工作原理分类**

根据物理、化学等学科的各种原理、规律和效应，可将传感器分为压电式、热电式、光电式等传感器。这种分类法的优点是传感器的工作原理明确，有利于初学者掌握传感器的各种工作原理，本书将按这种分类法介绍各种传感器。

**(4) 按输出信号的性质分类**

可将传感器分为模拟式和数字式传感器。数字传感器便于与计算机联用，抗干扰性较强，近些年发展较为迅速。传感器还有其他分类方法，这里不过多讨论。

## 3.2 电阻传感器

电阻传感器利用电阻作为传感元件，将非电量如力、位移、形变、速度和加速度等物理量变换成与之具有一定函数关系的电阻值的变化，再通过电测装置对电阻值的测量达到对物理量测量的目的。电阻传感器主要分为两大类：电位计（器）式电阻传感器和应变式电阻传感器。前者分为线绕式和非线绕式两种，它们主要用于非电量变化较大的测量场合；后者分为金属应变片和半导体应变片式电阻传感器，它们用于测量变化量相对较小的情况，具有灵敏度高的优点。

### 3.2.1 电位器式电阻传感器

**(1) 线绕电位器式电阻传感器工作原理**

线绕电位器式传感器的工作原理，与滑动变阻器的工作原理基本相同，可由图 3-2 来说明。若线绕电位器的绕线截面积均匀，则电阻 $R_x$ 与滑动位移 $x$ 间呈线性变化关系，通过测量电阻的变化量，便可以求出被测量位移 $x$。图 3-2 中的 $U_i$ 为工作电压，$U_o$ 为输出电压；$R_x$ 为电位器电刷移动长度为 $x$（物理量移动的距离）时对应的电阻，$R_L$ 为长度为 $L$ 的电位器的总电阻，$R_U$ 为电测装置内阻（电位计的负载电阻）。

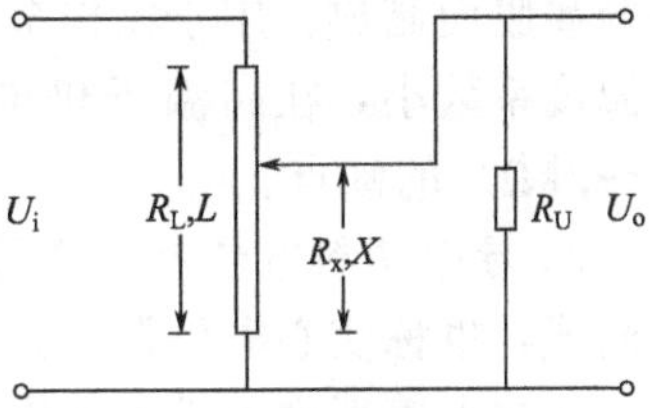

图 3-2 线绕式电阻传感器的工作原理

若电位器的负载电阻 $R_U=\infty$，根据分压原理，得：

$$U_o=U_i\frac{R_x}{R_L} \tag{3-1}$$

对应的电阻变化为：

$$\frac{R_x}{R_L}=\frac{x}{L},\ R_x=R_L\frac{x}{L}=S_R x \tag{3-2}$$

将式(3-2) 代入式(3-1)，得：

$$U_o=U_i\frac{x}{L}=S_V x \tag{3-3}$$

式中，$S_R=R_L/L$，$S_V=U_i/L$ 分别称为线绕电位器的电阻灵敏度和电压灵敏度，反映了电刷单位位移所能引起的输出电阻和输出电压的变化，$S_R$、$S_V$ 均为常数。式(3-3) 表明，$x$ 与 $U_o$ 间呈线性关系。

若电位器的负载电阻 $R_L\neq\infty$，则输出电压 $U_o$ 应为：

$$U_o = I\frac{R_xR_U}{R_x+R_U} = \frac{U_i}{\frac{R_xR_U}{R_x+R_U}+(R_L-R_x)} \cdot \frac{R_xR_U}{R_x+R_U} = \frac{U_iR_xR_U}{R_LR_x+R_LR_U-R_x^2} \tag{3-4}$$

设 $r=R_x/R_L$，$K_U=R_U/R_L$，$X_R=x/L$，$Y=U_o/U_i$，将这些参数代入式(3-4)，得：

$$Y=\frac{r}{1+\frac{r}{K_U}-\frac{r^2}{K_U}} \tag{3-5}$$

由式(3-5) 可知，当负载电阻 $R_U\neq\infty$时，$Y$ 与 $r$ 为非线性关系；当 $K_U=R_U/R_L\to\infty$，选取的负载电阻满足 $R_U\to\infty$，可得 $Y\to r$，此时 $U_o$ 与 $x$ 满足线性关系。故在选择电测装置时，负载电阻越大，传感器的输入和输出间越接近线性关系，当满足 $R_U\gg R_L$ 时，可将其近似为线性系统。图 3-3 给出了几个负载特性曲线的例子。

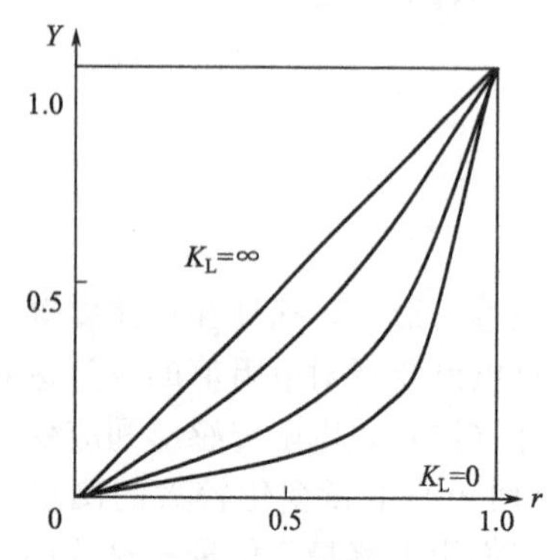

图 3-3　电位计负载特性曲线

**(2) 非线绕式电位器**

线绕电位器的优点是精度高、性能稳定、易于实现线性变化；其缺点是分辨力低、耐磨性差、寿命较短等，因此在一些应用中，常采用非线绕式电位器式传感器检测。非线绕式电位传感器可分为三类。

① 膜式电位器　膜式电位器有两种：一种是碳膜电位器，另一种为金属膜电位器。

碳膜电位器是在绝缘骨架表面喷涂一层均匀的电阻液，经烘干聚合后制成电阻膜。电阻液由石墨、炭黑、树脂配制而成。这种电位器的分辨力高、耐磨性强、线性度好；缺点是接触电阻大、噪声大等。

金属膜电位器以玻璃、陶瓷或胶木为基体，用高温蒸镀或电镀等方法在其表面涂覆一层金属膜而制成。用于制作金属膜的合金为锗铑、铂铜、铂铑、铂铑锰等。这种电位器具有温度系数小，在高温下仍能正常工作的优点，但存在耐磨性差、功率小、阻值不高（1～2kΩ）的缺点。

② 导电塑料电位器　这种电位器由塑料粉及导电材料粉（合金、石墨、炭黑等）压制而成，也称实心电位器。其优点是耐磨性好、寿命长、电刷允许的接触压力大，适用于振动、冲击等恶劣条件下工作，阻值范围大，能承受较大的功率；但该种传感器受温度影响大，同时具有接触电阻大、精度不高的缺点。

③ 光电电位器式电阻传感器　上述几种电位器均是接触式电位器，共同的缺点是耐磨性较差、寿命较短。光电电位器是一种非接触式电位器，它以光束代替电刷，克服了上述几种电位器的缺点。光电电位器式电阻传感器的结构见图 3-4，基体上先沉积一层硫化镉（$C_dS$）或硒化镉（$C_dSe$）光电导层，然后再沉积一条金属导电条作导电电极，并在光电导层之下沉积一条薄膜电阻带，使电阻带和导电电极之间形成间隙，当窄光束照射在此间隙上时，相当于把电阻带和导电电极接通，在外电源 $E$ 的作用下，负载电阻 $R_L$ 上便有电压输出；无光束照射时，因其暗电阻极大，可视为电阻带与导电电极之间断路，这样，输出电压随着光束位置的移动而

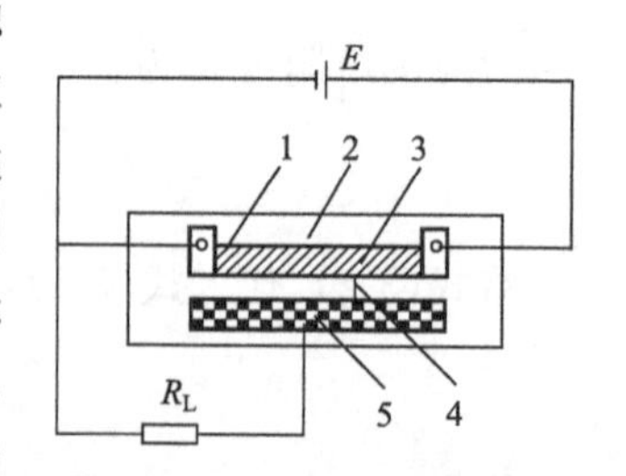

图 3-4　光电电位原理图
1—光电导层；2—基体；3—薄膜电阻带；4—电刷的窄光束；5—导电电极

变化。

### 3.2.2 应变式电阻传感器

应变式电阻传感器可用于测量力、力矩、压力、加速度、质量等物理量。根据电阻变化机理不同，应变式电阻传感器可分为基于应变效应的力（压力）-应变-电阻转换的金属电阻应变传感器和基于压阻效应的力（压力）-硅压阻转换的半导体电阻应变传感器。

**(1) 金属电阻应变片式传感器**

金属导体受到外界力作用时，产生长度或截面变化的机械变形，从而导致阻值变化，这种因应变而使阻值发生变化的现象称为“应变效应”。应变效应的产生，是因为导体电阻 $R=\rho L/A$ 与其几何尺寸 $L$、$A$ 有关（$\rho$ 在金属导体变形时基本不变，但在半导体应变中却是主导作用），当导体在受力作用时，这两个参数都会发生变化，所以会引起电阻的变化。通过测量阻值的大小，便可间接求出作用力的大小。

① 结构和组成　电阻应变片种类繁多，但结构大体相似，现以金属丝绕式应变片为例加以说明，见图3-5。将金属电阻丝粘贴在基片上，并在它的上面覆一层薄膜，使它们变成一个整体，这就是电阻丝应变片基本结构。

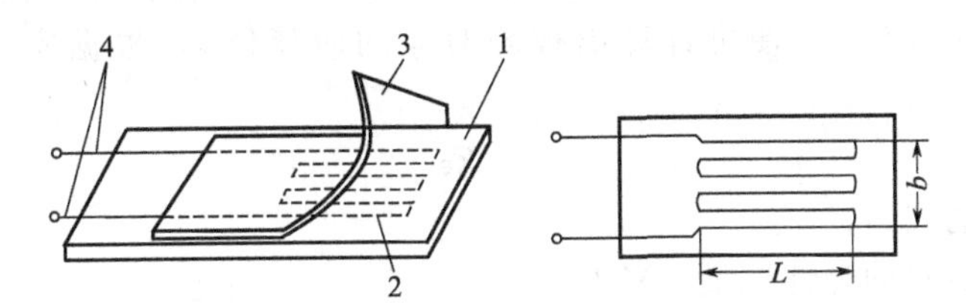


图3-5　电阻丝应变片的结构示意图

1—基片；2—高电阻率的合金电阻丝；3—覆盖层；4—引线；$L$，$b$—敏感栅的长度和宽度

② 工作原理　金属导体的初始电阻 $R$ 为：

$$R=\rho\frac{L}{A} \tag{3-6}$$

式中　$L$——金属丝的长度，m；

$A$——金属丝的横截面面积，$m^2$；

$\rho$——金属丝的电阻率，Ω·m。

如果沿电阻丝长度方向施加作用力，则 $\rho$，$L$，$A$ 的变化（$d\rho$，$dL$，$dA$）将引起电阻 $dR$ 的变化，$dR$ 可通过式(3-6) 的全微分求得：

$$dR=\frac{\rho}{A}dL+\frac{L}{A}d\rho-\frac{\rho L}{A^2}dA \tag{3-7}$$

将式(3-7) 两端除以 $R$，则以相对变化量表示的全微分方程为：

$$\frac{dR}{R}=\frac{dL}{L}+\frac{d\rho}{\rho}-\frac{dA}{A} \tag{3-8}$$

若电阻丝截面为圆形，则 $A=\pi r^2$，$r$ 为电阻丝的半径，对 $r$ 微分得 $dA=2\pi r dr$，则：

$$\frac{dA}{A}=\frac{2\pi r dr}{\pi r^2}=2\frac{dr}{r} \tag{3-9}$$

令 $dL/L=\varepsilon_x$（金属丝的轴向应变），$dr/r=\varepsilon_r$（金属丝的径向应变）。由材料力学的理论可知，在弹性范围内金属丝受拉力时，它沿轴向伸长、沿径向缩短，轴向应变和径向应变的关系可表示为：

$$\varepsilon_r = -\mu\varepsilon_x \tag{3-10}$$

式中 $\mu$——金属材料的泊松系数。

将式(3-9) 和式(3-10) 代入式(3-8)，整理可得：

$$\frac{dR}{R}=(1+2\mu)\varepsilon_x+\frac{d\rho}{\rho} \text{或} \frac{dR/R}{\varepsilon_x}=(1+2\mu)+\frac{d\rho/\rho}{\varepsilon_x}$$

令

$$K_s=\frac{dR/R}{\varepsilon_x}=(1+2\mu)+\frac{d\rho/\rho}{\varepsilon_x} \tag{3-11}$$

$K_s$ 为灵敏系数，其物理意义是单位应变所引起的电阻相对变化。$K_s$ 受两个因素影响，一是受力后材料的几何尺寸的变化，即 $(1+2\mu)$ 项；另一个是受力后电阻率的变化，即 $d\rho/(\varepsilon_z)$ 项。对于金属材料，$(1+2\mu)$ 和 $d\rho/(\varepsilon_z)$ 均为常数，后者值很小，故 $(1+2\mu)$ 项起主导作用，其值在 1.5～2 之间，故 $K_s$ 近似为：

$$\frac{dR}{R}=K_\varepsilon\varepsilon_x \text{ 或 } K_\varepsilon=\frac{dR/R}{\varepsilon_x} \tag{3-12}$$

③ 非电量检测过程　用应变片测量应变或应力时，在外力作用下，被测对象产生机械变形，应变片随之发生相同的变化，同时，应变片电阻也发生相应变化。当测得应变片电阻变化量 $\Delta R$ 时，便可计算出被测对象的应变值 $\varepsilon$，根据应力和应变的关系，应力 $\sigma$ 为：

$$\sigma=E\varepsilon \tag{3-13}$$

式中 $\sigma$——试件的应力；

$E$——试件材料的弹性模量，MPa。

由式(3-13) 可知，$\sigma$ 正比于 $\varepsilon$，而试件应变 $\varepsilon$ 又正比于电阻的相对变化量 $dR/R$，所以应力正比于 $dR/R$，这就是利用应变片对应力进行测量的基本原理。

**(2) 半导体电阻应变片式传感器**

半导体应变片是以压阻效应为理论基础设计的传感器。所谓压阻效应，是指锗、硅等半导体材料，当某一轴向受到力的作用时，因电阻率的变化而致使电阻变化的现象，图 3-6 所示为一半导体应变片。

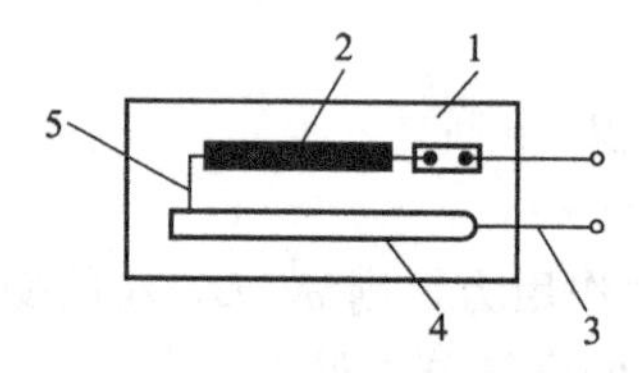


图 3-6　半导体应变片

1—基片；2—半导体敏感条；3—外引线；4—引线连接片；5—内引线

根据前面的分析，当应变片受力时，电阻相对变化的表达式为：

$$\frac{\Delta R}{R}=(1+2\mu)\varepsilon_z+\frac{\Delta\rho}{\rho} \tag{3-14}$$

式中 $\Delta\rho/\rho$——半导体应变片的电阻率相对变化，其值与半导体敏感条在轴向所受的应力之比为常数，即

$$\frac{\Delta\rho}{\rho}=\pi\sigma=\pi E\varepsilon_z \tag{3-15}$$

式中 $\pi$——半导体材料的压阻系数。

将式(3-15)代入到式(3-14)中，得：

$$\frac{\Delta R}{R}=(1+2\mu+\pi E)\varepsilon_z$$

式中的 $(1+2\mu)$ 项随几何形状而变化，$\pi E$ 为压阻效应项，随电阻率而变化。实验证明：半导体应变片式的 $\pi E$ 比 $(1+2\mu)$ 大近百倍，所以 $(1+2\mu)$ 可忽略，因而半导体应变片的灵敏系数为：

$$K_B=\frac{\Delta R/R}{\varepsilon_z}=\pi E \tag{3-16}$$

半导体应变片最突出的优点是体积小，灵敏度高，频率响应范围很宽，输出幅值大，不需要放大器便可直接与记录仪连接使用；其缺点是温度系数大、应变时非线性比较严重，电阻率随半导体材料的晶体取向密切相关等。

# 3.3 电感式传感器

电感式传感器是利用电磁感应现象将被测量如位移、压力、流量、振动等转换成线圈的自感系数 $L$ 或互感系统 $M$ 的变化，再由测量电路转换为电压或电流的变化，实现非电量到电量的转换。

电感式传感器具有以下特点：结构简单；传感器无活动触点；工作可靠、寿命长；灵敏度和分辨率高，能测出 0.01μm 的位移变化。传感器的输出信号强，一般每毫米的位移可达数百毫伏的输出，电压灵敏度高；线性度和重复性都比较好，在一定位移范围几十微米至数毫米内，传感器非线性误差可做到 0.05%～0.1%，稳定性较好。电感式传感器能实现信息的远距离传输、记录、显示和控制，它在工业自动控制系统中广泛被采用，但电感式传感器的频率响应较低，不宜快速动态测量。

## 3.3.1 变阻式传感器

**(1) 结构和工作原理**

变磁阻式传感器的结构如图 3-7 所示，它由线圈、铁芯和衔铁三部分组成。铁芯和衔铁由导磁材料如硅钢片、坡莫合金、镍铁合金等制成。在铁芯和活动衔铁之间有气隙，气隙厚度为 $\delta$。传感器的运动部分与衔铁相连。当衔铁移动时，气隙厚度 $\delta$ 发生变化，从而使磁路中磁阻发生变化，进而使电感线圈的电感值发生变化，这样可以计算被测量的位移大小。

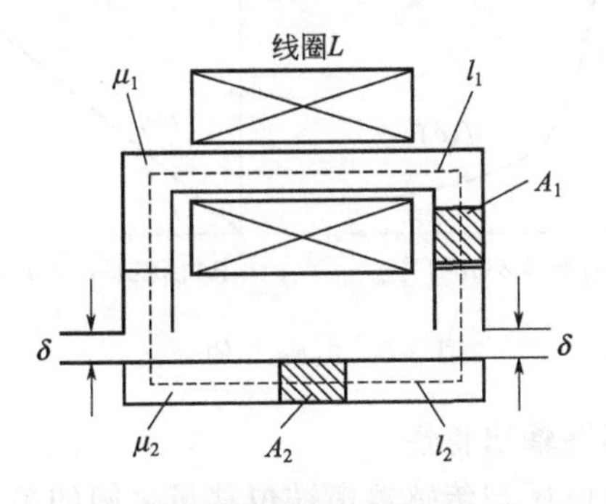


图 3-7 变磁阻式传感器结构

根据电工学的知识，线圈的电感 $L$ 可表达为：

$$L=\frac{N^2}{R_M} \tag{3-17}$$

式中 $N$——线圈匝数；

$R_M$——单位长度上磁路的总磁阻，可表达为：

$$R_M=R_F+R_\delta \tag{3-18}$$

式中 $R_F$——总的铁芯磁阻；

$R_\delta$——空气气隙磁阻。

$R_F$ 和 $R_\delta$ 可以表达为：

$$R_F=\frac{l_1}{\mu_1 A_1}+\frac{l_2}{\mu_2 A_2},\ R_\delta=\frac{2\delta}{\mu_0 A} \tag{3-19}$$

式中 第一项——铁芯磁阻；

第二项——衔铁磁阻；

$l_1$——磁通通过铁芯的长度，m；

$A_1$——铁芯横截面积，$m^2$；

$\mu_1$——铁芯材料的导磁率，H/m；

$l_2$——磁通通过衔铁的长度，m；

$A_2$——衔铁横截面积，$m^2$；

$\mu_2$——衔铁材料的导磁率，H/m；

$\delta$——气隙厚度，m；

$A$——气隙横截面积，$m^2$；

$\mu_0$——空气的导磁率，$4\pi\times10^{-7}$ H/m。

由于 $\mu_1=\mu_2\gg\mu_0$，故 $R_F\ll R_\delta$，$R_F$ 可以忽略，因此，线圈的电感可近似表达为：

$$L\approx\frac{N^2}{\left(\frac{2\delta}{\mu_0 A}\right)}=\frac{\mu_0 A N^2}{2\delta} \tag{3-20}$$

由式(3-20) 可知，电感 $L$ 与 $\delta$ 之间为双曲线关系，与 $A$ 呈线性关系，见图 3-8。当线圈匝数确定后，只要改变 $\delta$ 和 $A$ 均可使电感变化。因此，变磁阻式电感传感器又可分为变气隙厚度 $\delta$ 的传感器和变气隙面积 $A$ 的传感器。在各类应用中，使用最广泛的是变气隙式电感传感器，其原因在于采用差动连接的形式可以改善非线性误差的影响。

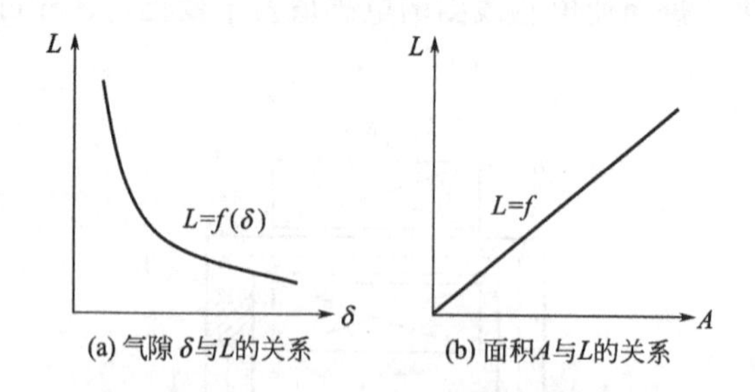


图 3-8 电感 $L$ 的变化

### (2) 变气隙式电感传感器输出特性

输出特性是指电桥输出电压与传感器衔铁位移量之间的关系。设电感传感器初始气隙

为 $\delta_0$，初始电感为 $L_0$，衔铁位移引起的气隙变化量为 $\Delta\delta$，从式(3-20) 可知 $L$ 和 $\delta$ 之间呈非线性关系，初始电感 $L_0$ 可表示为：

$$L_0=\frac{\mu_0 A N^2}{2\delta_0}$$

当衔铁下移 $\Delta\delta$ 时，传感器气隙增大 $\Delta\delta$，即 $\delta_0+\Delta\delta$，则电感量减少，电感变化量 $\Delta L_1$ 为：

$$\Delta L_1=L-L_0=\frac{N^2\mu_0 A}{2(\delta_0+\Delta\delta)}-\frac{N^2\mu_0 A}{2\delta_0}=\frac{N^2\mu_0 A}{2\delta_0}\left(\frac{2\delta_0}{2\delta_0+2\Delta\delta}-1\right)=L_0\ \frac{-\Delta\delta}{\delta_0+\Delta\delta}$$

电感量的相对变化为：

$$\frac{\Delta L_1}{L_0}=\frac{-\Delta\delta}{\delta_0+\Delta\delta}=\left[\frac{1}{1+\dfrac{\Delta\delta}{\delta_0}}\right]\left(\frac{-\Delta\delta}{\delta_0}\right)$$

当 $\Delta\delta/\delta_0\ll 1$ 时，上式可展开成傅里叶级数形式：

$$\frac{\Delta L_1}{L_0}=-\frac{\Delta\delta}{\delta_0}+\left(\frac{\Delta\delta}{\delta_0}\right)^2-\left(\frac{\Delta\delta}{\delta_0}\right)^3+K \tag{3-21}$$

当衔铁上移 $\Delta\delta$ 时，$\delta=\delta_0-\Delta\delta$，则电感的相对变化展开成傅里叶级数为：

$$\frac{\Delta L_2}{L_0}=\frac{\Delta\delta}{\delta_0}\left[1+\frac{\Delta\delta}{\delta_0}+\left(\frac{\Delta\delta}{\delta_0}\right)^2+K\right]=\frac{\Delta\delta}{\delta_0}+\left(\frac{\Delta\delta}{\delta_2}\right)^2+\left(\frac{\Delta\delta}{\delta_0}\right)^3+K \tag{3-22}$$

在式(3-21) 和式(3-22) 中，忽略掉包括二次项以上的高次项，则 $\Delta L_1$ 和 $\Delta L_2$ 和 $\delta$ 成线性关系。由此可见，高次项是造成非线性的主要原因，且 $\Delta L_1$ 和 $\Delta L_2$ 是不相等的。$\Delta\delta/\delta_0$ 越小，高次项也越小，非线性得到改善。这说明了输出特性和测量范围之间存在矛盾，故电感式传感器用于测量微小位移量要更精确些。为了减少非线性误差，实际测量中一般都采用差动式电感传感器。

由式(3-21) 和式(3-22) 忽略两次以上各项后，可得到传感器灵敏度的表达式：

$$S=\left|\frac{\Delta L}{\Delta\delta}\right|=\left|\frac{L_0}{\delta_0}\right| \tag{3-23}$$

可见，凡是有利于减小衔铁和铁芯间的初始距离和增加初始电感的措施都能提高传感器的灵敏度，一般采用的方法是增加线圈的匝数和采用磁导率大的材料。

**(3) 差动自感传感器**

① 结构和工作原理　单个变气隙电感传感器的缺点是存在严重的非线性误差，由前面的推导可知，其原因在于高阶项、尤其是二阶项的存在。为了减小非线性误差，可以利用两只完全对称的单个电感传感器合用一个活动衔铁构成差动式电感传感器，见图 3-9。其结构特点是上、下两个磁体的几何尺寸、材料、电气参数均完全一致。传感器的两只电感线圈接成交流电桥的相邻桥臂，另外两只桥臂由电阻组成，它们构成四臂交流电桥，供桥电源为 $U_i$（交流），桥路输出交流电压 $U_o$。初始状态时，衔铁位于中间位置，两边空隙相等，因此，两只电感线圈的电感量相等，电桥输出 $U_o=0$，即电桥处于平衡状态。当衔铁偏离中间位置，向上或向下移动时，造成两边气隙不一样，使两只电感线圈的电感量一增一减，电桥不平衡。电桥输出电压的大小与衔铁移动的大小成比例，其相位则与衔铁移动的方向有关。若向下移动，输出电压为正，而向上移动时，输出电压则为负。因此，只要能测量出输出电压的大小和相位，就可以决定衔铁位移的大小和方向。衔铁带动连动机构就可以测量各种非电量，如位移、液面高度、速度等物理量。

② 输出特性　当构成差动电感传感器，根据图 3-9，电桥输出电压将与 $\Delta L$ 有关：

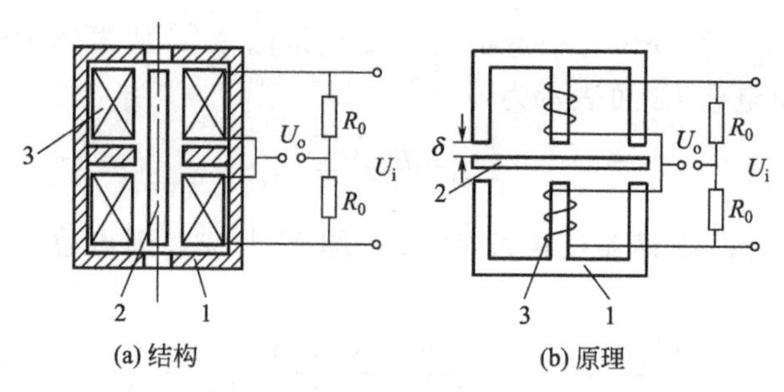


图 3-9 差动式变气隙电感传感器

1—铁芯；2—衔铁；3—线圈

$$\Delta L = L_2 - L_1 = 2L_0\left[\frac{\Delta\delta}{\delta_0} + \left(\frac{\Delta\delta}{\delta_0}\right)^3 + \left(\frac{\Delta\delta}{\delta_0}\right)^5 + K\right] \tag{3-24}$$

式中 $L_1 = \mu_0 AN^2/[2(\delta_0 + \Delta\delta)]$；

$L_2 = \mu_0 AN^2/[2(\delta_0 - \Delta\delta)]$；

$L_0$——衔铁在中间位置时单个线圈的电感。

从式(3-24) 可知，不存在偶次项。显然，差动式电感传感器的非线性在$\pm\Delta\delta$工作范围内要比单个电感传感器小很多。差动式电感传感器的灵敏度$S$，可由式(3-24) 忽略高次项后得到：

$$S = 2L_0/\delta_0 \tag{3-25}$$

它比单个线圈传感器的灵敏度提高一倍。

### 3.3.2 互感式传感器

互感式传感器是将被测量的变化转换为变压器互感变化的电子器件。变压器初级线圈输入交流电压，次级线圈输出感应电势。由于次级线圈常接成差动形式，故又称为差动变压器式传感器。螺管形差动变压器可以测量 1～100mm 的机械位移，具有测量精度高、灵敏度高、性能可靠等优点，下面详细介绍这种传感器。

**(1) 结构与工作原理**

螺管形差动变压器的结构如图 3-10 所示。它由初级线圈 $P$，两个次级线圈 $S_1$、$S_2$ 和插入线圈中央的圆柱形铁芯 $b$ 组成，结构形式又有三段式和两段式等之分。

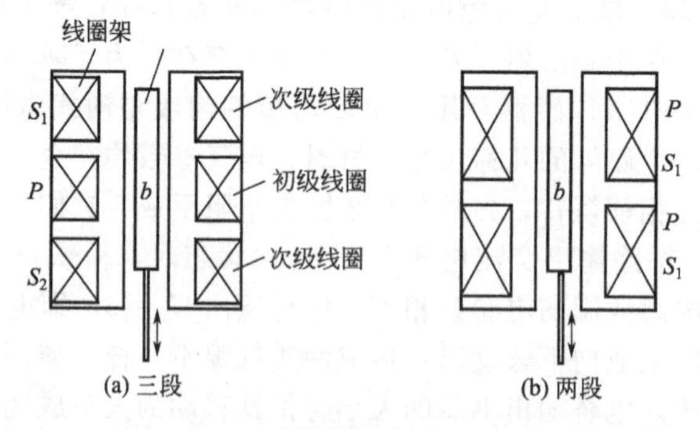


图 3-10 螺管形差动变压器

差动变压器原理如图 3-11 所示，次级线圈 $S_1$ 和 $S_2$ 反极性串联，当初级线圈 $P$ 加上某一频率的正弦交流电压 $U_i$ 后，次级线圈产生感应电压为 $U_1$ 和 $U_2$，它们的大小与铁芯在线圈内的位置有关。$U_1$ 和 $U_2$ 反极性连接便得到输出电压 $U_o$。当铁芯位于线圈中心位

置时，$U_1=U_2$，$U_o=0$；当铁芯向上移动时，$U_1>U_2$，$|U_o|>0$，$M_1$ 大，$M_2$ 小；当铁芯向下移动时，$U_2>U_1$，$|U_o|>0$，$M_1$ 小，$M_2$大。

铁芯偏离中心位置时，输出电压 $U_o$ 随铁芯偏离中心位置逐渐加大，见图3-12，但相位相差 180°。实际上，铁芯位于中心位置，输出电压 $U_o$ 并不是零电位，而是存在一个零点残余电压 $U_z$。$U_z$ 的产生原因很多，不外乎是变压器的制作工艺和导磁体安装等问题，$U_z$ 一般在几十毫伏以下。在实际使用时，必须设法减小 $U_z$，否则将会影响传感器测量结果。

**(2) 等效电路**

差动变压器的理论计算结果和实际应用参数相差很大，往往还要借助于实验和经验数据来修正。如果考虑差动变压器的涡流损耗、铁损和寄生（耦合）电容等，其等效电路很复杂。在忽略上述因素后，差动变压器的等效电路如图 3-13 所示。

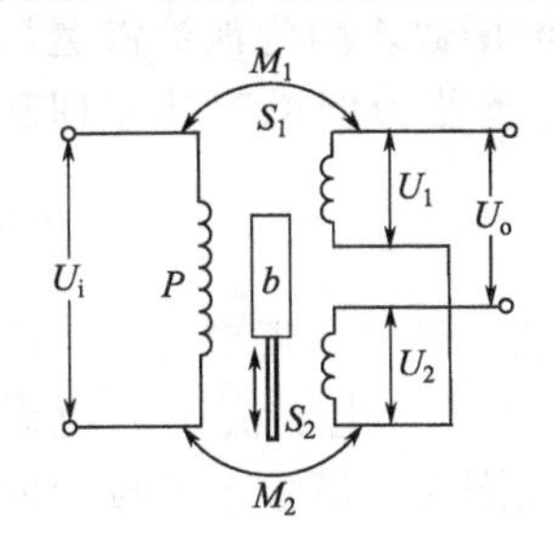


图 3-11　螺管形差动变压器

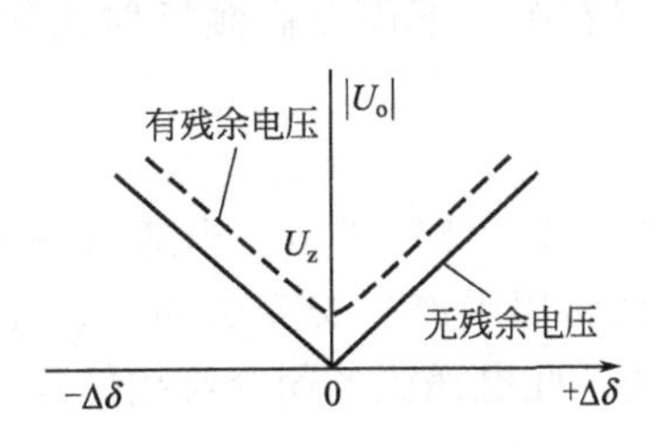


图 3-12　螺管形差动变压器的输出特性

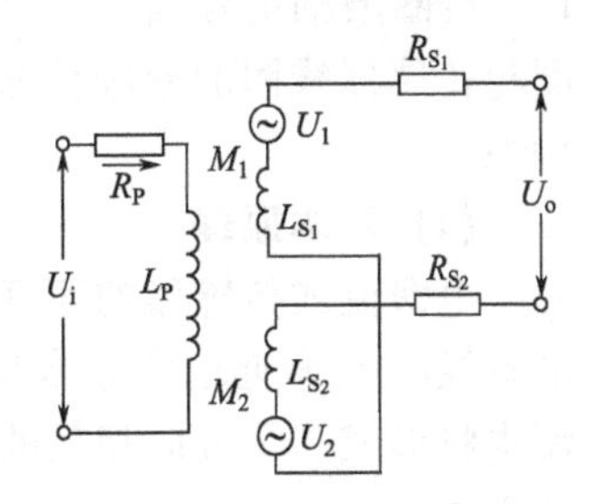


图 3-13　差动变压器等效电路

图中，$L_p$，$R_p$ 分别为初级线圈电感和损耗电阻；$M_1$，$M_2$ 分别为初级线圈与次级线圈间的互感系数；$U_i$ 为初级线圈激励电压；$U_o$ 为输出电压；$L_{S_1}$，$L_{S_2}$ 分别为次级线圈的电感；$R_{S_1}$，$R_{S_2}$ 分别为次级线圈的损耗电阻；$\omega$ 为激励电压的频率。

差动变压器输出电压为：

$$U_o=-j\omega(M_1-M_2)\frac{U_i}{R_p+j\omega L_p}$$

输出电压的有效值为：

$$U_o=\frac{\omega(M_1-M_2)U_i}{\sqrt{R_p^2+(\omega L_p)^2}}$$

下面分三种情况进行分析。

① 磁芯处于中间平衡位置时，$M_1=M_2=M$，$U_o=0$。

② 磁芯上移时，$M_1=M+\Delta M$，$M_2=M-\Delta M$，$U_o=2\omega\Delta MU_i/\sqrt{R_p^2+(\omega L_p)^2}$，$U_o$ 与 $U_1$ 同级性。

③ 磁芯下移时，$M_1=M-\Delta M$，$M_2=M+\Delta M$，$U_o=-2\omega\Delta MU_i/\sqrt{R_p^2+(\omega L_p)^2}$，$U_o$ 与 $U_2$ 同极性。

### 3.3.3　电涡流式传感器

电涡流传感器是根据涡流效应进行工作的，常用于位移、厚度、转速、温度等非电量的测量。所谓涡流效应，是指当交变电感线圈产生的磁力线经过金属导体时，金属导体就会产生感应电流，该电流的流线呈闭合回线。类似图 3-14(a) 所示的水涡形状，故称为电涡流效应。

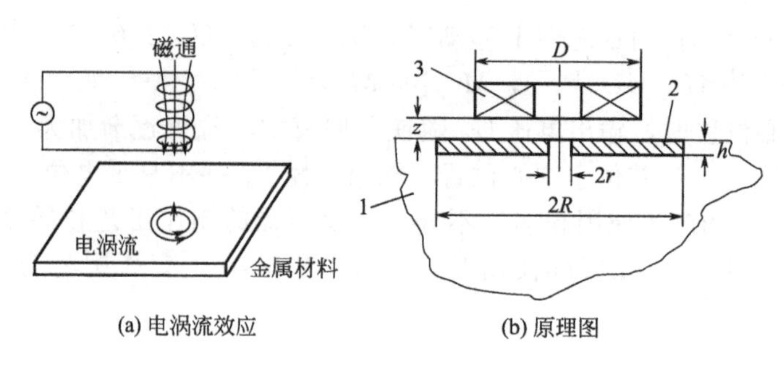

(a) 电涡流效应　　(b) 原理图

图 3-14　电涡流传感器

1—金属导体；2—电涡流区；3—电感线圈

理论分析结果表明，电涡流是金属导体的电阻率 $\rho$、相对磁导率 $\mu_r$、金属导体厚度 $H$、线圈激励信号频率 $\omega$ 以及线圈与金属块之间的距离 $x$ 等参数的函数。因为涡流渗透深度与传感器线圈的激励信号频率有关，下面以高频反射式涡流传感器为例说明其原理和特性。

**(1) 基本原理**

电涡流式传感器的原理见图 3-14（b）所示。当通有一定交变电流 $I$（频率为 $f$）的电感线圈 $L$ 靠近金属导体时，金属周围产生交变磁场，金属表面将产生电涡流 $I_1$，电涡流也将形成一个方向相反的磁场。此电涡流的闭合流线的圆心同线圈在金属板上的投影的圆心重合。

涡流区和线圈几何尺寸的关系为：$2R=1.39D$，$2r=0.52$。其中：$R$、$r$ 分别为电涡流区的内径、外径。涡流渗透厚度 $h=5000\sqrt{\rho/(\mu_r f)}$，其中，$x$ 为导体电阻率；$f$ 为交变磁场的频率。

在金属导体表面感应的涡流所产生的电磁场又反作用于线圈 $L$ 上，力图改变线圈电感的大小，其变化程度与线圈 $L$ 的尺寸的大小、距离 $x$ 和 $\rho$、$\mu_r$ 等有关。

**(2) 等效电路**

涡流式传感器的等效电路如图 3-15 所示。空心线圈可看作变压器的初级线圈 $L$，金属导体中涡流回路视作变压器次级线圈。当对 $L$ 施加交变激励信号时，则在线圈周围产生交变磁场，环状涡流也产生交变磁场，其方向与线圈 $L$ 产生磁场方向相反，因而抵消部分原磁场，线圈 $L$ 和环状电涡流之间存在互感 $M$，其大小取决于金属导体和线圈之间的距离 $x$。根据克希霍夫定律可列出如下方程：

$$\begin{cases} RI+j\omega LI-j\omega MI_1=U_1 \\ -j\omega MI+R_1I_1+j\omega L_1I_1=0 \end{cases} \tag{3-26}$$

式中　$R$，$L$——空心线圈电阻和自感；

$R_1$，$L_1$——涡流回路的等效电阻和自感；

$M$——线圈与金属导体之间的互感。

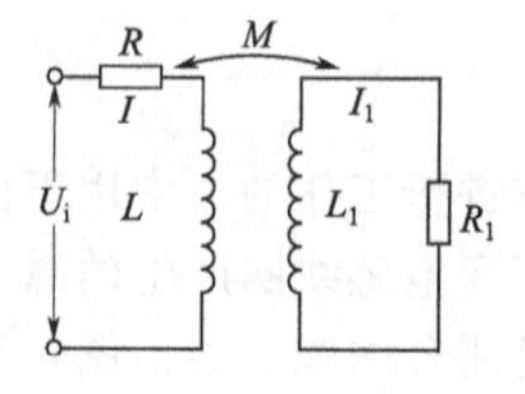

图 3-15　等效电路

由方程（3-26）解得：

$$I=\frac{j\omega MI}{R_1+j\omega L_1}=\frac{M\omega^2 L_1 I+j\omega MR_1 I}{R_1^2+(\omega L_1)^2}$$

当线圈与被测金属导体靠近时（考虑到涡流的反作用），线圈的等效阻抗为：

$$Z=\frac{U_1}{I}=\left[R+\frac{\omega^2 M^2}{R_1^2+(\omega L_1)^2}R_1\right]+j\omega\left[L-\frac{\omega^2 M^2}{R_1^2+(\omega L_1)^2}L_1\right] \tag{3-27}$$

电涡流式传感器等效电路参数与互感系数 $M$ 和电感 $L$、$L_1$ 有关，故把它归类到电感式传感器中。

## 3.4　热电式传感器

热加工领域中几乎所有的加工对象都涉及温度，对温度的控制是实现对各种加工对象质量控制的一个有效途径，故温度测量在热加工领域中具有重要意义。本节主要介绍接触式的热电式传感器。

热电式传感器是一种可将温度转化为电阻、磁导或电势等电量的元件。在各类热电式传感器中，以把温度转换为电势和电阻的方法最为普遍。将温度转换为电势的热电式传感器叫热电偶；将温度转换为金属电阻的热电式传感器叫热电阻，其中半导体热电阻式传感器简称热敏电阻。

### 3.4.1　热电偶

**(1) 热电效应**

把两种不同的金属 A 和 B 连接成闭合回路，见图 3-16，其中一个接点的温度为 $T$，而另一端温度为 $T_0$，则在回路中有电流产生，这一现象称为热电效应，由赛贝克（Seebeck）于 1823 年发现。如果在回路中接入电流计 M，就可以看到 M 的指针偏转，这种情况下产生的电动势叫热电势，用 $E_{AB}(T, T_0)$ 来表示。通常把两种不同金属的这种组合称为热电偶，A 和 B 称为热电极，温度高的接点称为热端（或称工作端），温度低的接点称为冷端（或称自由端、参考端）。利用热电偶把被测温度转换为热电势，通过仪表测出电势大小，便可计算出被测量的温度。由物理学可知，热电势 $E_{AB}(T, T_0)$ 由接触电势和温差电势两部分组成。

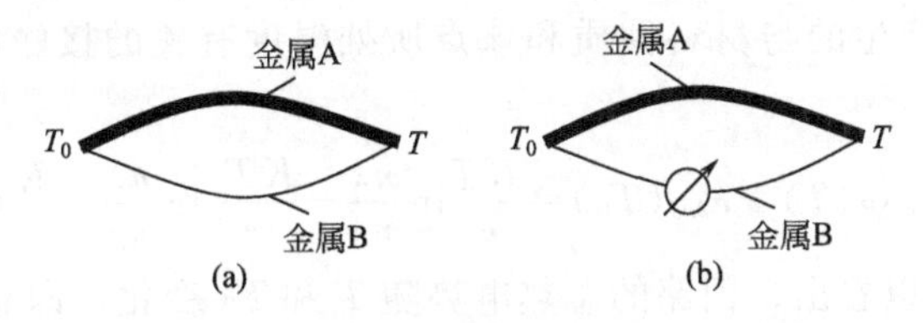


图 3-16　热电效应原理图

① 接触电势产生的原因　所有金属都具有自由电子，金属种类的不同，自由电子的浓度也不同。因此，当两种不同金属 A 和 B 接触时，因电子浓度不同而使接触处发生电子扩散。若金属 A 的自由电子浓度大于金属 B 的自由电子浓度，则在同一瞬间由金属 A 扩散到金属 B 中的电子将比由金属 B 扩散到 A 中去的电子多，因而金属 A 因失去电子而带正电荷，金属 B 因获得电子而带负电荷。由于正、负电荷的存在，在接触处便产生电

场，该电场将力图阻止扩散的进行。上述过程的发展，直至扩散作用和阻止扩散的作用达到动态平衡，即由金属 A 扩散到金属 B 的自由电子与由金属 B 扩散到金属 A 中的自由电子（形成漂移电流）相等，由此 A 和 B 两金属之间便产生了接触电势，它的数值取决于两种金属的性质和接触点的温度，而与金属的形状及尺寸无关。

由物理学可知，接触电势可表达为：

$$e_{AB}(T)=\frac{KT}{e}\ln\frac{n_A}{n_B} \tag{3-28}$$

式中 $K$——玻耳兹曼常数，$K=1.38\times10^{-16}$；

$T$——绝对温度；

$n_A, n_B$——材料 A、B 的自由电子密度；

$e$——电子电荷电量，$e=4.802\times10^{-10}$绝对静电单位。

② 温差电势产生的原因　对于同一种金属，当它两端温度不同时，两端的自由电子浓度也不同。温度高的一端浓度大，具有较大的动能；温度低的一端浓度小，动能也小。因此，由高温端向低温端扩散的净自由电子数目多，高温端失去电子而带正电，低温端得到电子而带负电，金属导体两端形成电场，阻止自由电子的扩散。与接触电势相同，自由电子的扩散最终在金属两端要达到动态平衡，从而在两端形成温差电势，又称汤姆森电势。

综上所述，两种不同金属组成的闭合回路中产生的热电势应等于接触电势和温差电势的代数和。

a. 金属 A 和金属 B 的两个接点在温度为 $T$、$T_0$ 时，产生的接触电势为 $E_{AB}(T, T_0)$，即：

$$e_{AB}(T,T_0)=e_{AB}(T)-e_{AB}(T_0) \tag{3-29}$$

式中，角码 A，B 的顺序代表电位差的方向。当角码顺序变更时，$E_{AB}(T, T_0)$ 的正负号也需要变更。

b. 金属 A 两端温度为 $T$、$T_0$ 时，形成的温差电势为 $E_A(T, T_0)$。

c. 金属 B 两端温度为 $T$、$T_0$ 时，形成的温差电势为 $E_B(T, T_0)$。

因此，整个闭合回路总的热电势 $E_{AB}(T, T_0)$ 为：

$$E_{AB}(T,T_0)=[e_{AB}(T)-e_{AB}(T_0)]+[e_B(T,T_0)-e_A(T,T_0)] \tag{3-30}$$

应该指出，在金属中自由电子数目很多，以致温度不能显著地改变它的自由电子浓度，所以在同一种金属内的温差电势极小，可以忽略。因此，在一个热电偶回路中起决定作用的是两个接点处产生的与材料性质和该点所处温度有关的接触电势，故式(3-30) 可简化为：

$$E_{AB}(T,T_0)=e_{AB}(T)-e_{AB}(T_0)=\frac{KT}{e}\ln\frac{n_A}{n_B}-\frac{KT_0}{e}\ln\frac{n_A}{n_B}=\frac{K}{e}(T-T_0)\ln\frac{n_A}{n_B} \tag{3-31}$$

从式(3-31) 中可以看出，回路的总热电势随 $T$ 和 $T_0$ 变化，即总电势为 $T$ 和 $T_0$ 的函数差。在实际使用中很不方便，为此，在标定热电偶时，使 $T_0$ 为常数，则有：

$$e_{AB}(T,T_0)=K_c(T-T_0) \tag{3-32}$$

式中，$K_c$ 为一非常系数，与电子密度有关，随温度而变化。可见，当热电偶回路的冷端温度保持不变时，则热电偶回路的总电势 $E_{AB}(T, T_0)$ 只随热端的温度变化，即回路中的总热势仅为 $T$ 的函数，这给工程中使用热电偶测量温度带来极大的方便。对于不同的热电偶，温度与热电势之间有着不同的函数关系，一般用实验确定这种关系，并将所测得的结果绘成曲线，或列成表格（称为热电偶分度表），供使用时查阅。

**(2) 热偶基本定律**

① 只有化学成分不同的两种金属材料组成热电偶，且两端点间的温度不同时，热电势才会产生。热电势的大小与材料的性质及其两端点的温度有关，而与形状、大小无关。

② 化学成分相同的材料组成热电偶，即使两个接点的温度不同，回路的总热电势也等于零。应用这一定律可以判断两种金属是否相同。

③ 化学成分不同的两种材料组成热电偶，若两个接点的温度相同，回路中的总热电势也等于零。

④ 在热电偶中插入第三种材料，只要插入材料两端点的温度相同，对热电偶的总热电势没有影响。

这一定律对工程实际具有特别重要的意义，因为利用热电偶来测量温度时，必须在热电偶回路中接入电气测量仪表，也就相当于接入第三种材料，如图 3-17 所示。图 3-17(a) 是将热电偶的一个接点分开，接入第三种材料 C。设接点 2 和接点 3 的温度相同（$T_0$），这时热电偶回路总的热电势为：

$$E=e_{AB}(T)+e_{BC}(T_0)+e_{CA}(T_0) \tag{3-33}$$

由前面介绍可知，如果热电偶回路各接点温度相同，回路中总的热电势为零。所以，当接点 1、2 和 3 的温度都为 $T_0$ 时，有：$E=e_{AB}(T_0)+e_{BC}(T_0)+e_{CA}(T_0)=0$，经变换后得 $e_{BC}(T_0)+e_{CA}(T_0)=-E_{AB}(T_0)$，将该式代入式(3-33) 中得：$E=e_{AB}(T)+e_{AB}(T_0)$，该式和式(3-31) 完全相同。

如果按照图 3-17 (b) 的方式接入第三种材料，则回路总热电势为：

$$E=e_{AB}(T)+e_{BC}(T_1)+e_{CB}(T_1)+e_{BA}(T_0) \tag{3-34}$$

因为 $e_{AB}(T_1)=-e_{BC}(T_1)$，将其带入式(3-41) 得：$E=e_{AB}(T)+e_{BA}(T_0)=e_{AB}(T)-e_{AB}(T_0)$，证毕。

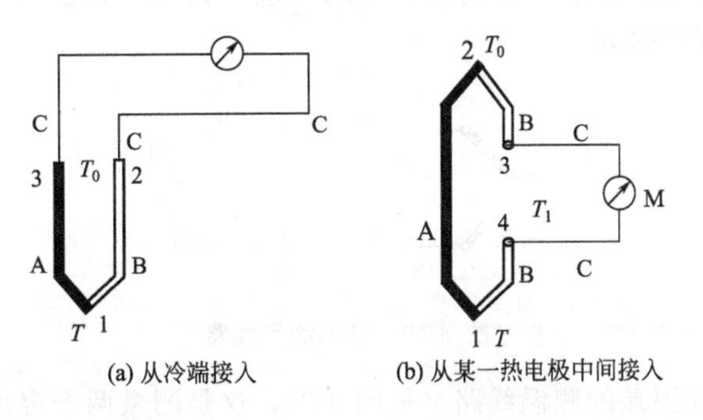


(a) 从冷端接入　　(b) 从某一热电极中间接入

图 3-17　热电偶中加入第三种材料

可见，热电偶回路中的热电势，绝不会因为在其电路中接入第三种两端点温度相同的材料而有所改变。热电偶的这一特性，不但可以允许在其回路中接入电气测量仪表，而且也允许采用焊接方法来焊接热电偶。但是，如果接入第三种材料的两端温度不等，热电偶回路的总热电势将会发生变化。其变化取决于材料的性质和接点的温度。对于图 3-17(b) 来说，改变值相当于 B 与 C 组成的附加热电偶的热电势。因此，接入第三种材料不宜采用与热电极的热电性质相差很远的材料；否则，热电偶测量精度将受到影响。

⑤ 如果两种导体分别与第三种导体组成的热电偶所产生的热电势已知，则此两种导

体组成热电偶的热电势也已知，见图 3-18。

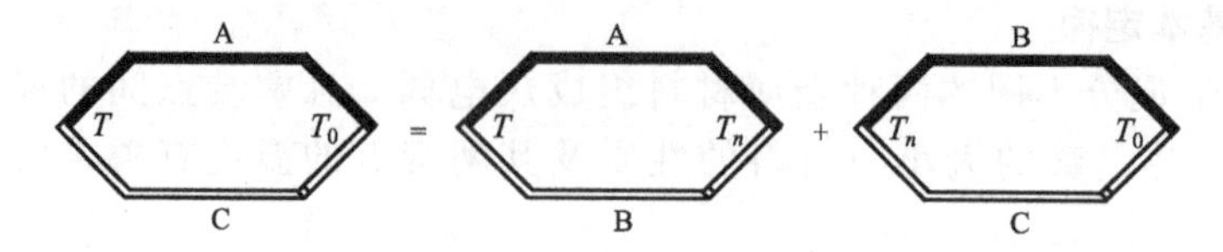


图 3-18 热电偶的中间导体定律

如图 3-18 所示，AC、AB 和 BC 三个热电偶，其接点温度一端都为 $T$，另一端为 $T_0$，则有：

$$E_{AC}(T,T_0)=e_{AC}(T)-e_{AC}(T_0),E_{AB}(T,T_0)=e_{AB}(T)-e_{AB}(T_0)$$

两式相减得：

$$E_{AC}(T,T_0)-E_{AB}(T,T_0)=e_{AC}(T)-e_{AB}(T)-[e_{AC}(T_0)-e_{AB}(T_0)]$$

根据热电偶基本定律④可知：$e_{AC}(T)-e_{AB}(T)=e_{BC}(T)$，$e_{AC}(T_0)-e_{AB}(T_0)=e_{BC}(T_0)$，因此：

$$E_{AC}(T,T_0)-E_{AB}(T,T_0)=e_{BC}(T)-e_{BC}(T_0)=E_{BC}(T,T_0) \tag{3-35}$$

可见，当任一电极 B、C、D…与一标准电极 A 组成热电偶产生热电势为已知时，就可以利用式(3-35) 求出这些热电极组成的热电偶的热电势，通常采用铂电极作为标准电极。

**(3) 热电偶实用测量电路**

① 单点温度的测温线路 见图 3-19，A、B 为热电偶，C、D 为补偿导线，冷端温度为 $T_0$，E 为铜导线（实际使用时，可把补偿导线延伸到配用仪表的接线端子，这时冷端温度即为仪表接线端子所处的环境温度），M 为毫伏计或数字仪表。此时回路中总热电势为 $E_{AB}$ $(T,T_0)$，流过毫伏计的电流为：

$$I=\frac{E_{AB}(T,T_0)}{R_Z+R_C+R_M} \tag{3-36}$$

式中，$R_Z$，$R_C$，$R_M$ 分别为热电偶，导线（包括铜线、补偿导线、平衡电阻）和仪表的内阻（包含负载电阻 $R_L$）。

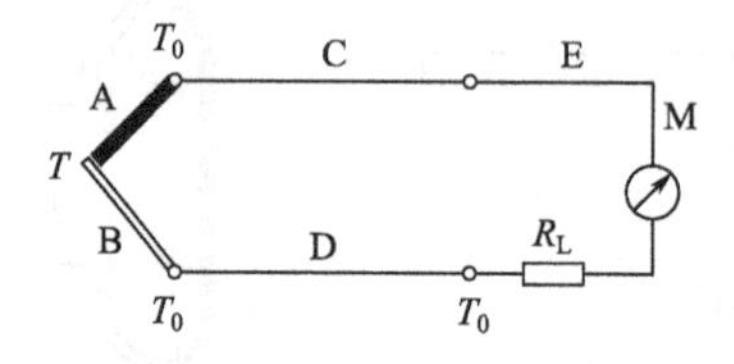


图 3-19 基本测量线路

② 测量两点之间温差的测温线路 见图 3-20，这是测量两个温度 $T_1$ 和 $T_2$ 之差的一种连接方式。用两只同型号的热电偶，配用相同的补偿导线，这时可测得 $T_1$ 和 $T_2$ 的温差。证明如下。

回路内的总电势为：

$$E_r=e_{AB}(T_1)+e_{BD}(T_0)+e_{DB}(T_0)+e_{BA}(T_2)+e_{AC}(T_0)+e_{CA}(T_0) \tag{3-37}$$

因为 C、D 为补偿导线，其热电性质分别与 A、B 材料性质相同，所以有：$e_{BD}(T_0)=0$（同一材料不产生热电势），同理可知：

$$e_{DB}(T_0)=0,e_{AC}(T_0)=0,e_{CA}(T_0)=0 \tag{3-38}$$

将式(3-38) 代入式(3-37)，得：

$$E_r = e_{AB}(T_1) + e_{BA}(T_2) = e_{AB}(T_1) - e_{AB}(T_2) \tag{3-39}$$

如果连接导线用普通铜导线，必须保证两热电偶的冷端温度相等，否则测量的结果不准确。

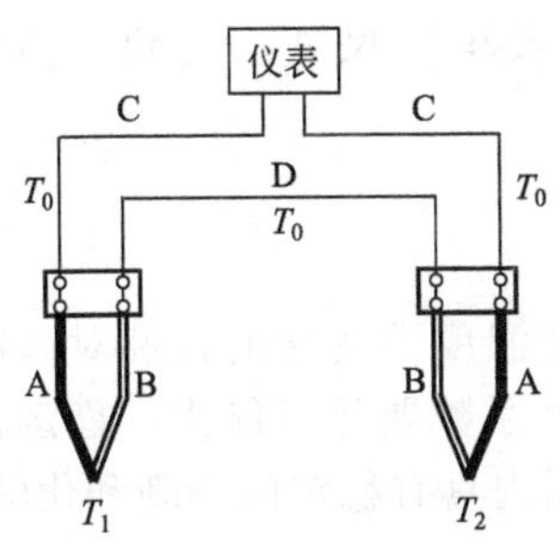


图 3-20 测量温差的线路

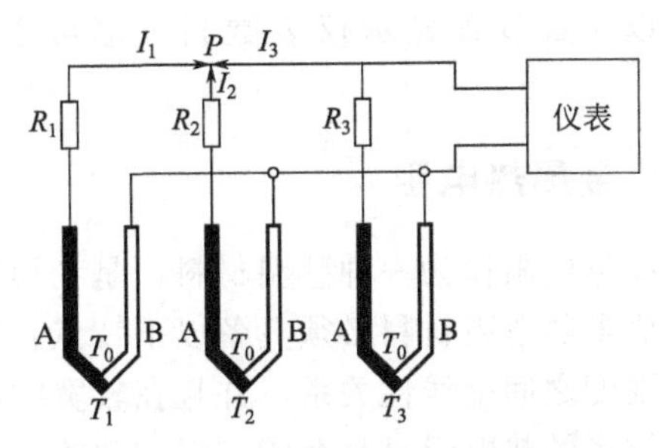


图 3-21 测量平均温度的线路

③ 测量平均温度的测温线路　通常用几只同型号的热电偶并联在一起测量平均温度，见图 3-21，要求三只热电偶都工作在线性段，此时仪表中指示的电势值为三只热电偶的平均电势。在每一只热电偶线路中，分别串接均衡电阻 $R_1$、$R_2$ 和 $R_3$，它们的作用是为了在 $T_1$、$T_2$ 和 $T_3$ 不相等时，使每一只热电偶线路中流过的电流免受电阻不相等的影响，与每一只热电偶的电阻变化相比，$R_1$、$R_2$ 和 $R_3$ 的阻值必须很大。

④ 测量几点温度之和的测温线路　利用同类型的热电偶串联，可以测量几点温度之和，也可以测量几点的平均温度。图 3-22 是几个热电偶的串联线路图。这种线路可以避免并联线路的缺点。当有一只热电偶烧断时，总的热电势消失，可以立即知道有热电偶烧断。同时由于总热电势为各热电偶热电势之和，故可以测量微小的温度变化，图中 C、D 为补偿导线，回路的总热电势为：

$$E_T = e_{AB}(T_1) + e_{DC}(T_0) + e_{AB}(T_2) + e_{DC}(T_0) + e_{AB}(T_3) + e_{DC}(T_0) \tag{3-40}$$

因为 C、D 为 A、B 的补偿导线，与 A、B 的热电性质相同，即：

$$e_{DC}(T_0) = e_{BA}(T_0) = -e_{AB}(T_0) \tag{3-41}$$

将其代入式(3-40) 中得：

$$\begin{aligned} E_T &= e_{AB}(T_1) - e_{AB}(T_0) + e_{AB}(T_2) - e_{AB}(T_0) + e_{AB}(T_3) - e_{AB}(T_0) \\ &= E_{AB}(T_1, T_0) + E_{AB}(T_2, T_0) + E_{AB}(T_3, T_0) \end{aligned} \tag{3-42}$$

即回路的总热电势为各热电偶的热电势之和。

辐射高温计中的热电势就是根据这个道理将几个同类型的热电偶串接在一起。

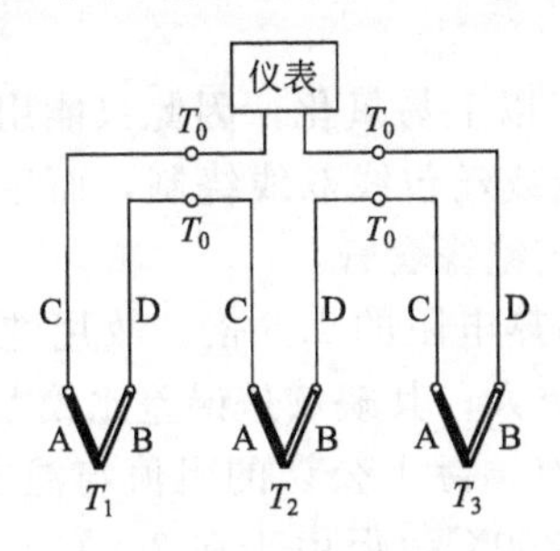


图 3-22 求温度和的电路

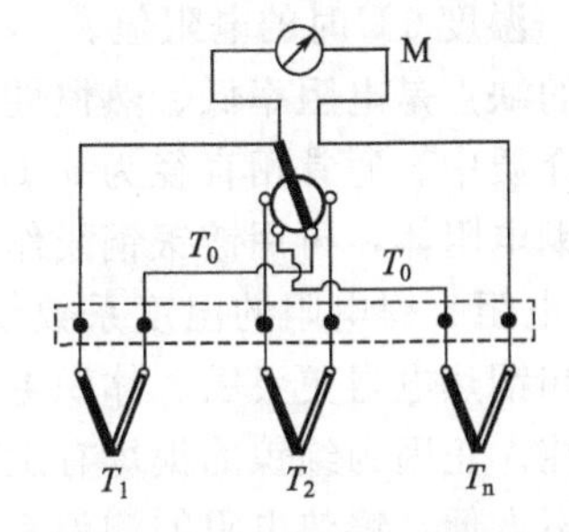


图 3-23 多点温度测量电路

⑤ 若干只热电偶共用一台仪表的测量线路　在多点温度测量时，为了节省显示仪表，若干只热电偶通过模拟式切换开关共同连接在一台测量仪表上，见图 3-23，各只热电偶

的型号相同，测量范围均在显示仪表的量程内。在生产现场中，如大量测量点不需要连续测量，只需要定时测量时，就可以把若干只热电偶通过手动或自动切换开关接至一台测量仪表上，以轮流或按要求显示各测量点的被测数值。切换开关的触点有十几对到数百对，这样可以大量节省显示仪表数目，也可以减小仪表箱的尺寸，达到多点温度检测的目的。

### 3.4.2 金属热电阻

金属热电阻作为一种感温材料，是利用其电阻随温度而变化的特性对温度进行测量。因此，要求热电阻材料必须具备以下特点：电阻温度系数要尽可能大、稳定；电阻率高；电阻与温度之间呈线性关系，并且在较宽的测量范围内具有稳定的物理和化学性质。目前应用得较多的热电阻材料有铂、铜和镍等。

热电阻由电阻体、保护套接线盒、内引线等部件组成。其结构可根据实际需要制作成多种形状，通常是将双线电阻丝绕在用石英、云母陶瓷和塑料等材料制成的骨架上，其测温范围大部分在－200～500℃。

常用的热电阻有如下一些。

① 铂电阻　由于铂电阻物理、化学性能在高温和氧化性介质中很稳定，它可用作工业测温元件和作为温度标准。按国际温标 IPTS-68 规定，在－259.34～630.74℃温域内，以铂电阻温度计作基准器。

铂电阻与温度的关系，在 0～630.74℃以内为：

$$R_t=R_0(1+At+Bt^2) \tag{3-43}$$

在－190～0℃以内为：

$$R_t=R_0[1+At+Bt^2+C(t-100)t^3] \tag{3-44}$$

式中　$R_t$，$R_0$——$t$℃和 0℃的电阻；

$A$，$B$，$C$——分度系数，$A=3.9687\times10^{-3}$/℃，$B=-5.84\times10^{-7}$/℃$^2$，$C=-4.22\times10^{-12}$/℃$^4$。

② 铜电阻　在测量精度不高、测温范围不大的情况下，可以采用铜电阻来代替铂电阻，用以降低成本，同时也能达到精度要求。工业用铜电阻一般在－50～150℃的温度范围内使用，此时电阻与温度近似呈线性关系：

$$R_t=R_0(1+at) \tag{3-45}$$

式中　$R_t$——温度 $t$℃时的电阻值；

$R_0$——温度 0℃时的电阻值。

铜电阻的缺点是电阻率低、热惯性大，在 100℃以上易氧化，因此只能用于低温以及无侵蚀性的介质中。通常用直径为 0.1mm 的漆包线或丝包线双线绕制，而后浸以酚醛树脂成为一个铜电阻体，再用镀银铜线作引出线，穿过绝缘套管。

③ 镍热电阻　镍电阻的温度系数较大，约为铂热电阻的 1.5 倍，故用纯镍制成的镍热电阻比铂和铜热电阻更灵敏、体积更小、电阻率更大；其缺点是误差比较大、非线性严重、不易提纯。正因为纯镍的提炼有困难，至今没有国际上公认的阻值与温度的分度表，使用起来很不方便。镍热电阻的测温范围为－50～300℃，但由于在 200℃左右存在奇异点，所以一般用以测量 150℃以下的温度。镍电阻与温度关系可表示为：

$$R_t=R_0(1+At+Bt^2+Ct^4) \tag{3-46}$$

式中，$A=5.485\times10^{-1}$/℃；$B=6.65\times10^{-2}$/℃$^2$；$C=2.805\times10^{-9}$/℃$^4$。

④ 其他热电阻 铂、铜、镍热电阻均是标准热电阻，在低温和超低温测量时性能不理想；而铟、锰、碳等热电阻材料却是测量低温和超低温的理想材料。铟电阻用99.999%高纯度铟丝绕成电阻，可在室温至4.2K温度范围内使用。实验证明，在－268.8～－259℃温度范围内，铟电阻的灵敏度比铂高10倍；其缺点是材料软、复制性差；锰电阻在－271～－260℃测温时，电阻随温度变化大、灵敏度高。缺点是材料脆、难拉丝；碳电阻在－273～－268.5℃测温时，适合作液氦温域的温度测量，其优点是价格低廉、对磁场不敏感，但热稳定性较差。

### 3.4.3 热敏电阻

热敏电阻是用半导体材料制作的热电元件，其温度系数远远大于热电阻，一般是金属导体热电阻的4～9倍；热敏电阻的温度系数有正有负，这是半导体热敏电阻与金属导体热电阻的另一个区别；热敏电阻的电阻率大，适合于点温、表面温度和快速变化的温度测量。热敏电阻的最大缺点是线性度较差，元件的稳定性及互换性差，一般不能用于350℃以上的高温检测。

**(1) 热敏电阻的结构形式**

热敏电阻由一些金属氧化物，如钴、锰、镍的氧化物，或它们的碳酸盐、硝酸盐和氯化物等做原料，采用不同比例的配方，经烧结而成。将烧结好的半导体热敏电阻采用不同的封装形式，制成珠状、片状、杆状、垫圈状等各种形状，如图3-24所示。片状的厚度为1～3mm，圆形的直径为3～10mm，柱状的外径为1～3mm。热敏电阻主要由热敏元件、引线和壳体组成，见图3-24(a)。

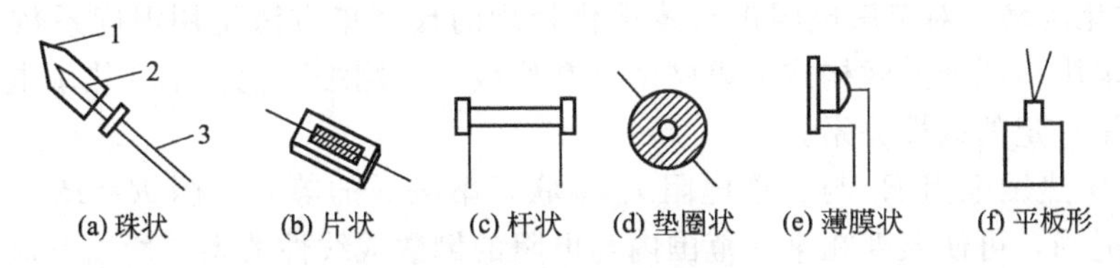


图3-24 热敏电阻结构形式

**(2) 热敏电阻的温度特性**

热敏电阻的温度特性分为三种类型：负电阻温度系数的热敏电阻（NTC），正电阻温度系数的热敏电阻（PTR）和在某一特定温度下电阻值会发生突变的临界温度系数的电阻器（CTR）。它们的特性曲线如图3-25所示。可见，CTR型热敏电阻是组成控制开关十分理想材料。在温度测量中，主要采用NTC或PTC型热敏电阻，使用的最多的是NTC型热敏电阻，阻值与温度的关系可表示为：

$$R_T=R_0\exp B\left(\frac{1}{T}-\frac{1}{T_0}\right) \tag{3-47}$$

式中 $R_T$,$R_0$——温度$T$和$T_0$的阻值；

$B$——热敏电阻的材料常数，一般情况下，$B$=2000～6000K，在高温下使用时，$B$值将增大。

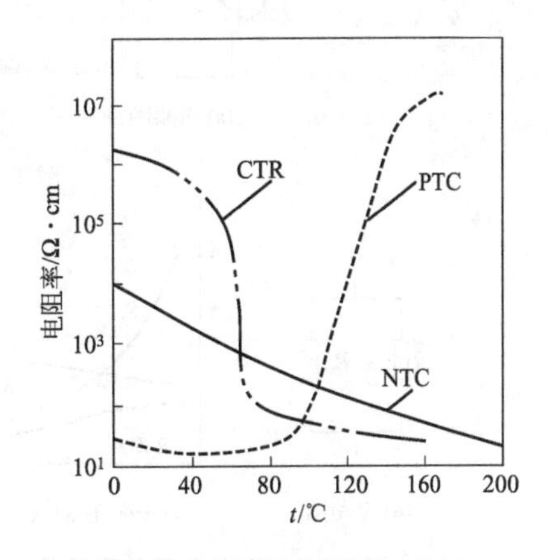


图3-25 半导体热敏电阻特性

若定义 $dR_T/(R_r dT)$ 为热敏电阻的温度系数

$a_r$，则由式(3-49) 得：

$$a_T=\frac{1}{R_T}\frac{dR_T}{dT}=\frac{1}{R_T}R_0\exp B\left(\frac{1}{T}-\frac{1}{T_0}\right)B\left(-\frac{1}{T^2}\right)=-\frac{B}{T^2} \tag{3-48}$$

可见，$a_T$ 是随温度降低而迅速增大，$a_T$ 决定热敏电阻在全部工作范围内的温度灵敏度，热敏电阻的测温灵敏度比金属丝的灵敏度高很多。例如 $B$ 值为 4000K，当 $T=293.15$K（20℃）时，热敏电阻的 $a_T=4.65\%/℃$，约为铂电阻的 12 倍。由于温度变化引起的阻值变化大，因此测量时引线电阻影响小，且体积小，非常适合测量微弱温度变化。但是，热敏电阻非线性严重；所以，实际使用时要对其进行线性化处理。

常用的热敏电阻的主要参数如表 3-2 所示。

**表 3-2 常用热敏电阻**

| 型　号 | 用　途 | 标准阻值(25℃)/kΩ | 材料常数/K | 额定功率/W | 时间常数/s | 耗散系数/(mW/℃) |
|---|---|---|---|---|---|---|
| MF-11 | 温度补偿 | 0.01～15 | 2200～3300 | 0.5 | ≤60 | ≥5 |
| MF-13 | 温度补偿 | 0.82～300 | 2200～3300 | 0.25 | ≤85 | ≥4 |
| MF-16 | 温度补偿 | 10～1000 | 3900～5600 | 0.5 | ≤115 | 7～7.6 |
| $RRC_2$ | 测控温 | 6.8～1000 | 3900～5600 | 0.4 | ≤20 | 7～7.6 |
| $RRC_7B$ | 测控温 | 3～100 | 3900～4500 | 0.03 | ≤0.5 | 7～7.6 |
| RRP7～8 | 作可变电阻器 | 30～60 | 3900～4500 | 0.25 | ≤0.4 | 0.25 |
| $RRW_2$ | 稳定振幅 | 0.8～500 | 3900～4500 | 0.03 | ≤0.5 | ≤0.2 |

**(3) 热敏电阻输出特性的线性化处理**

由式(3-57) 可知，热敏电阻值随温度呈指数规律变化，也就是说，其非线性程度十分严重。一般应考虑对其进行线性化处理，常用的方法有下面几种。

① 线性化网络　对热敏电阻进行线性化处理的最简单方法是用温度系数很小的精密电阻与热敏电阻串联或并联构成电阻网络（常称线性化网络）代替单个热敏电阻，其等效电阻与温度呈一定的线性关系。

图 3-26 中热敏电阻 $R_t$ 与补偿电阻 $r_c$ 串联，串联后的等效电阻 $R=R_t+r_c$，只要 $r_c$ 的阻值选择适当，可使温度在某一范围内与电阻的倒数成线性关系，所以电流 $I$ 与温度 $T$ 成线性关系。图 3-27 中热敏电阻 $R_t$ 与补偿电阻 $r_c$ 并联，其等效电阻 $R=R_tr_c(R_t+r_c)$，

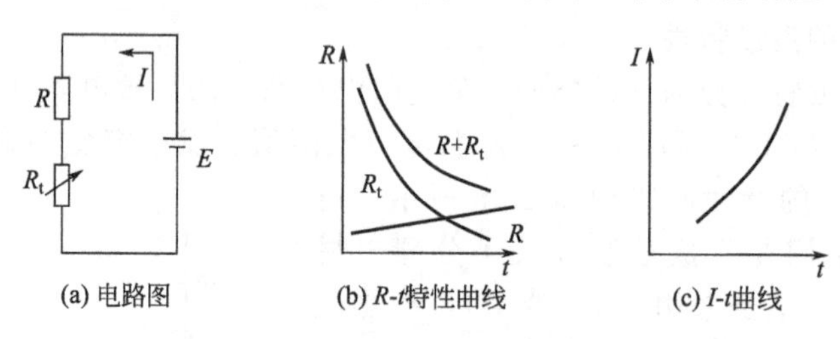

(a) 电路图　(b) R-t特性曲线　(c) I-t曲线

图 3-26　热敏电阻串联补偿

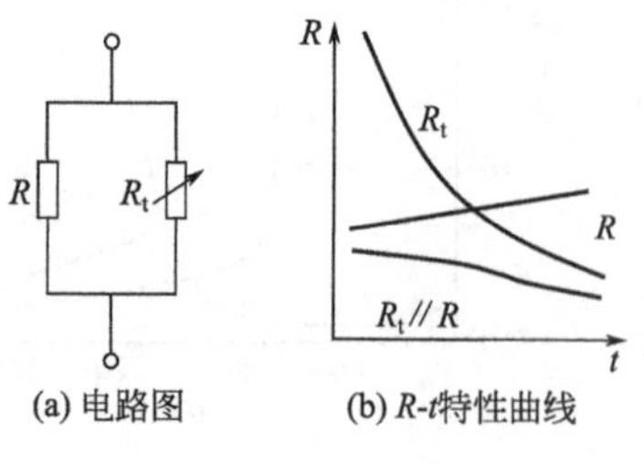

(a) 电路图　(b) R-t特性曲线

图 3-27　热敏电阻并联补偿

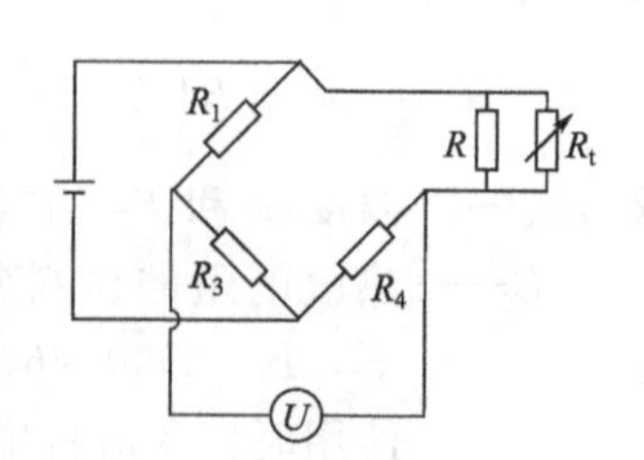

图 3-28　并联补偿桥式测量电路

可见，$R$ 与温度的关系曲线变得比较平坦，因此可以在某一温度范围内得到线性的输出特性。

并联补偿的线性电路常用在电桥测温电路中，见图 3-28。当电桥平衡时，$R_1=R_4$，$R_3=r_c//R$，$U=0$，这时温度为 $T_0$。当温度变化时，$R_t$ 将变化，使得电桥失去平衡，$U\neq0$，输出的电压值就对应了变化的温度值。

② 计算修正法　在使用微处理机的测量系统中，就可以用软件对传感器进行处理。当已知热敏电阻的实际特性和要求的理想特性时，可采用线性插值等方法将特性分段并把分段点的值存放大计算机的内存中，计算机将根据热敏电阻的实际输出值进行校正计算，给出要求的输出值。

③ 利用温度-频率转换电路改善非线性　该电路利用 RC 电路充放电过程的指数函数和热敏电阻的指数函数相比较的方法来改善热敏电阻的非线性，此时温度与频率间有如下的关系：

$$f=CT \tag{3-49}$$

式中，$C$ 为常数。该式说明，输出频率与 $T$ 成正比的线性关系。所以，通过测量出电路中的频率，便可计算出温度，也可使热敏电阻输出的非线性得到改善，该转换电路用于热敏电阻线性化处理的结果较理想。

## 3.5　压电式传感器

压电式传感器是根据压电效应制作的传感器，可以实现压力、加速度、扭矩等物理量的测量。压电传感器是一种典型的有源传感器，又称自发电式传感器，适用于动态变化的物理量检测，其优点是灵敏度高、信噪比高、结构简单等。压电式传感器广泛用于工程力学、生物医学、电声学等领域。

### 3.5.1　压电效应和压电材料

**(1) 压电效应**

当沿物质的某一方向施加压力或拉力时，该物质将产生变形，使其两个表面产生符号相反的电荷；当去掉外力后，它又重新回到不带电状态，这种现象被称为压电效应，也称为“顺压电效应”；反之，在某些物质的极化方向上施加电场，它会产生机械变形；当去掉外加电场后，变形也随之消失，把这种现象称为电致收缩效应，也称“逆压电效应”。具有压电效应的物质称为压电材料或压电晶体，在自然界中，大多数晶体都具有压电效应，但很多晶体的压电效应十分微弱。随着对压电材料的深入研究，发现石英晶体、钛酸钡、锆钛酸铅等人造压电陶瓷是性能优良的压电材料。

压电效应分三种类型：纵向压电效应、横向压电效应和切向压电效应，如图 3-29 所示。

图 3-29(a) 为纵向压电效应，电荷 $Q$ 与作用力 $F$ 成正比，与石英元件尺寸无关；图 3-29(b) 为横向压电效应，电荷与作用力和石英尺寸均有关；图 3-29(c) 为切向压电效应，电荷 $Q$ 与剪切力 $F$ 成正比。

**(2) 压电材料简介**

压电材料可分为压电单晶材料、压电多晶材料（压电陶瓷）和压电有机材料。它们都

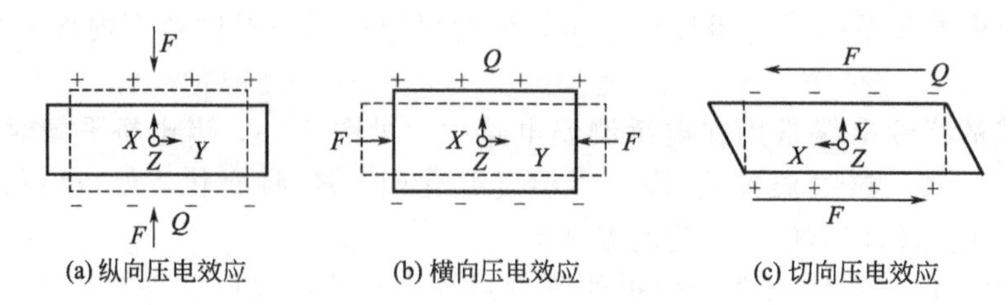


图 3-29 压电晶体的三种压电效应

具有较好的压电特性：压电常数大、力学性能优良、时间稳定性好、温度稳定性好等优点，是较理想的压电材料。

① 压电单晶体 石英晶体是一种压电单晶体，有天然石英和人造石英之分，前者经历亿万年老化，性能更稳定。石英的化学成分为 $SiO_2$，压电系数 $d_{11}=2.31\times10^{-12}$ (C/N)。在几百度的温度范围内，压电系数稳定不变，固有频率 $f_0$ 十分稳定，能承受 7～10MPa 的压强，是理想的压电材料。

除了上述压电材料外，还有水溶性压电晶体，如酒石酸钾钠（$NaKC_4H_4O_6\cdot 4H_2O$）、酒石酸乙烯二铵（$C_6H_4N_2O_6$）；磷酸二氢钾（$KH_2PO_4$）、磷酸二氢铵（$NH_4H_2PO_4$）属于正方晶系；钽酸锂（$LiTaO_3$）属于六斜晶系。

② 压电陶瓷 压电陶瓷是人造多晶系压电材料，可分为二元系压电陶瓷和三元系压电陶瓷。常用的压电陶瓷有钛酸钡、锆钛酸铅、铌酸盐系压电陶瓷。它们的压电常数比石英晶体高，如钛酸钡（$BaTiO_3$）压电系数 $d_{33}=190\times10^{-12}$（C/N），是石英晶体的几十倍。压电陶瓷的品种多，性能各异，可根据它们自身的特点制作各种压电传感器，这是一种很有发展前途的压电材料。压电陶瓷的缺点是介电常数、力学性能不如石英好。

③ 高分子压电材料 某些高分子聚合物薄膜经拉伸延展和电场极化处理后具有压电性，这类薄膜称做高分子压电薄膜。常用的高分子压电薄膜有：$PVF_2$（聚二氟乙烯）、PVF（聚氟乙烯）、PVC（聚氯乙烯）、PMG（聚 R 甲基-*L* 谷氨酸酯）、聚碳酸酯和尼龙 11 等。高分子压电材料与 PZT 无机材料比较，单位应力所产生的电压大，灵敏度高。另外，高分子材料的声阻抗远小于无机材料，是做水声传感器和生物医用传感器很好的材料，见表 3-3。

**表 3-3 常用压电材料性能**

| 压电材料 / 性能 | 石英 | 钛酸钡 | 锆钛酸铅 PZT-4 | 锆钛酸铅 PZT-5 | 锆钛酸铅 PZT-8 |
|---|---|---|---|---|---|
| 压电材料/(PC/N) | $d_{11}=2.31$, $d_{14}=0.73$ | $d_{15}=260$, $d_{31}=-78$, $d_{33}=190$ | $d_{15}\approx410$, $d_{31}=-100$, $d_{33}=230$ | $d_{15}\approx670$, $d_{31}=-185$, $d_{33}=600$ | $d_{15}\approx330$, $d_{31}=-90$, $d_{33}=200$ |
| 相对介电常数 $\varepsilon$ | 4.5 | 1200 | 1050 | 2100 | 1000 |
| 居里点温度/℃ | 573 | 115 | 310 | 260 | 300 |
| 密度/(g/cm³) | 2.65 | 5.5 | 7.45 | 7.5 | 7.45 |
| 弹性模量/$\times10^9$Pa | 80 | 110 | 83.3 | 117 | 123 |
| 机械品质因素 | $10^5\sim10^6$ | — | ≥500 | 80 | ≥800 |
| 最大安全应力/$\times10^5$Pa | 95～100 | 81 | 76 | 76 | 83 |
| 体积电阻率/Ω·m | $>10^{12}$ | $10^{10}$(25℃) | $>10^{10}$ | $10^{11}$(25℃) | — |
| 最高允许温度/℃ | 550 | 80 | 250 | 250 | — |

### 3.5.2　石英晶体的压电特性

石英晶体是单晶结构，其形状为六角形晶柱，见图3-30。石英晶体在各个方向的特性并不相同，$z$轴为晶体的光轴，为与六个平面平行的方向，沿$z$轴方向施加作用力不产生压电效应，光线通过$z$轴时不发生折射；$x$轴为电轴，它垂直于光轴$z$，$x$轴平行于相邻棱柱面内夹角的等分线，沿$x$轴施加作用力时产生的压电效应最强，此时的压电效应称为纵向压电效应；$y$轴为机械轴，垂直于$z$轴和$x$轴组成的平面，在电场作用下，沿$y$轴方向产生的机械变形最明显，$y$轴施加作用力时产生的压电效应称为横向压电效应。

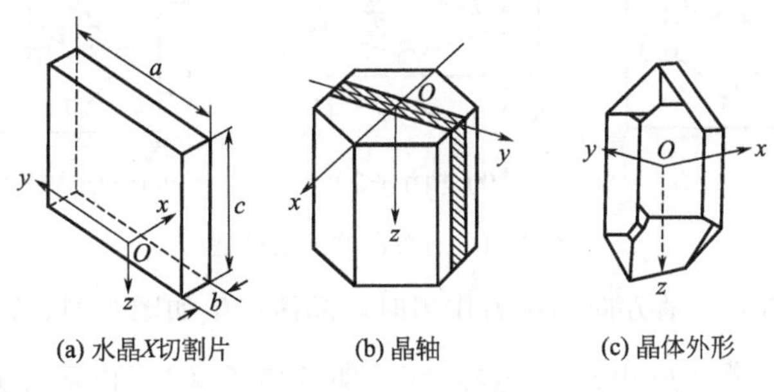


图3-30　石英晶体

若从石英晶体上沿$y$方向切下一块如图3-30(b) 所示的晶体片，当在电轴方向施加作用力$F_x$时，在与电轴（$x$）垂直的平面上将产生电荷$q_x$，其大小为：

$$q_x=d_{11}F_x \tag{3-50}$$

式中　$d_{11}$——$x$轴方向受力的压电系数；

$F_x$——作用力。

若在同一切片上，沿机械轴$y$方向施加作用力$F_y$，则仍在与$x$轴垂直的平面上将产生电荷，其大小为：

$$q_y=d_{12}\frac{a}{b}F_y=-d_{11}\frac{a}{b}F_y \tag{3-51}$$

式中　$d_{12}$——$y$轴方向的压电系数。

因为石英晶体轴对称，所以$d_{12}=-d_{11}$；$a$，$b$分别为晶体片的长度和厚度。电荷$q_x$和$q_y$的符号由作用力方向决定。$q_x$与晶体几何尺寸无关，而$q_y$则与晶体几何尺寸有关。

为了解石英压电效应及其各向异性的原因，将一个晶体单元中的硅离子和氧离子在垂直于$xy$平面上的投影，等效为图3-31(a) 中的正六边形排列。图中“⊕”表示$Si^{4+}$；“⊖”代表$2O^{2-}$，在一个晶体单元中有3个$Si^{4+}$和6个$2O^{2-}$，它们交替排列。

当石英晶体未受外力作用时，带有4个正电荷的$Si^{4+}$和带有4个负电荷的$2O^{2-}$正好分布在正六边形的顶角上，形成三个大小相等，互成120°夹角的电偶极矩$\vec{p}_1$、$\vec{p}_2$和$\vec{p}_3$，如图3-31(a) 所示。电偶极矩定义为电荷$q$与正负电荷间距$l$的乘积$P=ql$，电偶极矩方向从负电荷指向正电荷。此时，正、负电荷中心重合，电偶极矩矢量和等于零，既$\vec{p}_1+\vec{p}_2+\vec{p}_3=0$，电荷平衡，所以晶体表面不产生电荷，呈电中性。

当石英晶体受到沿$x$轴方向的压力作用时，将产生压缩变形，正负离子的相对位置随之变动，正负电荷中心不再重合，如图 3-31(b) 所示。硅离子（1）被挤入氧离子（2）和（6）之间，氧离子（4）被挤入硅离子（3）和（5）之间，电偶极矩在 $x$ 轴方向的分量 $(\vec{p}_1+\vec{p}_2+\vec{p}_3)_x<0$，结果表面 A 上呈负电荷，B 面呈正电荷；如果在 $x$ 轴方向施加拉力，A、B 面上电荷符号将与图 3-31(b) 所示的电荷符号相反。这种沿 $x$ 轴施加力，而在垂直于 $x$ 轴晶面上产生电荷的现象，即为前面所说的“纵向压电效应”。

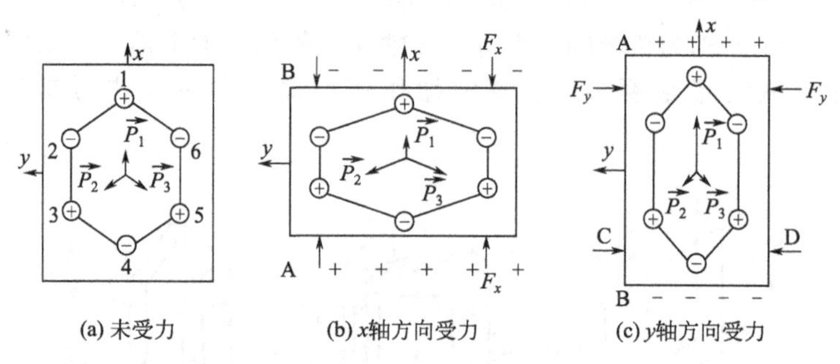


图 3-31 石英晶体压电模型

当石英晶体受到沿 $y$ 轴方向的压力作用时，晶体产生如图 3-31(c) 所示的变形。电荷极矩在 $x$ 轴方向的分量 $(\vec{p}_1+\vec{p}_2+\vec{p}_3)_x>0$，即硅离子（3）和氧离子（2）以及硅离子（5）和氧离子（6）都向内移动同样数值；硅离子（1）和氧离子（4）向 A、B 面扩伸，所以 C、D 面上不带电荷，而 A、B 面分别出现正、负电荷。如果在 $y$ 轴方向施加拉力，A、B 表面上电荷符号将与图 3-31(c) 所示的电荷符号相反。这种沿 $y$ 轴施加力，而在垂直于 $y$ 轴的晶面上产生电荷的现象即为前述的“横向压电效应”。当石英晶体在 $z$ 轴方向受作用力时，由于硅离子和氧离子对称平移，正、负电荷电心始终保持重合，电偶极矩在 $x$、$y$ 方向的分量为零，所以表面无电荷出现，故沿光轴方向施加作用力时石英晶体不产生压电效应。

图 3-32 为晶体在 $x$ 轴和 $y$ 轴方向受力产生电荷的情况。图 3-32(a) 是 $x$ 轴方向受压力时电荷分布情况，图 3-32(b) 是 $x$ 轴方向受拉力时电荷分布情况，图 3-32(c) 是 $y$ 轴方向受压力时电荷分布情况，图 3-32(d) 是 $y$ 轴方向受拉力时电荷分布情况。

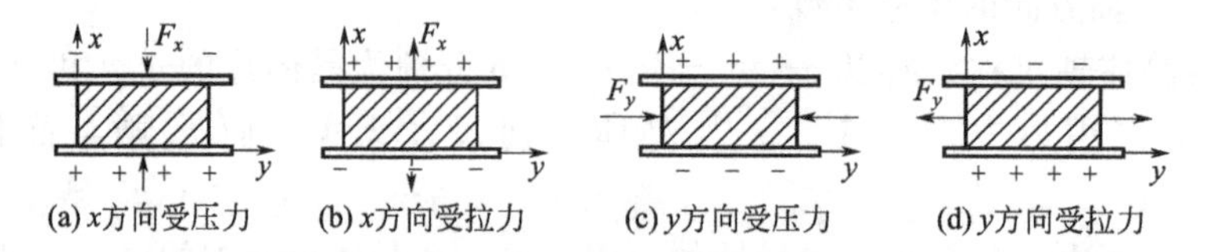


图 3-32 晶体片上电荷极性与受力方向的关系

### 3.5.3 压电陶瓷的压电现象

压电陶瓷属于人造多晶体，是由无数微细的单晶组成，它的压电机理与石英晶体并不相同。压电陶瓷材料内的每个单晶形成单个电畴，因此压电陶瓷中有许多自发极化的电畴。在极化处理以前，各晶粒内电畴方向随机排列，自发极化的作用相互抵消，陶瓷内极化强度为零，如图 3-33(a) 所示。在陶瓷上施加外电场时，电畴自发极化方向转到与外加电场方向一致，如图 3-33(b) 所示，此时压电陶瓷具有一定极化强度。当外电场撤销后，各电畴的自发极化在一定程度上按原外加电场方向取向，陶瓷极化强度并不立即恢复到零，如图 3-33(c) 所示，存在一定剩余极化强度，使得陶瓷片两端出现束缚电荷，一端为正，另一端为负，如图 3-34 所示。在束缚电荷的作用下，陶瓷片的极化两端很快吸附一层来自外界的自由电荷，最终束缚电荷将与自由电荷数值相等、极性相反，因此陶瓷片对外不呈现极性。

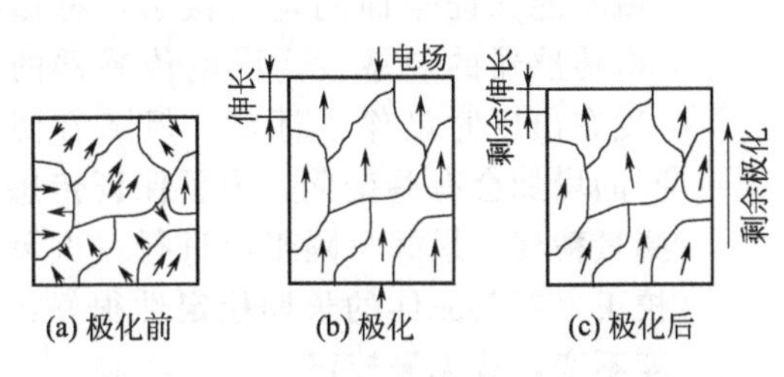


图 3-33 $BaTiO_3$ 压电陶瓷的极化

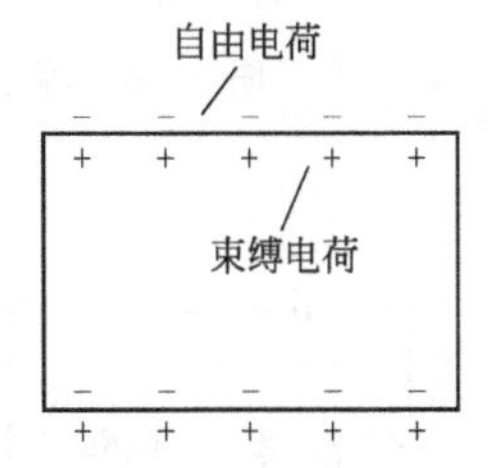


图 3-34 压电陶瓷电荷排列图

如果在压电陶瓷片上加一个与极化方向平行的外力，陶瓷片产生压缩变形，片内的束缚电荷之间距离变小，电畴发生偏转，极化强度变小。因此，吸附在压电陶瓷片表面的自由电荷，有一部分被释放而呈现放电现象。当撤销压力时，陶瓷片恢复原状，极化强度增大，因此又吸附一部分自由电荷而呈现充电现象。在压电陶瓷工作时，吸、放的电量与外力成正比关系，即：

$$q=d_{33}F \tag{3-52}$$

式中 $d_{33}$——压电陶瓷的压电系数；
$F$——作用力。

### 3.5.4 压电传感器等效电路和测量电路

#### (1) 压电晶片的连接方式

压电传感器的物理基础是压电效应，外力作用使压电材料产生电荷，该电荷只有在无泄露的情况下才会长期保存，这就要求测量电路具有无限大的输入阻抗，而实际这是不可能的，所以压电传感器不宜作静态测量，只能在其上不断加交变作用力，电荷才能不断得到补充。使用压电传感器时，可采用两片或两片以上的压电晶片粘贴在一起。由于压电晶片有电荷极性。因此连接方式有并联和串联两种，如图 3-35 所示。

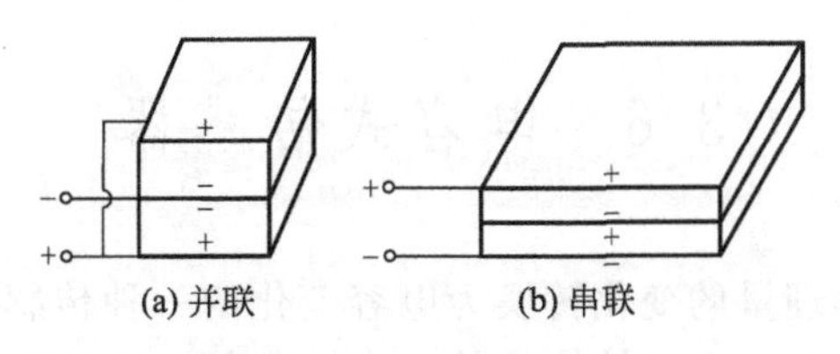


图 3-35 压电片的连接方式

并联连接的压电传感器的输出电容 $C'$ 和极板上的电荷 $q'$ 分别为单块晶体片的 2 倍，而输出电压 $U'$ 与单片上的电压 $U$ 相等，即：$q'=2q$，$C'=2C$，$U'=U$。串联连接式压电传感器输出总电荷 $q'$ 等于单片上的电荷。输出电压为单片的 2 倍，总电容应为单片的1/2，即：$q'=q$，$C'=C/2$，$U'=2U$。

由此可见，并联接法虽然输出电荷大，但由于本身电容亦大，故时间常数大，只适宜低频信号的测量、输出电荷的情况；串联接法输出电压高，本身电容小，适宜用于输出电压、测量电路输入阻抗很高的地方。

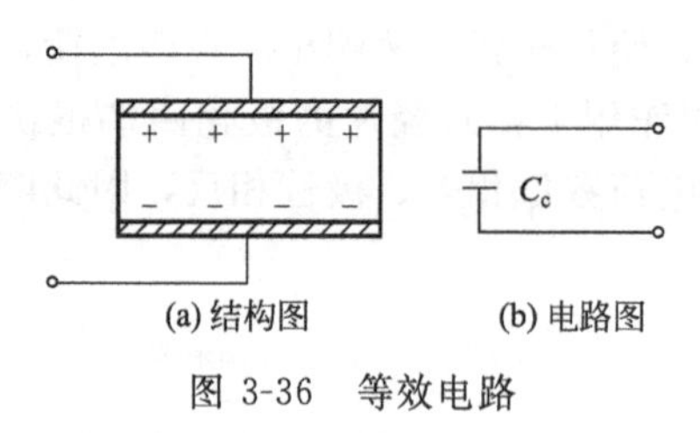

图 3-36　等效电路

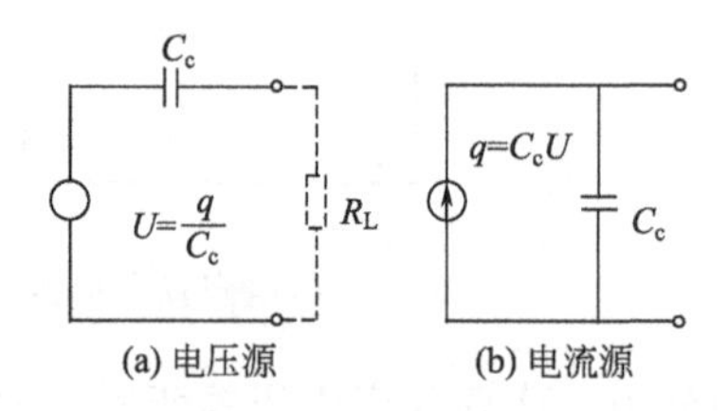

图 3-37　压电式传感器的等效电路

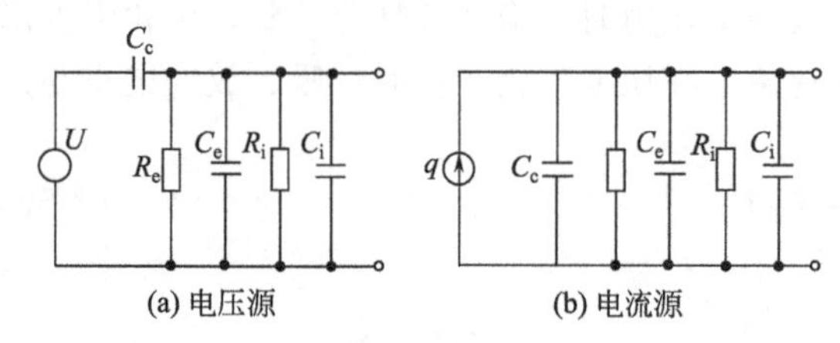

图 3-38　压电式传感器在测量系统中的等效电路

在加工压电传感器时，要使压电晶片有一定的预应力，这是因为压电晶片在加工时即使磨得很光滑，也难保证接触面的绝对平坦；如果没有足够的压力，就不能保证全面的均匀接触，将影响压电传感器的灵敏度。压电传感器的灵敏度在出厂时已作了标定，但随着使用时间的增加会有些变化，为了保证传感器的测量精度，最好每隔半年进行一次灵敏度校正。石英晶体的长期稳定性很好，灵敏度不变，故无需校正。

**(2) 压电传感器的等效电路**

当压电晶体片受力时，在晶体片的两个表面上聚集等量的正、负电荷，晶体片两表面相当于电容的两个极板，两极板间的物质等效于介质，因此压电片相当于一只平行板电容器，参见图 3-36。其电容为：

$$C_c=\frac{\varepsilon S}{d}$$

式中　$S$——极板面积；

$d$——压电片厚度；

$\varepsilon$——压电材料的介电常数。

压电传感器可以等效为一个电压源 $U=q/C_e$ 和一只电容 $C_e$ 串联的电路，见图 3-37(a)。压电式传感器也可等效为一个电荷源与电容并联电路；此时，该电路被视为一个电荷发生器，见图 3-37(b)。

压电传感器在实际使用时总是要与测量仪器或测量电路相连接，因此还必须考虑连接电缆的等效电容 $C_e$、放大器的输入电阻 $R_i$ 和输入电容 $C_i$，这样压电式传感器在测量系统中的等效电路就应如图 3-38 所示。

## 3.6　电容式传感器

电容式传感器是将物理量的变化转换为电容变化的一种传感器，可用于位移、振动、压力、液位等物理量的测量，具有结构简单、灵敏度高、动态响应快等优点，缺点是寄生电容和外界干扰影响严重。

### 3.6.1　基本工作原理

电容式传感器的工作原理可用平行极板电容器来说明，如图 3-39 所示。当不考虑由非均匀电场引起的边缘效应时，由两个平行板组成的电容器的电容为：

$$C=\frac{\varepsilon_r\varepsilon_0 A}{d} \tag{3-53}$$

式中　$\varepsilon_r$——电容极板间介质的相对介电常数，对于真空，$\varepsilon_r=1$；

$\varepsilon_0=8.854\times10^{-2}$ F/m——真空的介电常数；

$A$——两平行板所覆盖的面积；

$d$——两平行板之间的距离；

$C$——电容量。

当被测物理量引起 $A$、$d$ 或 $\varepsilon_r$ 发生变化时，$C$ 也随之变化。如果保持其中两个参数不变而仅改变另一个参数，就可在该参数与电容间建立一一映射关系。常见的电容式传感器有三种类型：变间隙式(改变 $d$)；变面积式(改变 $A$)；变介质式(改变 $\varepsilon_r$)。在实际使用中，多采用变间隙式电容传感器，因为这样获得的灵敏度较高。变间隙式电容传感器可以测量微米级的位移，而变面积式的传感器只能测量厘米级的位移。

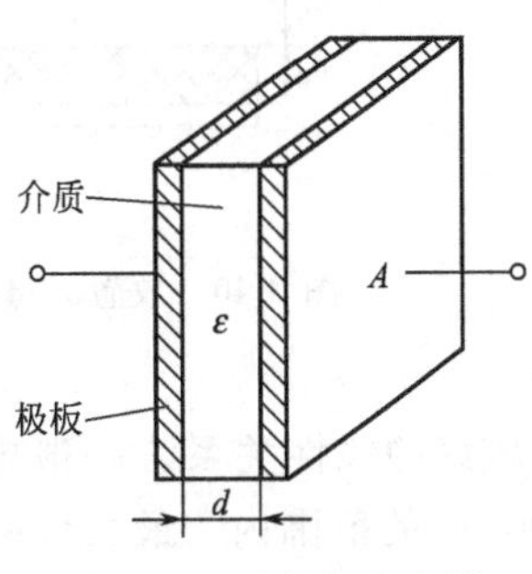


图 3-39　平行板电容器

## 3.6.2　变间隙型电容式传感器

由式(3-53) 可知，电容量 $C$ 与极板距离 $d$ 不是线性关系，而是双曲线关系。若电容器极板距离由初始值 $d_0$ 缩小了 $\Delta d$ 的位移，则极板距离变化前后的电容 $C_0$ 和 $C_1$ 分别表示为：

$$C_0=\frac{\varepsilon A}{d_0} \tag{3-54}$$

$$C_1=\frac{\varepsilon A}{d_0-\Delta d}=\frac{\varepsilon A}{d_0(1-\Delta d/d_0)}=\frac{\varepsilon A(1+\Delta d/d_0)}{d_0(1-\Delta d^2/d_0)} \tag{3-55}$$

当 $\Delta d\ll d_0$ 时，$1-\Delta d^2/d_0^2\approx1$，式(3-68) 可以简化为：

$$C_1=\frac{\varepsilon A(1+\Delta d/d_0)}{d_0}=C_0+C_0\frac{\Delta d}{d_0} \tag{3-56}$$

可见，$C_1$ 与 $\Delta d$ 近似呈线性关系，$\Delta d$ 越小，线性关系越好，由式(3-58) 得

$$C_1-C_0=\Delta C=C_0\Delta d/d_0$$

灵敏度 $K_C=\Delta C/C_0=\Delta d/d_0$，可见，电容传感器的灵敏系数 $K_C$ 与间隙 $d_0$ 有关，当 $d_0$ 较小时，电容变化量 $\Delta C$ 较大，从而使传感器的灵敏度提高。但 $d_0$ 过小时，容易引起电容器击穿。改善击穿条件的办法是在极板间放置云母片，如图 3-40 所示。此时电容 $C$ 变为：

$$C=\frac{A}{\dfrac{d_g}{\varepsilon_g\varepsilon_0}+\dfrac{d_0}{\varepsilon_0}} \tag{3-57}$$

式中　$\varepsilon_g=7$——云母的相对介电系数；

$\varepsilon_0$——空气的介电系数；

$d_g$——云母片的厚度；

$d_0$——空气隙厚度。

云母的介电系数为空气的 7 倍，击穿电压不小于 $10^3$kV/mm，而空气的击穿电压仅为 3kV/mm。即使厚度为 0.01mm 的云母片，它的击穿电压也不小于 10kV。因此在极板间加入云母片，极板间的初始距离 $d_0$ 可以大大减小。同时，式(3-57) 分母中的 $d_g/(\varepsilon_g\varepsilon_0)$ 项是定值，它能使传感器输出特性的线性度得到改善，只要云母片厚度选取得当，就能获

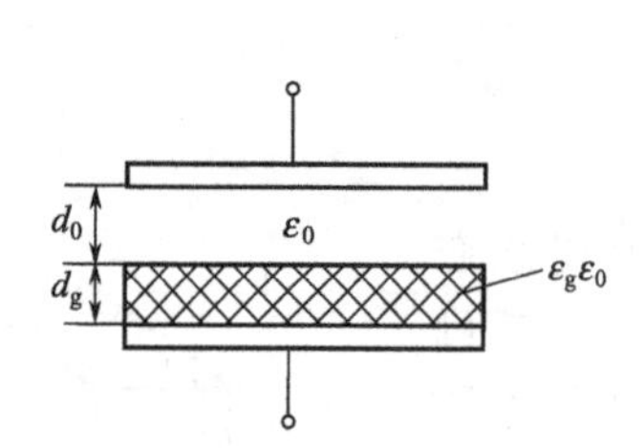


图 3-40 放置云母片的电容器

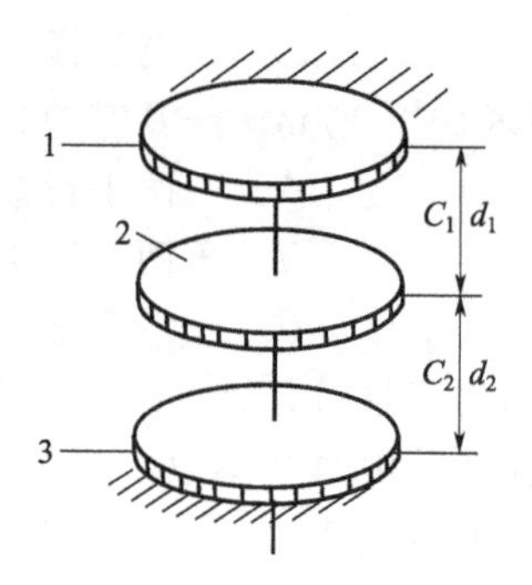


图 3-41 差动电容传感器

1—定极板；2—动极板；3—定极板

得较好的线性关系。一般电容式传感器的起始电容在 2～30pF 之间，极板距离在 25～200$\mu$m 的范围内，最大位移应该小于极板距离的 1/10。

在实际应用中，为了提高传感器的灵敏度和克服某些外界因素（例如电源电压、环境温度等）对测量的影响，常常把传感器做成差动形式，其原理如图 3-41 所示。当动极板移动后，$C_1$ 和 $C_2$ 构成差动变化，即其中一个电容量增加，而另一个电容量相应减少，这样可以消除外界因素所造成的测量误差。

### 3.6.3 变极板面积型电容式传感器

图 3-42 是一只角位移电容式传感器的原理图。当动极板移动 $\theta$ 角度时，与定极板的重合面积改变，从而改变了两极板间的电容量。当 $\theta=0°$时：

$$C_0=\frac{\varepsilon_1 A}{d} \tag{3-58}$$

式中 $\varepsilon_1$——介电常数，当 $\theta\neq0$ 时：

$$C_1=\frac{\varepsilon_1 A(1-\theta/\pi)}{d}=C_0-C_0\frac{\theta}{\pi} \tag{3-59}$$

可以看出，传感器电容量 $C$ 与角位移 $\theta$ 成线性关系。

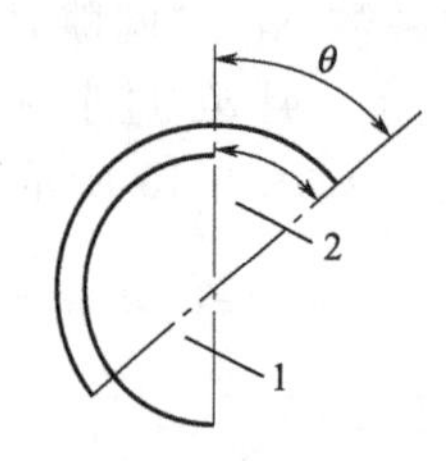


图 3-42 电容式角位移传感器原理

1—定极板；2—动极板

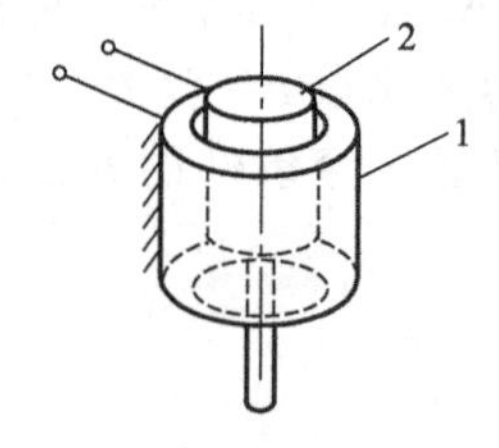


图 3-43 圆柱形电容式位移传感器

图 3-43 为圆柱形电容式位移传感器。在初始的位置（即 $d=0$）时，动、定极板相互覆盖，此时电容：

$$C_0=\frac{\varepsilon_1 l}{1.8\ln(D_0/D_1)} \tag{3-60}$$

式中，$l$、$D_0$ 和 $D_1$ 分别是动极板长度、直径和定极板直径，cm。当动极板移动 $a$ 后，有：

$$C=C_0-C_0\frac{a}{l} \tag{3-61}$$

即$C$与$a$呈线性关系。采用圆柱形电容器的原因，主要是考虑到动极板稍作径向移动时不影响其输出特性。

### 3.6.4 变介质型电容式传感器

图3-44为一种改变工作介质的电容式传感器，当发生位移$a$时，其电容量为：

$$C=C_A+C_B \tag{3-62}$$

$$C_A=ba\frac{1}{\frac{d_2}{\varepsilon_2}+\frac{d_1}{\varepsilon_1}},\ C_B=b(l-a)\frac{1}{\frac{d_1+d_2}{\varepsilon_1}} \tag{3-63}$$

式中 $b$——极板宽度；

$\varepsilon_1$、$\varepsilon_2$——空气和介质的介电常数。

设在电极中无介质时的电容量为$C_0$，即$C_0=\varepsilon_1[bl/(d_1+d_2)]$。把$C_A$、$C_B$和$C_0$代入式(3-62)可得：

$$C=ba\frac{1}{\frac{d_2}{\varepsilon_2}+\frac{d_1}{\varepsilon_1}}+b(l-a)\frac{1}{\frac{d_1+d_2}{\varepsilon_1}}=C_0+\frac{C_0}{l}\frac{(\varepsilon_2-\varepsilon_1)d_2}{(\varepsilon_2 d_1+\varepsilon_1 d_2)}a \tag{3-64}$$

式(3-64)表明，电容$C$与位移$a$成线性关系。

对于电容式传感器的三种类型，均可分为线位移和角位移两种，每一种又依据传感器的形状不同分为平板型和圆筒型两种类型。电容式传感器也还有其他的形状，但一般很少见。

一般来说，差动式电容传感器要比单片式的传感器好，具有灵敏度高、稳定性高等优点。绝大多数电容式传感器可制成一极多板的形式，几层重叠板组成的多片型电容传感器电容量是单片电容器的$n-1$倍。

### 3.6.5 电容式传感器等效电路

电容式传感器的等效电路可以用图3-45中的电路表示，图中考虑了电容器的损耗和电感效应，$R_P$为并联损耗电阻，它代表极板间的泄漏电阻和介质损耗。这些损耗在低频时影响较大，随着工作频率增高，容抗减小，损耗电阻的影响就减弱。$R_S$代表串联损耗，即引线电阻，电容器支架和极板的电阻。电感$L$由电容器本身的电感和外部引线电感组成。

由图可知，等效电路有一个谐振频率，通常为几十兆赫。当工作频率等于或接近谐振频率时，谐振频率破坏了电容的正常工作状态。因此，应该选择低于谐振频率的工作频率，否则电容传感器不能正常工作。

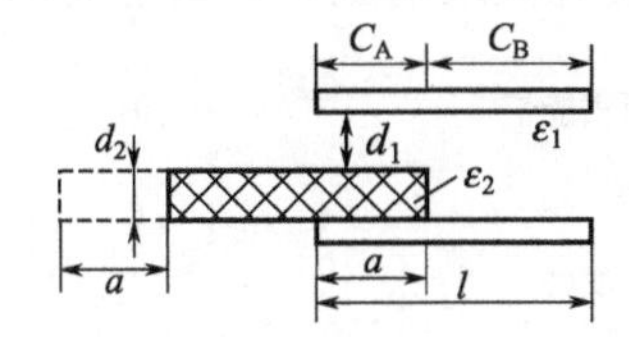


图3-44 并联式变介电常数电容传感器

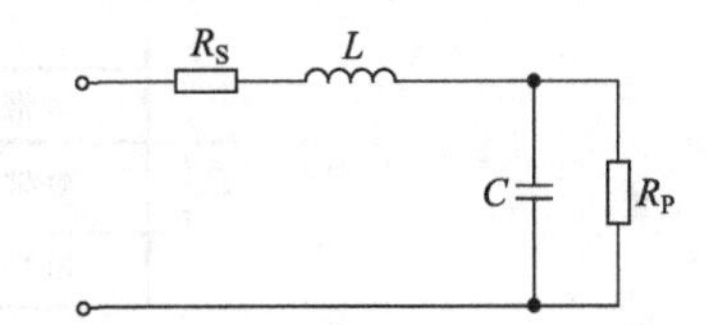


图3-45 电容式传感器的等效电路

# 3.7 光电式传感器

光电式传感器是一种能量转换型传感器，它将光能转换成电能。根据工作原理不同，可将光敏传感器分为四类：①利用光电效应的光敏传感器，如光电倍增管、光电阻等；②利用材料对光的红外波长选择性吸收制成的红外热释电探测器；③利用光电转换成像的CCD图像传感器和MOS图像传感器；④光纤传感器。光电式传感器具有高精度、高分辨率、高可靠性、高抗干扰能力等优点，除了可以用来测量光信号外，还可间接测量温度、压力、速度、加速度等物理量，在工业各个领域均有广泛的应用。

## 3.7.1 光电效应传感器

### (1) 光电效应

光电效应分为外光电效应和内光电效应两大类。

① 外光电效应　在光线的作用下，物体内的电子逸出物体表面向外发射的现象称为外光电效应。向外发射的电子叫光电子。众所周知，光子是具有能量的粒子，每个光子具有的能量可由式(3-65) 确定：

$$E=h\nu \tag{3-65}$$

式中　$h$——普朗克常数，其值为 $6.626\times10^{-34}\mathrm{J\cdot s}$；

$\nu$——光的频率，$\mathrm{s}^{-1}$。

物体中的电子吸收了入射光子的能量，当足以克服逸出功 $A_0$ 时，电子就逸出物体表面，产生光电子发射，此时光子能量 $h\nu$ 必须超过逸出功 $A_0$，超出的能量表现为光电子的动能。根据能量守恒定理：

$$h\nu=\frac{1}{2}mv_0^2+A_0 \tag{3-66}$$

式中　$m$——电子质量；

$v_0$——电子逸出速度。

该方程称为爱因斯坦光电效应方程。

② 内光电效应　当光照射在物体上，使物体的电导率 ($1/R$) 发生变化，或产生光生电动势的效应叫内光电效应，内光电效应可分为光电导效应和光生伏特效应两类。

a. 光电导效应。在光线作用下，电子吸收光子能量从键合状态过渡到自由状态，而引起材料电导率的变化。这种现象被称为光电导效应，光敏电阻就是基于光电导效应制作的光电器件。

当光照射到光电导体上时，若这个光电导体为本征半导体材料，且光辐射能量又足够强，光电导材料价带上的电子将被激发到导带上去，如图 3-46 所示，从而使导带的电子和价带的空穴增加，致使光导体的电导率变大。为了实现能级的跃迁，入射光的能量必须

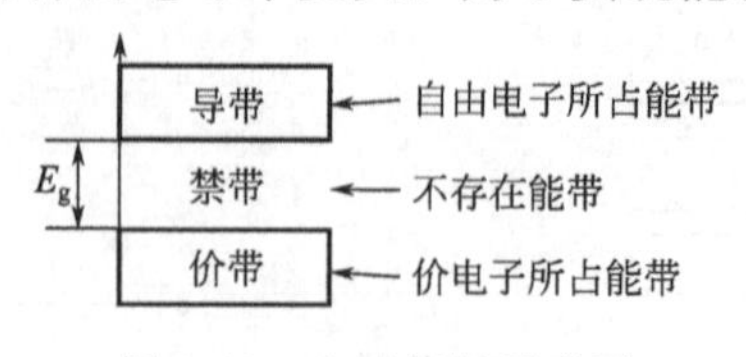


图 3-46　电子能级示意图

大于光电导材料的禁带宽度 $E_g$，即：

$$h\nu=\frac{hc}{\lambda}=\frac{1.24}{\lambda}\geqslant E_g \tag{3-67}$$

式中 $\nu$、$\lambda$——入射光的频率和波长。该式说明，对于一种光电导体材料，总存在一个光波长限 $\lambda_c$，只有波长小于 $\lambda_c$ 的光照射在光电导体上，才能产生电子能级间的跃迁，从而使光电导体的电导率增加。

b. 光生伏特效应。在光线作用下能够使物体产生一定方向的电动势的现象称光生伏特效应，基于光生伏特效应的光电器件有光电池和光敏二极管、三极管。

ⓐ 半导体PN结中，当光线照射其接触区域时，便产生光电动势，这就是势垒效应，即结光电效应。以PN为例，光线照射PN结时，设光子能量大于禁带宽度 $E_g$，使价带中的电子跃迁到导带，而产生电子空穴，在阻挡层内电场的作用下，被光激发的电子移向N区外侧，被光激发的空穴移向P区外侧，从而使P区带正电，N区带负电，形成光电动势。

ⓑ 当半导体光电器件受光照不均匀时，载流子浓度梯度将会产生侧向光电效应。半导体的光照部分吸收入射光子的能量便产生电子空穴对，使得该部分载流子浓度比未受光照部分的大，就出现了载流子浓度梯度，因而使载流子进行扩散。一般电子迁移率比空穴大，空穴的扩散不明显，则电子向未被光照部分扩散，就造成光照射的部分带正电，未被光照射的部分带负电，光照部分与未被光照部分产生了光电势的现象。

以上是各种光电效应产生的机理，利用外光电效应和内光电效应可制作各种光电器件。

**(2) 光电管**

光电管是利用外光电效应制作的器件，有真空光电管、充气光电管两类，如图3-47所示。它们由一个阴极和一个阳极构成，密封在真空玻璃管内。阴极装在玻璃管内壁上，其上涂有光电发射材料。阳极通常用金属丝弯成矩形或圆形，置于玻璃管的中央。当光照射阴极时，中央阳极可收集从阴极上逸出的电子，在外电场作用下形成电流 $I$，见图3-47(b)。充气光电管内充有少量的惰性气体如氩或氖，当阴极被光照射后，光电子在飞向阳极的途中，和气体的原子发生碰撞而使气体电离，增加了光电流，从而使光电管的灵敏度增加。但是，充气光电管的光电流与入射光强度不成比例关系，因而存在稳定性较差、惰性大、容易老化等缺点。目前，由于放大技术的提高，真空式光电管的灵敏度也不断提高。在自动检测仪表中，由于要求温度影响小和灵敏度稳定，所以一般都采用真空式光电管。

光电器件主要由伏安特性、光照特性、光谱特性、响应时间、峰值探测率和温度特性来描述，本书仅对其中几个主要的特性作简单叙述。

① 光电管的伏安特性　在一定的光照射下，光电器件阳极所加电压与阳极产生的电

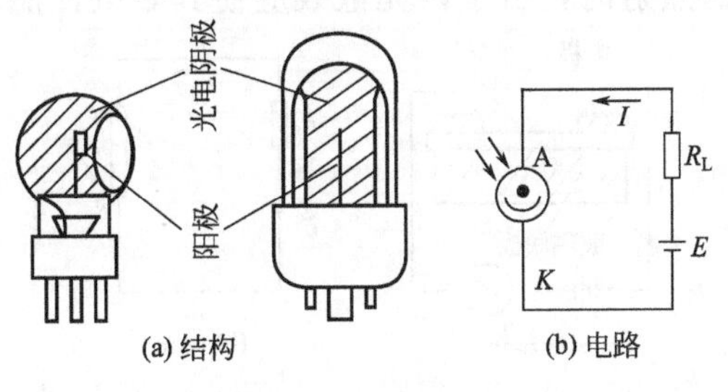


图3-47　光电管

流之间的关系称为光电管的伏安特性。真空和充气光电管的伏安特性分别如图 3-48(a) 和图 3-48(b) 所示，伏安特性是使用光电传感器时应考虑的主要性能指标。

② 光电管的光照特性　当光电管的阳极和阴极之间加一定电压时，光通量与光电流之间的关系称为光照特性。如图 3-49 所示，曲线 1 表示氧铯阴极光电管的光照特性，光电流 $I$ 与光通量成线性关系；曲线 2 为锑铯阴极的光电管光照特性，它呈非线性关系。光照特性曲线的斜率（光电流与入射光光通量之比）称为光电管的灵敏度。

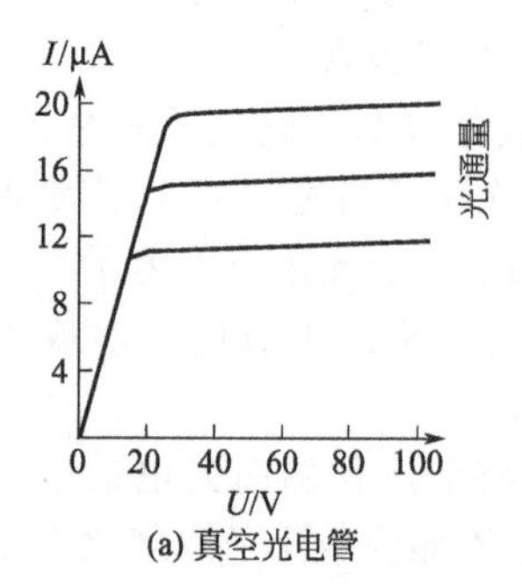

(a) 真空光电管

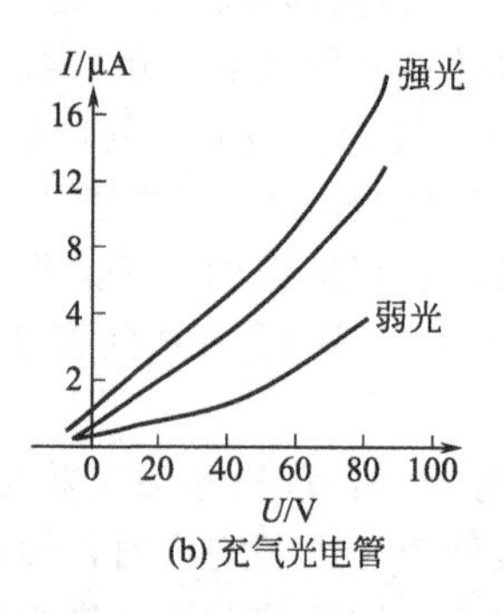

(b) 充气光电管

图 3-48　光电管的伏安特性

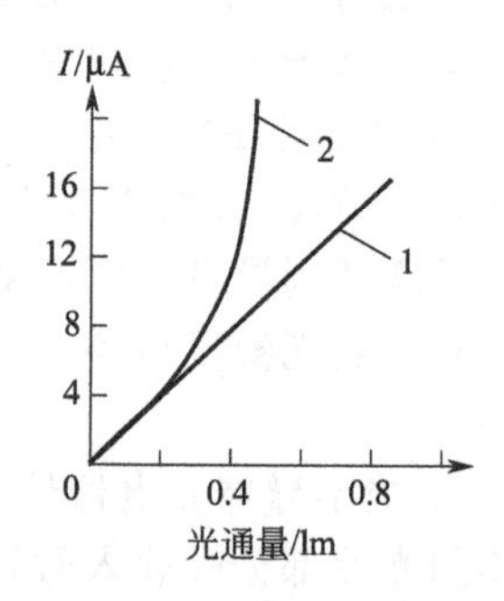


图 3-49　光电管的光电特性

③ 光电管的光谱特性　对于光电阴极材料不同的光电管，其红限频率 $\nu_0$ 也不同，因此它们可用于不同光谱的检测，这就是光电管的光谱特性。对不同波长的光，应选用不同材料的光电阴极。国产 GD-4 型的光电管，阴极由锑铯材料制成，其红限波长 $\lambda_0=70\text{nm}$，它对可见光范围的入射光灵敏度高，转换效率可达 25%～30%。这种管子适用于白光源，因而被广泛地应用于各种自动检测仪表中。对红外光源，常用银氧铯阴极，构成红外探测器。对紫外光源，常用锑铯和镁镉阴极。另外，锑钾钠铯材料的光谱范围较宽，为 300～850nm，灵敏度也较高，与人的视觉光谱特性很接近，是一种新型的光电阴极材料。有些光电管的光谱特性和人的视觉差异很大，因而这些光电管可以担负人眼所不能胜任的工作，如坦克和装甲车上的夜视镜等。

**(3) 光敏电阻**

光敏电阻是利用光敏材料内光电效应制作的一种光敏元件，它是一种体型元件，由于光电导效应仅限于光照的表面薄层，因此光敏半导体材料一般都做成薄层。光敏电阻的结构如图 3-50(a) 所示：在玻璃底板上均匀地涂上薄薄的一层半导体物质，半导体的两端装上金属电极，使电极与半导体层可靠的点接触；然后，将它们压入塑料封装体内。为了防止周围介质的污染，在半导体光敏层上覆盖一层漆膜，漆膜成分的选择应该使它在光敏层最敏感的波长范围内透射率最大。把光敏电阻连接到外电路中，在外加电压的作用下，用光照射就能改变电路中电流的大小，见图 3-50(b) 所示接线电路。

光敏电阻在受到光的照射时，由于内光电效应使其导电性能增强，电阻 $R_0$ 值下降，

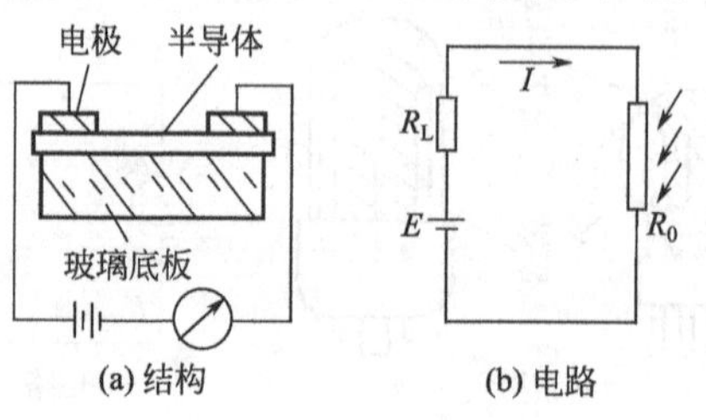

(a) 结构　(b) 电路

图 3-50　光敏电阻

所以流过负载电阻 $R_L$ 的电流及其两端电压也随之变化。光线越强，电流越大；当光照停止时，光电效应消失，电阻恢复原值，因而可将光信号转换为电信号。

并非一切纯半导体都能显示出光电特性，对于不具备这一条件的物质可以加入杂质使之具备光电效应特性，如硫化镉、硫化铊、硫化铋、硒化铅、碲化铅等。光敏电阻的使用取决于它的性能，如暗电流、光电流、伏安特性、光照特性、光谱特性、频率特性、温度特性以及灵敏度、时间常数和最佳工作电压等。

光敏电阻具有灵敏度高、光谱特性好、使用寿命长、稳定性能好、体积小以及制造工艺简单的优点，所以被广泛地用于自动化技术中。

① 暗电阻、亮电阻与光电流　光敏电阻在未受到光照时阻值称为暗电阻，此时流过的电流称为暗电流。在受到光照时的电阻称为亮电阻，此时的电流称为亮电流，亮电流与暗电流之差称为光电流。

一般暗电阻越大、亮电阻越小，光敏电阻的灵敏度就越高。光敏电阻的暗电阻值一般在兆欧数量级，亮电阻在几千欧以下。暗电阻与亮电阻之比一般在 $10^2 \sim 10^6$ 之间，这个数值是相当可观的。

② 光敏电阻的伏安特性　伏安特性描述的是光敏电阻两端电压与光电流之间的关系。一般光敏电阻，如硫化铅、硫化铊的伏安特性曲线如图 3-51 所示。由该曲线可知，所加的电压越高，光电流越大，而且没有饱和现象。在给定的电压下，光电流的数值将随光照增强而增大。

③ 光敏电阻的光照特性　光敏电阻的光照特性用于描述光电流 $I$ 和光照强度之间的关系，一般的光敏材料的光照特性可用图 3-52 所示的非线性曲线描述，可见光敏电阻不宜作线性测量元件，常用作开关式的光电转换器。

④ 光敏电阻的光谱特性　光谱特性描述了光敏电阻对不同波长的光谱的选择性吸收作用，如图 3-53 所示。对于不同波长的光，光敏电阻的灵敏度也不同，因此在光敏电阻选取时，应以光源的光谱特征作为依据，如光源在可见光区域，可选用硫化镉光敏材料；光源在红外区域，可选用硫化铅光敏材料。

**(4) 光电池**

光电池是将光量转变为电动势的光电元件，它本质上属于电压源。光电池的种类很多，有硒光电池、硫化铊光电池、硫化镉光电池、锗光电池、硅光电池、砷化镓光电池等。其中应用最广泛的是硅、硒光电池，它们的优点是性能稳定、光谱范围宽、频率特性好、转换效率高、能耐高温辐射等。另外，由于硒光电池的光谱峰值位置在人眼的视觉范

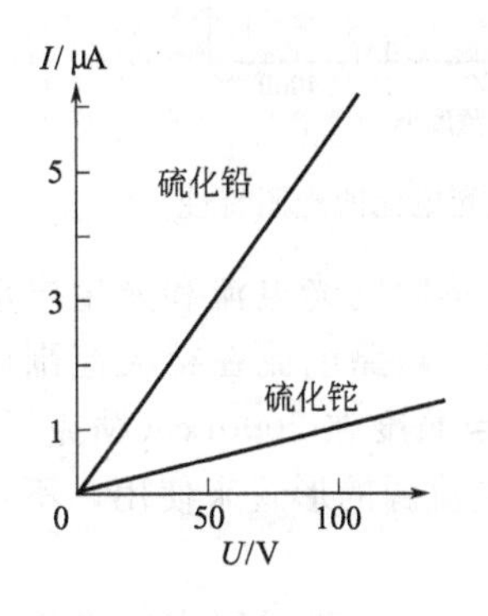


图 3-51　光敏电阻的伏安特性

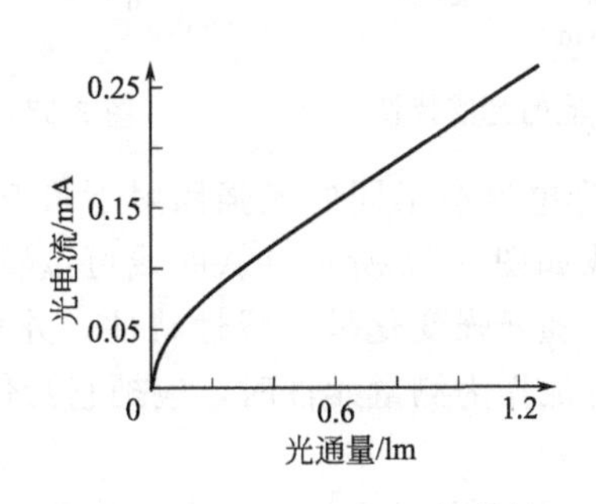


图 3-52　光敏电阻的光照特性

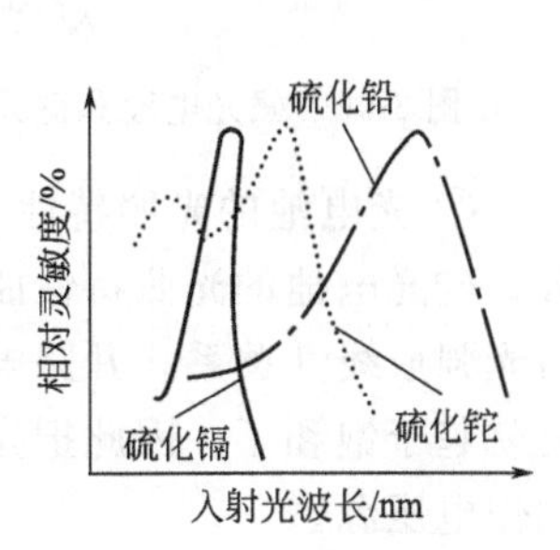


图 3-53　光敏电阻的光谱特性

围，所以很多分析仪器、测量仪表也常常用到它。

硅光电池是在一块N型硅片上，用扩散的方法掺杂一些P型杂质（例如硼）形成P-N结，见图3-54。光照射在P-N结上时，若光子能量大于半导体的禁带宽度$E_g$，则在P-N结内产生电子-空穴对，在内电场的作用下，空穴移向P区，电子移向N区，使P区带正电，N区带负电，因而P-N结产生电势。硒光电池采用氧化镉和硒形成P-N结，其中硒为P型半导体材料，含有过剩的空穴；氧化镉是N型半导体材料，含有过剩的电子。硒光电池是在铝片上涂硒，再用溅射的工艺，在硒层上形成一层半透明的氧化镉。在正反两面喷上低熔合金作为电极，见图3-55。光电池的主要特性有以下几项。

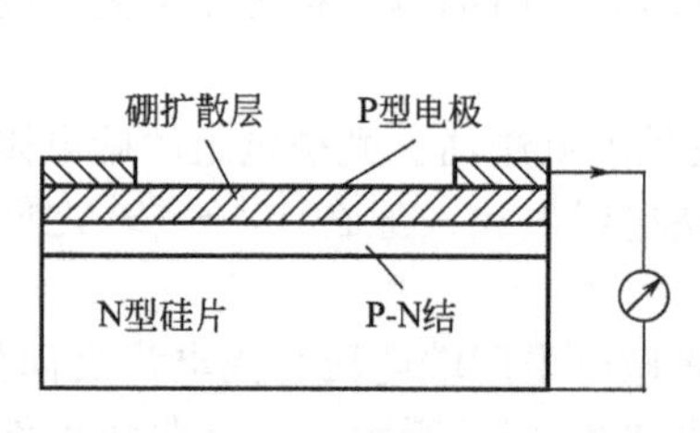


图3-54 硅光电池结构

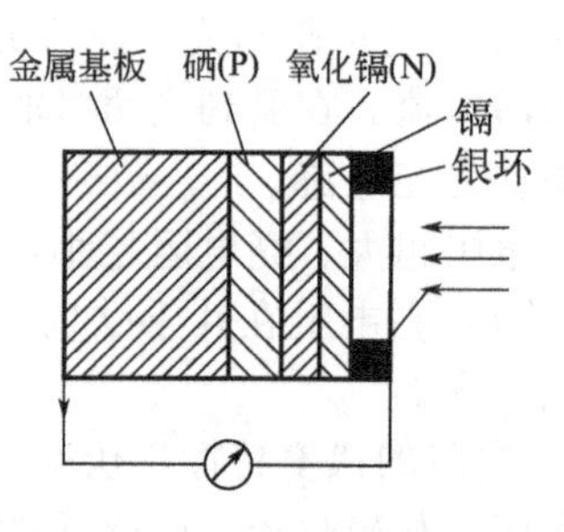


图3-55 硒光电池结构

① 光电池的光谱特性 图3-56为硒光电池和硅光电池的光谱特性曲线，从曲线上可以看出：不同的光电池，光谱峰值的位置不同。例如，硅光电池在800nm附近，硒光电池在540nm附近。硅光电池的光谱范围广，在450～1100nm之间，硅光电池常用于太阳能转换；硒光电池的光谱范围为340～750nm。因此硒光电池适合用在可见光的光谱范围，常用于照度计测定光的强度。

在实际使用中，光电池的选取应以光源为依据，以便获得最佳的光谱响应，例如，硅光电池对于温度为2850K的白炽灯，能够获得最佳的光谱响应。但需注意的是，光电池的光谱特性不仅和光电池的材料和制造工艺有关，而且也随着温度变化。

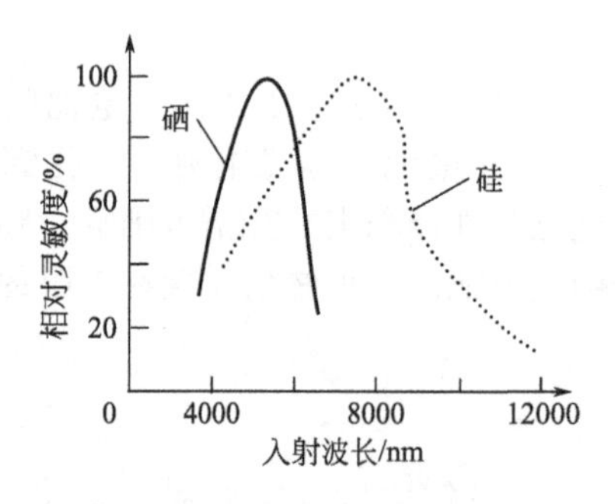


图3-56 硒光电池和硅光电池的光谱特性

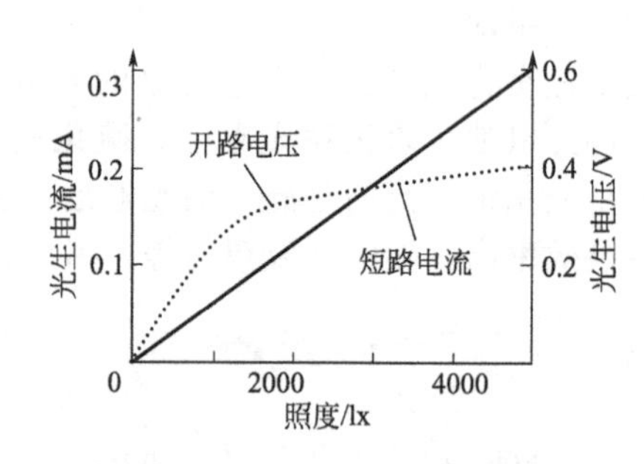


图3-57 硅光电池的光照特性

② 光电池的光照特性 光电池在不同的光强照射下可产生不同的光电流和光生电动势，硅光电池的光照特性曲线如图3-57所示。从曲线可以看出，短路电流在很大范围内与光强成线性关系。开路电压随光强变化呈非线性特性，并且当照度在2000lx（勒克司）时就趋于饱和了。因此把光电池作为测量元件时，应把它当作电流源的形式来使用，不宜用作电压源。

③ 光电池的频率特性 光电池用于测量、计数、接收元件时，一般采用交变光作为光源，其频率特性就是反映光频率和电流的关系，见图3-58。从曲线可知，硅光电池的

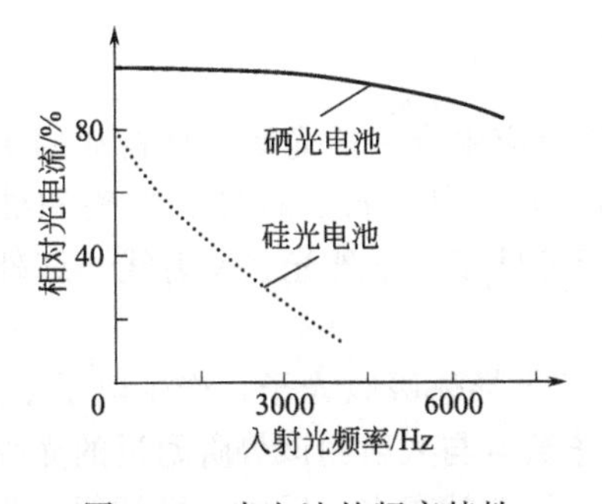


图 3-58　光电池的频率特性

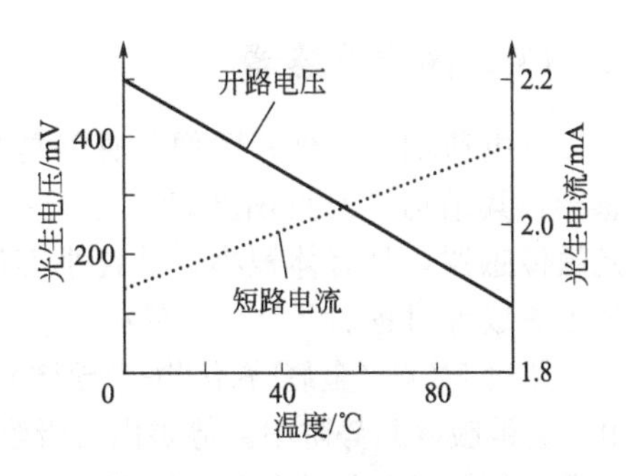


图 3-59　光电池的温度特性

频率响应较好，可应用在高速计数、有声电影等方面。

④ 光电池的温度特性　光电池的温度特性主要描述光电池的开路电压和短路电流随温度变化的情况。由于它关系到光电池的温度漂移，影响到测量精度或控制精度等主要指标，因此温度特性是光电池的重要特性之一。光电池的温度特性曲线如图 3-59 所示。从曲线看出，开路电压随温度升高而下降的速度较快，而短路电流随温度升高缓慢增加。因此，当光电池作测量元件时，在系统设计中就应该考虑到温度的漂移，从而采取相应的措施来进行补偿。

**(5) 光敏二极管和光敏三极管**

① 光敏二极管　光敏二极管是一种利用 PN 结单向导电性的结型光电器件，其符号如图 3-60 所示。锗光敏二极管有 A、B、C、D 四类，硅光敏二极管有 2CU1 A～D 系列和 1 DU1～4 系列。

光敏二极管的结构与一般二极管相似，它装在透明玻璃外壳中，P-N 结装在管颈，可直接受光的照射。光敏二极管在电路中一般是处于反向工作状态，如图 3-61 所示。

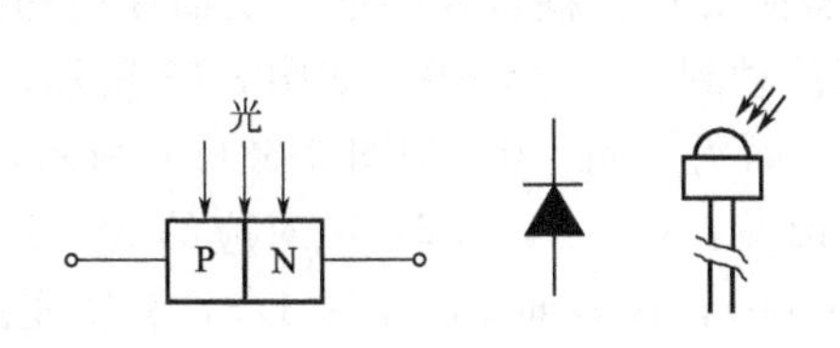


图 3-60　光敏二极管符号图

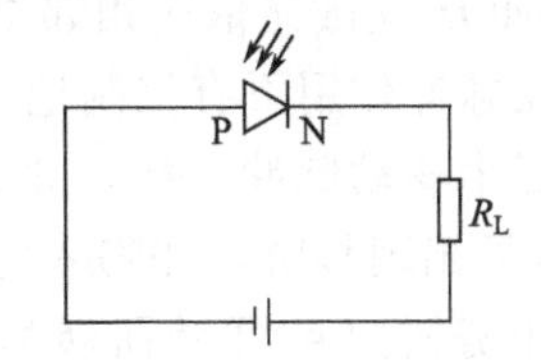


图 3-61　光敏二极管接线法

光敏二极管的光照特性是线性的，所以适合检测等方面的应用。在没有光照射时，光敏二极管的反向电阻很大、反向电流很小，此时光敏二极管处于截止状态；受光照射时，光敏二极管处于导通状态，此时光敏二极管的工作原理与光电池的工作原理很相似。

② 光敏三极管　光敏三极管有 PNP 型和 NPN 型两种，其结构与一般三极管很相似，只是它的发射极一般做得很大，以扩大光的照射面积，且基极往往不接引线。

光敏三极管集电极加上正电压，基极开路，此时集电极处于反向偏置状态。当光线照射在集电结的基区时，会产生电子、空穴对，光电子被拉到集电极，基区留下空穴，使基极与发射极间的电压升高，使大量的电子流向集电极，形成输出电流，且集电极电流为光电流的 $\beta$ 倍。由于锗管的暗电流比硅管大，因此锗管的性能较差。故在可见光或探测赤热状态物体时，一般选用硅管。但对红外线进行探测时，多采用锗管。对于光敏三极管而言，当光照足够时，会出现饱和现象，故它既可作线性转换元件，也可作开关元件。

### 3.7.2 CCD图像传感器

CCD（电荷耦合器件）图像传感器是利用内光电效应由众多的光敏元件构成的集成化光传感器，其结构单元见图3-62。它包括电荷转移、光信号转换、存储、传输和处理的集成光敏传感器，具有体积小、功耗小等优点，用于可见光、紫外光、X射线、红外光和电子轰击等成像过程。

当光照射MOS（金属-氧化物-半导体）电容器时，半导体吸收光子，产生电子空穴对，光生电子会被吸收到势阱中。势阱内所吸收的光生电子数量与入射到该势阱附近的光强成正比：光强越大，产生电子空穴对越多，势阱中收集的电子数就越多；反之，光越弱，收集的电子数越少。一个MOS光敏元叫做一个像素，将相互独立的成百上千个MOS光敏元放在同一半导体衬底上，这样就形成了几百甚至几千个势阱。因为势阱中电子数目的多少可以反映光的强弱，能够说明图像的明暗程度，所以当照射到这些光敏元上的光呈现一幅强度不同的图像时，那么就生成一幅与光强成正比的电荷图像，这是MOS的工作原理。

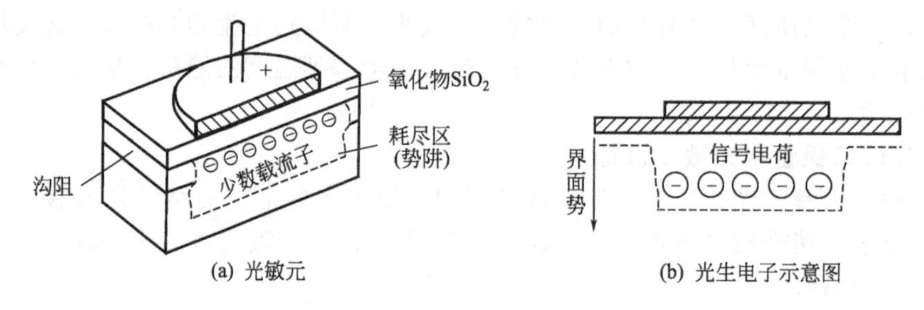

(a) 光敏元　　(b) 光生电子示意图

图3-62　CCD结构单元

多个MOS光敏元依次相邻排列，使得势阱交迭、耦合在一起，从而使得相邻的势阱中的电子在脉冲作用下有控制地从一个势阱流动到下一个势阱，如图3-63所示，图中$\phi_1$、$\phi_2$、$\phi_3$为三个驱动脉冲。在$t_1$时刻，$\phi_1=1$，而$\phi_2=\phi_3=0$，如图3-63(a)所示，在$\phi_1$对应的MOS下出现势阱，并陷入电子；在$t_2$时刻，$\phi_2=1$，此时$\phi_2$对应的MOS下也出现势阱，$\phi_1$下势阱向$\phi_2$下势阱转移，见图3-63(b)；在$t_3$时刻，$\phi_1=1/2$，势阱变浅，$\phi_1$下势阱中更多的电子向$\phi_2$下势阱转移，见图3-63(c)；在$t_4$时刻，$\phi_1=0$，势阱消失，$\phi_1$下势阱中的电子全部转移到$\phi_2$下势阱中，此时$\phi_2$势阱中电子也向$\phi_3$下势阱中，见图3-63(d)。这样的过程一直重复下去，实现电荷的移位过程，以上介绍的是三相驱动，还存在其他驱动方式。由于在传输过程的同时光照仍然进行，使信号电荷发生重叠，图像会变得模糊。因此在CCD摄像区应和传输区分开，并在时间上保证信号电荷从摄像区转移到传输区的时间远小于摄像时间。

从结构上看，CCD图像传感器可分为线型电荷耦合和面型电荷耦合两种。随着电子技术、计算机技术的日益发展，CCD图像传感器的性能也不断提高。

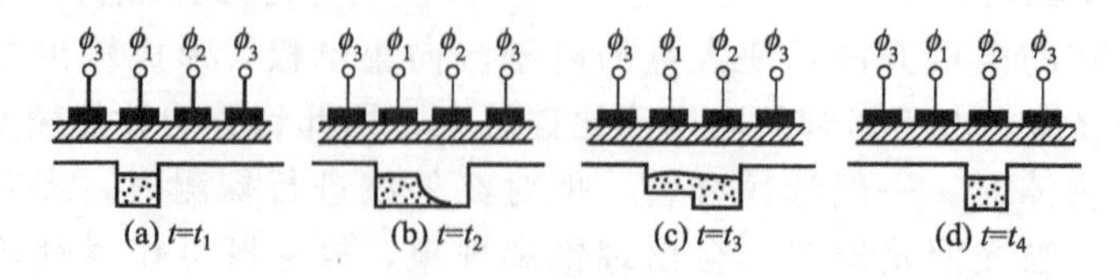

(a) $t=t_1$　(b) $t=t_2$　(c) $t=t_3$　(d) $t=t_4$

图3-63　电荷转移过程

# 3.8 霍尔传感器

霍尔传感器是利用霍尔效应将磁场强度转换为电信号的一种传感器。霍尔效应自1879年被发现至今已有100多年的历史，但直到20世纪50年代，由于微电子学的发展，才被人们所重视和利用，开发了多种霍尔元件。我国从70年代开始研究霍尔器件，经过20余年的研究和开发，目前已经能生产各种性能的霍尔元件，例如普通型、高灵敏度型、低温度系数型、测温测磁型和开关式的霍尔元件。

由于霍尔传感器具有灵敏度高、线性度好、稳定性高、体积小和耐高温等特性，它已被广泛应用于非电量测量、自动控制、计算机装置和现代军事技术等各个领域。

## 3.8.1 霍尔效应

如图3-64所示的一块半导体薄片，其长度为$L$，宽度为$b$，厚度为$d$，当它被垂直置于磁感应强度为$B$的磁场中，如果在它的两边通以控制电流$I$，且磁场方向与电流方向正交，则在半导体另外两边将会产生一个大小与控制电流$I$和磁场强度$B$乘积成正比的电势$U_H$，即$U_H=K_HIB$。其中$K_H$为霍尔元件的灵敏度。这一现象称为霍尔效应，该电势称为霍尔电势，半导体薄片就是霍尔元件。霍尔效应是半导体中自由电荷受磁场中洛仑兹力作用而产生的。

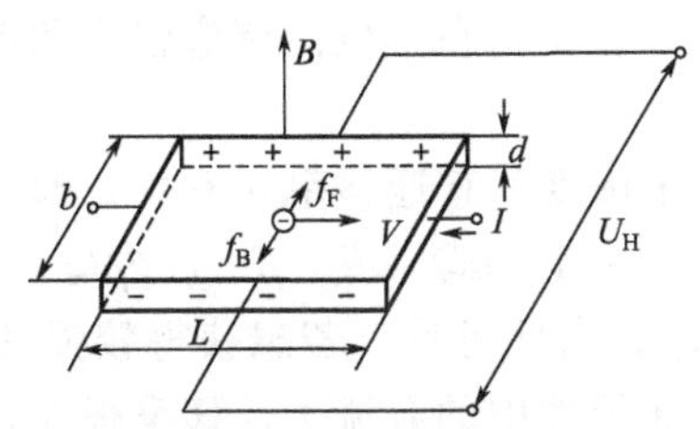


图3-64 霍尔效应原理图

设霍尔元件为N型半导体，当它通以电流$I$时，半导体中的自由电荷即载流子（电子）将受到磁场中洛仑兹力$F_H$的作用，其大小为：

$$F_B=-evB \tag{3-68}$$

式中 $v$——电子速度；

$B$——垂直于霍尔元件表面的磁场强度。

在磁场作用下，电子向垂直于磁场和自由电子运动方向偏移，使半导体一端面产生负电荷积聚，另一端面则为正电荷积聚。由于电荷聚积，产生静电场，即为霍尔电场。该静电场对电子的作用力$F_E$与洛仑兹力方向相反，将阻止电子继续偏转，其大小为：

$$F_E=-eE_H=-eU_H/b \tag{3-69}$$

式中 $E_H$——霍尔电场；

$e$——电子电量。

当静电力$F_E$与洛仑兹力$K_H$相等时，电子积累达到动态平衡，即$-evB=-eU_H/b$，有

$$U_H=bvB \tag{3-70}$$

流过霍尔元件的电流$I$为：

$$I=\frac{\mathrm{d}Q}{\mathrm{d}t}=bdvn(-e) \tag{3-71}$$

式中　$bd$——与电流方向垂直的截面积；

$n$——单位体积内自由电子数（载流子浓度）。

将式(3-71) 代入式(3-70) 得：

$$U_{\mathrm{H}}=IB/ned \tag{3-72}$$

若霍尔元件为P型半导体，则：

$$U_{\mathrm{H}}=IB/ped \tag{3-73}$$

式中，$p$ 为单位体积内空穴数（载流子浓度）。

在式(3-73) 中，分别取：

$$R_{\mathrm{H}}=1/pe \tag{3-74}$$

则式(3-73) 将变换为：

$$U_{\mathrm{H}}=R_{\mathrm{H}}\frac{BI}{d} \tag{3-75}$$

式中　$R_{\mathrm{H}}$——霍尔传感器的霍尔系数。

很明显，$R_{\mathrm{H}}$由半导体材料性质决定，它决定霍尔电势的强弱，设：

$$K_{\mathrm{H}}=R_{\mathrm{H}}/d \tag{3-76}$$

则 $K_{\mathrm{H}}$即为霍尔元件的灵敏度，式(3-75) 可写为：

$$U_{\mathrm{H}}=K_{\mathrm{H}}IB \tag{3-77}$$

所谓霍尔元件的灵敏度（$K_{\mathrm{H}}$），就是指在单位磁感应强度和单位控制电流作用时，输出的霍尔电势的大小。

由于材料电阻率 $\rho$ 与载流子浓度和其迁移率 $\mu$ 有关，即：

$$\rho=1/n\mu Q \quad 或 \quad \rho=1/p\mu Q \tag{3-78}$$

则 $\rho=R_{\mathrm{H}}/\mu$，于是得到 $R_{\mathrm{H}}=\rho\mu$。由此可见，若想获得较强的霍尔电势，材料的电阻率必须要高，且迁移率也要大。金属导体中的载流子迁移率很大，但存在电阻率低的不足；而绝缘体的电阻率很大，但存在载流子迁移率低的不足。因此，只有半导体材料同时具有载流子迁移率大和电阻率高的特点，是用来制作霍尔传感器的理想材料。表3-4列出了一些霍尔元件材料特性。霍尔电势除了与材料载流子的迁移率和电阻率有关，同时还与霍尔元件的几何尺寸有关。一般要求霍尔元件灵敏度越大越好，霍尔元件的厚度 $d$ 与 $K_{\mathrm{H}}$ 成反比，因此，霍尔元件的厚度越小，灵敏度越高。当霍尔元件的宽度 $b$ 加大，或 $L/b$ 减小时，载流子在偏转过程中的损失将加大，使 $U_{\mathrm{H}}$下降。通常要对式(3-77) 加以形状效应修正：

$$U_{\mathrm{H}}=R_{\mathrm{H}}\frac{1}{d}IBf(L/b) \tag{3-79}$$

式中　$f(L/b)$——形状效应系数，其修正值如表3-5所示。

### 3.8.2　霍尔元件的主要技术参数

**(1) 额定功耗 $P_0$**

霍尔元件在环境温度 $T=25℃$时，允许通过霍尔元件的电流 $I$ 和电压$E$ 的乘积，分最小、典型、最大三档，单位为mW。当供给霍尔元件的电压确定后，根据额定功耗可以计算出额定控制电流 $I$，因此有些产品仅提供额定控制电流，不给出额定功耗 $P_0$。

表 3-4 霍尔元件的材料特性

| 材料 | 迁移率/[$cm^2$/(V·s)] | | 霍尔系数 $R_H$ /($cm^2$/℃) | 禁带宽度 /eV | 霍尔系数温度特性/(%/℃) |
|---|---|---|---|---|---|
| | 电子 | 空穴 | | | |
| Ge1 | 3600 | 1800 | 4250 | 0.60 | 0.01 |
| Ge2 | 3600 | 1800 | 1200 | 0.80 | 0.01 |
| Si | 1500 | 425 | 2250 | 1.11 | 0.11 |
| InAs | 28000 | 200 | 570 | 0.36 | −0.1 |
| InSb | 75000 | 750 | 380 | 0.18 | −2.0 |
| GaAs | 10000 | 450 | 1700 | 1.40 | 0.02 |

表 3-5 形状效应系数

| 参数 | 取值 | | | | | | |
|---|---|---|---|---|---|---|---|
| $L/b$ | 0.5 | 1.0 | 1.5 | 2.0 | 2.5 | 3.0 | 4.0 |
| $f(L/b)$ | 0.370 | 0.675 | 0.841 | 0.923 | 0.967 | 0.984 | 0.996 |

**(2) 输入电阻 $R_i$ 和输出电阻 $R_o$**

$R_i$ 是指控制电流极之间的电阻值，$R_o$ 指霍尔元件电极间的电阻，单位为 Ω。$R_i$ 和 $R_o$ 可以在无磁场即 $B=0$ 时，用欧姆表等测量，一般为 100～2000Ω，且输入电阻略大于输出电阻。

**(3) 不平衡电势 $U$**

在额定控制电流 $I$ 之下，不加磁场时，霍尔电极间的空载霍尔电势称为不平衡（不等）电势，单位为 mV。不平衡电势和额定控制电流 $I$ 之比为不平衡电阻 $r_o$。有些产品也提供不平衡电阻参数值。

**(4) 霍尔电势温度系数 $a$**

在一定的磁感应强度和控制电流下，温度变化 1℃时霍尔电势变化的百分率，称霍尔电势温度系数 $a$，单位为%/℃，如果工作的环境温度很高，则需采用温度补偿电路。

**(5) 内阻温度系数 $\beta$**

霍尔元件在无磁场及工作温度范围内，温度每变化 1℃时，输入电阻 $R_i$ 与输出电阻 $R_o$ 变化的百分率称内阻温度系数 $\beta$，单位为 1/℃，一般取不同温度时的平均值。

**(6) 灵敏度 $K_H$**

其定义见式(3-78)，有时某些产品给出无负载时灵敏度，即在一定控制电流和强度磁场下，输出开路时元件的灵敏度。

表 3-6 砷化镓霍尔元件的主要技术参数

| 性能 | 符号 | 测试条件($T$=25℃) | 最小值 | 典型值 | 最大值 | 单位 |
|---|---|---|---|---|---|---|
| 额定功耗 | $P_0$ | $T$=25℃ | 10 | 25 | 50 | mW |
| 无负载灵敏度 | $S_h$ | $I$=1mA,$B$=1kGs | 2 | 20 | 30 | mV/(mA·kGs) |
| 不平衡电势 | $V_o$ | $I$=1mA,$B$=0kGs | 0.01 | 0.1 | 1.0 | mV |
| 输入电阻 | $R_i$ | $I$=1mA,$B$=0kGs | 200 | 500 | 1500 | Ω |
| 输出电阻 | $R_o$ | $I$=1mA,$B$=0kGs | 200 | 500 | 1500 | Ω |
| 磁线性度 | $r$ | $I$=1mA,$B$=0～10kGs | 0.1 | 0.2 | 0.5 | % |
| 电线性度 | — | $I$=1～10mA,$B$=1kGs | 0.05 | 0.1 | 0.5 | % |
| 内阻温度系数 | $a$ | $T$=0～150℃ | — | 0.3 | — | %/℃ |
| $V_H$ 温度系数 | $\beta$ | $I$=1mA,$B$=1kGs,$T$=0～150℃ | <0.5 | 1 | 5 | $10^{-4}$/℃ |

砷化镓（GaAs）是一种十分理想的霍尔器件半导体材料，具有灵敏度高、电子迁移率大、温度稳定性好的优点，N型锗（Ge）的优点是加工简单、综合性能好，也是常用的霍尔器件半导体材料。此外，常用的霍尔元件半导体材料还包括：锑化铟（InSb）、砷化铟（InAs）等。表3-6列出中国科学院半导体研究所生产的砷化镓（GaAs）霍尔元件的主要技术参数。

## 3.9 传感器的适用原则

近些年传感器技术的研制和发展非常迅速，智能传感器、生物传感器等各式各样的新式传感器应运而生，为选用传感器带来了很大的灵活性。对于同一个被测非电物理量，可以选用不同的传感器实现其测量，如何选择最适合的传感器，是使用者必须考虑的问题。因此，有必要讨论传感器的选择依据，并制定出几条选用传感器的原则。一般选择传感器时，应从如下几方面的条件考虑。

### 3.9.1 与测量条件有关的因素

测量目的；被测量的物理、化学性质；测量范围；被测信号的动态性质；精度要求；测量需要的时间。

### 3.9.2 与传感器有关的技术指标

灵敏度；精度；稳定性和可靠性；响应特性；测量方式(接触或非接触)；对被测物体产生的负载效应；输出幅值；校正周期；超标准过大的输入信号保护；线性范围；模拟量与数字量。

### 3.9.3 与使用环境条件有关的因素

现场条件及情况；环境电磁条件；信号传输距离；现场需提供的功率容量；环境条件(温度、湿度)。

# 第 4 章　常用测量电路

传感器输出的电信号较弱，不能直接输出，需要进行进一步变换、处理，转换成仪表显示、记录所能接受信号形式。本章将主要介绍电桥、放大、调制、相敏检波、数据采集等常用的测量电路。

## 4.1　电　　桥

电桥是在电阻传感器、电感式传感器、电容式传感器中广泛应用的测量电路，它将某个传感器的敏感元件作为其中的某个桥臂，可以将电阻、电感、电容等参数的变化转换为电压或电流的变化。根据电源的性质不同，电桥可分为直流电桥和交流电桥两类。

### 4.1.1　直流电桥

**(1) 直流电桥的工作原理**

图 4-1 是直流电桥的基本形式。它的四个桥臂由电阻 $R_1$、$R_2$、$R_3$ 和 $R_4$ 组成。A、B 两端接直流电源 $U$，C、D 两端接仪表，其内阻力 $R_L$，流过电流为 $I_L$。

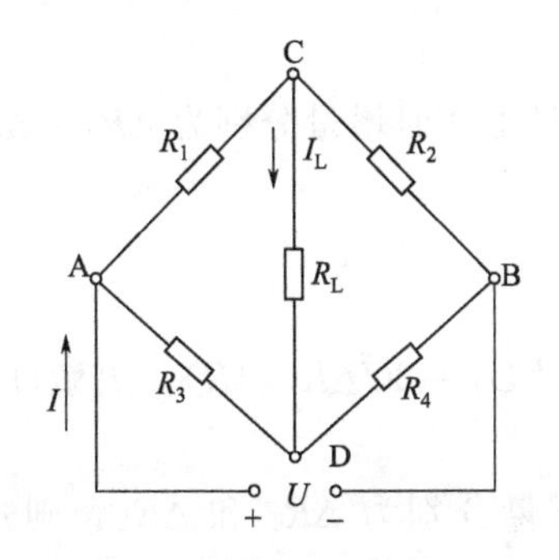


图 4-1　电桥电路

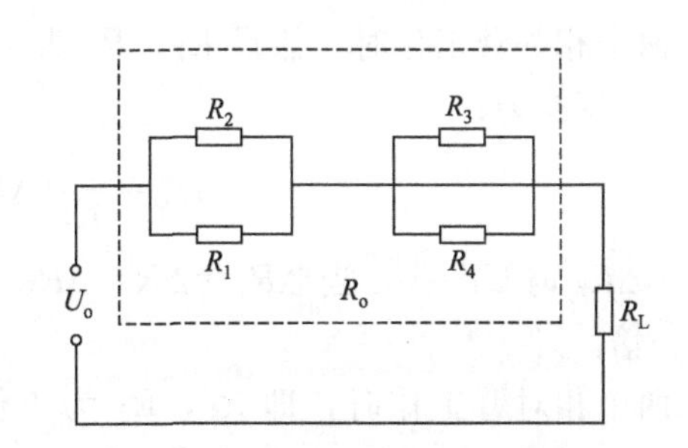


图 4-2　电桥的等效电路

图 4-2 为电桥的等效电路，根据等效电源法原理可得空载电压为：

$$U_o = U\frac{R_1}{R_1+R_2} - U\frac{R_4}{R_3+R_4} \tag{4-1}$$

等效电阻为：

$$R_o = \frac{R_1R_2}{R_1+R_2} + \frac{R_3R_4}{R_3+R_4} \tag{4-2}$$

流过 $R_L$ 的电流为：

$$I_L=\frac{U_0}{R_L+R_0}=U\frac{R_1R_3-R_2R_4}{R_L(R_1+R_2)(R_3+R_4)+R_1R_2(R_3+R_4)+R_3R_4(R_1+R_2)} \tag{4-3}$$

$R_L$ 两端的电压为：

$$U_L=I_LR_L \tag{4-4}$$

当电桥输出端 C、D 接上阻抗极大的仪表或放大器时，有 $R_L\to\infty$，由式(4-3) 和式(4-4) 可得：

$$U_L=\frac{U(R_1R_3-R_2R_4)}{R_1R_3+R_1R_4+R_2R_3+R_2R_4} \tag{4-5}$$

由该式可知，若要使电桥输出为零（$U_L=0$），即电桥平衡，应满足 $R_1R_3=R_2R_4$。若将传感器的敏感元件作为电桥中的一个桥臂，并使其余各桥臂具有合适的电阻值，初始情况下实现电桥平衡，则当被测量引起敏感元件（电阻、电感、电容）变化时，通过测量输出电压就能检测出对应被测量。为简化桥路设计，通常使四臂电阻相等，即 $R_1=R_2=R_3=R_4=R$，电桥可分为单臂、双臂和四臂工作电桥。

**（2）直流电桥的和差特性**

以全等电桥的电压输出为例，分析四个桥臂的电阻变化，从而说明电桥的和差特性。当电桥工作时，如果各臂的电阻都发生变化，即：

$$R_1\to R_1+\Delta R_1；\ R_2\to R_2+\Delta R_2；\ R_3\to R_3+\Delta R_3；\ R_4\to R_4+\Delta R_4$$

电桥将有电压输出。若 $\Delta R_i\ll R$ 且满足 $R_1=R_2=R_3=R_4$，$\Delta R_n\to 0$（$n\geqslant 2$）和 $R+\Delta R\approx R$ 成立，即 $\Delta R$ 的高次项及分母中的 $\Delta R$ 项可以忽略，故式(4-5) 可整理为：

$$U_L=\frac{U}{4R}(\Delta R_1-\Delta R_2+\Delta R_3-\Delta R_4) \tag{4-6}$$

① 单臂工作时，假设桥臂 $R_1$ 为工作臂，其余各臂为固定电阻 $R$，则式(4-6) 可变换为：

$$U_L=\frac{U}{4R}\Delta R \tag{4-7}$$

② 两个相邻臂工作时，假设 $R_1$、$R_2$ 为工作臂，且工作时增量分别为 $\Delta R_1$，$\Delta R_2$，则式(4-6) 可变换为：

$$U_L=\frac{U}{4R}(\Delta R_1-\Delta R_2) \tag{4-8}$$

当 $\Delta R_1=\Delta R_2$ 时 $U_L=0$；当 $\Delta R_1=\Delta R$，$\Delta R_2=-\Delta R$ 时 $U_L=2U\Delta R/(4R)$，灵敏度比单臂提高了一倍。

③ 两个相对臂工作时，即 $R_1$，$R_3$ 为工作臂，增量分别为 $\Delta R_1$ 和 $\Delta R_3$，则式(4-6) 可变换为：

$$U_L=\frac{U}{4R}(\Delta R_1+\Delta R_3) \tag{4-9}$$

当 $\Delta R_1=\Delta R_3=\Delta R$ 时，$U_L=2U\Delta R/(4R)$；当 $\Delta R_1=\Delta R$，$\Delta R_3=-\Delta R$ 时，$U_L=0$。

④ 四臂为差动电桥时，即 $R_1$，$R_2$，$R_3$，$R_4$ 均为工作臂，且电阻增量分别为 $\Delta R_1=\Delta R$，$\Delta R_2=-\Delta R$，$\Delta R_3=\Delta R$，$\Delta R_4=-\Delta R$，则式(4-6) 可变换为：

$$U_L=4\frac{U}{4R}\Delta R=U\frac{\Delta R}{R} \tag{4-10}$$

可见电桥的输出电压为单臂测量时的 4 倍，大大提高了测量的灵敏度。

### 4.1.2　交流电桥

为了克服零点漂移，常采用交流电压作为电桥的电源，称为交流电桥，此时导线间存在分布电容和分布电感，实践表明，分布电容的影响比分布电感的影响大得多，故本文仅考虑分布电容的影响，见图 4-3。

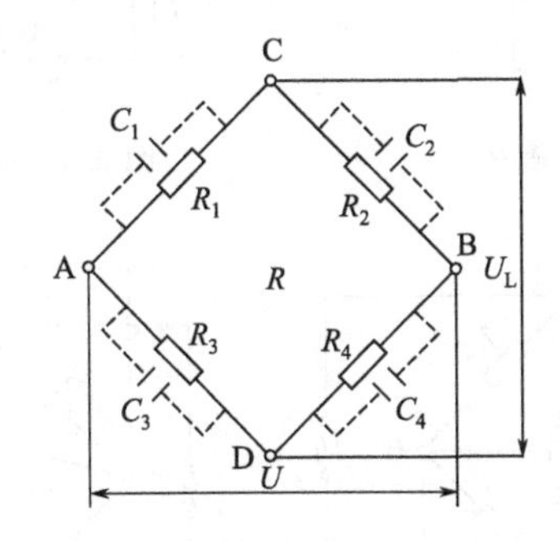


图 4-3　电阻交流电桥的分布电容

供桥电压为：

$$U=U_m\sin\omega t \tag{4-11}$$

式中　$U_m$——供桥交流电压的最大振幅；

$\omega$——供桥交流电压的角频率；

$t$——时间。

桥臂的阻抗分别为：

$$Z_1=\frac{1}{1/R_1+i\omega C_1},\ Z_2=\frac{1}{1/R_2+i\omega C_2},\ Z_3=\frac{1}{1/R_3+i\omega C_3},\ Z_4=\frac{1}{1/R_4+i\omega C_4} \tag{4-12}$$

式中　$R_1$、$R_2$、$R_3$、$R_4$——各桥臂的电阻；

$C_1$、$C_2$、$C_3$、$C_4$——各桥臂的电容；

$\omega$——角频率；

$i$——虚数单位。

交流电桥输出电压与直流电压相似，可表达为：

$$U_L=\frac{Z_1Z_3-Z_2Z_4}{(Z_1+Z_2)(Z_3+Z_4)}U_m\sin\omega t \tag{4-13}$$

其平衡条件是 $Z_1Z_3=Z_2Z_4$ 或 $Z_1/Z_2=Z_4/Z_3$。

### 4.1.3　电桥的平衡

在测量前，必须使电桥平衡，即输出为零。对于直流电桥来说，只要考虑电阻平衡就可以了，而对于交流电桥，不仅对电阻要进行平衡，而且还要使电容平衡。

**(1) 电阻平衡**

电阻平衡有串联法和并联法。图 4-4 所示为串联平衡法，在桥臂 $R_1$ 和 $R_2$ 间接入一个可变电阻 $R_w$，调节 $R_w$既可实现电桥的平衡。图 4-5 为并联平衡法，调节电阻 $R_w$也可使电桥平衡。

**(2) 电容平衡**

电容平衡电路见图 4-6。图 4-6(a) 由固定电容 $C$ 和电位器 $R_H$ 组成，改变电位器 $R_H$ 上滑动触点的位置，使并联到桥臂上的电阻、电容值变化，实现电桥平衡。图 4-6(b) 是

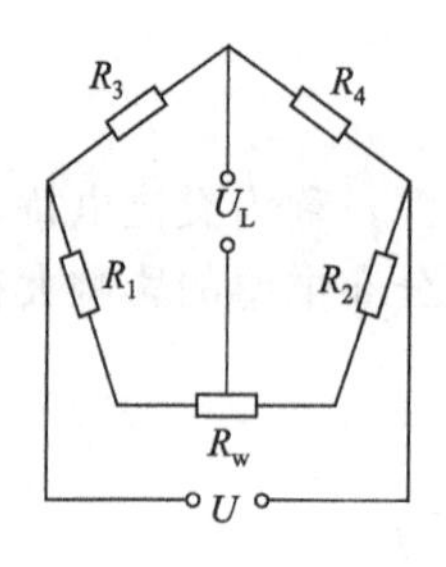


图 4-4 电阻串联平衡法

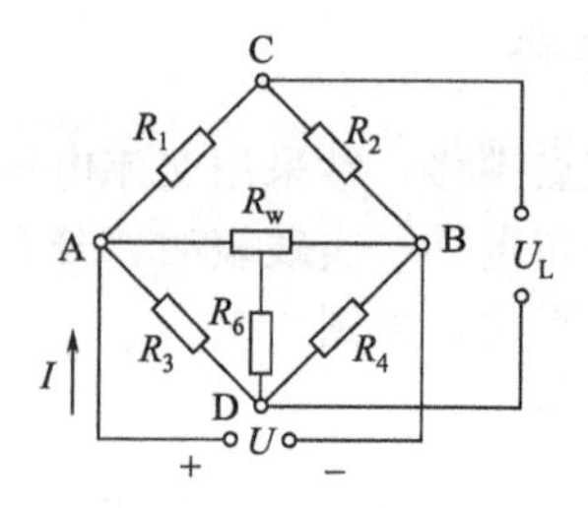


图 4-5 电阻并联平衡法

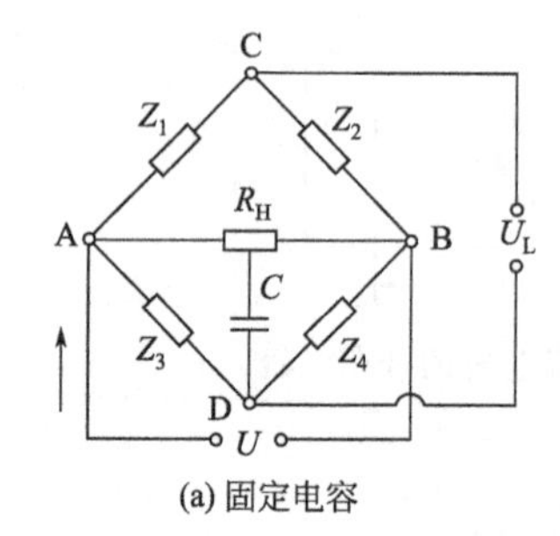


(a) 固定电容

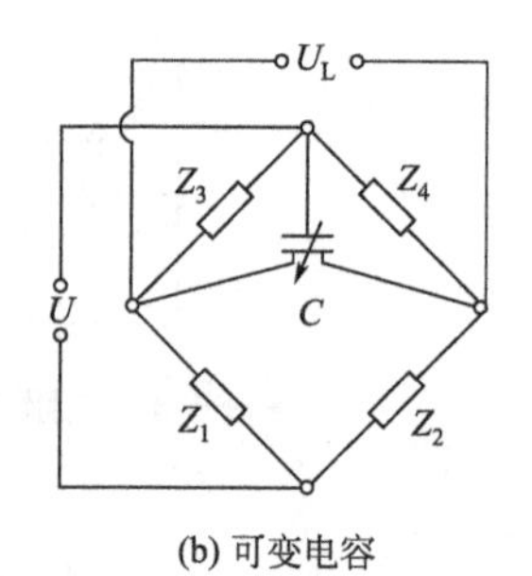


(b) 可变电容

图 4-6 电容平衡法

通过调节差动式精密可变电容 $C$，使其左右两部分电容中的一部分增大，另一部分减小，从而改变并联到 $R_1$ 和 $R_2$ 桥臂上的电容值，以实现电容平衡。

# 4.2 载波放大和相敏检波

## 4.2.1 载波放大原理

电桥的输出信号一般都很微小，故必须采用放大器将信号进行放大，为记录器或指示仪表提供能够正常工作所需要的信号大小；可见，放大器是将微弱信号放大的测量元件。

放大器一般采用交流放大，其频率特性见图 4-7。幅频和相频特性表明，在 $\omega_H \sim \omega_B$ 范围内，放大器的放大倍数最大并保持恒定值 $K_0$，相差 $\Phi(\omega)=\pi$ 为常数。可见，在信号检测时，对放大器的一个基本要求是使其在 $\omega_H \sim \omega_B$ 的频带内工作，才不会产生幅频失真和相频失真，$\omega_H \sim \omega_B$ 称为放大器的工作频带。

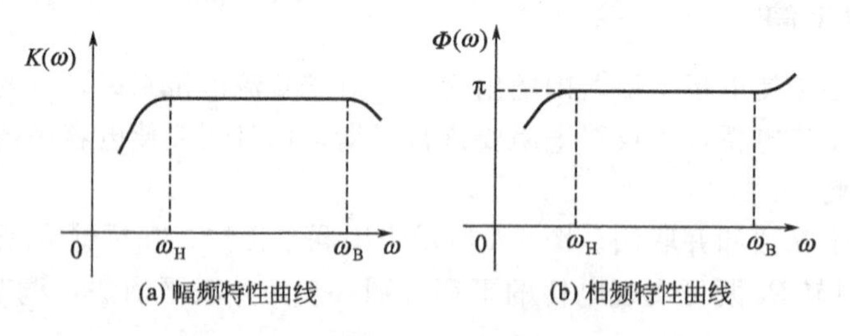


(a) 幅频特性曲线　(b) 相频特性曲线

图 4-7 交流放大器的频率特性曲线

前面对被测量动态变化的频谱分析结果表明，被测信号的频率一般处于（$0 \sim n\Omega$）范围内，此频率范围与放大器的频率范围并不一致，如何才能把物理量的频率范围提高到放大器的工作频带上，是进行信号放大必须解决的首要问题，其方法是采用载波调制或载波放大。

所谓载波调制，就是用音频载波电源［频率为 $\omega$，且 $\omega \geqslant (7 \sim 10) n\Omega$］作为测量电桥的供桥电源，使被测量的频率范围提高到放大器的工作频带，其实质是将高频载波信号与调制信号相乘，期间载波的幅值发生了变化，但这种变化融合了调制信号的相关信息。现对载波调制的原理进行分析。

设供桥电源为一正弦交流电压，波形如图 4-8(a) 所示，其表达式为：

$$u = U\sin\omega t$$

式中 $U$——供桥电压的幅值；

$\omega$——供桥电压的圆频率。

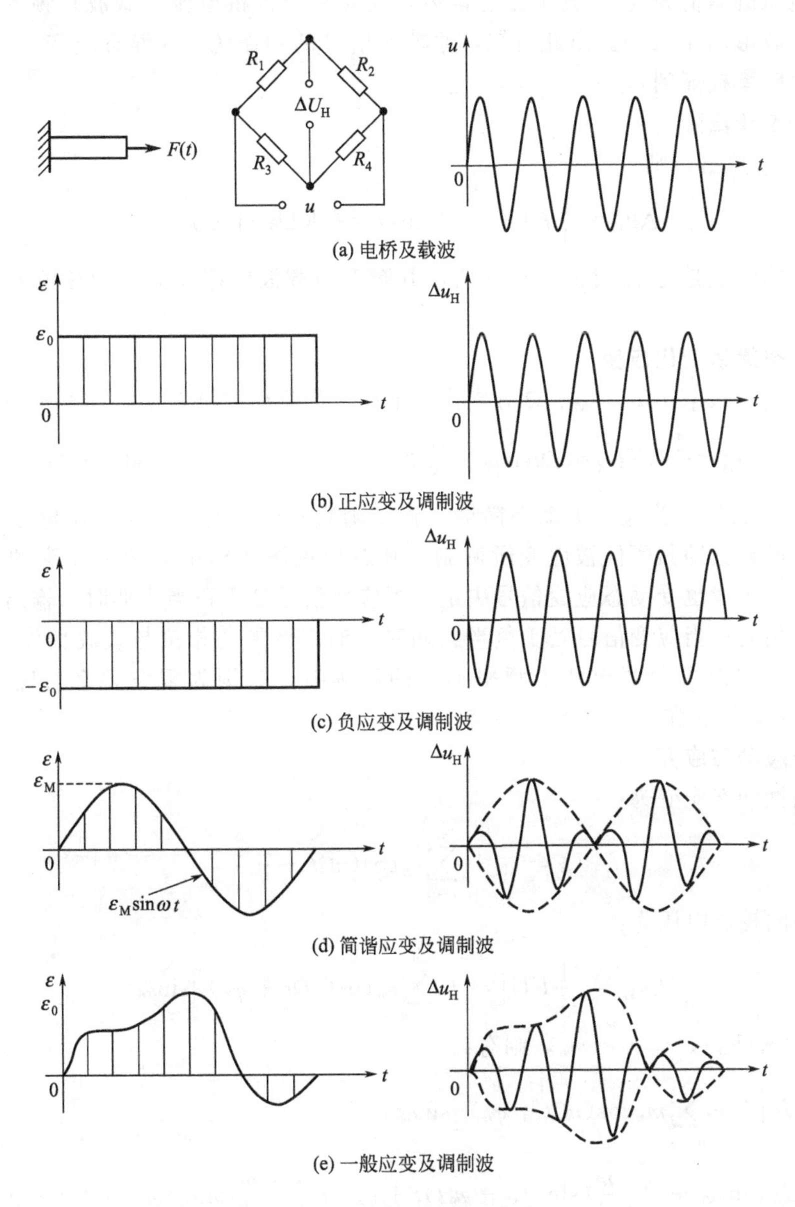


图 4-8 载波调制输出波形

假设工作桥臂的电阻变化的 $\Delta R/R=K\varepsilon$，则电桥的电压输出为：

$$\Delta u_{H}=\frac{1}{4}\frac{\Delta R}{R}U\sin\omega t=\frac{1}{4}UK\varepsilon\sin\omega t \tag{4-14}$$

式中 $K$、$\varepsilon$——应变片的灵敏系数和应变。

可见，电桥输出电压与应变成正比，即被应变所调制，称调幅输出，现对不同的应变情况进行讨论。

**(1) 静态拉应变**

此时 $\varepsilon_0$ 为正值，则：

$$\Delta u_{H}=\frac{1}{4}UK\varepsilon_0\sin\omega t \tag{4-15}$$

可见输出电压的幅值为与 $\varepsilon_0$ 成正比的常数，其频率与供桥电源（载波）频率相同，相位也相同，见波形图 4-8(b)。由此可知，原被测信号的频率为 0（静态应变），通过载波供桥，其输出频率提高到 $\omega$。

**(2) 静态压应变**

此时 $\varepsilon_0$ 为负值，则：

$$\Delta u_{H}=\frac{1}{4}KU(-\varepsilon_0)\sin\omega t=\frac{1}{4}KU\varepsilon_0\sin(\omega t+\pi) \tag{4-16}$$

即输出电压的幅值是与 $\varepsilon_0$ 成正比的常值，其频率与载波频率相同，但相位差为 180°，其波形见图 4-8(c)。

**(3) 动态简谐变化应变**

此时应变 $\varepsilon=\varepsilon_M\sin\Omega t$，$\varepsilon_M$、$\Omega$ 分别为简谐应变的幅值和圆频率，则电桥的输出为：

$$\Delta u_{H}=\frac{1}{4}UK\varepsilon_M\sin\Omega t\sin\omega t=\frac{1}{8}K\varepsilon_M U[\cos(\omega-\Omega)t-\cos(\omega+\Omega)t] \tag{4-17}$$

式(4-17) 说明，当应变为动态简谐（正弦函数）应变时，电桥输出电压的幅值由应变决定，使调幅波即其幅值被应变所调制。其波形见图 4-8(d)。需要注意的是，输出波形相位的变化规律也受动态应变信号决定：当应变信号处于正半周期时，输出波形的相位与载波相位相同；当应变信号处于负半周期时，输出波形的相位与载波相位反相。此外，电桥输出的调幅波可分解成两个频率不同的等幅波，分别为载波频率与应变频率之差 $(\omega-\Omega)$ 以及它们的和 $(\omega+\Omega)$。

**(4) 一般动态应变**

设周期性动态应变为：

$$\varepsilon=\varepsilon_0+\sum_{n=1}^{n}\varepsilon_n\cos(n\Omega t+\varphi_n) \tag{4-18}$$

则电桥的输出电压为：

$$\Delta u_{H}=\frac{1}{4}KU\left[\varepsilon_0+\sum_{n=1}^{n}\varepsilon_n\cos(n\Omega t+\varphi_n)\right]\sin\omega t$$

令 $U_0=1/(4KU\varepsilon_0)$，$\varepsilon_n/\varepsilon_0=m_n$，则有：

$$\begin{aligned}\Delta u_{H}&=U_0\left[1+\sum_{n=1}^{n}m_n\cos(n\Omega t+\varphi_n)\right]\sin\omega t\\&=U_0\left\{\sin\omega t+\sum_{n=1}^{n}\frac{m_n}{2}\sin[(\omega+n\Omega)t+\varphi_n]+\sum_{n=1}^{n}\frac{m_n}{2}\sin[(\omega-n\Omega)t+\varphi_n]\right\}\end{aligned} \tag{4-19}$$

由此可见，输出电压的幅值 $\left\{U_{\circ}\left[1+\sum_{n=1}^{n}m_n\cos(n\Omega t+\varphi_n)\right]\right\}$ 随时间而变，被应变 $\varepsilon$ 所调制，所以交流电桥是调幅（AM）输出，见图 4-8(e)。按无线电的术语：把被测量 $\varepsilon$ 的变化称调制波；供桥电压称为载波；电桥输出的电压波（即已被调制信号调制后的电压波）称为已调波。交流电桥本身就是个调制器，已调波包含一系列的谐波成分：一个载波 ($\omega$)，$n$ 个上边频波（$\omega+n\Omega$）和 $n$ 个下边频波（$\omega-n\Omega$）。可见电桥输入的频率通过载波已由（$0\sim n\Omega$）提高到［$(\omega-n\Omega)\sim(\omega+n\Omega)$］的电桥输出频率范围，这就是载波调制的原理，目的是把被测信号的频率范围提高到交流放大器的工作频带上，使被测量可以不失真地被放大。

载波调制对电感、电容式传感信号也同样适用。传感器输出信号通过以音频为供桥电源的电桥调制后，输出的信号（已调波）便可通过交流放大器进行放大；但是，已调波用光线示波器难以记录（因其频率过高），同时它不是最终所需要的测量信号，我们需要的是它的已调波的包络线。因此，在放大信号输入到光线示波器前，必须对已调波进行“解调”，恢复被测信号的原形，完成这一功能的器件是相敏检波器。

### 4.2.2 相敏检波原理

相敏检波器是一种只有相敏效果而没有放大能力的检波电路，它可用于恢复调制波信号。相敏检波器与一般的检波器不同，能鉴别信号的相位极性。常用的相敏检波器有：半波相敏检波器和全波相敏检波器。图 4-9(a) 为半波相敏检波器的电路图。$B_1$、$B_2$ 为二极管，$u_x$为被测的信号电压（经载波放大后的信号），$u_2$ 为控制电压（也称参考电压）。要求 $u_2$ 的幅值远远大于 $u_x$的幅值，两者频率相同（都是载波频率）。由图 4-9(a) 可知，当 $u_x=0$ 时，电压表上的输出电压等于零。当 $u_2$ 为正半周时，二极管 $B_1$、$B_2$ 导通；当 $u_2$ 为负半周时，$B_1$、$B_2$ 截止，因为 $u_2$ 幅值远远大于 $u_x$的幅值，故 $u_x$的存在不影响 $u_2$ 对二极管 $B_1$、$B_2$ 导通或截止的控制作用。因此，$u_2$ 起对二极管的控制作用，它相当于一个控制开关。图 4-9(b) 为半波相敏检波的动作原理图，当 $u_2$ 为正半周时，$B_1$、$B_2$ 均处于导通状态，相当于开关 $K$ 把电路接通；当 $u_2$ 为负半周时，$B_1$、$B_2$ 处于截止状态，相当于开关 $K$ 把电路断开。电表的输出电压 $u_{\circ}$除受 $u_2$ 的开关控制外，其波形还与 $u_x$的大小和相位有关；注意：仅当 $u_2$ 处于正半周时，$u_{\circ}$才有输出。图 4-10 为一相敏检波器的例子，图 4-10(a) 为被测电压 $u_x$的波形，它是已调波，虚线表示被测物理量的变化（图示为先拉后压的应变形式）；图 4-10(b) 为控制电压的波形；图 4-10(c) 为检波器输出电压 $u_{\circ}$的波形；图 4-10(d) 为输出电压 $u_{\circ}$经滤波后的电压波形。可见，经半波相敏检测后，$u_{\circ}$输出信号的包络线基本反映了被测信号的曲线形状，但由于仅在 $u_2$ 的正半周期相敏检波才有波形输出，故部分信息被丢失，影响检测精度。

为使相敏检波结果更逼近真实值，可采用全波相敏检波器，如图 4-11 所示。全波相敏检波器的工作原理与半波检波器大致相似。$u_2$ 仍起开关控制作用，控制二极管 $B_1$、$B_2$、$B_3$、$B_4$ 的导通与截止：当 $u_2$ 为正半周时，$B_1$、$B_2$ 导通，而 $B_3$、$B_4$ 截止，相当于动作原理图［图 4-11(b)］的开关 $K$ 往上接通电路的 1、3 点；当 $u_2$ 为负半周时，$B_3$、$B_4$ 导通，而 $B_1$、$B_2$ 截止，相当于开关往下接通 2、3 点。无论当 $u_2$ 处于正半周期还是负半周期，电表的电压 $u_{\circ}$都有输出，其波形主要与 $u_x$的大小及相对于 $u_2$ 的相位有关。与半波相敏检波的不同之处在于，当全波相敏检测器的 $u_x$与 $u_2$ 同相位时，电表上电压输出 $u_{\circ}$都是正值，见图 4-12(a)；当 $u_x$与 $u_2$ 有 180°相位差时，电表的输出 $u_{\circ}$ 都是负值，见图 4-12

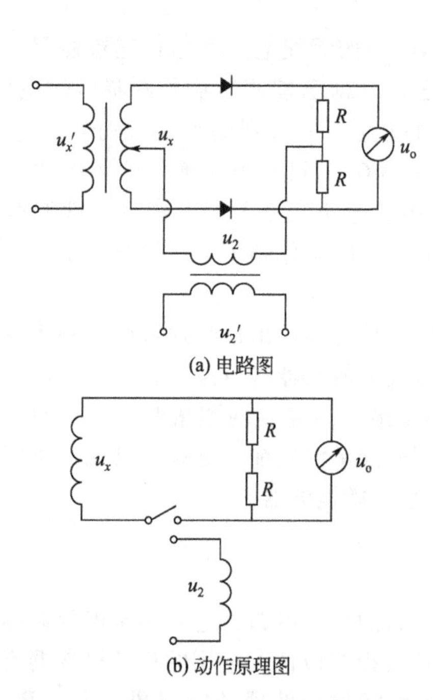


图 4-9 半波相敏检波工作原理图

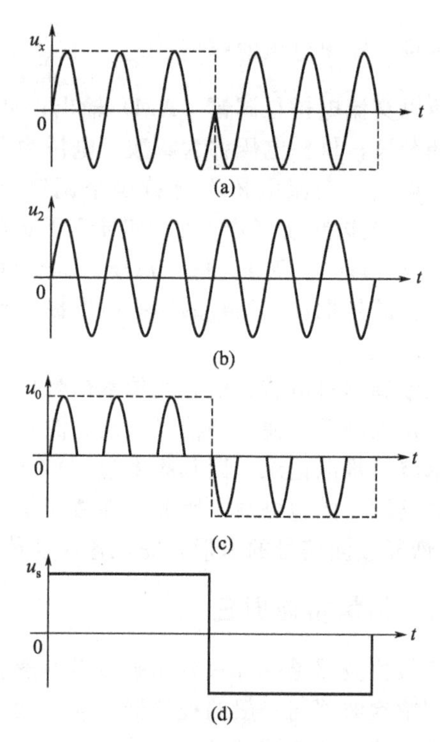


图 4-10 半波相敏检波器的检波图

$u_x$—被测电压；$u_2$—控制电压；

$u_0$—检波输出电压；$u_s$—滤波后电压

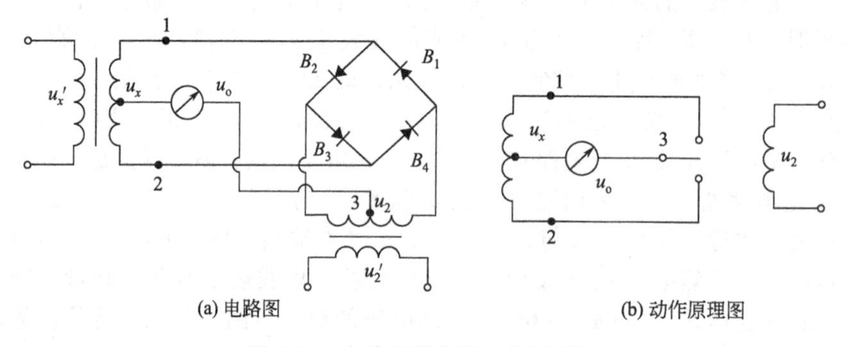


图 4-11 全波相敏检波工作原理图

(b)。由此可见，相敏检波的输出能鉴别被测信号的相位极性。当 $u_x$ 与 $u_2$ 相位差 $\pi/2$ 时，其输出电压波形如图 4-12(c) 所示：$u_2$ 为正时，$u_o$ 的前 1/4 周为负，后 1/4 周为正，平均输出为零；$u_2$ 为负时，可得类似的结果；故 $u_x$ 与 $u_2$ 的相位差为 $\pi/2$ 时，其平均输出为零。根据对电桥的分析，由电容不平衡而引起的输出电压与载波电压的相位差为 $\pi/2$，即与 $u_2$ 的相位差 $\pi/2$。所以相敏检波不能反映电容的不平衡状况。可见，全波相敏检波的输出电压 $u_o$ 中包含的信息比半波相敏检波的多一倍。

图 4-13 是一般动态应变下载波调制输出和相敏检波输出的波形图。

无论是半波相敏检波，还是全波相敏检波，检波器的输出波形均为一系列的峰波。为使峰波的包络线能真实地反映出被测量的变化过程，则希望峰波越密越好，即希望其载波

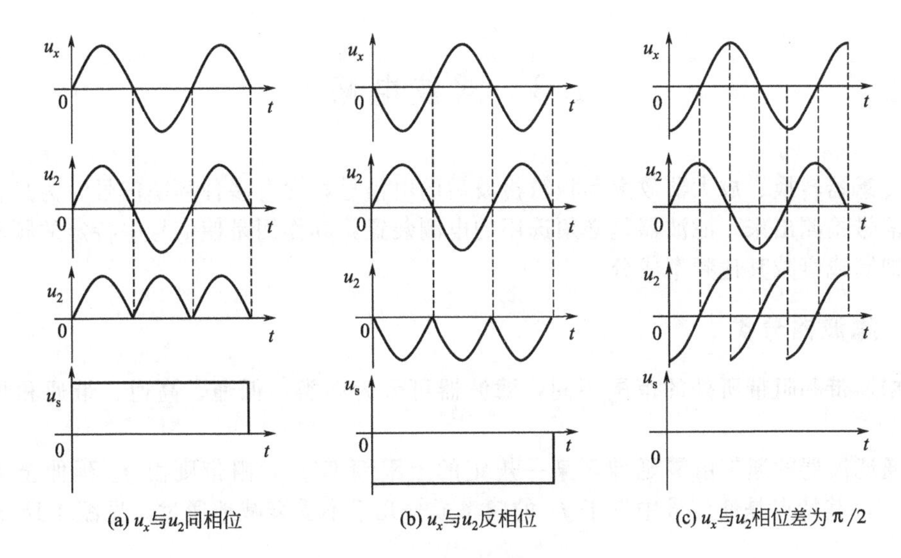


图 4-12 全波相敏检测器的检波图形

$u_x$—被测电压；$u_2$—控制电压；$u_0$—检波输出电压；$u_s$—滤波输出电压

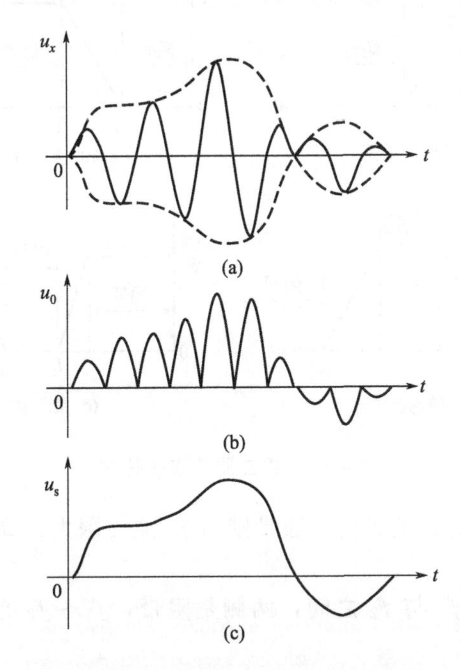


图 4-13 半波相敏检波器的检波图形

$u_x$—被测电压；$u_0$—检波输出电压；$u_s$—滤波后电压

频率要高，这是载波频率 $\omega$ 为调制信号最高频率的 7～10 倍的原因。同时，经相敏检波后的峰波可被认为是由被测物理量的低频谐波（$0\sim n\Omega$）和更高次的谐波成分所组成，其低频成分（包络线）才是被测量的变化过程。所以，为了使示波器能记录下被测量的变化过程（波形），就必须在检波器与示波器间加一滤波器。一般是采用低通滤波器，使（$0\sim n\Omega$）的谐波成分即工作信号通过，而把更高次的谐波成分滤掉。经滤波器后输出波形如图 4-10(d) 和图 4-13(c) 所示。可见滤波器的输出波形与被测量的变化过程是一致的。

# 4.3 滤波电路

经传感器转换、放大器放大和相敏检波后的电信号，含有多种频率信号。为只将其中的有用信号检测出来，滤波器是必须选用的电测装置，其作用是使信号中特定的频率成分通过，抑制或衰减其他频率成分。

## 4.3.1 滤波器分类

根据通带和阻带所处的范围不同，滤波器可分为四类：低通、高通、带通和带阻滤波器。

低通滤波器的通带由零延伸至某一规定的上限频率 $f_1$，阻带则由 $f_2$ 延伸至无穷大（$f_2>f_1$），其特点是使信号中低于 $f_1$ 的频率成分几乎不受衰减地通过，见图 4-14(a)。

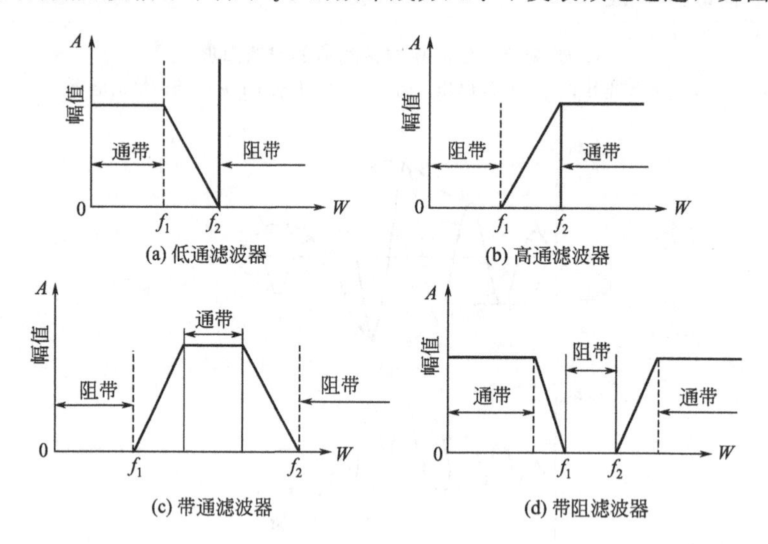


图 4-14　滤波器的幅频特性

高通滤波器的阻带在低频范围内，通带则由 $f_2$ 至无限大，高于 $f_2$ 的信号几乎无衰减地通过，见图 4-14(b)。

带通滤波器的通带在 $f_1$ 与 $f_2$ 之间，两侧是阻带，$f_1 \sim f_2$ 范围内的信号几乎不受衰减地通过，见图 4-14(c)。

带阻滤波器的阻带在 $f_1$ 与 $f_2$ 之间，两侧是通带，$f_1 \sim f_2$ 外的信号几乎不受衰减地通过，见图 4-14(d)。

由相敏检波器输出的电流均为脉动电流，而且由于“高频泄漏”及“干扰”等原因，往往使输出端具有高频成分。采用低通滤波器可去掉这些高频成分，也有将滤波器接在仪表输入端、放大器输入端或测量电桥与放大器之间，以阻止干扰信号进入放大器，使干扰信号衰减。一般地，利用 RC 电路和 LC 电路可以做成各种滤波器。

## 4.3.2 RC 滤波器

RC 滤波器应用很广泛，其组成见图 4-15。其中图 4-15(a) 为 RC 低通滤波器，图

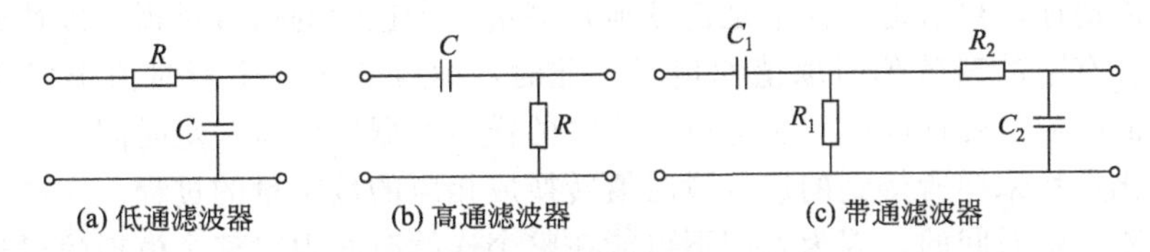


图 4-15　RC 滤波器

4-15(b) 为 RC 高通滤波器，图 4-15(c) 为 RC 带通滤波器。

滤波器的时间常数为 $\tau=RC$，$RC$ 低通滤波器的截止频率和 $RC$ 高通滤波器的截止频率相同：$f_c=1/(2\pi RC)$。$RC$ 带通滤波器可以看成是由 $RC$ 低通和高通滤波器组成的。$R_2>R_1$ 时，低通滤波器对前面的高通滤波器影响极小。它的截止频率为 $f_{c_1}=1/(2\pi R_1C_1)$ 和 $f_{c_2}=1/(2\pi R_2C_2)$。

### 4.3.3　LC 滤波器

利用电感的感抗与频率成正比，电容的容抗与频率成反比的特性，以电感作串臂、电容作并臂构成如图 4-16 所示的电路，这就组成 $LC$ 滤波器。

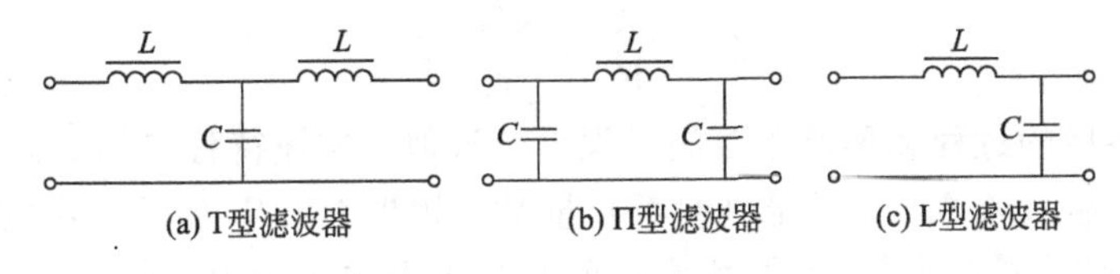


图 4-16　LC 滤波器

由于电感对高频的阻流作用和电容对高频的分流作用，它可以使较低频率的信号通过，而抑制了高频的噪声和干扰。

“T”型滤波器的截止频率 $f_c=1/2\pi\sqrt{2LC}$，“Π”型滤波器的截止频率 $f_c=1/2\pi\sqrt{2LC}$。

选用滤滤器时要考虑下列几个因素：①仪表的外接阻抗及放大器的输入阻抗；②滤波器的时间常数；③滤波器的频率特性。

## 4.4　数模和模数转换原理

随着数字技术的发展，数字计算机、数字仪表在自动检测、控制以及计算和数据处理等方面的广泛运用，需要采用数字量描述信号，为此要求信号从模拟量变换到数字量，完成这一功能的电子元件称为 A/D 转换器；同时，各类控制系统对执行机构进行控制的信号大多数为模拟量；为此，数字控制器件的输出应由数字量转换为模拟量，完成这一功能的电子元件称为 D/A 转换器。可见，在各类数字仪器、计算机控制中，A/D 转换器和 D/A 转换器是不可缺少的两个元件。

### 4.4.1　模-数转换（A/D 转换）原理

模拟信号转换成相应的数字信号，需要经过采样和幅值量化两个过程，以便使信号在时间上和幅值上都变换为离散量（而不是连续量）。

采样是周期地、离散地（而不是连续地）测量一个连续的信号过程，以达到使模拟信号转变成仅在有限的离散瞬时取值的信号；此时，信号的每一个瞬时值仍然是一个模拟量。为使后面的信号处理能够顺利进行，采集的样本数据应保持一定时间。

幅值量化是将采样所得到的信号瞬时值转换成相应的数字量的过程。完成一个瞬时值的量化是需要一定时间的，因为人们不可能在整个连续时间内对整个模拟信号进行瞬时值的量化，故量化时必须先保持采样值。

A/D 转换器（将模拟量转换为数字量的转换器）的输入量是模拟信号 A 和模拟参考量（基准量）$R$，输出量是一个二进制的数码信号 D，因此 A/D 转换器又称为编码器。A/D 转换器的输出量 $D$ 和输入量 $A$、$R$ 的关系为：

$$D=\frac{A}{R} \tag{4-20}$$

根据二进制表达规则，数字量也可表达为：

$$D = a_n 2^n + a_{n-1} 2^{n-1} + \cdots + a_1 2^1 + a_0 2^0 + \cdots a_{-m} 2^{-m} = \sum_{i=n}^{-m} a_i 2^i \tag{4-21}$$

式中　$m$、$n$ 均为正整数；$a_i$ 只能取 0 或 1。由此可以得到 A/D 转换器的数字量表达式：

$$D = \frac{A}{R} = \sum_{i=n}^{-m} a_i 2^i$$

模拟-数字转换的过程和称量东西的过程十分近似，假设待称未知量为 $W_x$，它相当于 A/D 转换器中的输入量 $A$，而基准（参考）量 $W_R$ 相当于 A/D 转换器中的模拟参考量 $R$，平衡天秤所需基准重量的个数 $N$ 则相当于 A/D 转换器输出量 $R$。即

$$W_x = W_R N$$

设 $W_x$ 为 11.84kg，而基准重量为 1kg。这时，可以用“$N=11$”数字量表示 $W_x=$ 11.64kg 的模拟量，这一过程即为量化过程。基准量 $R$ 又称为量化增量，它的大小决定着量化的分辨率。在此例中，由于量化增量不够小，带来了量化误差 0.64kg，显然，若量化增量改为 0.5kg，此时数字量变为“$N=23$”，量化误差就会减到 0.14kg。量化增量越小，量化误差就越小，然而数字量 $N$ 就越大。

### 4.4.2　模-数转换器（A/D 转换器）的类型

A/D 转换器有多种类型，如双积分式、逐次渐近式、跟踪比较式、斜坡式等。它们各用于不同的场合，本节重点介绍跟踪比较式及双积分式 A/D 转换器。

**(1) 逐次逼近式**

这是一种直接比较式的 A/D 转换器，其工作原理如图 4-17 所示，主要结构包括比较器、寄存器、控制环节和 D/A 转换器。它采用一系列基准电压为基准码，与被测电压进行逐次比较，直至逼近被测电压，与被测电压最逼近的基准电压以一定二进制码输出，实现模拟量到数字量的转换。

图 4-17 的 A/D 转换器为 8 位，$u_o$ 范围 0～10V，现在假定输入电压 $u_i=6.98$V，求转换的数字量。

首先，控制逻辑使寄存器清零。第 1 个脉冲使寄存器最高位 $D_7$ 位置“1”，其余各位为“0”，寄存器中数字量“10000000”加入到 D/A 转换器中，D/A 转换器的模拟输出电压 $u_o$ 为 5V，输入到比较器中，经比较有 $u_i>u_o$，比较器输出高电平，经极性判别电路，使该位保持输出“1”，寄存器中二进制为“10000000”。

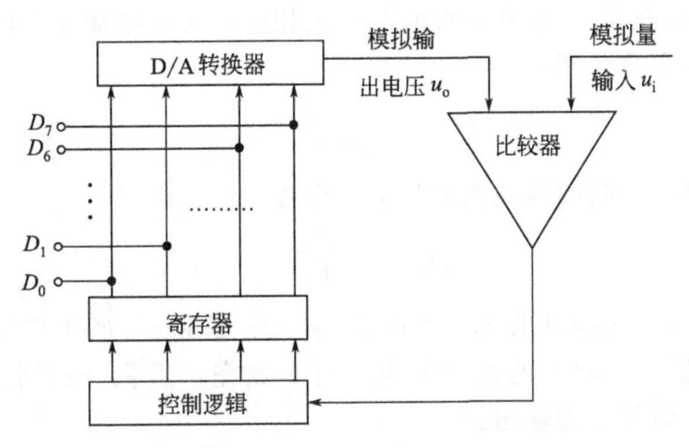


图 4-17　逐次逼近型 A/D 转换器

第 2 个脉冲使寄存器最高位 $D_6$ 位置“1”，其余各位为“0”，则寄存器中数字量“11000000”加入到 D/A 转换器中，D/A 转换器的模拟输出电压 $u_o$ 为 7.25V，输入到比较器中，经比较有 $u_i < u_o$，比较器输出低电平，经极性判别电路，使该为保持输出“0”，寄存器二进制回到“10000000”。

第 3 个脉冲使寄存器最高位 $D_5$ 位置“1”，其余各位为“0”，则寄存器中数字量“10100000”加入到 D/A 转换器中，D/A 转换器的模拟输出电压 $u_o$ 为 6.25V，输入到比较器中，经比较有 $u_i > u_o$，比较器输出高电平，经极性判别电路，使该为保持输出“1”，寄存器二进制为“10100000”。

其余脉冲信号的分析以此类推，当第 9 个脉冲使移位寄存器溢出，表示转换结束。此时 A/D 转换器对 6.98V 模拟量输入最终转换的二进制数字码为“10110010”。

逐次逼近式 A/D 转换器的精度，主要取决于 D/A 位数；转换器的速度，与输入电压 $u_i$ 无关，取决于 A/D 转换器的位数和时钟频率。这种转换器的结构虽复杂，但具有速度快、精度高的优点。

**(2) 双积分式 A/D 转换器**

该 A/D 转换器属于 *V*-*T*（电压-时间）变换型 A/D 转换器，是将被测模拟量电压积分变换成时间的宽度，然后将在这段时间用一定频率的脉冲数来表示，其工作原理见图 4-18。它包括控制器、积分器、计数器、时钟控制器等元件，其中积分器由电阻 *R*、电容 *C* 与运算放大器 *A* 组成，电容 *C* 上的初始电荷为零。

图 4-19 为双积分波形图，整个测量周期为两个阶段：开关 $K_1$ 先合向输入信号，并对

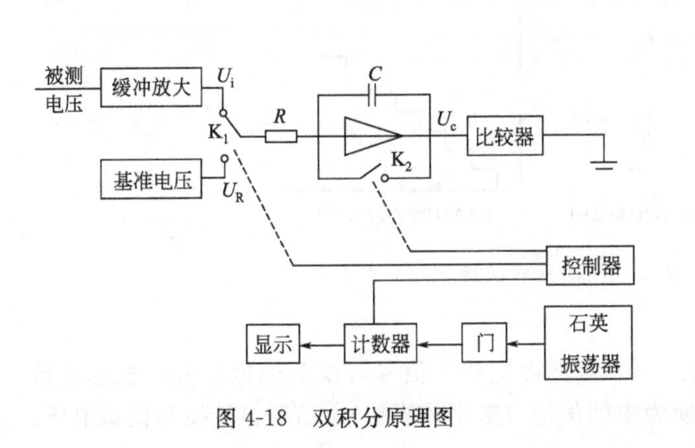


图 4-18　双积分原理图

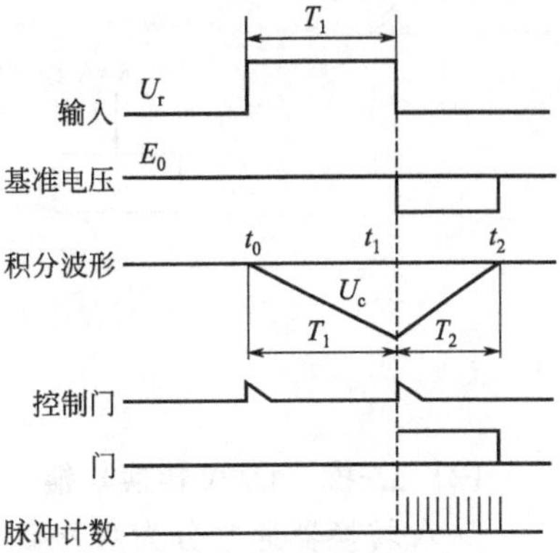

$T_1$
输入　$U_r$
基准电压　$E_0$
积分波形　$t_0$　$t_1$　$t_2$　$U_c$　$T_1$　$T_2$
控制门
门
脉冲计数

图 4-19　双积分波形图

输入电压$U_i$做固定时间$T_1$（或称采样时间）的积分，所积电荷充于电容C上，输出电压$U_c$为输入电压$U_r$的积分，得：

$$U_c = -\frac{1}{RC}\int_0^{T_1} U_i \mathrm{d}t \tag{4-22}$$

$U_i$为输入信号在$T_1$时间间隔内平均值，所以：

$$U_c = -\frac{T_1}{RC}U_i \tag{4-23}$$

此后，将开关$K_1$向基准电压$U_R$方向合上，$U_R$是和$U_i$极性相反的恒定电压，这时电容$C$上的电荷按照一个固定的速率放电，直到放完，当积分器回到原始状态（0V输出）时停止积分，这时积分器输出：

$$U_c = -\frac{1}{RC}\int_0^{T_1} U_i \mathrm{d}t + \frac{1}{RC}\int_0^{T_2} U_R \mathrm{d}t = 0$$

得：

$$T_2 = \frac{T_1}{U_R}U_i \tag{4-24}$$

式(4-24)表明电容放电时间$T_2$和被测电压成正比，式中$T_1$和$U_R$为恒定值。在$T_2$内，由比较器发出开门与关门信号，由计数器精确测得$T_2$时间内的脉冲数，即可得$T_1$内电压平均值，完成了电压-数字量转换。

双积分A/D转换器的最大特点是抗干扰性强；此外，这种转换器具有稳定性好、灵敏度高的优点，但其转速较慢，一般为20Hz，经常用在数字电压表中。

### 4.4.3 数-模转换（D/A转换）原理

**(1) 数-模转换（D/A转换）原理**

数-模转换器是将数字量变换为电压（电流）模拟量的元件，也称译码器。其转换原理见图4-20(a)。D/A转换器的输入数字量是$D$，模拟参数（基准）量为$R$，输出模拟量为$A$，其输入输出关系为：

$$A = DR = R\sum_{i=n}^{-m} a_i 2^i$$

D/A转换器可以被比喻为一种数字式电位计，图4-20(b)为其等效图。$U_R$是电位计基准电压（相当于$R$）；$\theta$是电位计轴的转角（相当于$D$），$U_c$是电位计输出（相当于$A$）。当电位计转轴的转角间断增加时，其输出电压$U_c$将相应地阶跃上升，即完成了数字量转换为电压（模拟量）的转换过程，见图4-20(c)。

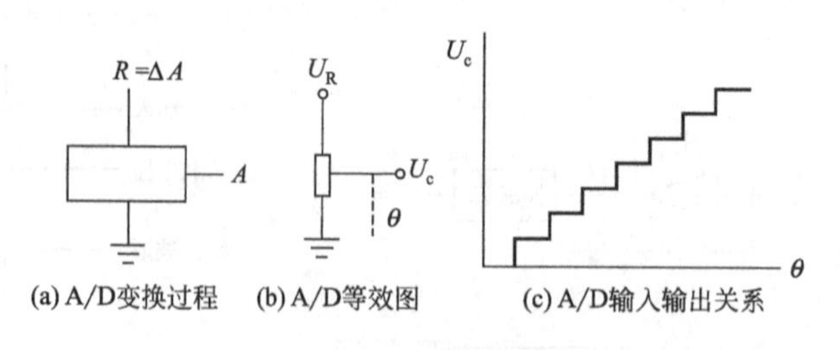


图4-20 D/A转换器

**(2) 数-模（D/A转换）器**

D/A转换器通常分为两种类型：一种为直接把数字信号转换为模拟信号，也称直接译码器；另一种是先把数字信号转换为中间信号（数字或模拟），然后再转换为模拟电压。

在直接译码器中，又根据输入的方式不同分为并行和串行 D/A 转换器。图 4-21 为并行的直接译码器结构，二进制数字信号 D 以并行的方式输入，并且每一条输入线由开关 $S_0$、$S_1$、…、$S_{n-2}$、$S_{n-1}$控制。基准电压 $U_R$ 并接到电阻网络，电阻网络根据输入信号将基准电压转变成为一定数值的电流，最后通过运算放大器求和。

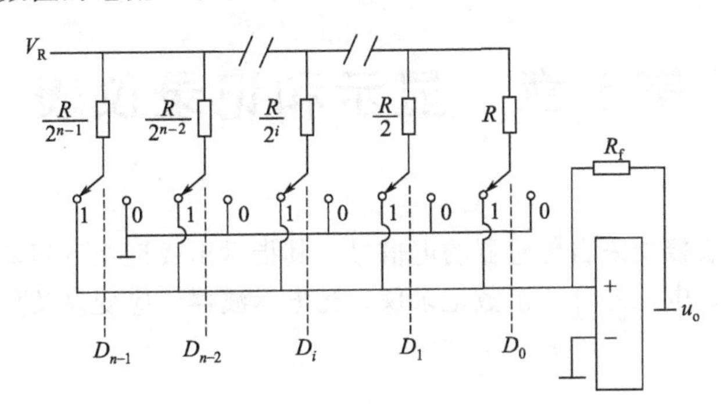


图 4-21　权电阻型 D/A 转换器

输入的数字信号可表示为：

$$D=a_0 2^0+a_1 2^1+\cdots+a_{n-1}2^{n-1}+a_n 2^n \tag{4-25}$$

电阻网络中的并联电阻分别为 $R_0$、$R_1$、…、$R_{n-1}$、$R_n$，电阻间的关系为：

$$R_0=2^1 R_1=2^2 R_2=\cdots=2^{n-2}R_{n-2}=2^{n-1}R_{n-1} \tag{4-26}$$

这样，通过每一个电阻的电流将决定于输入每一线路的二进制数字及其电阻值。例如，如果第 $i$ 位输入量是逻辑“1”，则通过电阻 $R_i$ 的电流：

$$I_i=\frac{U_R}{R_i}=\frac{U_R}{R_0/2^i}=2^i\frac{U_R}{R_0} \tag{4-27}$$

如果第 $i$ 位输入是逻辑“0”，则电流为 $I_i=0$。

如果各输入线都是“1”，即 $D=111\cdots11$ 那么送入运算放大器的总电流为：

$$I=\sum_{i=0}^{n-1}D_i\frac{V_R}{R/2^i}=\frac{V_R}{R}\sum_{i=0}^{n-1}D_i 2^i=\frac{U_R}{R_0}(2^0+2^1+\cdots+2^{n-1}+2^n) \tag{4-28}$$

当各线输入都是“0”，则 $a_i=0$，总电流为 $I=0$。

因此，很容易得到运算放大器的输出电压和输入数字量的关系：

$$U_0=R_f I_0\sum_{i=0}^{n}a_i 2^i \tag{4-29}$$

式中，$R_f$为放大器反馈电阻。

并行 D/A 转换器的特点是数字量信号同时输入，可使各路元件并行工作，因此运行速度较高。

# 第5章 显示和记录仪表

显示和记录仪表接受来自传感器的电信号，其指示出或记录下测量值。本章将着重介绍磁电动圈式仪表、电位差计、函数记录仪、光电示波器、应变仪及数字仪表等显示记录仪表。

## 5.1 磁电动圈式仪表

磁电动圈式仪表在测量及显示仪表中是一种传统仪表，目前在冶金、机械等工程领域中的应用非常广泛，主要用于生产过程中的非电量参数，例如温度的测量及指示。若仪表中再增加调节功能就可以进行非电量参数，例如温度的调节与控制。磁电动圈式仪表和热电偶、热电阻以及辐射感温器配合，可测量及指示温度；与霍尔效应压力传感器配合，可测量及指示压力；与电感式膜片差压计配合可测量及指示压差等。本节主要介绍和热电偶或热电阻配合使用的动圈式温度仪表的结构、工作原理及其特点。

### 5.1.1 磁电动圈式仪表的特点及分类

**(1) 磁电动圈式仪表的特点**

① 仪表采用了磁电动圈测量机构，易于将微小的直流电信号变成较大的测量指针的角位移量，能够直接并且较精确地指示出所测的参数值。

② 和其他仪表相比，磁电动圈式仪表结构简单可靠、抗干扰能力强、易于维护、价格低廉。

③ 采用不同的测量电路可以配接不同的测量元件，实现不同参数的测量；配置不同的控制元件及调节电路可构成不同的调节动作。

其不足之处是对工作条件有一定的要求，由于其动圈结构应避免震动，在测量过程中仪表需要一定的时间才能使测量指针稳定下来，因此不能测量快速变化的信号。

**(2) 磁电动圈式仪表的分类**

磁电动圈式仪表按其在工业自动化中的功能可分为指示型、指示调节型和记录型三种。指示型、指示调节型仪表的型号由两节组成，例如：XCZ-101、XCT-101，第一节三位用大写汉语拼音表示，第二节三位用数字表示，各节、各位的代号及意义见表5-1。

指示型磁电动圈式测温仪表（例如型号XCZ-101）只能测量和指示温度，也称作磁电动圈式指示型测温仪表；指示调节型磁电动圈式测温仪表（例如型号XCT-101）既能测温及指示温度，同时也可以调节控制温度，也称作磁电动圈式指示调节型测温仪表。

**表 5-1　动圈仪表型号中各节、各位的代号及意义**

| 第一节 | | | | | | 第二节 | | | | | | 尾注 | |
|---|---|---|---|---|---|---|---|---|---|---|---|---|---|
| 第一位 | | 第二位 | | 第三位 | | 第一位 | | 第二位 | | 第三位 | | | |
| 代号 | 意义 | 代号 | 意义 | 代号 | 意义 | 代号 | 意义 | 代号 | 意义 | 代号 | 意义 | 代号 | 意义 |
| X | 显示 | C | 动圈式 | Z | 指示仪 | | 单标尺设 | | 表示调节 | | 配接检出 | | 动圈式表示： |
| | | | 磁电系 | | | | 计序列或种 | | 方式： | | 元件： | Y | 位式延时 |
| | | F | 前置放 | | | | 类： | 0 | 二位调节 | 1 | 热电偶 | D | 位式带倒相 |
| | | | 大式 | T | 指示调 | 1 | 高频振荡 | 1 | 三位调节 | 2 | 热电阻 | T | 三防型 |
| | | B | 力矩电 | | 节仪 | | (固定参数) | | (狭中间带) | 3 | 霍尔变送 | | 前置放大式 |
| | | | 机式 | | | 2 | 高频振荡 | 2 | 三位调节 | | 器或传感器 | | 动圈指示仪： |
| | | E | 动磁式 | | | | (可变参数) | | (宽中间带) | 4 | 电阻远传 | — | 内磁、横式 |
| | | | | | | 3 | 时间程 | 3 | 时间比例 | | 压力表 | S | 竖式 |
| | | | | | | | 序、高频振 | | 调节 | 5 | 标准模拟 | A | 外磁、横式 |
| | | | | | | | 荡(固定参 | 4 | 时间比例 | | 直流电信号 | B | 竖式 |
| | | | | | | | 数) | | 加二位调节 | | | | 前置放大式 |
| | | | | | | | | 5 | 时间比例 | | | | (动圈指示调 |
| | | | | | | | | | 加时间比例 | | | | 节仪控制)： |
| | | | | | | | | 6 | 电流 PID | | | C | 横式 |
| | | | | | | | | | 加二位调节 | | | D | 竖式 |
| | | | | | | | | 8 | 电流比例 | | | | 指示调节为并 |
| | | | | | | | | | 调节 | | | | 联环节： |
| | | | | | | | | 9 | 电流 PID | | | A | 外磁、横式 |
| | | | | | | | | | 调节 | | | B | 竖式 |
| | | | | | | | | | | | | — | 内磁、横式 |
| | | | | | | | | | | | | S | 竖式 |

## 5.1.2　磁电动圈式仪表的结构及工作原理

XCZ-101 型磁电动圈式指示型测温仪表一般由动圈测量机构、测量电路两部分组成，XCT-101 型磁电动圈式指示调节型测温仪表的组成除动圈测量机构、测量电路外，还有电子调节电路，共由三部分组成。XCZ-101 型和 XCT-101 型的动圈测量机构、测量电路原理相同。

下面首先介绍 XCZ-101 型磁电动圈式指示型测温仪表的结构及其测温工作原理、XCT-101 型磁电动圈式指示调节型测温仪表的温度调节原理，然后介绍它们的动圈测量机构。

**(1) 磁电动圈式仪表的结构及工作原理**

① 磁电动圈式指示型测温仪表的结构及测温工作原理　其构成如图 5-1 所示，由动圈、铁芯、永久磁铁、指针、刻度板等构成。动圈被张丝拉着，指针和动圈连为一体，动圈旋转时带动指针旋转，指针指向刻度板的某一位置的值就是测量值。

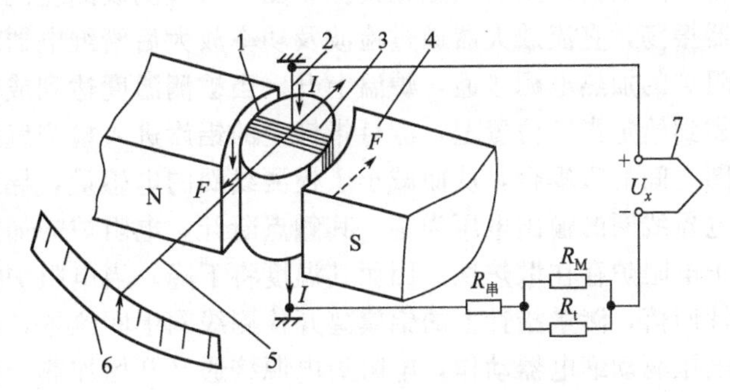


图 5-1　磁电动圈式测温仪表的结构及工作原理

1—动圈；2—张丝；3—磁芯；4—永久磁铁；5—仪表指针；6—仪表刻度面板；7—热电偶

被测的温度参数经热电偶转换

成热电势信号 $E_x$，该热电势信号 $E_x$ 再经过测量电路被送入仪表的动圈中，于是在动圈中流过电流。由于动圈是被张丝支撑在恒定磁场中，磁场中的动圈中流过电流形成电磁力，动圈在电磁力的作用下将发生偏转；动圈发生偏转时带动张丝扭转，张丝对动圈形成反作用力，张丝的反作用力的大小与张丝的扭转角度即动圈的偏转角度成正比，当作用到动圈上的电磁力和张丝的反作用力相等时动圈停在某一位置上，此时指针指向刻度板某一值即测量温度值。

当测量温度升高、热电偶的热电势增加时，动圈中流过的电流增加，作用到动圈上的电磁力增加，动圈旋转角度增加；同时动圈带动张丝使张丝的扭转角度增加、张丝对动圈的反作用力增加，当作用到动圈上的电磁力和张丝的反作用力达到新的平衡时，指针指向刻度板的新值，比先前的值增加了；反之亦然。

② 磁电动圈式指示调节型温度仪表的结构及温度调节原理　其构成如图 5-2 所示，其动圈、铁芯、永久磁铁、指针、刻度板等和磁电动圈式指示型测温仪表的构成相同，除此之外还有铝旗、检测线圈、振荡器及直流放大器、继电器、给定指针等。在刻度板下面的给定指针可左右调节移动，其位置由要求的温度目标值确定：温度目标值高，给定指针往右调节移动。一对具有一定间隙的检测线圈安装在给定指针上，工作时检测线圈随给定指针左右调节移动。铝旗安装在测量指针上随测量指针移动，测量指针移动的范围就是刻度板最低温度点至给定指针的温度范围，当测量指针移动到最大位置时铝旗进入一对检测线圈中间。

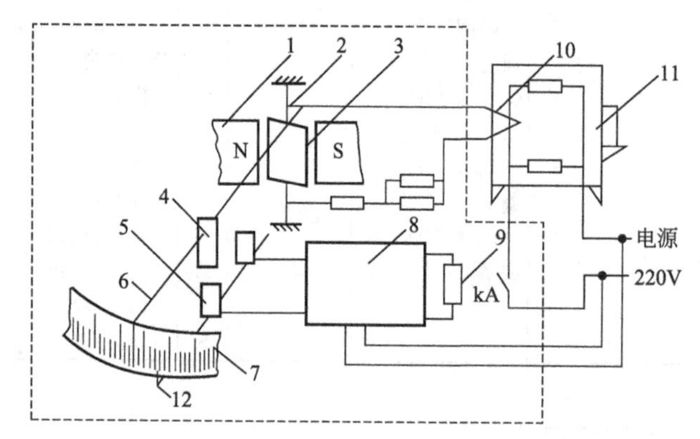


图 5-2　XCT-101 型磁电动圈式温度仪表的结构
1—永久磁铁；2—张丝；3—动圈；4—铝旗；5—检测线圈；6—指示指针；7—仪表刻度板；8—振荡器及直流放大器；9—继电器；10—热电偶；11—电阻炉；12—给定指针

磁电动圈式指示调节型测温仪表在测温的基础上，同时进行温度的调节与控制；其测温过程与磁电动圈式指示型测温仪表相同。下面介绍其温度调节的原理。

当被测温度低于目标值时，测量指针在刻度板最低温度点至给定指针的温度范围内移动，测量指针上的铝旗在检测线圈外（检测线圈左侧）移动。此时由检测线圈控制的振荡器振荡，直流放大器通过检波及功率放大后给继电器线圈加上驱动电压使其触点吸合，电阻炉的加热电源接通，炉温上升。当被测温度达到或略高于目标温度值时，测量指针旋转靠到给定指针位置上，测量指针上的铝旗进入检测线圈中间，此时铝旗隔断了两个检测线圈之间的磁耦合，从而减小了检测线圈的电感量，导致振荡器停止振荡，直流放大器给继电器线圈的输出电压为零，其触点断开，电阻炉的加热电源被切断，电阻炉停止加热；由于电阻炉存在散热性，因而其温度将下降。当电阻炉温度下降至低于目标温度时，测量指针回落，测量指针上的铝旗离开检测线圈中间位置，振荡器又开始振荡，直流放大器输出电压驱动继电器动作，电阻炉电源接通又开始加热，如此循环进行下去。

**(2) 磁电动圈式仪表的磁电动圈机构**

磁电动圈机构如图 5-3 所示，恒定磁场用永久磁铁制造而成，恒定磁场内放置一个由漆包铜导线绕制成的矩形线圈。该线圈的旋转中心与磁场的磁力线方向垂直，线圈旋转时其左、右侧边与磁场的磁力线方向垂直，这个线圈就是动圈。当电流流过动圈时，在动圈的两个边上将产生电磁力 $F$。由于动圈左侧边电流向上、右侧边电流向下，所以动圈左侧边流过向上的电流在磁场中形成向里的电磁力，动圈右边流过向下的电流在磁场中形成向外的电磁力，两个方向相反的电磁力共同作用在动圈上形成力矩导致动圈绕轴转动，该力矩称为偏转力矩。

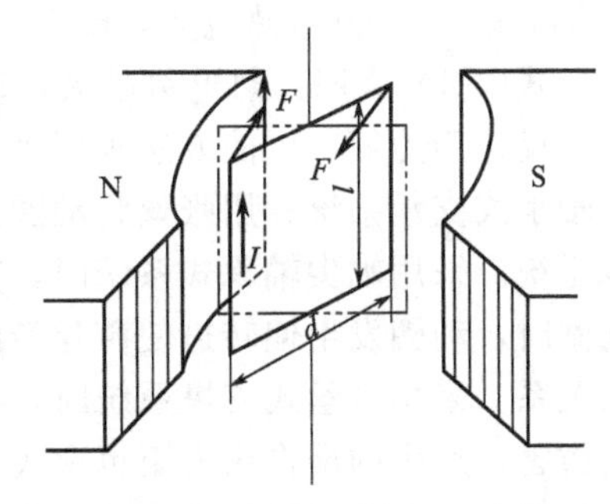


图 5-3　永久磁场及其中的动圈

根据电磁感应原理，载流导线在磁场中受力 $F$ 及动圈受到的旋转力矩 $M$ 的大小与磁场的磁感应强度 $B$、电流 $I$ 以及导体有效边长 $l$ 成正比，且磁感应强度 $B$ 与电流 $I$ 两者互相垂直，于是得：

$$M=Fd=nlBd=C_1 I \tag{5-1}$$

式中　$M$——动圈受到的旋转力矩，N·m；

$F$——动圈的一个侧边上受到的电磁力，N；

$d$——动圈的宽度，m；

$n$——动圈匝数；

$l$——动圈侧边的长度，m；

$B$——永久磁铁构成的磁场的磁感应强度，T；

$I$——流过动圈（一匝）的电流，A；

$C_1=nld$ 为常数，它与动圈几何尺寸及磁感应强度有关。

从公式(5-1) 可以看出，在动圈几何尺寸及磁感应强度确定的情况下，动圈在磁场中受到的旋转力矩 $M$ 与流过动圈的电流 $I$ 有关。

为了使动圈偏转角度 $\alpha$ 与动圈中的电流 $I$ 成线形关系，就必须在动圈上施加一个与其偏转角度成正比的反作用力矩，该力矩与动圈受到的旋转力矩相平衡；这个反作用力矩是必需的，如果动圈只受到旋转力矩作用而无反作用力矩，则动圈中只要有一点电流流过，动圈就会偏转到极限位置，直到遇到障碍不能转动为止，这样动圈的偏转角度就与电流无线形关系，将无法指示出被测量的大小。

反作用力矩由线圈带动张丝扭转产生，张丝产生的反作用力矩与其扭转角度 $\alpha$ 成正比：

$$M_\alpha=D\alpha \tag{5-2}$$

式中　$D$——张丝产生的反作用力矩 $M_\alpha$ 和张丝的扭转角度 $\alpha$ 之间的比例系数。

当动圈带动仪表指针偏转到一定角度并且停在这一位置时，旋转力矩和反作用力矩平衡：

$$M=M_\alpha,\ C_1 I=D\alpha \tag{5-3}$$

此时 $\alpha$ 正比于流过动圈的电流 $I$：

$$\alpha=\frac{C_1}{D}I=S_1\frac{E(t,\ t_0)}{R} \tag{5-4}$$

式中　$\alpha$——仪表指针旋转角度，即动圈旋转角度、张丝的扭转角度；

$R$——测量电路总电阻，Ω；

$S_1=C_1/D$——表征仪表灵敏度的系数；

$I$——流过动圈的电流即流过测量电路的电流，A；

$E(t, t_0)$——测量热电势，mV。

式(5-4) 表明：热电势越大，动圈偏转角度也越大，指针指示被测温度也就越高。

反作用力矩产生的方法根据动圈固定方法分类：将轴尖固定在轴承座上的方法称为轴尖轴承式支承系统；用张丝将动圈上下拉紧，让其具有一定工作张力的方法称为张丝式支承系统。采用轴尖轴承式系统时，其反作用力矩是靠螺旋弹簧形的游丝产生。当电流流过动圈时，动圈发生偏转迫使游丝卷曲，从而产生反作用力矩，其大小与游丝卷曲程度成正比关系。采用张丝式支撑系统时，靠张丝的扭转产生反作用力矩，动圈转角越大张丝扭转越厉害，产生的反作用力矩也愈大。当转动力矩和反作用力矩相等时，动圈停留在某一确定位置上，仪表指针相应地指示在刻度板的某一确定位置上。

### 5.1.3　磁电动圈式仪表的测量电路及断偶保护电路

测量电路的作用是将测量元件，例如热电偶或热电阻所测得的信号以一定形式送入动圈测量机构，从而使仪表指针旋转而指示被测参数的大小。测量电路对仪表的指示精度具有较大的影响。在 XC 系列温度测量仪表中主要有两种基本测量电路：一种是配接热电偶的测量电路，这种测量电路也可用于测量直流毫伏信号；另一种是配接热电阻的测量电路。在温度指示及调节仪表中，配接热电偶的测量电路还包括热电偶断偶自动保护电路。

下面介绍配接热电偶的测量电路。XCT-101 型温度测量仪表的测量电路主要由电阻回路构成（图 5-4)，测量电路的总电阻为 $R_z$ 由外电阻为 $R_0$ 和内电阻为 $R_i$ 构成：

$$R_z = R_0 + R_i \tag{5-5}$$

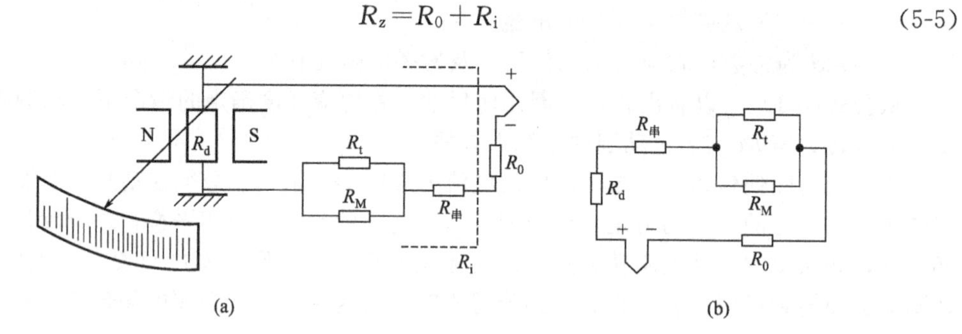


图 5-4　测量电路

内电阻 $R_i$ 包括动圈电阻 $R_d$、温度补偿电阻 $R_t$ 及 $R_M$、量程电阻 $R_串$。外电阻 $R_0$ 包括热电偶电阻 $R_偶$、连接导线电阻 $R_线$。$E(t, t_0)$ 表示热电偶的热电势。根据式(5-4) 仪表指示值即指针的转角 $\alpha$ 为：

$$\alpha = S\frac{E(t, t_0)}{R_z} = S\frac{E(t, t_0)}{R_i + R_0} \tag{5-6}$$

式中，$S$ 是常数，若再保证 $R_i$、$R_0$ 均为常数，则仪表指示值 $\alpha$ 就只与热电偶所产生的热电势 $E(t, t_0)$ 成正比。

内部电阻 $R_i$ 的主要组成部分是动圈电阻 $R_d$，动圈是用漆包铜线绕制成的，其呈现比较大的正电阻温度系数，随环境温度升高而增加。组成外电阻 $R_0$ 的热电偶电阻 $R_偶$、连接导线电阻 $R_线$ 可能因使用者选用的热电偶长度、连接导线长度等不同而有所变化。$R_i$、$R_0$ 的变化即 $R_z$ 的变化将导致测量不准确，产生测量误差。

为了保证测量精度，首先需要保证 $R_i$ 为常数。量程电阻 $R_串$ （200～1000Ω 之间）用温度系数很小的锰铜丝绕制。温度补偿电阻 $R_t$ 用负温度系数的热敏电阻（20℃时为 68Ω）

制造而成，它和 $R_M$（用锰铜丝绕制，50Ω）并联后可以较好地补偿动圈电阻 $R_d$ 的变化。其次需要保证外电阻 $R_0$ 为常数，通常外电阻规定为定值（通常为 15Ω），测量仪表刻度板按外电阻为标准值 15Ω 进行刻度，并标明在测量仪表的表盘上，在仪表安装使用时必须遵循此要求，使用者采用的热电偶电阻 $R_{偶}$ 以及补偿导线电阻 $R_{补}$ 的大小必须符合此要求。

$$R_0 = R_{偶} + R_{补} = 15\Omega \tag{5-7}$$

若热电偶和补偿导线的电阻达不到 15Ω 的规定值，则需要接入外调电阻 $R_{调}$ 使其达到 15Ω 阻值。

$$R_0 = R_{偶} + R_{补} + R_{调} = 15\Omega \tag{5-8}$$

$R_{调}$ 由锰铜丝绕制，通过加入 $R_{调}$，就能够使外电阻 $R_0$ 调整的很准确。

### 5.1.4 磁电动圈式温度指示调节仪表的断偶保护电路

**(1) 断偶保护的工作原理**

磁电动圈式温度仪表由仪表本体、外电阻回路构成，外电阻又由热电偶、补偿导线、外调电阻等构成，外电阻回路有可能因连接不可靠或被无意中碰着而断路，这就是断偶现象。

若不采取断偶保护措施，当发生断偶现象后，仪表内的动圈就不可能有电流输入，动圈和指示指针就不会发生偏转，这样振荡器就一直处于振荡工作状态，继电器断电，其触点闭合，控制的电阻炉始终处于加热状态。当炉温超过规定的温度时，由于不能自行断电而继续加热，这样可能将炉子烧坏甚至发生安全问题，这是十分危险的，为此需要设置断偶自动保护电路。

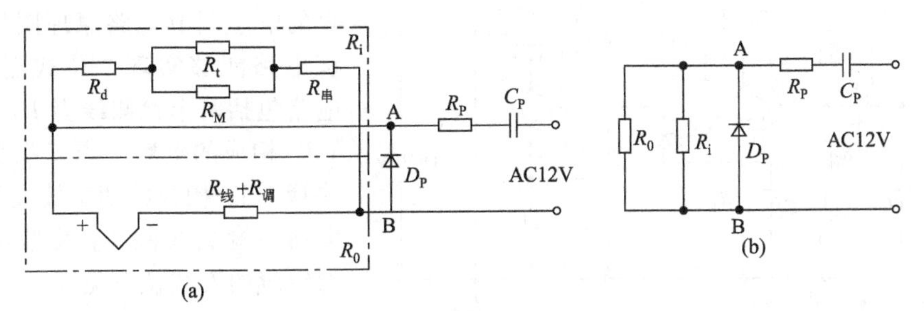


图 5-5　断偶自动保护电路原理图

图 5-5 是 XCT-101 型磁电动圈式温度指示调节仪表的断偶自动保护电路原理图。外电阻 $R_0 = R_{偶} + R_{补} + R_{调} = 15\Omega$。内电阻 $R_i$ 的构成如下：

$$R_i = R_d + R_{串} + \frac{R_t R_M}{R_t + R_M} \tag{5-9}$$

式中　$R_d$——动圈电阻；

$R_{串}$——量程电阻；

$R_t$、$R_M$——温度补偿电阻，二者并联。

内电阻 $R_i$ 的大小因量程的改变而变化，因量程电阻 $R_{串}$ 的阻值介于 200～1000Ω 之间，所以 $R_i$ 的阻值大于 200Ω。内电阻 $R_i$ 远远大于外电阻 $R_0$。

断偶自动保护电路原理图如图 5-5 所示，断偶自动保护电路和磁电动圈测量仪表封装在一个仪表盒中，热电偶等外电阻回路仍然是仪表的外部接线回路。

首先分析未断偶时的工作原理。电路中 A、B 两点是测量电路和断偶自动保护电路的连接点。当仪表外部接的热电偶回路未断时，测量回路的 A、B 两端的电阻值等于外电阻 $R_0$ 与内电阻 $R_i$ 的并联阻值，并联的阻值应该比外电阻 $R_0$ 的 15Ω 的阻值还小。断偶自动保护电路中的 $R_P$、$C_P$ 的阻抗均很大，按照 $R_P$、$C_P$ 的阻抗、$R_0$ 并联 $R_i$ 的阻值的分压关系，交流 12V 电压在 A、B 两端之间只有极微小的交流电压形成，这对正常测量没有什么影响。

其次分析断偶时的工作原理。断偶时外电阻 $R_0 \to \infty$，测量回路的 A、B 两点之间的电阻就等于内电阻 $R_i$，此时电阻值较大。按照 $R_P$、$C_P$ 的阻抗、$R_i$ 的阻值的分压关系，交流 12V 电压在 A、B 两端之间将形成一个较大的电压；由于此时二极管 $D_P$ 的整流作用，在 A、B 两点之间就形成一个 A 点正、B 点负的直流电压，此直流电压的极性正好与热电偶应该产生的热电势的极性相同，它将输入仪表的动圈中从而使动圈及仪表指针旋转直到铝旗进入检测线圈中，使振荡器停止振荡，继电器线圈断电其触点断开，电阻加热炉电源被切断而停止加热。只要发生断偶现象，断偶保护电路就自动产生一个直流电压输入仪表的动圈中，使仪表指针旋转、铝旗进入检测线圈中，电阻加热炉电源被切断，避免发生事故。

**(2) 电子调节电路的工作原理**

电子调节电路的作用是使磁电动圈式指示调节仪表在测量温度的同时，根据测得的温度与要求的温度的偏差，控制电阻加热炉是否加热，从而使温度稳定在要求的数值上。

在磁电动圈式指示调节仪表的系列中，为了满足不同的要求，设计了不同的调节电路。下面介绍以晶体管振荡器为核心的电子调节电路的工作原理。

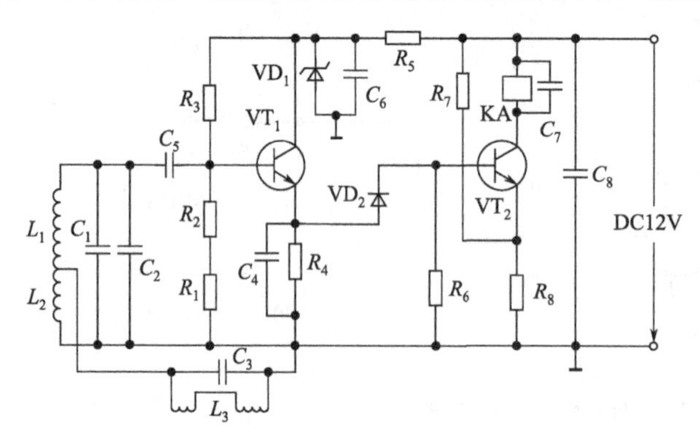


图 5-6 XCT-101 型电动圈式温度指示调节仪表电路原理图

XCT-101 型磁电动圈式温度仪表的电子调节电路原理图见图 5-6，该电路能够实现二位式温度调节。电路包括两个检测线圈 $L_3$、晶体管 $VT_1$ 构成的电感三点式振荡器、晶体管 $VT_2$ 构成的功率放大器等电子电路。检测线圈 $L_3$ 及指示指针上的铝旗的安装位置见 5.1.2 节。

电子调节电路的振荡及驱动继电器的工作过程如下。检测线圈 $L_3$ 与电容 $C_3$ 组成的调谐回路在 $VT_1$ 的射极回路内，因此调谐回路 $L_3$、$C_3$ 的交流阻抗的变化直接影响射极回路负反馈作用的强弱。当铝旗在检测线圈范围之外时，$L_3$ 的电感量最大（约为 1.0～1.2μH），$L_3C_3$ 对振荡频率的交流阻抗较小，负反馈作用较弱，振荡器振荡其输出交流信号幅度较大，振荡电压加在 $VD_2$ 和电阻 $R_6$ 上，在电阻 $R_6$ 上得到一个直流电压，使晶体管 $VT_2$ 导通，继电器 KA 的线圈断电其触点闭合，电阻加热炉通电加热。当铝旗逐渐进入两个检测线圈之间时将隔断两个检测线圈之间的磁耦合，$L_3$ 的电感量减小，调谐回路 $L_3C_3$ 对振荡频率的交流阻抗增大，负反馈作用增强，振荡器停止振荡而没有交流输出，在电阻 $R_6$ 上电压为零使 $VT_2$ 截止，继电器 KA 断电其触点断开，电阻加热炉断电停止加热。当铝旗退出两个检测线圈之间以后，继电器又将断电其触点又闭合。这就完成了二位式控制过程。二位式电阻加热炉的温度调节过程详见 7.2 节。

# 5.2　电位差计

根据电位差计所测量的是直流量还是交流量，电位差计可以分为直流电位差计和交流电位差计。根据电位差计的平衡过程是手动平衡还是自动平衡，电位差计又分为手动平衡电位差计和自动平衡电位差计。在应用电位差计进行测量时，多数用于测量直流量，因此下面主要介绍测量直流量的手动平衡电位差计和自动平衡电位差计。

## 5.2.1　手动平衡直流电位差计

动圈指示仪表其测量精确度最高可以达到 0.1%。在实际工程测量中如果要求更高的测量准确度，就需要采用电位差计进行测量。目前直流电位差计的准确度可达到 0.005%～0.0001%。电位差计主要用于准确度较高的电量测量及非电量测量中。

**(1) 手动平衡直流电位差计的组成及工作原理**

手动直流电位差计的测量方法是基于比较法，它是利用仪器本身用可调电阻形成的已知压降和被测电动势进行比较且平衡的原理进行测量的一种测量方法。

手动直流电位差计的原理线路图如图 5-7 所示，主要构成有：工作电源 $E$、标准电池 $E_n$、固定电阻 $R_n$、可调标准电阻 $R_a$、调节电阻 $R$、检流计 $G$，被测量电势 $E_x$。

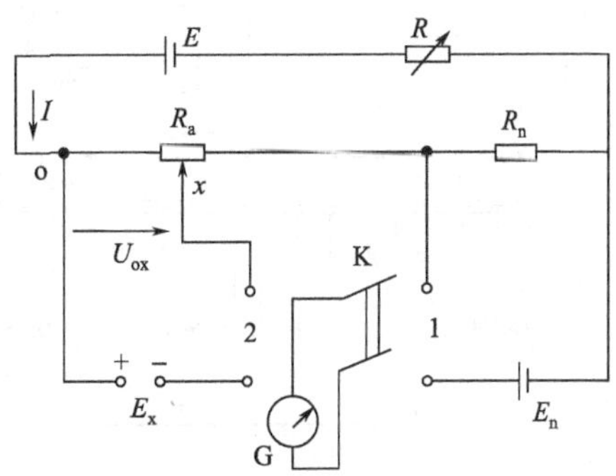


图 5-7　手动直流电位差计原理线路图

手动直流电位差计的工作原理如下。

首先，用标准电池 $E_n$ 校正工作电流 $I$，将开关 K 打向位置 1，检流计 G 接到标准电池 $E_n$ 一边，调节电阻 $R$ 使流过 G 中的电流为零。G 指零表明标准电池 $E_n$ 的电势和固定电阻 $R_n$ 上的电压降 $IR_n$ 相等而相互平衡。工作电路（由 $E$、$R$、$R_a$、$R_n$ 组成的回路）中的工作电流的计算式如下：

$$I=E_n/R_n \tag{5-10}$$

其次，进行测量，将开关 K 打向位置 2，此时检流计 G 接到被测电势 $E_x$ 一边，调节 $R_a$ 的滑动触头 $x$，使 G 再次指零。这时表明被测电势 $E_x$ 与可调标准电阻 $R_a$ 的 ox 两点之间的电压 $U_{ox}$ 相等而相互平衡：

$$E_x=U_{ox} \tag{5-11}$$

由于 $U_{ox}$ 的作用就是与被测电势 $E_x$ 相互平衡，故电压 $U_{ox}$ 也称为平衡电压。由于在调节 $R_a$ 的滑动触头时工作电路中的电阻大小没有发生变化，因此工作电流保持不变。可调标准电阻 $R_a$ 的 ox 段上的电压 $U_{ox}$ 的计算式如下：

$$U_{ox}=IR_{ox}=(E_n/R_n)R_{ox} \tag{5-12}$$

式中，$R_{ox}$ 为 $R_a$ 上的 ox 段的电阻值。于是被测电势 $E_x$ 的计算式如下：

$$E_x=U_{ox}=IR_{ox}=(E_n/R_n)R_{ox} \tag{5-13}$$

被测电势 $E_x$ 的表达式由 $E_n$、$R_n$、$R_{ox}$ 构成，而且 $E_x$、$U_{ox}$ 与 $R_{ox}$ 构成线形关系，于是若 $E_n$、$R_n$ 的值是稳定的，并且 $R_{ox}$ 的值能够方便准确地读取获得，则可以方便准确地读取获得平衡电压$U_{ox}$的数值，即被测电势$E_x$的测量值。$E_n$由标准电池产生，其值是稳定的，固定电阻$R_n$选用阻值稳定的电阻。于是重要的问题就是研究设计$R_a$的良好的分度方法。

**(2) 直流电位差计的线路**

直流电位差计的线路就是关于$R_a$的分度方法。首先，要求从其分度方法读取的数值具有高准确性；第二，要求这种分度方法在调节$R_{ox}$时保证$R_a$两端之间的电阻值保持不变，也就是保持工作电路中的工作电流不变；第三，要求便于制造、合适的制造成本以及高稳定性。

下面介绍应用较多的两种分度方法：代换式十进盘线路；分路十进盘线路。

① 代换式十进盘线路　代换式十进盘线路如图 5-8 所示，由电阻网络构成。图 5-8 中平衡电压$U_{ox}$实际上就是图 5-7 原理线路图中$R_a$上的 ox 段电压降$U_{ox}$。在调整好电位差计的工作电流$I$以后，平衡电压$U_{ox}$的大小取决于$R_1$、$R_2$、$R_3$、$R_4$的读数。$R_1$、$R_2$、$R_3$、$R_4$分别由 9 个相同的电阻组成，而各组电阻值间彼此相差 10 倍，这样在各组的单元元件上的电压降也相差 10 倍，由此可以从四个十进盘上读到四位平衡电压$U_{ox}$。

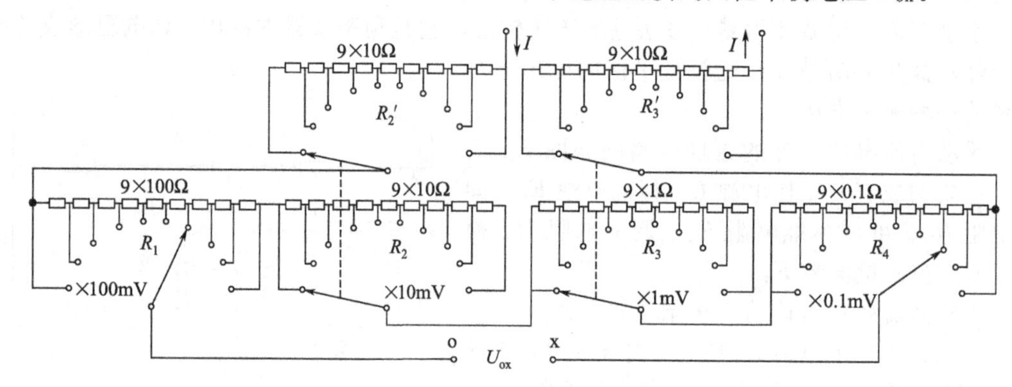


图 5-8　代换十进盘线路结构图

从图 5-8 中可以看出，调节$R_1$、$R_4$时电阻网络两端的电阻值不变、电位差计的工作回路的电阻值大小不变、工作电流不变。调节$R_2$、$R_3$时对工作电流也没有影响，因为在线路中接入$R_2'$、$R_3'$，$R_2'$与$R_2$的构成及电阻值完全一样，$R_3'$与$R_3$的构成及电阻值完全一样；$R_2'$与$R_2$彼此联动，$R_2$接入 ox 之间的电阻个数和$R_2'$切除的电阻个数相等；$R_3'$与$R_3$彼此联动；$R_3$接入 ox 之间的电阻个数和$R_3'$切除的电阻个数相等；这样在调节$R_2$、$R_3$的过程中，保证电阻网络两端之间的电阻值不变。因此不论如何调节$R_1$、$R_2$、$R_3$、$R_4$，电阻网络两端之间的电阻不变、工作电流保持不变，平衡电压$U_{ox}$可从$R_1$、$R_2$、$R_3$和$R_4$读取得到四位十进制数字。若需要进一步提高精度，只需将联动的代换式十进盘的盘数增加即可实现，例如 UJ9 型直流电位差计就采用了三个联动的代换式十进盘线路，加上两侧的两个独立的十进盘线路，从而得到五位读数。

② 分路十进盘线路　分路十进盘线路如图 5-9 所示，图中$R_1$由 11 个相同电阻$r$组成，通过的工作电流为$I$，每个电阻上的电压为$I_r$。$R_2$由 9 个相同电阻$r$组成，$R_2$的两端利用固定的一对触头$P_1$、$P_2$接到$R_1$的任一个电阻$r$上，触头$P_1$、$P_2$之间的$R_1$的任一个电阻$r$上的电压被$R_2$的 9 个电阻$r$分压，所以在$R_2$的电阻$r$上的电压等于$0.1I_r$。$R_3$由 11 个相同电阻$0.01r$组成，即其中的每个电阻的阻值为$R_1$的阻值的 1/100。通过$R_3$的电流等于工作电流$I$，每个电阻上的电压为$0.01I_r$。$R_4$由 10 个相同电阻$0.01r$组

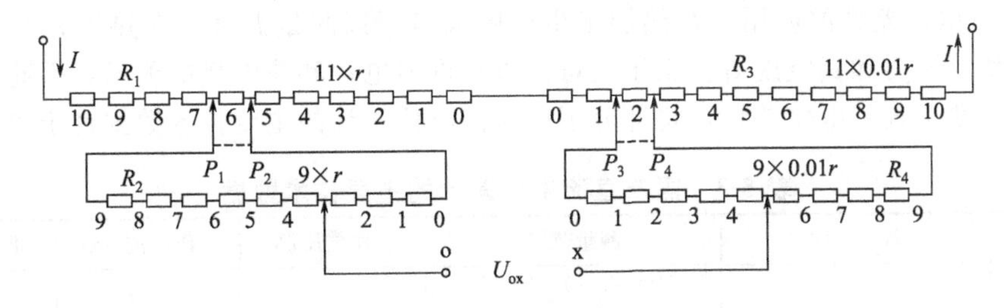


图 5-9 分路十进盘线路结构图

成，$R_4$ 的两端利用固定的一对触头 $P_3$、$P_4$ 接到 $R_3$ 上任一个电阻 $0.01r$ 上，触头 $P_3$、$P_4$ 之间的 $R_3$ 的任一个电阻 $0.01r$ 上的电压被 $R_4$ 的 10 个电阻 $0.01r$ 分压，所以在 $R_4$ 的电阻 $r$ 上的电压等于 $0.001I_r$。

由图 5-9 电阻网络图可以看出，调节触头 $P_1$ 及 $P_2$ 的位置、触头 $P_3$ 及 $P_4$ 的位置、调节触头 o 以及 x 的位置，就可以在 ox 两端之间读取得到四位十进制的平衡电压 $U_{ox}$。同时由电阻网络图可以看出，不管所有触头的位置在什么地方，电阻网路两端之间的电阻不变、工作回路中的电流不变。

若在 $R_2$、$R_4$ 上进一步采取十进盘线路，则其读取的精度还可继续提高。UJ1 型直流电位差计的线路中采用了分路十进盘线路，从而测量得到的是四位十进制数。

**(3) 手动平衡直流电位差计的技术特性及应用**

① 根据直流电位差计的工作回路的阻值大小，可分为高阻电位差计和低阻电位差计。

a. 高阻电位差计。测量回路电阻为 1000Ω/V 以上（即工作回路里的电流为 1mA 以下），如 UJ9、UJ9/1 型等。这种电位差计适用于测量内阻比较大的电源电动势（如标准电池电势）以及较大的电阻上的电压降等。由于工作电流小、线路电阻大，故在测量过程中工作电流变化小；但因线路灵敏度较低，故需高灵敏度的检测计。

b. 低阻电位差计。测量回路电阻为 1000Ω/V 以下（即工作回路里的电流大于 1mA 的），如 UJ1、UJ2、UJ5、UJ10 型等。此种电位差计适用于测量较小电阻上的电压降以及内阻比较小的电压（如热电势），线路灵敏度较高；但由于工作电流较大，故工作电流需要足够用量的电源（蓄电池）才能稳定。

② 直流电位差计的主要技术特性 直流电位差计根据其示值误差大小、其准确度等级，根据国家规定分为 0.005 级、0.01 级、0.02 级、0.05 级、0.1 级、0.2 级六级。表 5-2 中 $U$ 为电位差计的读数（单位：V），$U_m$ 为测量上限（单位：V）；$U$ 为最低一档十进盘的分度值（单位：V）。

**表 5-2 直流电位差计的最大允许误差**

| 准确度级别 | 最大允许误差/V | 准确度级别 | 最大允许误差/V |
|---|---|---|---|
| 0.005 | $\pm(0.5\times10^{-4}U+0.2\Delta U)$ | 0.05 | $\pm(5\times10^{-4}U+0.5\Delta U)$ |
| 0.01 | $\pm(10^{-4}U+0.2\Delta U)$ | 0.1 | $\pm0.1\%U_m$ |
| 0.02 | $\pm(2\times10^{-4}U+0.4\Delta U)$ | 0.2 | $\pm0.2\%U_m$ |

表中最大允许误差是以绝对误差形式给出的。对于高准确度（0.005 级、0.01 级、0.02 级、0.05 级）的电位差计，其测量准确度与电位差计的读数值 $U$ 有关，也与最低一档十进盘的分度值 $U$ 有关；电位差计的读数值 $U$ 增加、或最低一档十进盘的分度值 $U$ 增加都将导致测量误差增加，读书准确度降低。对于低准确度（0.1 级、0.2 级）的电位差计，随电位差计的测量上限 $U_m$ 增加，测量误差增加，读数准确度降低。

③ 直流电位差计的应用 在热加工生产中大多用以测量温度。在热工方面可以测量温度、流量、压力和真空度等。由于它可以进行许多电量和非电量的测量，因此应用非常广泛。为了便于选用电位差计，将部分国产直流电位差计的主要技术数据列于表 5-3。

**表 5-3 国产直流电位差计的主要技术数据**

| 型 号 | 名 称 | 测量范围 | 工作电压/V | 工作电流/mV | 准确度等级 |
|---|---|---|---|---|---|
| UJ1 | 低阻直流电位差计 | 100μV～1.1605V<br>10μV～0.1615V<br>1μV～0.016V | 1.9～3.5 | 32 | 0.05 |
| UJ9 | 高阻直流电位差计 | 10μV～1.21110V | 1.3～2.2 | 0.1 | 0.03 |
| UJ9/1 | 高阻直流电位差计 | 10μV～1.21110V | 1.3～2.2 | 0.1 | 0.02 |
| UJ21 | 高阻直流电位差计 | 1μV～2.111110V | 2.8～4.4 | | 0.01 |
| UJ22-1 | 携带式低阻电位差计 | 10μV～110.2mV | 18 | 2 | 0.1 |
| UJ23 | 携带式低阻电位差计 | 10μV～24.05mV<br>50μV～120.25mV | | | 0.1<br>0.1 |
| UJ24 | 高阻直流电位差计 | 10μV～1.61110V | 1.8～2.2 | 0.1 | 0.02 |
| UJ25 | 高阻直流电位差计 | 1μV～1.911110V | 1.95～2.2 | 0.1 | 0.01 |
| UJ26 | 低阻直流电位差计 | 0.1μV～22.1110mV<br>0.5μV～110.555mV | 5.8～6.4 | 10 | 0.02 |
| UJ27 | 携带式低阻电位差计 | 0.05mV～100mV | | | 0.1 |
| UJ30 | 低阻直流电位差计 | 0.1μV～111.1110mV | 5.9～6.1 | 10 | 0.01 |
| UJ31 | 低阻直流电位差计 | 1μV～170mV | 5.7～6.4 | 10 | 0.05 |
| UJ31 | 低阻直流电位差计 | 0.1μV～17mV | 5.7～6.4 | 10 | 0.05 |
| UJ32 | 标准直流电位差计 | 0.1μV～2.1V | 6 | 23 | 0.005 |
| UJ34 | 高阻直流电位差计 | 1μV～1.911110V | 1.95～2.2 | 0.1 | 0.01 |
| 308 | 高阻直流电位差计 | 10μV～1.21110V | 1.3～2.2 | 0.1 | 0.03 |
| 308/1 | 高阻直流电位差计 | 10μV～1.21110V | 1.4～2.2 | 0.1 | 0.02 |

## 5.2.2 自动平衡电子电位差计

自动平衡电子电位差计主要由测量电桥、测量电路、放大器、可逆电机、指示机构、调节机构等组成。

### (1) 自动平衡电位差计的工作原理

电子电位差计的工作原理框图如图 5-10 所示。被测热电偶的热电势与测量电桥输出的直流电压相比较，比较后的差值电压（即不平衡电压）经放大器放大后驱动可逆电动机。可逆电动机旋转时带动测量电桥滑线电阻的滑动臂移动，从而使不平衡电压趋于零，使测量电桥的输出电压与被测热电偶的热电势相平衡；同时，可逆电动机带动指示记录机构（例如指示指针或记录笔）沿着有分度的标尺滑动，滑动臂的每一个平衡位置对应于指示记录机构在标尺上的某一数值，从而指示测量值，或者以记录笔进行记录。另外在电子电位差计中也可以设计调节机构，根据指示记录机构在标尺上滑动的位置，设置上限或下限，进行温度的调节。

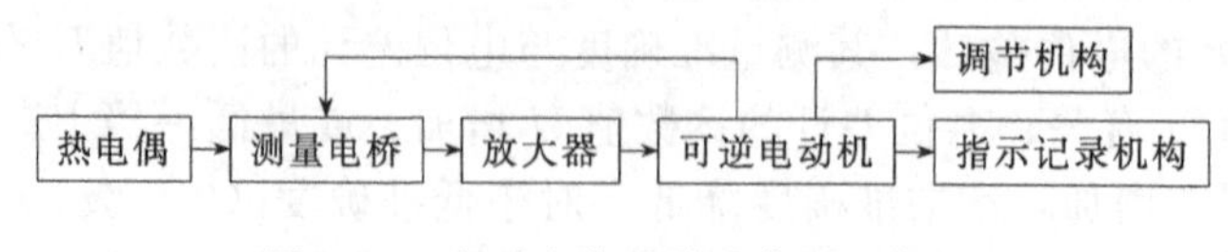


图 5-10 电子电位差计工作原理框图

**(2) 测量电桥的自动平衡原理**

测量电桥如图5-11所示，其构成有电桥及其直流电源$E$、放大器、可逆电动机ND、测量电路等。被测物理量是电压信号$E(t,t_0)$，该电压是热电偶的热电势，所以实际测量的物理量是温度。可逆电动机ND旋转时带动滑线电阻的滑动臂D运动，同时指示指针指示出当前被测温度值。

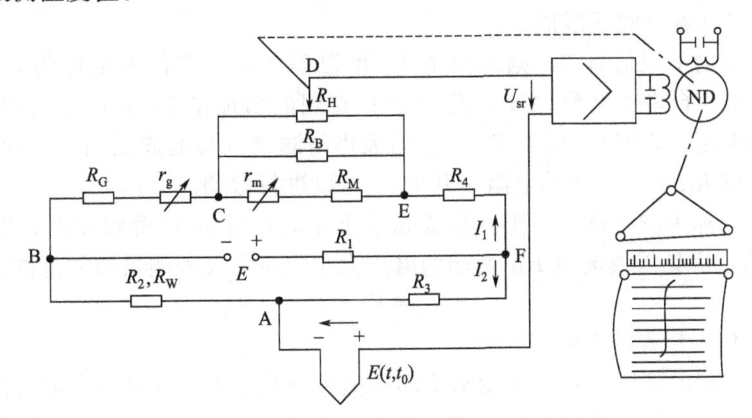


图5-11　测量电桥自动平衡原理图

电桥输出电压$U_{DA}$由滑动臂D的位置决定：

$$U_{DA}=U_{DC}+U_{CB}-U_{AB} \tag{5-14}$$

放大器的输入电压如下：

$$U_{sr}=U_{DA}-E(t,t_0) \tag{5-15}$$

电桥平衡时$U_{sr}=0$，得　$U_{DA}=E(t,t_0)$

$$U_{DC}+U_{CB}-U_{AB}=E(t,t_0) \tag{5-16}$$

式中，$U_{CB}$、$U_{AB}$是常量；$U_{DC}$随滑动臂D的位置移动而变化。

当接入被测电势$E(t,t_0)$以后，只要滑动臂D滑到适当位置，总能够使$U_{DA}=E(t,t_0)$，$U_{sr}=0$，测量电桥处于平衡状态，放大器的输入输出电压均等于零，可逆电动机没有驱动电压而停止转动；此时指针指示的值就是当前被测温度值。如果某一时刻被测温度增加、被测电势$E(t,t_0)$增加，则$U_{DA}<E(t,t_0)$，$U_{sr}=U_{DA}-E(t,t_0)$成为负值，放大器输出电压成为负值，可逆电动机逆向转动带动滑动臂D向右移动导致$U_{DC}$增加即$U_{DA}$增加；随着$U_{DA}$增加，$U_{sr}$向零靠近，可逆电动机逆向转动速度降低；当$U_{DA}$增加使$U_{DA}=E(t,t_0)$、$U_{sr}=0$时，可逆电动机停止转动；此时指针指示的值就是被测温度增加以后的温度值。反之亦然，某一时刻被测温度降低、被测电势$E(t,t_0)$减小，可逆电动机正向转动带动滑动臂D向左移动导致$U_{DA}$减小；随着$U_{DA}$减小，$U_{sr}$向零靠近，可逆电动机正向转动速度降低；当$U_{DA}$减小到使$U_{AD}=E(t,t_0)$、$U_{sr}=0$时，可逆电动机停止转动；此时指针指示的值就是被测温度降低以后的温度值。

**(3) 电子电位差计的测量电路**

作为一个电子电位差计的测量电桥，还需要添加一些电阻等元件构成测量电路，这样才能成为一个测量仪表。下面介绍测量电路中的各个电阻的作用。

① $R_G+r_g$ 称为起始电阻（或下限电阻）　当仪表指示下限值时，显然D点应滑到最左端，即$U_{DC}=0$。令此时$E(t,t_0)=E_1$，则式(5-14)、式(5-15)变换成如下形式：

$$U_{DA}=U_{CB}-U_{AB} \tag{5-17}$$

$$U_{sr}=U_{DA}-E_1 \tag{5-18}$$

电桥平衡时 $U_{sr}=0$，$U_{CB}-U_{AB}-E_1=0$，$U_{CB}=U_{AB}+E_1$

$$I_1(R_G+r_g)=I_2R_2+E_1 \tag{5-19}$$

式中 $I_1$——上支路工作电流；

$I_2$——下支路工作电流；

$E_1$——仪表量程的下限值。

若仪表量程的下限值是 0，则下限值 $E_1$ 可以等于零；若仪表量程的下限值大于零，则 $E_1>0$。作为一台电子电位差计，式(5-19) 右侧的物理量 $E_1$ 是确定的值，$R_2$ 也是定值（当自由端温度一定时）。可见 $R_G+r_g$ 的大小与测量电势的起始值（下限值）$E_1$ 的大小有关，所以称 $R_G+r_g$ 为起始电阻，其中 $r_g$ 可以进行微调。

② $R_M+r_m$ 称为测量范围电阻　仪表指示下限时滑动臂 D 滑到左端，仪表指示上限时 D 滑到右端，可见滑线电阻 $R_H$ 两端的电压大小代表了仪表测量值的范围。即：

$$U_{EC}=E_2-E_1 \tag{5-20}$$

式中 $E_2$——仪表量程的上限值。

为了测量不同的量程，就需要制造不同数值的滑线电阻，而且要求电阻值很准确，结构尺寸也一样，这在制造工艺上是比较困难的。为了有利于成批生产，只绕制一种规格的滑线电阻，另外再做一个电阻 $R_B$，通过选配、调整，使 $R_B$ 与 $R_H$ 并联后成为比较准确的电阻，通常 $R_B$ 与 $R_H$ 并联后的阻值等于 $(90\pm0.1)\Omega$，$R_B$ 与 $R_H$ 并联后的 $90\Omega$ 电阻已成通用件。$R_B$ 与 $R_H$ 并联后的阻值仍然不是要求的测量范围电阻，对不同的量程、不同分度号的仪表，还需要并联大小不同的 $R_M$，这样仪表的测量范围只取决于 $R_M$ 的大小。所以称 $R_M$ 为测量范围电阻，其中 $r_m$ 是供微调用的电阻。

③ $R_4$ 称为上支路限流电阻　$R_H$、$R_B$、$R_H$ 并联后与 $R_4$ 串联，其总电阻值要保证上支路电流 $I_2=4\text{mA}$。这是设计这种电桥时所规定要求的。

④ $R_3$ 称为下支路限流电阻　当 $R_2$ 为一定值时，$R_2$ 与 $R_3$ 串联保证下支路电流 $I_2=2\text{mA}$。这同样是设计这种电桥时所规定要求的。

⑤ $R_w$ 称为自由端温度补偿电阻　若热电偶的自由端温度为 0，工作端温度为 $t$，则平衡方程（5-16）可写成如下形式。

$$U_{DC}+U_{CB}-U_{AB}=E(t,0) \tag{5-21}$$

若被测温度仍然是 $t$，自由端温度由 0 变到 $t_1$，这时热电偶的热电势 $E(t,t_1)$ 比 $E(t,0)$ 减小了 $E(t_1,0)$。如果此时测量电桥没有变化，则出现一个不平衡的电压输入放大器，电动机带动滑点向左移动，指针也向左移动，实现自动平衡。

$$U_{DC_1}+U_{CB}-U_{AB}=E(t,t_1) \tag{5-22}$$

由于 $E(t,t_1)=E(t,0)-E(t_1,0)$，相应地存在等式。

$$U_{DC_1}=U_{DC}-\Delta U_{DC} \tag{5-23}$$

从上式可以看出，被测温度虽然没有变化，但指示值降低了，这是由于热电偶自由端温度变化造成的。为了解决这个问题，把 $R_w$ 作为随温度变化的电阻（一般用铜导线制成，安装在自由端接线柱附近），使 $U_{AB}$随热电偶自由端温度增加而增加，以此来补偿自由端温度变化引起的热电势变化，从而消除测量误差。

$$U_{DC}+U_{CB}-(U_{AB}+U_{AB})=E(t,t_1)$$

$$U_{DC}+U_{CB}-(U_{AB}+U_{AB})=E(t,0)-E(t_1,0) \tag{5-24}$$

设计 $R_w$，使其电阻随温度增加而增加的量 $U_{AB}=E(t_1,0)$，则在不改变 $U_{DC}$ 即不移动滑动臂D的条件下，保持仪表平衡，测量指示值仍然是$U_{DC}$，测量不受热电偶冷端温度变化的影响。要正确选择$R_w$来满足$U_{AB}=E(t_1, 0)$。

$$E(t_1, 0)=U_{AB}=I_2R_w=I_2\alpha tR_w \tag{5-25}$$

式中 $\Delta t$——自由端温度变化值；

$\alpha$——铜导线温度系数；

$R_w$——铜导线电阻。

这里可以清楚地看出温度补偿电阻$R_w$的作用。

**(4) 自动平衡式显示仪表的型号**

自动平衡式电位差计亦是一种测量显示仪表，其型号通常由两节组成：第一节用汉语拼音字母表示；第二节用阿拉伯数字表示。型号中字母及数字的意义见表5-4。

**表5-4 自动平衡式显示仪表的型号中的字母及数字的意义**

| 第一节 | | | 第二节 | |
|---|---|---|---|---|
| 第一位代号意义 | 第二位代号意义 | 第三位代号意义 | 第一位代号意义 | 第二、第三位代号意义 |
| X——显示仪表 | W——直流电位差计<br>Q——直流电桥<br>L——交流电压平衡<br>D——交流电桥 | A——条形指示仪<br>B——圆图记录仪<br>C——长图记录仪<br>D——小型长图记录仪<br>E——小型圆标尺指示仪<br>F——中型长图记录仪<br>G——中型圆图记录仪<br>H——旋转刻度仪表<br>X——携带式仪表<br>T——台式仪表 | 1——单指针、单笔<br>2——双指针、双笔<br>3——多点指示、多点记录<br>4——单指针、单笔、带电动PID调节器<br>5——单指针、单笔、带气动PID调节器 | 表示附加装置：<br>00——无附加装置<br>01——表面定值电接点<br>02——表内定值电接点<br>03——报警器<br>04——多量程<br>05——量程扩展<br>06——辅助记录<br>07——自动变速<br>08——程序控制<br>09——积算装置<br>10——计数器<br>11——计算单元<br>12——模/数转换<br>13——电阻发信装置<br>14——多点各定值 |

# 5.3 函数记录仪

函数记录仪是一种通用的自动平衡记录仪表，它主要用于记录变化较慢的模拟量。按其所记录信号的函数形式，函数记录仪可以记录的信号分为两种：一种是随时间变化的函数$y=f(t)$；另一种是两个变量之间的函数关系$y=f(x)$。对于多笔记录仪，还可以记录几个变量随时间变化的函数关系。

## 5.3.1 函数记录仪的自动平衡原理

**(1) $y=f(t)$ 时间函数记录仪**

函数记录仪（自动平衡式记录仪）主要是由测量电路、放大器、滤波器、伺服电动机、平衡滑线电阻等部分组成。图5-12为$y=f(t)$自动平衡式时间函数记录仪线路原理图，其构成有直流电源$U$、平衡滑线电阻$R_w$、测量电阻$R_s$、分压电阻$R_f$、放大器、可逆电动机ND、记录笔等。被测信号是$U_{sr}$。可逆电动机旋转时带动滑线电阻$R_w$的滑动臂D

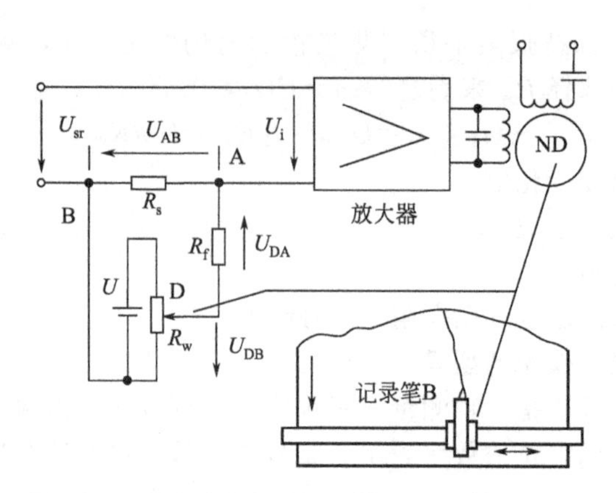


图 5-12 自动平衡式时间函数记录仪线路原理图

移动的同时带动记录笔左右移动。记录笔按照一定的速度向下移动。

在滑线电阻的两端加电源 $U$，滑线电阻的滑动臂 D 移动时产生的电压 $U_{DB}$ 加在 $R_f$、$R_s$ 串联电路之间，$U_{DB}$ 在 $R_f$、$R_s$ 上的分压分别是 $U_{DA}$、$U_{AB}$，$U_{AB}$ 称为平衡电压。

放大器的输入电压：

$$U_i = U_{sr} - U_{AB} \tag{5-26}$$

当接入被测电势 $U_{sr}$ 以后，滑动臂 D 滑到适当位置形成的平衡电压 $U_{AB}$ 能够使 $U_{AB} = U_{sr}$，$U_i = 0$，测量系统处于平衡状态，放大器的输入、输出电压均等于零，可逆电动机没有驱动电压而停止转动；此时记录笔没有左右移动而按照一定的速度向下运动，在记录纸上记录当前被测信号 $U_{sr}$ 的值。如果某一时刻被测信号 $U_{sr}$ 增加，则 $U_{AB} < U_{sr}$，$U_i = U_{AB} - U_{sr}$ 成为负值，放大器的输入电压成为负值，放大器的输出电压驱动可逆电动机逆向转动带动记录笔 B 记录被测信号，同时带动滑动臂 D 向上移动导致平衡电压 $U_{AB}$ 增加；随着 $U_{AB}$ 增加，$U_i$ 向零靠近；当 $U_{AB}$ 增加使 $U_{AB} = U_{sr}$、$U_i = 0$ 时，可逆电动机停止转动。反之亦然，某一时刻被测信号减小，可逆电动机正向转动带动记录笔记录被测信号，同时带动滑动臂 D 向下移动导致平衡电压 $U_{AB}$ 减小；随着 $U_{AB}$ 减小，$U_i$ 向零靠近；当 $U_{AB}$ 减小到使 $U_{AB} = U_{sr}$、$U_i = 0$ 时，可逆电动机停止转动。

$U_{AB}$ 的大小和 $R_w$ 上的滑动臂 D 移动的位置相对应，而记录笔又和滑动臂同步运动，因此记录笔每一瞬时的位置都反映了被测信号 $U_{sr}$ 的相应数值，记录笔所记录下的整个曲线反映了被测信号 $U_{sr}$ 的连续变化过程。

**(2) x-y 函数记录仪**

图 5-13 表示 $x$-$y$ 函数记录仪工作原理框图。在 $x$-$y$ 函数记录仪中，因为有 $x$ 和 $y$ 两个被测信号，所以记录仪设置了两个独立的测量系统。一个测量系统使记录笔沿 $x$ 轴方向移动，另一个测量系统使记录笔沿 $y$ 轴方向移动。单个系统的工作原理和 $y=f(t)$ 时

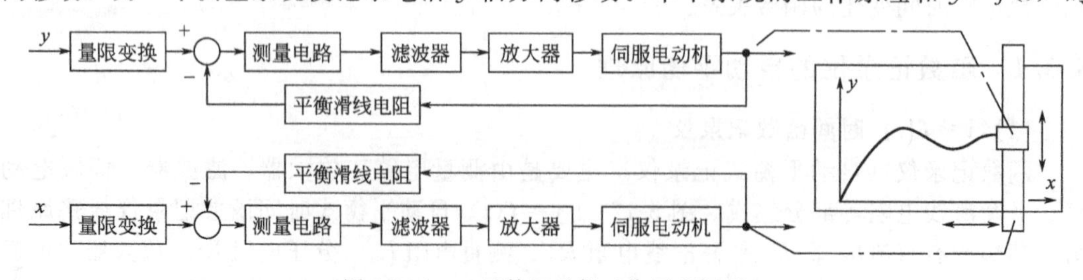


图 5-13 $x$-$y$ 函数记录仪工作原理框图

间函数记录仪是一样的，这里不再重复。就 $x$-$y$ 函数记录仪而言，记录笔每一瞬时的位置反映了被测信号 $x$、$y$ 的函数关系，它所记录的曲线就是被测信号 $y=f(x)$ 的连续变化过程。

### 5.3.2　函数记录仪的主要组成

**（1）测量电路**

图5-14(a) 是函数记录仪测量电路线路图，图中 $R_w$ 是平衡滑线电阻，$R_s$ 是测量电阻，$R_f$ 是分压电阻，$R_0$ 是调零电位器，$R_e$ 是微调电位器，$U$ 是电压源，$R_L$ 是电压 $U_{DB}$ 的负载电阻。由基准稳压电源 $U$ 产生平衡电压 $U_{AB}$，并与测量信号电压 $U_{sr}$ 进行平衡。平衡电压 $U_{AB}$ 是 D、B 两点电压 $U_{DB}$ 经过分压电阻 $R_f$ 和测量电阻 $R_s$ 分压后在 $R_s$ 上的电压值。

$$U_{AB}=\frac{R_s}{R_f+R_s}U_{DB} \tag{5-27}$$

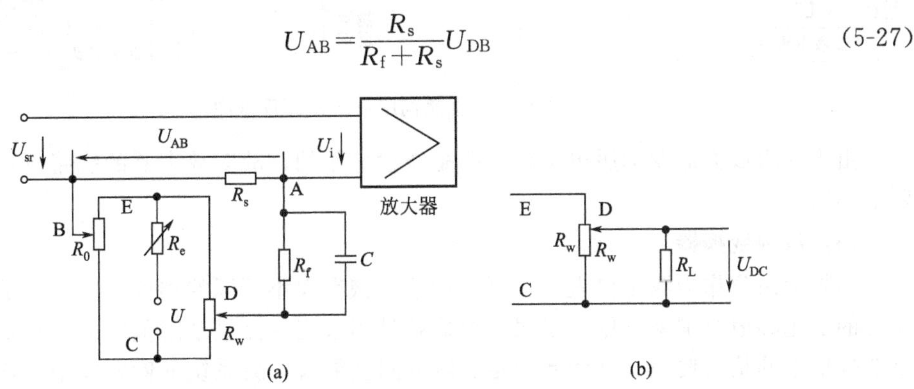


图5-14　函数记录仪测量电路线路图

当仪表满度（由 $r_e$ 调节）和零位（由 $R_0$ 调节）调好后，平衡电压 $U_{AB}$ 只随滑动臂 D 的位置变化。当 $R_0$ 的 B 点调调节到电源 $U$ 的零点即 C 点时，$U_{DB}=U_{DC}$，电路线路图可简化成图5-14(b) 形式。若忽略平衡滑线电阻的输出负载电阻 $R_L$ 并联的影响，平衡电压 $U_{AB}$ 计算式如下：

$$U_{DC}=U_{EC}\frac{R_wS}{R_wS+R_w(1-S)}=U_{EC}S \tag{5-28}$$

式中，$U_{EC}$ 是线路图中 E、C 两点之间的电压；$S$ 是平衡滑动电阻 $R_w$ 的滑动臂（D 点）与 C 点之间的电阻占 $R_w$ 总电阻的比例。

由于 $R_0$ 的 B 点调节到 C 点时 $U_{DB}=U_{DC}$，所以当测量线路平衡时 $U_i=U_{AB}$，将式(5-28) 代入式(5-27) 中得式(5-29)：

$$U_i=U_{AB}=S\frac{U_{EC}R_s}{R_f+R_s} \tag{5-29}$$

从式(5-29) 可知，测量信号 $U_i$ 和 $S$ 呈线性关系，如果把记录纸坐标线按 $S$ 分格，则记录笔在记录纸上记录下的信号大小就可以按坐标格值进行读取。

**（2）伺服放大器**

输入仪表的测量信号一般都很微小，它不能直接驱动伺服电动机转动，因而必须用伺服放大器将该测试信号放大。伺服放大器有直流和交流两种类型，图5-15 和图5-16 分别表示交流放大器和直流放大器的原理框图。伺服放大器的原理在电子技术课中有介绍，这里不再重复。为保证仪表稳定准确地工作，对伺服放大器有以下要求：

① 应具有较高的灵敏度和放大倍数；

② 通过适当的校正措施，应保证系统闭环性能稳定；

③ 放大器应该具有较小的时间常数、输出阻抗、内部噪声以及放大器对测量信号的相位移，而放大器应该具有较大的输入阻抗。

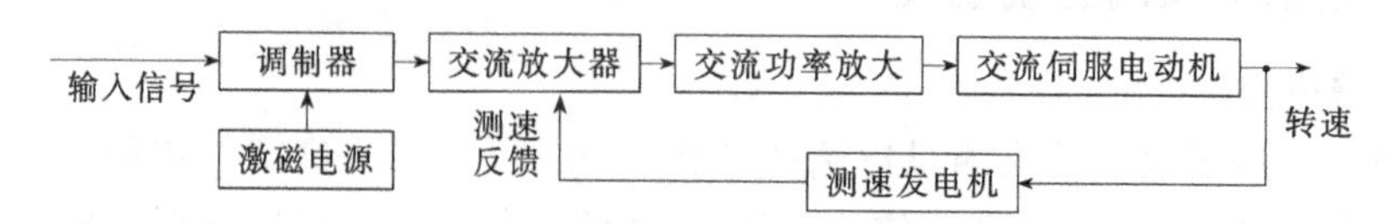


图 5-15 交流伺服放大器原理框图

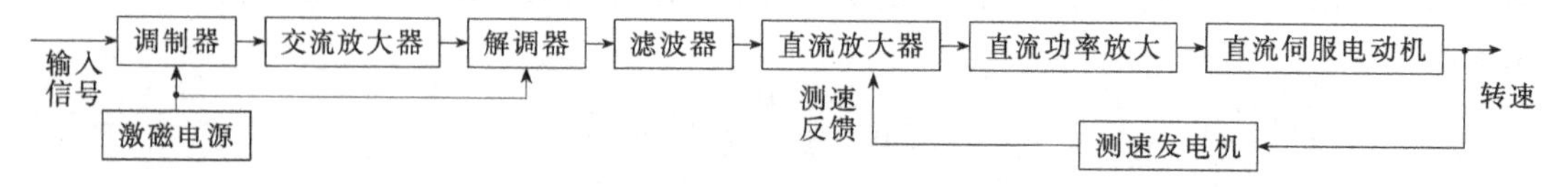


图 5-16 直流伺服放大器原理框图

由于伺服放大器及伺服电动机主要是作检零用的，故对放大器的线路以及波形的失真要求不高。

**(3) 量限变换器**

函数记录仪作为测量仪表，其测量量限应该有大小不同的挡位，以供测量时根据测量信号的变化幅值范围来选用。量限变换器就是用来变换测量量限范围的。对变换器的要求是变换倍率的精度要高、性能要稳定、输入阻抗要大、对系统的影响要小。常用的量限变换方法有两种：一种是用衰减器将被测信号进行衰减，使衰减以后的信号在仪表的基本量限范围内，衰减器的衰减线路如图 5-17 所示；另一种方法是通过改变测量线路中的测量电阻 $R_s$ 以达到改变仪表的基本量限，图 5-18 为改变电阻 $R_s$ 扩大仪表量限的原理图，图中 $R_x$ 是信号源电阻，$E_x$ 是信号源电势。

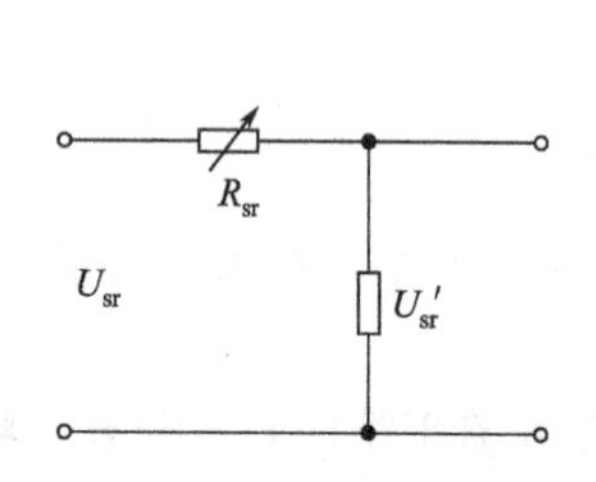


图 5-17 衰减器的衰减线路

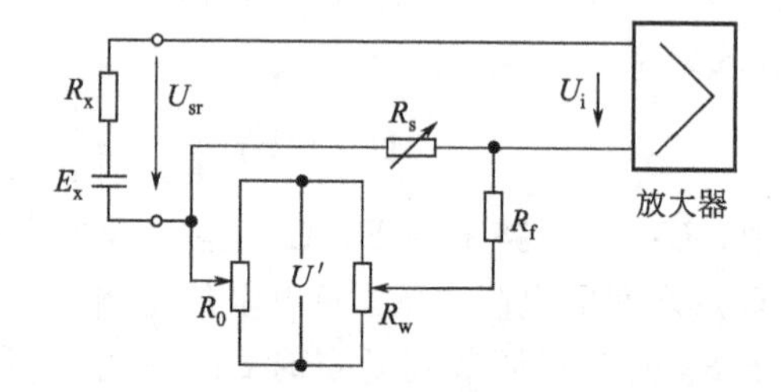


图 5-18 改变电阻 $R_s$ 扩大仪表量限的原理图

比较上述两种量限扩展的方法：前者量限扩展的范围大，对仪表系统影响小，线路简单，但输入阻抗低，若信号源的内阻较大时，将产生较大误差；后者输入阻抗高，但在变换电阻 $R_s$时，会影响仪表的阻尼等性能参数。为减小这一影响，通常同时改变 $R_s$和放大器的放大倍数。有些仪表将上述两种方法结合起来。对大倍率的扩展采用衰减器，对小倍率的扩展采用改变比较电阻 $R_s$。这样，既能使量限范围大，而且输入阻抗也高。

### 5.3.3 函数记录仪的应用

函数记录仪在设计中采用了随动系统式的自动平衡原理，因此具有记录幅面大、灵敏度高、精度高、速度快等特点，常用于自动记录磁性材料的 $B$-$H$ 曲线，电阻材料的温度系数曲线，电子管或晶体管特性曲线，电子器件的频率特性曲线，以及任何参数的函数关系曲线。如果配上各种非电量-电量转换器，则还用来测量和描绘温度、应力、流量、液位力矩、速度、应变、位置振动以及其他任何物理量的函数关系，如材料试验机中的应力和应变的函数曲线，液压泵中的压力和流量的函数关系等。

表 5-5 为 LZ3 型函数记录仪技术参数，其测量范围及输入阻抗见表 5-6。

**表 5-5 LZ3 型函数记录仪技术参数**

(1) 记录幅面 $x$ 轴：30cm $y$ 轴：25cm

(2) 测量范围及输入阻抗 参看表 5-3

(3) 静态指示精度[环境温度为(20±5)℃，相对湿度 30%～80%]直接输入(0.5mV/cm)，0.5%。衰减器附加误差 0.3%

(4) 全行程时间 $y$ 轴≤0.5s，$x$ 轴(单)≤0.6s，$x$ 轴(双)≤0.7s，$x$ 轴(三)≤0.8s

(5) 相位特性 0.01Hz 相移≤0.5°，0.5Hz 相移≤2°

(6) 频率响应 衰减在 3dB 以内，输入信号幅值为 100M/m 时，$x$ 轴(单)≥2.5Hz，$x$ 轴(双)≥2.3Hz，$x$ 轴(三)≥2.1Hz，$y$ 轴≥2.5Hz

(7) 记录纸速度 10cm/s，5cm/s，2.5cm/s，1cm/s，0.5cm/s，0.25cm/s

(8) 使用工作温度 0～40℃

(9) 使用工作湿度 相对湿度 30%～80%

(10) 供电电源 220V 50Hz

(11) 最大消耗功率 <100W

(12) 外形尺寸 500mm×520mm×220mm

(13) 质量 <30kg

(14) 使用位置 记录仪正常使用位置为水平方向，必要时可在 30°(和水平面)方向使用

**表 5-6 测量范围及输入阻抗**

| 序号 | $x$ 轴 | | | | $y$ 轴 | | | |
|---|---|---|---|---|---|---|---|---|
| | 每厘米毫伏数 | 满量程范围 | 输入阻抗 | 附注 | 每厘米毫伏数 | 满量程范围 | 输入阻抗 | 附注 |
| 1 | 0.5mV/cm | 15mV | ∞ | 平衡时 | 0.5mV/cm | 12.5mV | ∞ | |
| 2 | 1mV/cm | 30mV | 10kΩ | | 1mV/cm | 25mV | 10kΩ | |
| 3 | 5mV/cm | 150mV | 50kΩ | | 5mV/cm | 125mV | 50kΩ | |
| 4 | 10mV/cm | 300mV | 100kΩ | | 10mV/cm | 250mV | 100kΩ | |
| 5 | 50mV/cm | 1.5V | 500kΩ | | 50mV/cm | 1.25V | 500kΩ | |
| 6 | 100mV/cm | 3V | 1MΩ | | 100mV/cm | 2.5V | 1MΩ | |
| 7 | 0.5V/cm | 15V | 约 1MΩ | | 0.5V/cm | 12.5V | 约 1MΩ | |
| 8 | 1V/cm | 30V | 约 1MΩ | | 1V/cm | 25V | 约 1MΩ | |
| 9 | 5V/cm | 150V | 约 1MΩ | | 5V/cm | 125V | 约 1MΩ | |
| 10 | 10V/cm | 300V | 约 1MΩ | | 10V/cm | 250V | 约 1MΩ | |
| 11 | 短路 | — | 1MΩ | 内部短路，输入端不短路 | 短路 | — | 1MΩ | 内部短路，输入端不短路 |

## 5.4 光线示波器

光线示波器利用被记录电流信号控制光束偏移，偏移的光束在感光记录纸上记录信号变化曲线。根据光线示波器计量部分的结构形式分类，有动圈式和动磁式两种；根据其记录介质类型，可分为显影定影记录式和直接记录式两种。显影定影记录式的记录带是感光

胶片，需显影、定影来显示记录曲线；直接记录式的记录带是使用专用的记录纸带，这种纸带仅对紫外线敏感而对其他波长的光线不敏感，紫外线光束在其上照射后，再经阳光或荧光灯作二次曝光，之后就显示出记录波形。目前应用较广的是动圈式紫外线光源直接记录仪。本节重点讨论这种类型的记录仪，其他类型的光线示波器工作原理与此相类似。

典型紫外线光线示波器是国产 SC16 型光线示波器，这种记录仪可记录 16 通道的信号，配合 FC6 系列振动子，其工作频带可从 5～4000Hz。本节主要以 SC16 型光线示波器为例介绍光线示波器的工作原理。

## 5.4.1 光线示波器的工作原理

光线示波器由光学系统、磁系统、振动子、时标装置、电路控制系统、记录纸带及传动系统等组成。其最主要的工作部分是光学系统。

下面介绍光线示波器的工作原理，工作原理示意图见图 5-19。首先认识一下振动子，壳体中有张丝 5、支承 6、反射镜 7、线圈 8、弹簧 10，这些部件共同构成振动子。张丝 5 的一端固定在壳体支架上；线圈 8 和小反射镜 7 构成一体挂在张丝的一端，其另一端用弹簧 7 来保持一定的张紧力；振动子插在一个共同的磁极 9 中，线圈处于磁场中，相当于一个磁电式检流计；支承 6 用以调节张丝起作用的长度，从而调节张丝工作段的扭转刚度。

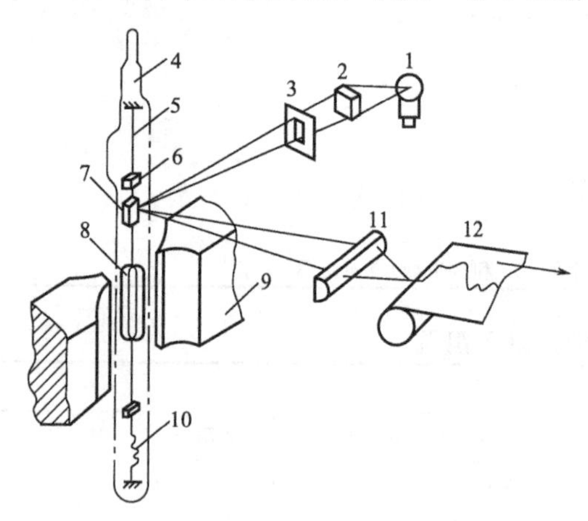


图 5-19　光线示波器的工作原理图
1—光源；2—圆柱透镜；3—光栅；4—壳体；5—张丝；6—支承；7—反射镜；8—线圈；9—磁极；10—弹簧；11—圆柱透镜；12—感光纸带

当被测电流信号流过振动子的线圈时，处于磁场中的线圈在电磁力的作用下偏转，线圈偏转导致张丝扭转；张丝扭转形成扭转力矩；当扭转力矩和电磁力形成的电磁力矩相平衡时线圈偏转角度确定，即反射镜的偏转角度确定；于是，自光源 1 发出的光经过圆柱透镜 2、光栅 3、反射镜 7、圆柱透镜 11 成聚焦的光点照射在移动的记录纸上，光点偏转位置和被测电流信号对应。于是，光点在记录纸上感光而形成波形曲线，该波形曲线就是被测信号波形。

## 5.4.2 光线示波器的光学系统

光线示波器的光学系统主要由光源、光栅、各种透镜及反射镜组成。光线示波器的光学系统示意图见图 5-20。

**(1) 时标的光路光学系统**

脉冲频闪灯 12 发出的光是按照一定频率闪光的时标信号光线，经过调节光栅 13、反射镜 5 之后，射到柱面透镜 6 聚焦，照射在记录纸 8 上。在记录纸单向均匀走纸的过程中，记录纸上就留下等间隔的横向直线，称为时标信号线（亦称时标分格线）；线间间隔反映了频闪灯两次闪亮之间的时间间隔，可作为记录波形的时间度量标尺。SC16 型光线示波器内有 1s、0.1s 和 0.01s 三种时间间隔。它们分别应用于不同的走纸速度：走纸速度快，时标时间间隔小；反之亦然。

记录纸可以是紫外线感光纸，也可以是照相用的感光胶片。明亮的光点照射紫外线感光纸后，经过几分钟时间就可以看着记录纸上的时标信号线、被测信号的波形线。若用感光胶片，则需要显影定影处理。

**(2) 振动子的光路光学系统**

高压水银灯 1 发出的光线经圆柱面聚光镜 2、反射镜 3 反射后形成一条狭长的光亮光带，再经过振动子 4 的反射镜反射以及反射镜 5 的反射、柱面透镜 6 聚焦，最后形成明亮的光点照射到记录纸上。由于被测信号作用在振动子 4 的线圈上使振动子随被测信号的变化而偏转，所以形成的明亮光点照射到记录纸上形成的曲线就是被测信号变化曲线。

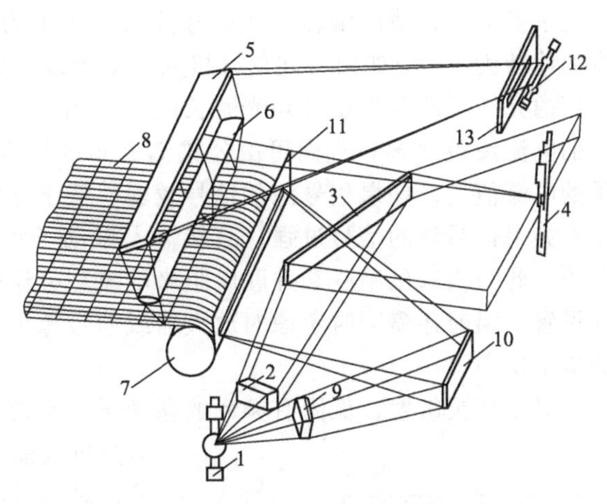


图 5-20　光线示波器的光学系统示意图

1—高压水银灯；2—圆柱面聚光镜；3—反射镜；4—振动子；5—反射镜；6—柱面透镜；7—传动滚筒；8—记录纸；9—圆柱面聚光镜；10—反射镜；11—分格线光栅；12—脉冲频闪灯；13—调节光栅

**(3) 分格线的光路光学系统**

高压水银灯 1 发出的光线经圆柱面聚光镜 9、反射镜 10 反射后形成一条狭长的光亮光带，再经过分格线光栅 11（光栅 11 在垂直方向上有许多等间距狭缝的透光片），光线通过狭缝后在记录纸上形成间隔相等的光线照射到记录纸上，在记录纸上形成纵向平行分格线，每隔 2mm 一条细线，每隔 10mm 一条粗线，它是作为被记录信号幅值计量的分度线。

## 5.4.3　光线示波器的振动子及外接电阻

表 5-7 列出了 SC-16 型光线示波器用振动子的技术数据，供应用时参考。

**表 5-7　部分动圈式振动子的技术参数**

| 振动子型号 | 固有频率 $f_0$/Hz | 工作频率 /Hz | 直流灵敏度（光臂长 300mm）/(mm/mA) | 内阻 /Ω | 外阻 ($\beta$=0.6～0.7 时)/Ω | 最大允许电流/mA | 保证线性最大振幅/mm |
|---|---|---|---|---|---|---|---|
| FC6-10 | 10 | 0～65 | $\geqslant 2\times 10^4$ | 120±24 | $\beta$=1 ≥1400 | 0.004 | (±3%)±100 |
| FC6-120 | 120 | 0～65 | 840 | 55±10 | 220±50 | 0.2 | (±3%)±100 |
| FC6-120A | 120 | 0～40 | 840 | 28±5 | | 0.2 | (±3%)±100 |
| FC6-400 | 400 | 0～200 | 76 | 55±10 | 25±10 | 2 | (±3%)±100 |
| FC6-1200 | 1200 | 0～500 | 12 | 20±4 | | 6 | (±3%)±50 |
| FC6-2500 | 2500 | 0～1000 | 2.1 | 16±4 | | 36 | (±3%)±50 |
| FC6-5000 | 5000 | 0～2000 | 0.4 | 12±4 | | 90 | (±5%)±30 |
| FC6-10000 | 10000 | 0～4000 | ≥0.1 | 14±4 | | 100 | (±5%)±10 |
| FC6-30 | 30 | | $3\times 10^3$ | 120±24 | 900±300 | 0.05 | |

光线示波器的振动子接受被测电流信号而与外电路连接，所以振动子与提供被测电流信号的电路（以下简称外电路）需要有良好的匹配关系。

就灵敏度低、固有频率高的振动子而言，对外电路等效电阻的要求仅是为了保证光点在记录纸上有合适的偏转。如信号源的电压现为 $u_s$，输入振动子后要求在记录纸面上光点的偏转为 $y$，应如何将此信号接入振动子以保证要求的偏转呢？在选定振动子后，根据使用的光线示波器类型可知光臂长度 $l_B$，由表 5-7 可查出所选振动子在此光线示波器上使用的电流灵敏度 $S_i$；进而可由公式 $i_g = y/S_i$ 计算出在所要求的偏转角度时需要输入振动子的电流值 $i_g$。如果信号源的信号较弱、低于此要求值时，则要将信号放大后再输入振动子；如果信号源的信号过强，直接输入振动子将不能满足 $y$ 值的要求，甚至还会损坏振动子，此时需采用串联和并联电阻来限流和分流以使输入振动子的电流为合适的 $i_g$ 值。但在设置电阻时还需同时考虑对放大器或信号源负载阻抗匹配的要求，以保证其电路有较大的输出功率。

对于高灵敏度、低固有频率的振动子，通常采用电磁阻尼。这种振动子对于外接电阻的分析较前一种要复杂些。对于这种高灵敏度振动子，对信号源的信号甚至还需进行衰减，以调节振动子使其偏转在合适的范围内，同时此类振动子对外接电路的影响，需考虑的另一个主要问题是如何使振动子的电磁阻尼满足所需的最佳值。这样就需对外接电路的参数选择进行综合分析。

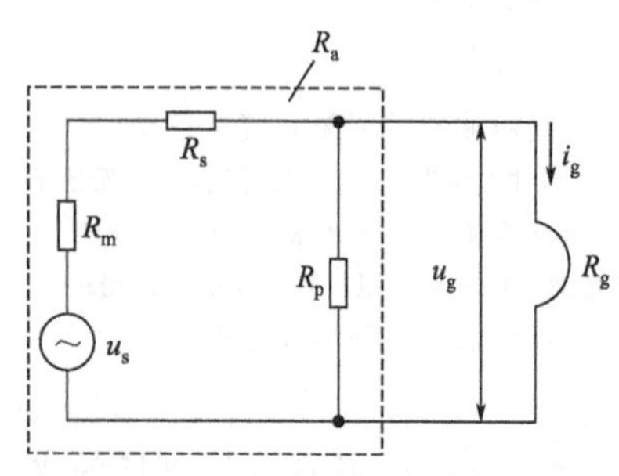

图 5-21 振动子的内外等效电路

图 5-21 是一振动子内外线路的简化电路图。振动子本身可简化为电阻 $R_g$；外电路中 $u_s$ 为信号源电压，$R_m$ 为信号源等效电阻，$R_s$ 和 $R_p$ 是为达到衰减电压和最佳阻尼而设的。对于 $R_g$ 来说，其外接所有各电阻皆可按串联、并联计算方法等效为一个电阻 $R_a$，即：

$$\frac{1}{R_a}=\frac{1}{R_p}+\frac{1}{R_m+R_s} \tag{5-30}$$

这一总的外接电阻根据最佳阻尼值的要求可由表 5-7 查得其值。在式(5-30) 中，信号源内阻 $R_m$ 是定值。所以为达到规定的 $R_a$ 值，可由串联电阻 $R_s$ 和并联电阻 $R_p$ 的多种方案供选择。

根据前面分析，若信号源电压为 $u_s$，要求在记录纸上的合适光点偏移为 $y$，可以算出需加在振动子上的电压值为：

$$u_g=R_g i_g=R_g y/S_i \tag{5-31}$$

若信号源电压 $u_s$ 比允许加在振动子上的电压 $u_g$ 高，则需用串联电阻进行分压，之后才能输入振动子。根据图 5-21 的线路结构，可以计算出串联电阻的大小。

$$R_s=\frac{u_s/u_g}{1/R_a+1/R_g}-R_m \tag{5-32}$$

式中，$R_m$、$R_g$、$u_s$、$u_g$ 皆是已知值；$R_a$ 若需同时考虑达到最佳阻尼值亦应按规定选取。则 $R_s$ 值可唯一得到确定。求得 $R_s$ 值后，再代入式(5-30) 就可以计算出 $R_p$ 值。

总之，根据式(5-30) 和式(5-31) 计算出的串、并联电阻 $R_s$、$R_p$ 值，可以综合考虑即使信号源电压 $u_s$ 降至振动子所需要的 $u_g$ 值，又使振动子的电磁阻尼能达到最佳数值。在实际使用中须以此计算作为依据，以达到既能不失真记录，又能保护振动子的目的。

以上的分析计算均是按直流纯电阻电路计算的，实际信号电流是频率不为零的交流量，且电路中还存在分布参数，特别是振动子线圈有电感、电容等交流阻抗，需对上述计算作适当修正。

# 5.5 电阻应变仪

利用电阻应变片将被测应变转换成电阻变化率，应变一般在 $10\times10^{-6}\sim6000\times10^{-6}$ 之间，所以电阻变化率也很小。被测应变有拉应变、压应变；有静应变和各种频率的动应变等各种情况。因此必须有一种专门的电子仪器，利用这种仪器对上述应变转换成的电阻变化率进行测量，最后用应变的标度指示出来。这样的仪器就是电阻应变仪。

## 5.5.1 电阻应变仪的分类

根据电阻应变仪能够测量应变的频率（即工作频率）来分类，电阻应变仪分类如下。

① 静态电阻应变仪　用于测量静态应变，配用多点平衡转换箱（预调平衡箱）可进行多点静态应变测量。如国产 YJ-5 型、YZ-1 型。

② 静动态电阻应变仪　可用于静态或频率小于 200Hz 的单点动态应变测量。如国产 YJD-1 型等。这种应变仪基本上是静态应变仪，可以兼做较低频率的单点动态应变测量。

③ 动态电阻应变仪　可用于测量频率小于 5000Hz 的动态应变。通常将这种应变仪做成多通道，即可同时测量数个动态应变信号。如国产 Y6D-2 型、Y6D-3A 型、YD-15 型等。

④ 超动态电阻应变仪　可用于测量工作频率上限达几十千赫的动态应变，多在爆炸、高速冲击等瞬态应变测量中应用，如国产 Y6C-9 型等。

除上述类型的应变仪外，还有静态多点自动应变测量装置、遥测应变仪等。静态多点自动应变测量装置也称为多点应变巡回检测装置，它能够在测量过程中实现自动平衡或读数记忆储存、自动换点、自动运算、数字显示、打印数据，并且能输入电子计算机进行运算，给出测量的最后结果。这种应变测量装置适用于大型结构的多点静态应变测量，能缩短测量时间，提高测量精度。

遥测应变仪是利用无线电传输信号的原理，将应变信号转换成经过调制的电磁波用发送天线发射出去，再用接收天线将此电磁波信号接收下来，再经过放大、解调等环节得到与原被测信号变化规律相同的电信号。这种应变仪用于回转件、运动件或移动设备上的应变测量，解决无法用导线传递信号时的应变测量问题。

## 5.5.2 电阻应变仪的工作原理

电阻应变仪中的重要构成环节是电桥。由于直流放大器的零点漂移问题不易解决，而且采用直流电桥时存在热电势影响的问题，所以目前应变仪主要采用交流电桥、载波放大的形式，基本不采用直流电桥及直流放大器的形式。下面介绍电阻应变仪的工作原理。

**(1) 静态电阻应变仪**

静态电阻应变仪原理构成框图如图 5-22，静态电阻应变仪采用交流供桥、载波放大的形式。静态电阻应变仪由测量电桥、读数电桥、交流放大器、相敏检波器、指示电表、振荡器、电源等组成。贴在被测构件上的应变片接在测量电桥上，电桥由振荡器产生的一定频率的正弦波交流电源供电。

静态电阻应变仪多采用双桥零读法进行测量。当构件变形时，应变片产生电阻变化，对来自振荡器的载波（供桥电源）进行调幅，此时测量电桥输出一个振幅与应变成比例、

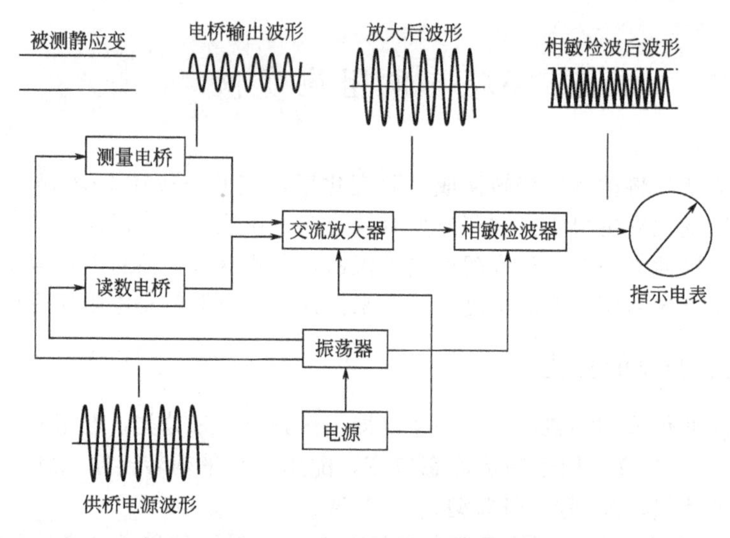


图 5-22 静态电阻应变仪原理框图

频率与载波频率相同的调幅波，把这个调幅波输入至交流放大器进行放大，再经过相敏检波器后将此调幅波解调，然后输至指示电表，指示电表指针偏转角度的大小和方向反映了被测应变的大小和符号；之后，调整读数电桥使读数电桥输出一个电压信号，该电压信号的幅值与测量电桥输出的电压信号幅值相等、该电压信号的相位与测量电桥输出的电压信号的相位相反；从而使指示电表指针指零，此时读数桥上所示的数值就是被测应变。

**（2）动态电阻应变仪**

动态电阻应变仪的原理构成框图如图 5-23。动态电阻应变仪采用交流供桥、载波放大的形式。动态电阻应变仪由测量电桥、标定电路、振荡器、载波放大（交流放大器）、相敏检波器（解调）、滤波器等组成。

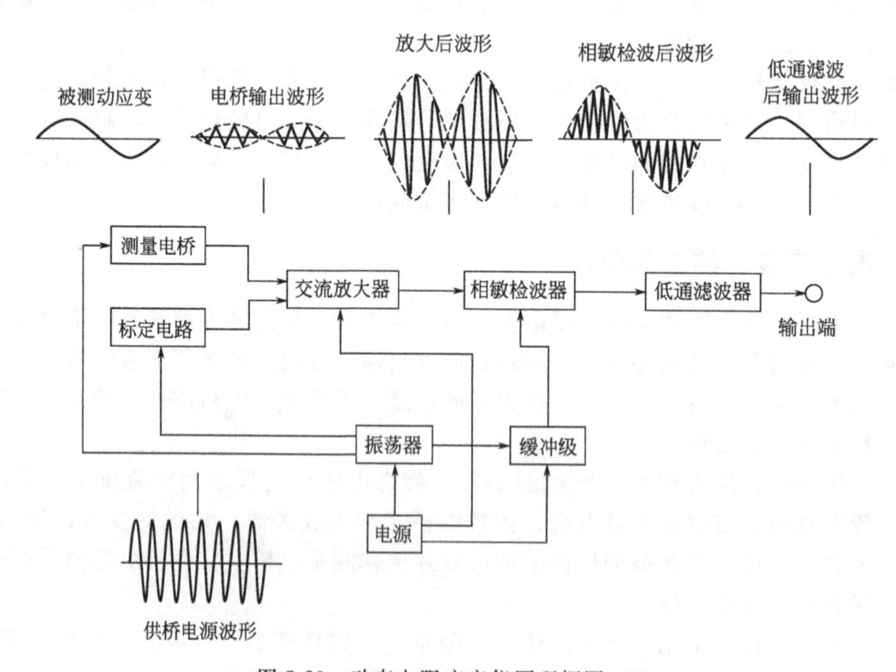


图 5-23 动态电阻应变仪原理框图（1）

调制（被测信号经测量电桥变换成交流信号）、载波放大（交流放大）、解调（相敏检波）的过程和静态应变仪基本相同。由于通过相敏检波器后，波形中还包含着载波的倍频等高次谐波，这还不是被测信号波形的原形，因此再经过低通滤波器将被测应变信号以外的频率成分滤掉，得到信号波形的原形。动态应变仪中的标定电路，是作为度量被测波形所对应的应变数值的基准。多数动态应变测量是在同一时间测取几个点的动态应变，因此大多数动态应变仪为多通道仪器。图 5-23 给出了一个通道的情况，多通道动态应变仪共用一个振荡器。一般采用的低阻相敏检波器消耗功率较大，振荡信号经过缓冲级电路进行功率放大后再加给相敏检波器。

动态电阻应变仪必须配用一定的记录仪器才能记录被测动应变的波形。一般动态电阻应变仪的输出端——低阻输出端以输出电流，配用光线示波器作为记录仪器，如图 5-24 所示。有的动态电阻应变仪除为光线示波器设置低阻输出端外，还为配置磁带记录器而设置高阻输出端输出电压，如图 5-24 所示。

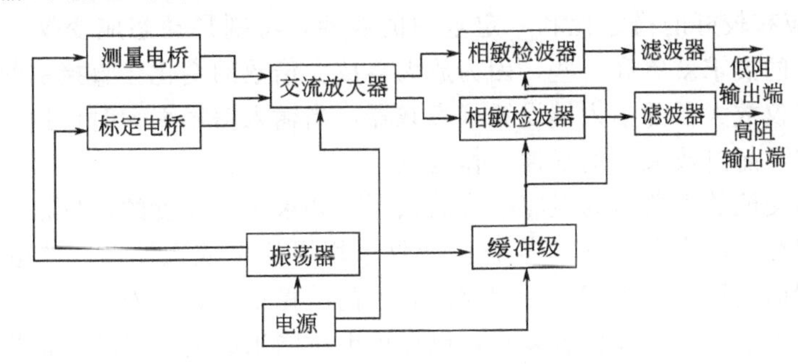


图 5-24　动态电阻应变仪原理框图（2）

### 5.5.3　电阻应变仪主要组成部分的作用及性能

下面分析电阻应变仪的交流电桥、载波放大等主要组成部分的作用及其应该具有的性能。

**（1）交流电桥**

应变仪是测量应变片电阻变化的基本测量电路，是应变仪的重要组成部分。它把应变片微小的电阻变化变换成电压变化供给放大器放大。此种电路结构简单、读数方便、准确性好，因此，目前应变仪几乎都采用电桥电路。

应变仪中的交流电桥应具备如下特性。

① 较好的线性度、稳定性，能准确可靠地测量微小的电阻变化。

② 由于接在电桥上的应变片及导线的电阻及电抗数值的差异，电桥的初始状态往往是不平衡的，因此需要有一定的平衡装置将电桥调到平衡。

③ 静态应变仪的电桥上应有读数装置。动态应变仪的电桥上应有用于度量被测应变大小的标定装置（或另设标定电路）。读数装置和标定装置上的固定电阻及可变电阻的稳定性对整个应变仪的稳定性影响很大，因此要求它们的温度系数小、稳定性好、准确。另外，为适应使用不同灵敏系数的应变片，电桥应设灵敏系数调节装置。静态应变仪中广泛应用了双电桥零读数法，设有测量电桥及读数电桥；采用这样的形式，放大器增益的变动和振荡器输出电压的变动对测量结果的影响小，放大器的输入、输出线性要求也相对降低。读数电桥多数采用了由精密线绕电阻构成的电阻电桥，也有的静态应变仪（如国产 YJB-1 型）其读数桥由电感分压器组成，使仪器的精度得到了提高。动态应变仪则采用了

单电桥直读法的原理。

**(2) 放大器**

电桥输出信号一般在几十微伏至几毫伏之间，信号比较微弱，必须经过放大器放大后才能进行指示或记录。由于直流放大器存在零点漂移大、信噪比小的问题，因此在应变仪中基本采用交流供桥、载波放大的形式。对交流放大器的要求见如下所述。

① 具有足够大的放大倍数和足够大的功率输出，保证整机灵敏度的需要，供给指示电表或记录仪器。应变仪放大倍数一般在 $5\times10^4\sim10\times10^4$左右。

② 在频率特性方面，静态应变仪所放大的信号的频率就是载波频率，放大器的频宽可以做得很窄，有的应变仪采用选频放大器（如国产 YJ-5 型静态电阻应变仪）以提高抗干扰能力。对动态应变仪，放大器所放大的信号的频率为 $(\omega-\Omega)$ 及 $(\omega+\Omega)$，其中：$\omega$ 为载波频率；$\Omega$ 为被测的正弦波信号的频率。因此放大器的频率带宽应介于 $(\omega-\Omega)$ 及 $(\omega+\Omega)$ 之间；对频带以外的信号应有较大的衰减度，以保证放大器的抗干扰能力。

③ 放大器应有较好的稳定性和一定范围的线性，特别是动态应变仪，由于采用了直读法，对稳定性的要求就更高一些，因为放大器放大倍数的变化会直接引起输出电流的漂移。在动态应变仪放大器的输入端设置了衰减器，当输入信号太大时可按一定比例对信号进行衰减，使它不超过放大器的线性工作范围。

应变仪用的交流放大器多为阻容耦合放大器，并采用了深度的负反馈，以提高放大器放大倍数的稳定性。国产 YJB-1 型静态应变仪采用了比例放大器，它的电压放大倍数是由变压器负反馈的电压比来决定的，因此具有很高的稳定性。此外，为了相敏检波器正常工作的需要，放大器应有相移调整装置，以保证电桥输出的信号经放大器后不产生相移。

**(3) 振荡器**

应变仪中振荡器的作用是为电桥提供一定频率的正弦波交流电，作为供桥电源，振荡器同时也为相敏检波器提供参考电压。静态应变仪振荡器的频率（即应变仪的载波频率）一般在 50～2000Hz 之间，动态应变仪振荡器的频率视工作频率不同而不同，一般在 5～50000Hz 之间。动态应变仪的载波频率和被测动应变的频率（即工作频率）上限有关，一般取载波频率为被测动应变频率上限的 7～10 倍。

应变仪的振荡器采用 LC 型振荡器或文氏电桥式 RC 振荡器。由于 RC 振荡器比 LC 振荡器性能好，除零读法的静态应变仪外多数应变仪采用了 RC 振荡器。

**(4) 相敏检波器**

由于应变仪采用了交流供桥、载波放大的工作形式，经放大输出后是一个经过调制的调幅波，而不是被测应变信号的原形，因此必须进行解调。首先，经过相敏检波器得到包络线与原信号波形规律一致但仍含有载波倍频等高频成分的波形；然后，再经过低通滤波器滤掉高频成分，即得到信号波形的原形。普通的检波器只能由单向的电流或电压输出，不能辨别信号的相位，即不能辨别拉应变或压应变。采用相敏检波器既能反映信号幅度，又能辨别信号的相位。在静态应变仪上用指针式的直流电表作为指示仪表，高频信号在电表上显示不出来，所以有的静态应变仪可不设低通滤波器。

**(5) 滤波器**

相敏检波器输出波形的包络线与被测信号变化规律相同，但其中含有载波倍频信号以及其他高频成分。低通滤波器使高于被测信号变化频率的信号衰减很大，而对被测信号频率范围内的信号衰减很小，因此，经过低通滤波器后能得到被测信号波形的原形。动态电阻应变仪的频率特征，主要是由低通滤波器的频率特性决定。应变仪多采用电感电容式Ⅱ型滤波器。

**(6) 电源**

应变仪电源的功能是为放大器、振荡器等电路提供直流电源。要求输出电压稳定、纹波小。可以用网络电经整流、滤波、稳压后得到。

**(7) 其他几种工作形式**

① 直流供桥直流放大　它的优点是减少了桥臂分布电容的影响，对长导线测量有利，同时也省去了相敏检波器。但存在着直流放大器的漂移问题和电桥热电势的影响。在超动态应变仪中由于被测量的信号频率很高，如果采用交流供桥、载波放大的形式，载波频率将更高，桥臂电抗分量的影响将很大，仪器制造也比较困难，因此采用了直流供桥和宽带直流放大器。采用这种形式的应变仪要求有高稳定性的直流供桥电源。

② 直流供桥、调制式直流放大　由于直流耦合式直流放大器零点漂移较大，有的应变仪采用了调制型直流放大器。电桥由直流电供桥，电桥输出信号用调制器（或称斩波器）变成一定频率、幅度受到电桥输出调制的方波，然后送入交流放大器，再通过解调器得到被测信号波形的原形。

虽然应变仪可以有以上各种工作形式，但目前一般的静态、动态应变仪仍多采用正弦波交流供桥、载波放大的形式。应用这种形式，被放大的信号频率适中，放大器容易制作，仪器线路在不太复杂的情况下保证了一定的稳定性，并且可同时测量静态及动态应变；缺点是桥臂电抗分量对测量产生影响。

在应变仪各组成部分中电桥是主要部分，要想正确使用应变仪测量应变，必须对电桥的原理和特性有基本的了解。此外就相敏检波器、放大器、振荡器、供桥电源、滤波器等也应该有基本的了解。由于篇幅所限，详细的内容请参阅有关书籍。

### 5.5.4 常用电阻应变仪介绍

常用国产电阻应变仪有十多种，在此介绍比较典型的使用较多的 YJD-1 型静、动态电阻应变仪。

YJD-1 型静、动态电阻应变仪可用于测量静态及单线动态应变，配用 P20R-1 型预调平衡箱可作静态多点测量，动态测量时的工作频率为 0～200Hz。

YJD-1 型应变仪的构成有测量电桥、读数电桥、放大器、相敏检波器、振荡器等，构成框图是在图 5-23 的基础上，在相敏检波器的输出端再增加滤波器，滤波器的输出可以接光线示波器等记录仪器。

下面重点介绍 YJD-1 型电阻应变仪的电桥的工作原理，电桥电路如图 5-25 所示。应变仪采用了双桥零读数法，电桥部分主要为静态应变测量而设计，它由测量电桥和读数电桥两部分组成，两电桥的供桥电源由同一振荡器供给，输出端串联起来接至放大器的输入端。当在测量桥上由应变产生输出电压 $\Delta u_1$ 时，检流计指针偏转，此时调整读数电桥令其输出电压为 $\Delta u_2 = -\Delta u_1$，则检流计又回至零点。经过一定的校准，读数桥上桥臂的调节数值均按应变进行刻度，根据读数桥上的读数，即可读出被测应变。

测量电桥作半桥连接时 AB、CB 处接应变片 $R_a$、$R_b$，AD、CD 处接固定电阻 $R_{15}$、$R_{16}$。全桥连接时取下 D 点的联结片，AD、CD 处接应变片 $R_c$、$R_d$。$R_{29}$、$R_{t_6}$ 为电阻平衡装置，$C_{18}$、$R_{t_7}$ 为电容平衡装置，测量桥的供桥电压较低（1.1V），可减少通过应变片的电流，从而减少由应变片发热使电阻变化产生的零点漂移。

读数电桥阻值采用差动方式调节，以减少电桥的非线性误差。$R_{t_1}$ 为细调电位器，满

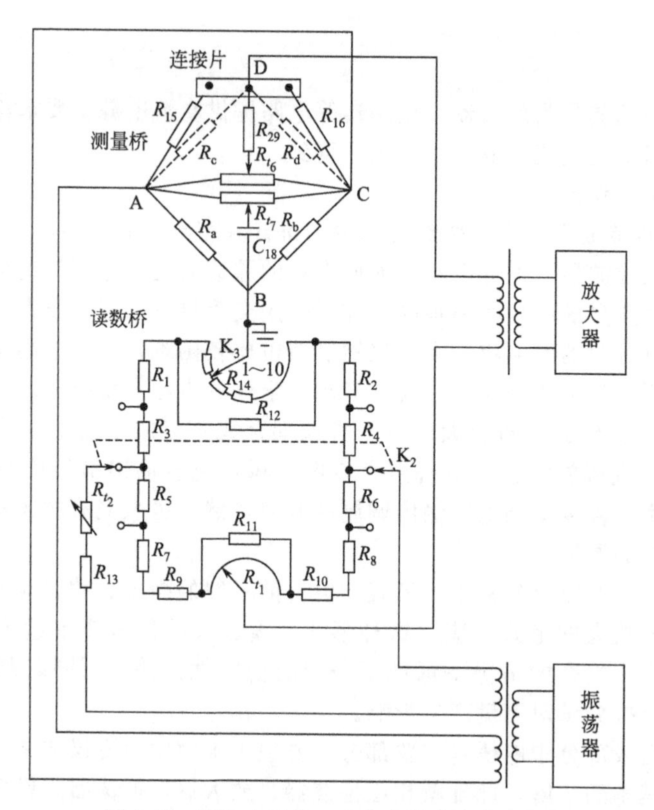


图 5-25　YJD-1 型静、动态电阻应变仪电桥

刻度对应±1000$\mu\varepsilon$。$K_3$ 为中调开关，共分 10 挡，每挡对应 1000$\mu\varepsilon$。$K_2$ 为粗调开关，分两挡，每挡对应 10000$\mu\varepsilon$。读数桥总的调节范围为±16000$\mu\varepsilon$。桥臂电阻均选用温度系数小、稳定性好的线绕无感电阻，以增加仪器的稳定性。$R_{t_2}$ 为灵敏系数调节电阻，当使用不同灵敏系数的应变片时，通过调整 $R_{t_2}$，改变读数电桥的供桥电压，使测量同样应变时得到同样的读数。YJD-1 型应变仪由于采用双桥零读数法，测量与读数分别安排在两个电桥上，读数桥的读数不受测量桥桥臂阻值的影响。此外，电桥输出端接放大器，其输入阻抗很高，电桥为电压桥，使用不同于 120Ω 的应变片时读数可不需修正。允许使用的应变片阻值的范围为 100～600Ω。

## 5.6　数字式仪表

数字式仪表首先是进行自动参数测量并且以数字形式显示测量值，其次它可以进行设定参数报警、输出模拟信号及数字信号、给出控制信号等。

### 5.6.1　数字式仪表的特点及构成

数字式仪表具有如下特点：①准确度高，数字仪表的准确度能达到±0.05%；②读数准确，采用数字显示，不存在指针式仪表读数时的视差；③测量过程自动化，测量中的量程选择、结果显示、记录、输出完全可以自动进行，还可以自动检查故障、报警以及完成指定的逻辑程序；④可联机操作，数字式仪表可与计算机配合，作为一个计算机的外部设备进行数据采集；⑤可在恶劣条件下工作。数字式仪表具有耐冲击、耐过载、耐振动、耐高温等优点。而精密模拟式指示仪表的使用条件比较苛刻。

数字式仪表的构成如图 5-26，其构成环节有传感器、变送器、前置放大器、模数转换器（A/D）、非线性补偿器、标度变换、显示装置等。其中前三个环节在模拟式仪表中也有，下面重点介绍第四个环节及其之后环节的工作原理。

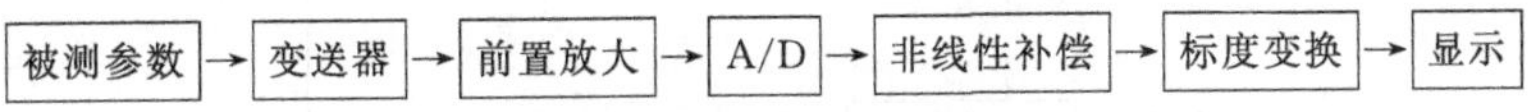

被测参数 → 变送器 → 前置放大 → A/D → 非线性补偿 → 标度变换 → 显示

图 5-26 数字式仪表的构成

## 5.6.2 数字式仪表构成环节的工作原理

### (1) 数字式仪表的模数转换

数字式仪表的模数转换主要有两种类：一种是时间间隔-数字转换（T-D 转换）；另一种是电压-数字转换（U-D 转换）。实际上多数情况下是将被测量首先转换成电压，然后再转换成数字信号，所以用得比较多的是电压-数字转换形式。

① 时间间隔-数字转换 图 5-27 是时间间隔-数字转换的一种转换原理图。由晶体振荡器、倍频器及分频器形成标准脉冲序列 A，其周期时间为 $T$。B、C 输入端作为门控双稳触发电路的触发信号，用 B 信号的上升沿触发门控双稳电路使其输出 D 由低电平变为高电平从而打开闸门，A 信号通过闸门，计数器开始计数标准脉冲序列 A；用 C 信号的上升沿去关闭闸门，输出 D 由高电平变为低电平从而关闭闸门，A 信号被闸门阻断，计数器停止计数。若计数值为 $N$，则表示闸门打开时间为 $NT$，它就是 B、C 两信号的时间间隔。另外利用计数器也可以测量周期时间、脉冲频率等信号。

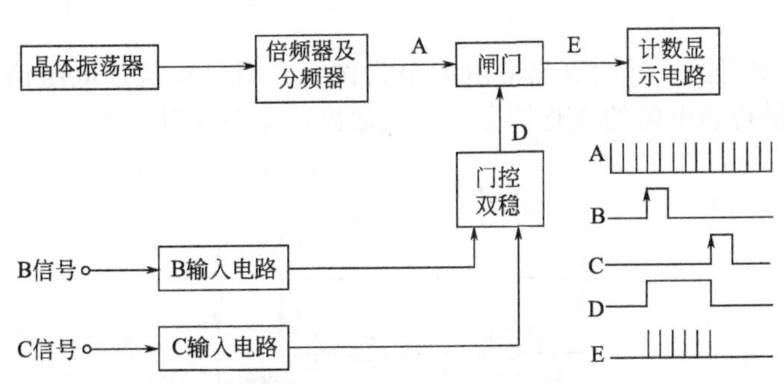


图 5-27 时间间隔-数字转换测量原理图

② 电压-数字转换 电压-数字转换的原理有逐次逼近式、双积分式、计数器式等。图 5-28 是逐次逼近式 A/D 转换原理图。启动 A/D，置位控制逻辑电路首先将 $N$ 位寄存器最高位 $D_{N-1}$ 置“1”，此时 $D_{N-2}=D_{N-3}=\cdots=D_2=D_1=D_0=0$，该数字量经 D/A 转换成模拟量 $V_s$ 后与待转换的模拟量 $V_x$ 在比较器中进行比较，若 $V_x>V_s$ 则保留这一位，否则该位清零，这样 $D_{N-1}$ 就确定了。然后使 $D_{N-2}$ 置“1”，此时 $D_{N-1}$ 已确定、$D_{N-3}=\cdots=D_2=D_1=D_0=0$，该数字量经 D/A 转换成模拟量 $V_s$ 后与待转换的模拟量 $V_x$ 在比较器中进行比较，若 $V_x>V_s$ 则保留这一位，否则该位清零，这样 $D_{N-2}$ 也就确定了。按此原理，继续将 $D_{N-3}$、…、$D_2$、$D_1$、$D_0$ 确定下来，$N$ 位全部确定以后“DONE”信号由低电平变为高电平，告知 A/D 将模拟信号已经转换成数字信号，转换成的数字量在 $N$ 位寄存器中，可以读取该数字量。

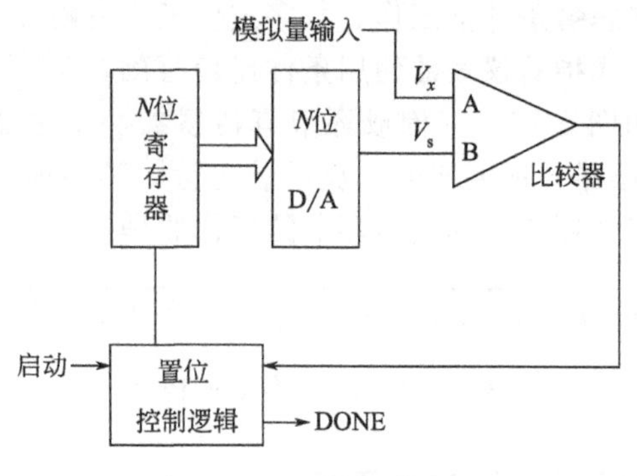


图 5-28　A/D 转换原理图

**(2) 信号的标准化及标度变换**

待测物理量是多种多样的，即使是同一种物理量，由于选用不同的测量元件及变换装置，测得的信号也可能不同。例如，用热电偶测温得到的是电势信号，用热电阻测温得到的是电阻信号；其次测得的信号幅值也可能不同，有的是毫伏级信号，有的可能是伏级信号。因此需要将这些不同性质的信号及其大小统一起来，这就是输入信号的标准化。

由于各种信号变换成电压信号比较方便，所以标准化输出信号通常是电压信号。我国目前采用的标准化直流电平信号有：0～10mV、0～30mV、0～50mV 等几种。使用较大的标准化直流电平信号，能适应更多的变送器；使用较小的标准化直流电平信号，可以提高对小信号的测量精度。

选定标准化直流电平信号以后，对于数字电压表来讲，经 A/D 转换及显示就是测得的电压值；对于测量温度、压力等物理量的情况，需要进行量纲还原，这个过程就称作标度变换。

① 模拟量标度变换　下面以热电阻测温为例，介绍模拟量热电阻信号的标度变换的问题。通常用电桥将热电阻的变化转变的电压输出，见图 5-29。

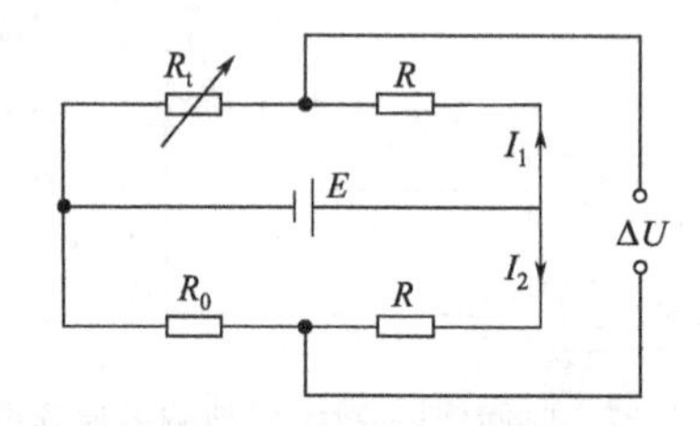


图 5-29　热电阻-电压变换桥

若供桥电压 $E$，热电阻 $R_t$，其他桥臂电阻分别是 $R$、$R$、$R_0$。设当被测温度处于下限时，$R_t=R_{t_0}=R_0$。于是被测温度变化时电桥输出电压为：

$$\Delta u=\frac{E}{R_t+R}R_t-\frac{E}{R_0+R}R_0\approx\frac{E}{R_0+R}(R_t-R_0)=I\cdot\Delta R_t \tag{5-33}$$

其中，$I=E/(R_0+R)$，$\Delta R_t=R_t-R_0$。

从热电阻变换为电压输出的表达式表明，通过改变电桥的参数就能够实现标度变换。

② 数字量标度变换　数字量的标度变换是在 A/D 转换之后、显示之前，通过系数运算（乘一个系数）实现的，这样显示出的十进制数据就是测量的物理量的值。这个过程实际上就是将数字量进行放大（乘大于 1 的系数）或缩小（乘小于 1 的系数）的过程，可以用数字电路运算，也可以用软件计算。

**(3) 信号的非线性补偿**

例如：用热电阻测量温度，将温度变换为电阻的变化。理想的情况应该是电阻的变化与温度成良好的线性关系，而实际上可能存在非线性关系。这种非线性关系将影响测量显示的数据的准确性。为此，采用线性化补偿的办法以提高测量的准确性。

① 模拟式线性化 模拟式线性化在 A/D 之前进行。这种线性化分开环线性化及闭环线性化。开环线性化的特点是线路比较简单，如图 5-30，被测物理量 $x$ 经传感器变换成 $U_1$，设这个变换存在非线性关系。为了补偿传感器的非线性，加入线性化器，其输出 $U_0$ 与输入 $U_2$ 之间具有非线性特性，其非线性特性应该与传感器的非线性特性应该是互反的关系，这样利用线性化器的非线性特性可以补偿传感器的非线性特性，使 $U_0$ 与 $x$ 之间成为线性关系。

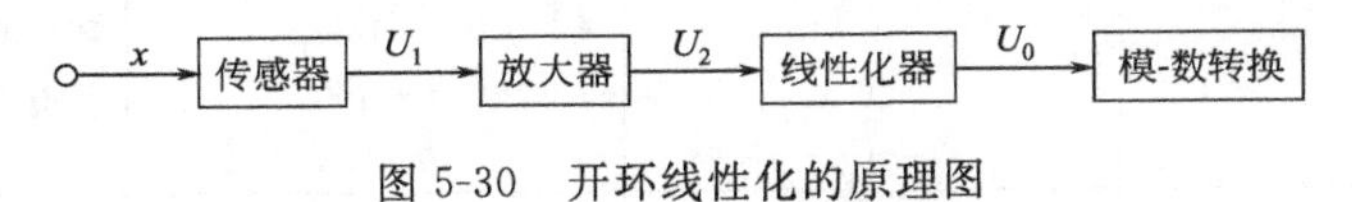


图 5-30 开环线性化的原理图

闭环线性化的构成如图 5-31，它是利用反馈补偿原理，引入非线性的负反馈环节，补偿传感器的非线性，使输出 $U_0$ 与被测物理量 $x$ 之间成为线性关系。

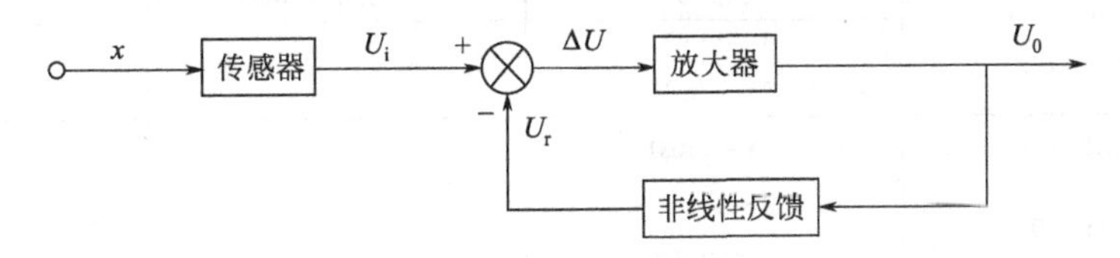


图 5-31 闭环线性化的原理图

② 数字式线性化 数字式线性化在 A/D 之后进行。基本原理：根据数字量的大小及其变化斜率将其分成几个区间，每个区间具有不同的斜率，不同斜率的区间乘以不同的系数，这样线性化以后的数据与测量的物理量之间具有线性关系。

如图 5-32 是热电偶的热电势与温度之间的变换关系，横坐标是被测温度 $t$，纵坐标是热电偶产生的热电势 $E(t)$ 及其转换以后的数字量 $D(t)$，$E(t)$、$D(t)$ 与 $t$ 之间存在非线性关系，需要进行补偿。现将非线性的 O-D 曲线用 4 段直线构成的折线 O-A-B-C-D 代替，这样 4 段直线的斜率各不相同，例如：B-C 段的斜率等于 $\Delta D/\Delta t$（即 $\Delta E/\Delta t$）。以 O-A 段的斜率为基础，其他各段的斜率分别乘以不同的系数，斜率乘以系数以后的值——即变换以后的斜率与 O-A 段的斜率相同，例如：B-C 段的斜率 $\Delta D/\Delta t$（即 $\Delta E/\Delta t$）乘以系数 $K_{BC}$以后等于 O-A 段的斜率。于是线性化以后的数字量 $D_1$ 与温度 $t$ 之间的比值近似等于直线 O-A 的斜率，也就是直线 O-F 的斜率，成为线性关系。

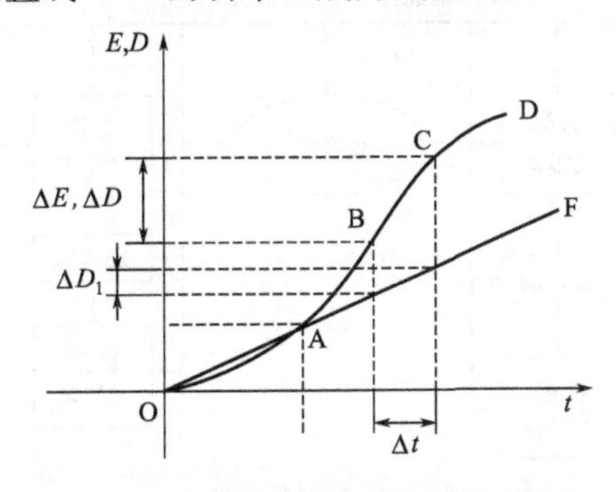


图 5-32 数字线性化的原理示意图

**(4) XMZ 系列数字显示仪表**

XMZ 系列数字显示仪表的型号及技术数据见表 5-8。XMZ 系列数字显示仪表主要是与热电偶、热电阻连接用于测量温度，也可以与能够输出直流标准信号的各种传感器连接进行测量及数字显示。

**表 5-8　XMZ 系列数字显示仪表型号及技术数据**

| 数字显示仪 | 输入信号 | 标准量程/℃ | 主要技术参数 |
| --- | --- | --- | --- |
| XMZ、XMZA、XMZH-101 | E<br>K<br>K<br>S<br>B<br>T<br>J | 0～800<br>0～800<br>0～1300<br>0～1600<br>0～1800<br>0～400<br>0～800 | 精度：±0.5%<br>全量程±1 个字<br>电源：220V，AC<br>环境温度：0～40℃<br>环境湿度：<85%RH |
| XMZ、XMZA、XMZH-102 | Cu50<br>Cu100<br>Pt100<br>Pt100 | －50～150<br>－50～150<br>－100～200<br>－200～500 | |
| XMZ、XMZA、XMZH-103 | 0～20mV<br>0～50mV | | |
| XMZ、XMZA、XMZH-104 | 30～350Ω | | |
| XMZ、XMZA、XMZH-105 | 0～10mA<br>4～20mA | | |

## 5.6.3 虚拟仪器简介

虚拟仪器是随着计算机测试技术的发展而出现的专用术语。传统的测量仪器一般只能对某一特定物理量进行测量，当测量任务改变时，必须更换测量仪器。而虚拟仪器则是采用多功能的硬件结构，针对不同的测量要求而采用不同的计算机处理软件实现测量，这种测量仪器具有更大的灵活性及多变的特点。

虚拟仪器是以微型计算机为核心，在足够的测量仪器硬件的基础上，通过更换测量应用软件来改变其测量用途的测量信息处理系统。它的一般化结构如图 5-33 所示。

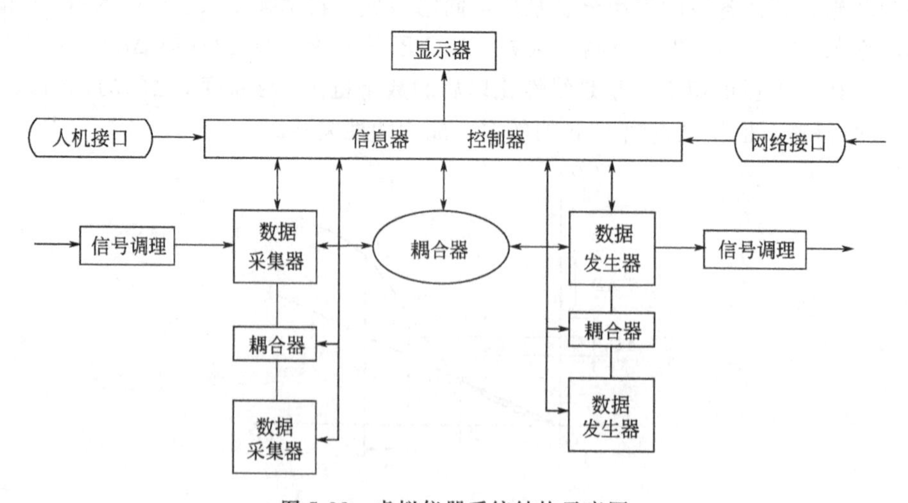


图 5-33　虚拟仪器系统结构示意图

由图5-33可见，虚拟仪器系统既可以作为测量仪器使用，也可以作为信号发生器使用。当作为测量仪器使用时，被测信号首先经信号调整单元进行放大、滤波等前期处理，由数据采集单元进行A/D转换，再由计算机进行数据处理、显示。当作为信号发生器使用时，计算机首先将待产生的波形数据送入数据发生器，然后控制数据发生器将波形数据在信号处理单元中进行D/A转换、功放，滤波等处理后，产生所要求的信号。有时在测量时需要同时采用信号发生器和数据采集器，那么两者之间就必须使用耦合器来协调工作。

为了适应各种不同的输入信号，在虚拟测量仪器中的信号调理器通常设计成模块结构。近几年来，随着各种可编程专用集成芯片的应用，信号调理器越来越趋向于将信号调理器“智能化”，即可用程控的方法改变信号调理器的结构和功能，使虚拟仪器具有更大的灵活性。

虚拟仪器最大的特点在于充分利用了计算机数据处理能力、巨大的内存资源、强大的图形功能及丰富的软件资源，使得数字信号处理技术在虚拟仪器中得到了广泛应用。系统辨识方法、随机信号处理及频谱分析等现代数字信号处理的理论和技术进一步丰富了虚拟仪器的功能，扩大了仪器的使用范围。

总之，虚拟仪器实质上就是一台计算机软件所定义的通用测量仪器。虚拟仪器技术进一步缩小了仪器制造商与用户之间的距离，使得用户能够根据自己的需要定义仪器的功能，组建更好的参数处理系统，并且可以方便地升级换代。借助一台通数字化仪（数据采集板），用户就可以通过软件构成几乎任何功能的仪器，可以说，软件就是仪器，这是对传统仪器概念的一个重大变革。

# 第6章　应力和应变测量

## 6.1　概　　述

在实际工程中，尤其是在机械工程中，应变、应力测量非常重要。研究零件结构的强度与刚度时，由于零件形状和载荷的复杂性，完全靠理论来解决是有困难的。即使能用理论解决的问题也常需要用试验来加以验证，所以常采用试验与理论相结合的方法来进行研究解决。通过对材料应变和应力的测量，可以验证工程的设计和施工质量，为安全运行提供数据；可以分析和研究零件、机构或结构的受力状态和工作状态，验证设计计算的正确性，确定整机工作过程的负载谱和物理现象的机理。因此，对发展结构和机器的设计理论、保证安全运行以及实现自动检测、自动控制都具有重要的作用。

试验技术的基础是形变的测量，通过测量形变，从而决定结构在给定载荷作用下产生的应力。由于应变和形变直接相关，所以可以说对形变的测量就是测量应变。应力可以由应力应变关系间接得到。一个结构的形变可以通过电阻、电容或者电元件电感等电学量的变化，光的干涉、衍射或折射等光效应或热散射等加以测量。当应力沿着所研究部分在很长一段上均匀分布时，测量是比较容易的；但当应力是局部分布或随位置急剧变化时，测量就变得比较困难。因为此时要求稳定的应变计有更短的标距和更高的精度，而且应用稳定的电放大作用。如果要测量的是动应变，就需要一合适的高频响应。各向同性材料受单轴应力时，只需测量一个正应变。在双轴应力状态下的自由面，就需要测量两个正交的正应变，这样才能获得与测量应变方向相同的应力。在一般平面应力状态下的自由面，需要测量三个不同方向的正应变，从而确定该位置的应力。在构件的自由边缘，处于单轴应力状态，（则此应力可由沿应变、应力测量，系统中的重要环节是电阻应变仪，而电阻应变仪中必不可少的构件就是电桥。）将应变片粘贴在被测件上和电阻应变仪以及相关仪器构成测试系统，测量构件的表面应变，然后再根据应变与应力的关系式，确定该构件表面的应力状态，这是一种常见的实验应力分析方法。

## 6.2　电阻应变片

电阻应变片测量力和变形的方法是在材料加工领域内使用最为广泛的一种测量办法。电阻应变片简称应变片，是一种将应变转换为电阻变化的元件。电阻应变片测量法是依据电阻丝的电阻随变形而改变电阻值的原理，把力学参数转换成电学参数来测量构件的应变值的方法。金属电阻随其变形而改变电阻值的物理现象就被称为电阻应变效应。通常应变片贴在自由表面，该表面处于平面应力状态，其应力状态有两个或者至多三个未知应力。

电阻应变片是利用电阻应变效应原理制成的、应用最为广泛的电阻应变式传感器，它主要应用与机械量的检测中，如力、压力等物理量的检测。它具有以下优点：

① 非线性小，电阻的变化同应变的变化呈线性关系；

② 应变片的尺寸小、质量轻、惯性小，频率响应好，可测 0～500kHz 的动态应变；

③ 测量范围广，一般测量范围为 $10 \sim 10^{-4}$ 量级的微应变；

④ 测量精度高，动态测试精度达 1%，静态测试技术可达 0.1%；

⑤ 可在各种复杂或恶劣的环境中进行测量。

### 6.2.1 电阻应变片的类型

按电阻应变片的材质可以分为两类：金属电阻应变片和半导体应变片。

**(1) 金属电阻应变片典型结构**

金属电阻应变片的结构又分为绕丝式和箔片式两种，见图 6-1 所示。

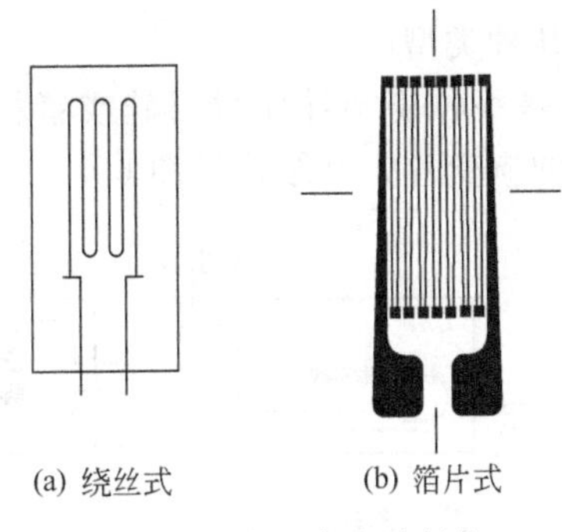


图 6-1 电阻应变片结构

**(2) 绕丝式电阻应变片**

这种应变片应用更为普遍。在正常使用中绕丝式电阻应变片的线是绕在一层很薄的聚酰亚胺膜载体上的，或在两层聚酰亚胺膜之间压缩封装而成。这种应变计的敏感栅最常用的有绕丝式和短接线式两种。

①绕丝式敏感栅是用直径 0.015～0.05mm 的金属丝连续绕制而成，端部呈半圆形。如果安装应变计的构件表面存在两个方向的应变，此圆弧端除了感受纵向应变外，还能感受横向应变，后者称为横向效应。若对测量精度的要求较高，应考虑横向效应的影响并进行修正。②短接线式敏感栅采用较粗的横丝，将平行排列的一组直径为 0.015～0.05mm 的金属纵丝交错连接而成，端部是平直的。它的横向效应很小，但耐疲劳性能不如丝绕式敏感栅。

**(3) 金属箔式电阻应变片典型结构**

敏感栅是用栅状金属箔片代替金属丝。金属箔栅采用光刻技术制造，适于大批量生产，其结构见图 6-2。

由于金属箔式应变片具有线条均匀、尺寸准确、阻值一致性好、传递试件应变性能好等优点；因此，目前使用的多为金属箔式应变片。

这种应变计的敏感栅用厚度 0.002～0.005mm 的金属箔刻蚀成形。用此法易于制成各种形状的应变计（图 6-3）。箔栅有如下优点：①横向部分可以做成比较宽的栅条，使横向效应较小；②箔栅很薄，能较好地反映构件表面的变形，因而测量精度较高；③便于大量生产；④能制成栅长很短的应变计。因此，箔式应变计得到广泛应用。

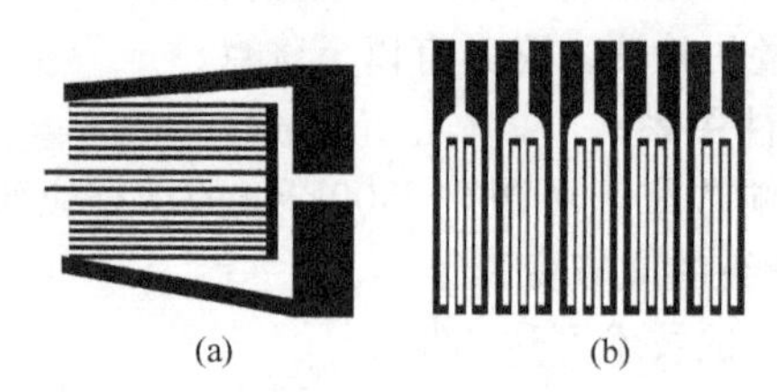


图 6-2 金属箔式电阻应变片结构示意图

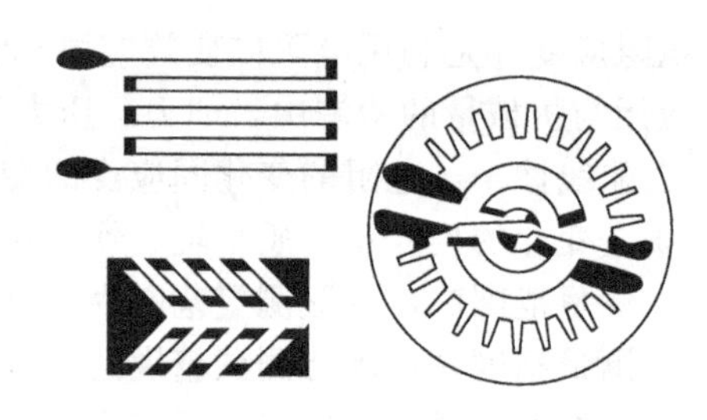

图 6-3 箔式应变仪

**(4) 半导体应变片**

半导体应变片是利用半导体压阻效应制成的一种纯电阻性元件。对于一块半导体材料的某一轴向施加一定的载荷而产生应力时，它的电阻率会发生变化，这种现象称为半导体的压阻效应。所有材料在某种程度上都有压阻效应，但半导体的这种效应特别明显，能够直接反映出很微小的应变。

半导体应变片主要有以下几种类型。

① 体型半导体应变片　这是一种将半导体材料硅或锗材料按一定方向切成小条，经腐蚀压焊粘贴在基片上而制成的应变片，其结构见图 6-4。

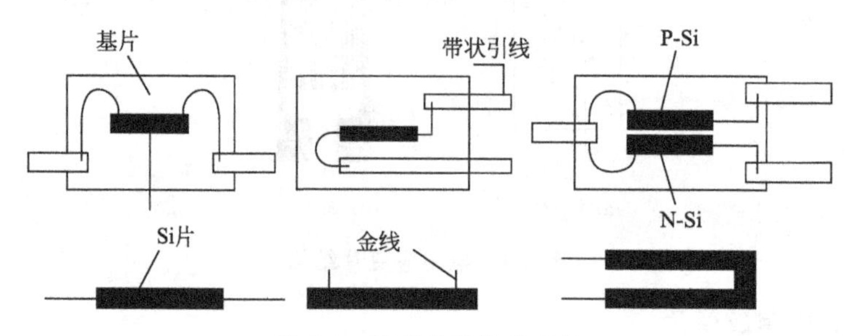


图 6-4 体型半导体应变片

② 薄膜型半导体应变片　这种应变片是采用真空沉积技术将半导体材料沉积到带有绝缘层的试件上而制成的，其结构见图 6-5。

③ 扩散型半导体应变片　将 P 型杂质扩散到 N 型硅单晶基体上，再通过超声波和热压焊法接出引线就形成了扩散型半导体应变片，其结构见图 6-6。

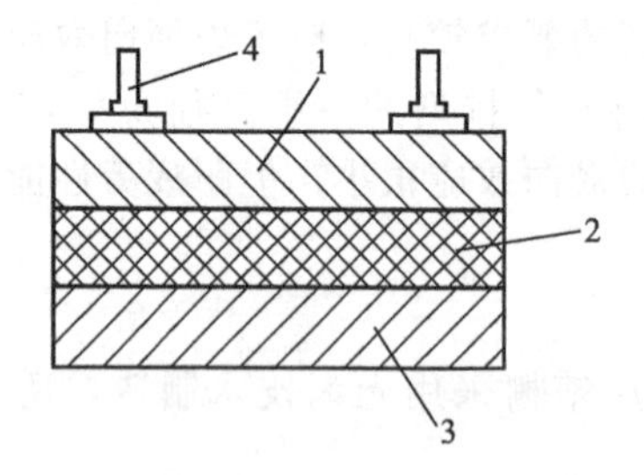


图 6-5 薄膜型半导体应变片示意图

1—锗膜；2—绝缘层；

3—金属箔基底；4—引线

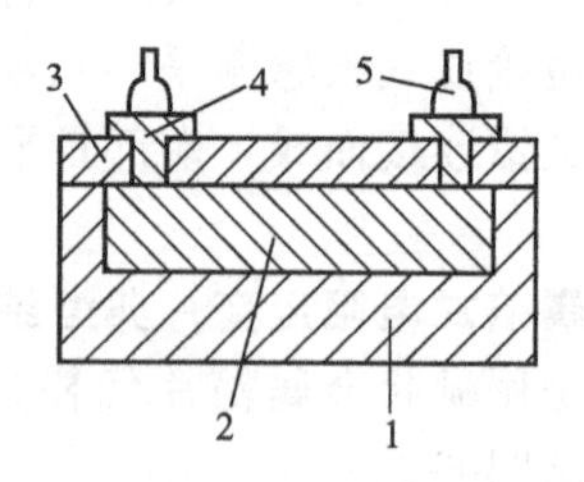


图 6-6 扩散型半导体应变片结构示意图

1—N 型硅；2—P 型硅扩散层；3—二氧化硅绝缘层；4—铝电极；5—引线

半导体应变片的优点是：尺寸、横向效应、机械滞后都很小，灵敏系数很大，因而输出也大；缺点是：电阻值和灵敏系数的温度稳定性差，测量较大应变时非线性严重，灵敏系数随受拉或受压而变，且分散度大，一般在 3%～5%之间。

**(5) 电阻应变片的主要性能参数**

① 几何参数 表距 $L$ 和丝栅宽度 $b$，制造厂常用 $b \times L$ 表示。电阻丝式应变片的 $L$ 一般为 5～180mm，箔片式的一般为 0.3～180mm，通常 $b$ 小于 10mm。小栅长的应变片对制造要求较高，对粘贴的要求也高，且应变片的蠕变、滞后及横向效应也大，因此应尽量选择栅长大一些的应变片。

② 电阻值 应变片在不受力情况下，室温时测定的原始电阻值。应变片在相同的工作电流下电阻值越高，允许的工作电压越大，可提高测量灵敏度。

③ 机械滞后 对已安装的应变片，在恒定的温度环境下，加载和卸载过程中同一载荷下指示应变的最大差数，称为机械滞后。造成此现象的原因很多，如：应变片本身特性不好；试件本身的材质不好；黏结剂选择不当；固化不良；粘接技术不佳，部分脱落和黏结层太厚等。常规应变片都有此现象。在测量过程中，为了减小应变片的机械滞后给测量结果带来的误差，可对新粘贴应变片的试件反复加、卸载 3～5 次。

④ 热滞后 对已安装的应变片试件可自由膨胀而并不受外力作用，在室温与极限工作温度之间增加或减少温度，同一温度下指示应变的差数，称为热滞后。这主要由黏结层的残余应力、干燥程度、固化速度和屈服点变化等引起的。应变片粘贴后进行“二次固化处理”可使热滞后值减小。

⑤ 零点漂移 对已安装的应变片，在温度恒定、试件不受力的条件下，指示应变随时间的变化称为零点漂移（简称零漂）。这是由于应变片的绝缘电阻过低及通过电流而产生热量等原因造成的。

⑥ 蠕变 对已安装的应变片，在温度恒定并承受恒定的机械应变时，指示应变随时间的变化称为蠕变。这主要是由黏层引起的，如黏结剂种类选择不当、粘贴层较厚或固化不充分，以及在黏结剂接近软化温度下进行测量等。

⑦ 应变极限 温度不变时使试件的应变逐渐加大，应变片的指示应变与真实应变的相对误差（非线性误差）小于规定值（一般为 10%）情况下所能达到的最大应变值为该应变片的应变极限。

⑧ 绝缘电阻 应变片引线和安装应变片的试件之间的电阻值称为绝缘电阻。此值常作为应变片黏结层固化程度和是否受潮的标志。绝缘电阻下降会带来零漂和测量误差，尤其是不稳定绝缘电阻会导致测试失败。

⑨ 疲劳寿命 对于已安装的应变片在一定的交变机械应变幅值下，可连续工作而不致产生疲劳损坏的循环次数，称为疲劳寿命。疲劳寿命的循环次数与动载荷的特性、大小有密切的关系。一般情况下循环次数可达 $10^6$～$10^7$ 次。

⑩ 最大工作电流 允许通过应变片而不影响其工作特性的最大电流值，称为最大工作电流。该电流和外界条件有关，一般为几十毫安，箔式应变片有的可达 500mA。流过应变片的电流过大，会使应变片发热引起较大的零漂，甚至将应变片烧毁。静态测量时，为提高测量精度，流过应变片的电流要小一些；短期动测时，为增大输出功率，电流可大一些。

**(6) 电阻应变片特点及其应用**

① 电阻应变片的特点 优点就是灵敏度高、可靠性好、迟滞小、可测微小应变；缺点就是温度稳定性差、非线性度大。

制作金属电阻应变片敏感栅的常用材料有康铜，镍铬合金等，对金属电阻应变片敏感栅材料的基本要求是：

a. 灵敏系数 $k_0$ 要大，并且在较大的应变范围内保持常数；

b. 电阻温度系数要小；

c. 电阻率要大；

d. 机械强度要高，且易于拉丝或展薄；

e. 与铜导线的焊接性要好，与其他金属接触的热电势要小等。

将电阻应变片粘贴在测试结构上最常用的黏合剂是压固性 1-甲基-2-氢基丙烯酸盐黏合剂，其他的黏合剂包括环氧树脂、多脂和陶瓷黏合剂。在安装应变片时，要特别小心，因为良好的黏合性和绝缘性是必要的。

② 应用　应变式传感器包括两个主要部分：一个是弹性敏感元件亦称弹性体，利用它把被测的物理量（如力、扭矩、压力、加速度等）转换为弹性体的应变值；另一个是应变片，它作为传感元件，将应变转换为电阻值的变化。

按照用途不同，应变式传感器可以分为应变式测力传感器、应变式压力传感器、应变式加速度传感器等。

### 6.2.2 应变片的应用

① 将应变片粘贴于被测构件上，直接用来测定构件的应变和应力　例如：为了研究或验证机械、桥梁、建筑等某些构件在工作状态下的应力、变形情况，可利用形状不同的应变片，粘贴在构件的预测部位，可测得构件的拉应力、压应力、扭矩或弯矩等，从而为结构设计、应力校核或构件破坏的预测等提供可靠的实验数据。

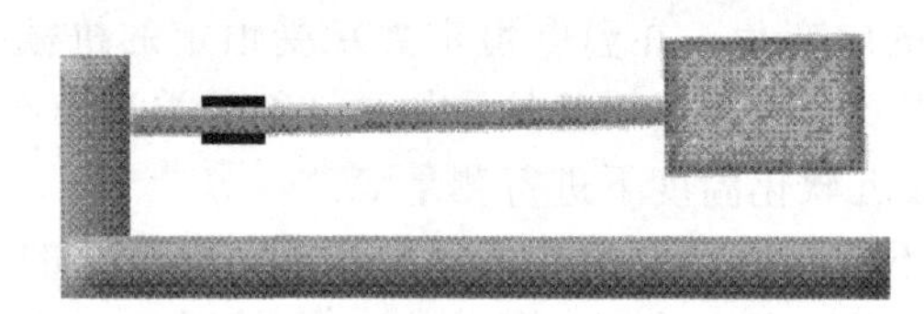

图 6-7　弹性体的测量

② 将应变片贴于弹性元件上，与弹性元件一起构成应变式传感器　这种传感器常用来测量力、位移、加速度等物理参数。在这种情况下，弹性元件将得到与被测量成正比的应变，再通过应变片转换为电阻应变化的输出。

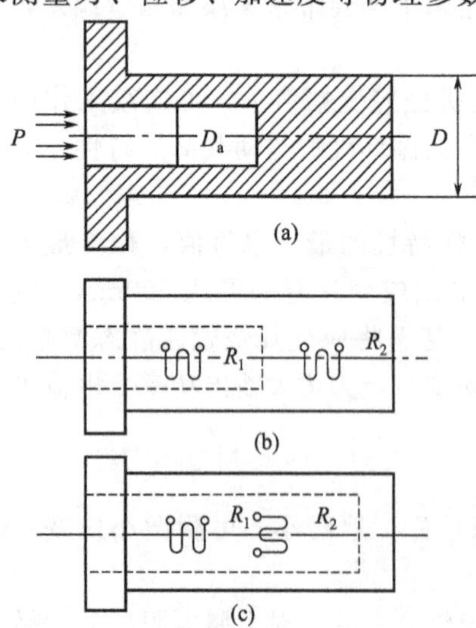


图 6-8　压力管道的应变片测量

图 6-7 中所示为加速度传感器，由悬臂梁、质量块、基座组成。测量时，基座固定振动体上，振动加速度使质量块产生惯性力，悬臂梁则相当于惯性系统的“弹簧”，在惯性力作用下产生弯曲变形。因此，悬臂梁的应变在一定的频率范围内与振动体的加速度成正比。

③ 应变式压力传感器　在测量容器压力时，将应变片贴在容器表面，见图 6-8，应变片测量管道压力示意图。当管道压力发生变化时，弹性元件必然会相应发生膨胀变化，贴在弹性元件外壁上的电阻式应变片，必然会受到拉伸或压缩，电阻值会发生相应的变化。从而达到测量管道压力的目的。

### 6.2.3 应变片的工作特性

电阻应变片的主要工作特征包括以下内容。

① 灵敏系数 电阻应变片的灵敏系数与电阻丝的灵敏系数不同，它恒小于电阻丝灵敏系数。通常情况下由生产厂家标明的灵敏系数是按照统一标准测定的，即应变片安装在受单向应力状态的被测件表面上，其轴线与应力方向平行，此时电阻应变片的灵敏系数就是应变片阻值的相对变化与沿轴向的被测件应变比值。

② 最大工作电流 对于已安装的应变片，允许通过敏感栅而不影响其工作特性的最大电流称为应变片的最大工作电流。随着工作电流的增加，应变片输出的信号也越大，灵敏度越高。但过大的电流会使应变片本身过热，灵敏度法发生变化，漂移及蠕变增加，甚至烧毁应变片。

③ 横向效应 沿应变片轴向的应变必然引起应变片电阻的相对变化，但沿垂直于应变片轴向的横向应变也会引起其电阻的变化，这种现象称为横向效应，横向效应的产生与应变片的机构有关，而以敏感栅最为严重。

④ 温度效应 粘贴在时间上的电阻应变片，除了感受机械应变而产生电阻的相对变化外，温度变化也会引起材料的电阻变化，容易引起应变的假象，这是由于应变片的材料与试件的材料热膨胀系数不同，粘贴应变片时的温度变化会引起应变片材料电阻的变化。当温度变化 $\Delta T$ 时，电阻的相对改变量（$\Delta R/R$）计算公式如下：$\left(\frac{\Delta R}{R}\right)_{\mathrm{T}}=[\alpha_{\mathrm{T}}+k(\beta_{\mathrm{g}}-\beta_{\mathrm{s}})]T$。为了克服这种误差，需要采用温度补偿措施。通常温度补偿办法有两类：自补偿法和线路补偿法。自补偿办法是在电阻应变片的敏感栅材料和结构上采取措施，其中单丝自补偿法就是通过适当的措施，选取应变片栅丝的电阻温度系数。另一种温度补偿法就是采用在惠斯通电桥的相邻桥臂上增加一个额外的补偿应变片。补偿片必须和主应变片完全一致，和主应变片承受同样的温度变化。

⑤ 压力效应 电阻应变片压力效应的大小很难用理论公式计算，一般采用实验的方法进行测定，并通过一定的补偿办法来修正由此而产生的附加应变。

⑥ 动态响应 电阻应变片在测量频率较高的动态应变时应考虑其动态特征。应变频率越高应变片的栅长越长，则此项的误差越大。

### 6.2.4 应变片粘贴工艺

电阻应变片工作时，总是被粘贴到试件或传感器的弹性元件上。在测试被测量时，黏合剂所形成的胶层起着非常重要的作用，应准确无误地将试件或弹性元件的应变传递到应变片的敏感栅上去。所以黏合剂与粘贴技术对于测量结果有直接影响，不能忽视它们的作用。

对黏合剂有如下要求：有一定的黏结强度；能准确传递应变；蠕变小；机械滞后小；耐疲劳性能好、韧性好；长期稳定性好；具有足够的稳定性能；对弹性元件和应变片不产生化学腐蚀作用；有适当的储存期；有较大的使用温度范围。选用黏合剂时要根据应变片的工作条件、工作温度、潮湿程度、有无化学腐蚀、稳定性要求、加温加压、固化的可能性、粘贴时间长短要求等因素考虑，此外还要注意黏合剂的种类是否与应变片基底材料相适应。

质量优良的电阻应变片和黏合剂，只有在正确的粘贴工艺基础上才能得到良好的测试结果，因此正确的粘贴工艺对保证粘贴质量，提高测试精度关系很大。

① 应变片的选择和检查　首先，对所选择的应变片进行外观检查，观察应变片的敏感栅是否整齐均匀，是否有锈斑、短路和弯折现象；其次，要对所选择的应变片的阻值进行测量，阻值合适对于调试平衡非常重要。要逐个进行电阻值测量，配对桥臂用的应变片电阻值应尽量相同。

② 修整应变片　对没有标出中心线标记的应变片，应在其基底上标出中心线；如有需要，应对应变片的长度和宽度进行修整，但修整后的应变片不可小于规定的最小长度和宽度；对基底较光滑的胶基应变片，可用细沙将基底轻轻地稍许打磨，并用溶剂洗净。

③ 试件的表面处理　为了获得良好的黏结强度，必须对是将表面进行处理，清除试件表面的杂质、油污及疏松层等。一般的处理办法可以采用砂纸打磨的办法处理，较好的处理方法是采用无油喷砂方法，这样不但能够获得比抛光更大的表面积，而且可以获得质量均匀的结果。为了表面的清洁，可以用化学清洁剂，如氯化碳、丙酮和甲苯进行反复清洗，也可以采用超声波清洗。需要注意的是，应变片应该尽快贴上，以防试件被氧化，如果不能立刻贴上应变片，也可以涂上一层凡士林以做保护。

④ 贴应变片的定位线　为了确保应变片粘贴位置的准确，可用画笔在试件表面画出定位线。粘贴时应使应变片的中心线与定位线对准。

⑤ 低层处理　为了保证试件能够牢固的贴在试件上，并具有足够的绝缘电阻，改善胶贴性能，可在胶贴位置贴上一层底胶。

⑥ 贴片　将应变片底部用清洁剂清洗干净，然后在试件表面和应变片底部各涂上一层薄而均匀的黏结剂。待稍干后，将应变片对准划线位置迅速贴上，然后盖上一层玻璃纸，用手指或胶辊加压，挤出多余气泡和胶水，保证胶层尽量薄而均匀。

⑦ 固化　黏结剂的固化是否完全，直接影响到胶的物理性能。关键是掌握好温度、时间和循环周期。无论是自然干燥还是加热固化，都需要严格按照工艺规范进行。为了防止强度降低、绝缘层破坏以及电化学腐蚀，在固化后的应变片上涂上防潮保护层，防潮层一般可以采用稀释的黏合胶。

⑧ 粘贴质量检查　首先从外观上检查粘贴位置是否正确，粘贴层是否有气泡、漏粘、破损等；然后是测量应变片的敏感栅是否有断路或短路的现象，以及测量敏感栅的绝缘电阻。

⑨ 引线连接与组桥连接　检查合格后可以焊接引出脚线，引线应适当加以固定。应变片之间通过粗细合适的漆包线连接组成桥路。连接长度尽量一致，且不宜过多。

⑩ 应变片的防潮处理　应变片粘贴、固化好后要进行防潮处理，以免因潮湿引起绝缘电阻和黏合强度降低，影响测试精度。简单的方法是在应变片上涂一层中性凡士林，有效期为数日。最好是石蜡或蜂蜡熔化后涂在应变片表面上（厚约 2mm），这样可以长时间防潮。

## 6.3 电阻应变片对应力、应变的测试

测定应力状态常采用电阻应变法。电阻应变片在选用时应根据工作环境、载荷性质和测点应力状况来决定。其中，工作环境需要考虑被测构件的温度湿度和磁场环境，载荷性质是指静态或动态载荷，测点应力状态是指待测区域的应力分布情况。该方法是先用应变

片测出应变，然后用虎克定律求出其应力。此方法适用于弹性平面问题，即测定零件表面的弹性应力和应变。应变应力测定的核心是应变测量和应力计算问题，即对每一点进行贴片测量和由测得的应变数据计算应力。

电阻应变仪常用的有静态电阻应变仪、动态电阻应变仪和超动态电阻应变仪等几种。例如，若测量200Hz以下的低频动态量，可采用静态电阻应变仪；若测量0～2kHz范围的动态量，可采用动态电阻应变仪；若测量0～20kHz的动态过程和爆炸、冲击等瞬时动态变化过程，则采用超动态电阻应变仪。

目前，我国生产的电阻应变仪大多采用调幅放大电路，一般由电桥、前置放大器、功率放大器、相敏检波器、低通滤波器、振荡器和稳压电源等单元组成。此处只着重阐述电阻应变片与电桥的连接，实现应变、应力测量的相关问题。

### 6.3.1 线应力状态下的主应力的测量

线应力状态是最为简单的一种应力状态，它的测量比较容易，只要将应变片在试件上沿应力方向上粘贴，就可测量出应变值$\varepsilon$，由虎克定律即可求出该方向上的应力值：

$$\sigma=E\varepsilon \tag{6-1}$$

式中　$E$——试件的弹性模量。

### 6.3.2 平面应力状态下的主应力的测量

一般平面应力场内的主应力，其主应力方向可以是已知的，也可以是未知的。

**(1) 已知主力方向**

对于承受内压力的薄壁圆筒形容器的筒体，系处于平面应力状态下，其主应力方向是已知的，只需要在沿两个互相垂直的主应力方向上各粘贴一应变片，见图6-9；另外再采取温度补偿措施，可以直接测出应变$\varepsilon_1$和$\varepsilon_2$，然后用广义虎克定律求出主应力$\sigma_1$、$\sigma_2$和最大切应力$\tau_{max}$：

$$\left.\begin{aligned}\sigma_1&=\frac{E}{1-\mu^2}(\varepsilon_1+\mu\varepsilon_2)\\ \sigma_2&=\frac{E}{1-\mu^2}(\varepsilon_2+\mu\varepsilon_1)\\ \tau_{max}&=\frac{E}{2(1+\mu)}(\varepsilon_1-\varepsilon_2)\end{aligned}\right\} \tag{6-2}$$

式中　$E$——弹性模量；

$\varepsilon$——应变量；

$\mu$——泊松比。

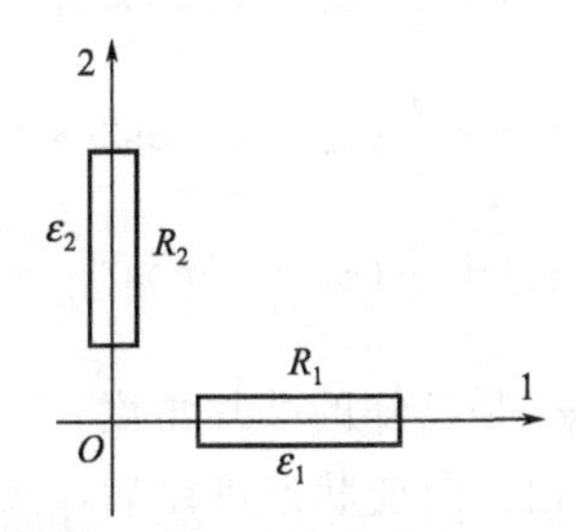


图6-9　主应力方向已知的情况（1、2—主应力方向）

**(2) 主应力方向为未知**

对于平面问题，任一点的应力状态可用应力分量 $\sigma_x$、$\sigma_y$、$\tau_{xy}$ 来描述，与之相对应的应变分量为 $\varepsilon_x$、$\varepsilon_y$、$\gamma_{xy}$，它们之间关系为

$$\left.\begin{aligned}\sigma_x&=\frac{E}{1-\mu^2}(\varepsilon_x+\mu\varepsilon_y)\\\sigma_y&=\frac{E}{1-\mu^2}(\varepsilon_y+\mu\varepsilon_x)\\\tau_{xy}&=\frac{E}{2(1+\mu)}\gamma_{xy}=G\gamma_{xy}\end{aligned}\right\}\tag{6-3}$$

可见，只要设法测得 $\varepsilon_x$、$\varepsilon_y$、$\gamma_{xy}$ 就可由式(6-3) 求得 $\sigma_x$、$\sigma_y$、$\tau_{xy}$；但角应变 $\gamma_{xy}$ 不能直接测得，所以一般用测三个方向的线应变来求解 $\varepsilon_x$、$\varepsilon_y$、$\gamma_{xy}$。

对于主应力方向为未知的复杂平面应变测量，一般采用应变花方式粘贴应变片，常用的应变花有直角形应变花、等边三角形应变花、T-△形应变花以及双直角形应变花等几种。用应变花可以测量某测点三个方向的应变，然后按已知公式可求出主应力的大小和方向，见图 6-10。

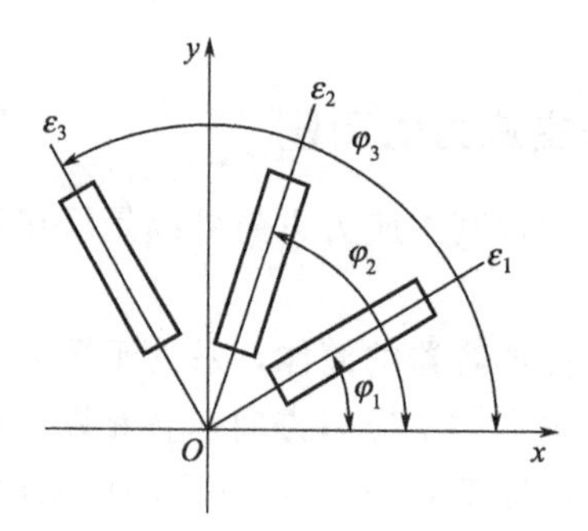


图 6-10　主应力方向未知的情况

根据应变分析可知，在给定坐标系 $xOy$ 情况下，与 $Ox$ 轴成 $\varphi$ 角方向的线应变 $\varepsilon_\varphi$ 与 $\varepsilon_x$、$\varepsilon_y$、$\gamma_{xy}$ 有下面关系：

$$\varepsilon_\varphi=\frac{1}{2}(\varepsilon_x+\varepsilon_y)+\frac{1}{2}(\varepsilon_x-\varepsilon_y)\cos2\varphi+\frac{\gamma_{xy}}{2}\sin2\varphi\tag{6-4}$$

如图 6-10 所示，沿 $\varphi_1$、$\varphi_2$、$\varphi_3$ 三个方向贴片，分别测出各片的应变 $\varepsilon_1$、$\varepsilon_2$、$\varepsilon_3$。将它分别代入式(6-4) 得：

$$\left.\begin{aligned}\varepsilon_1&=\frac{1}{2}(\varepsilon_x+\varepsilon_y)+\frac{1}{2}(\varepsilon_x-\varepsilon_y)\cos2\varphi_1+\frac{\gamma_{xy}}{2}\sin2\varphi_1\\\varepsilon_2&=\frac{1}{2}(\varepsilon_x+\varepsilon_y)+\frac{1}{2}(\varepsilon_x-\varepsilon_y)\cos2\varphi_2+\frac{\gamma_{xy}}{2}\sin2\varphi_2\\\varepsilon_3&=\frac{1}{2}(\varepsilon_x+\varepsilon_y)+\frac{1}{2}(\varepsilon_x-\varepsilon_y)\cos2\varphi_3+\frac{\gamma_{xy}}{2}\sin2\varphi_3\end{aligned}\right\}\tag{6-5}$$

在这一方向组中，$\varphi_1$、$\varphi_2$、$\varphi_3$ 是已知的贴片角度，$\varepsilon_1$、$\varepsilon_2$、$\varepsilon_3$ 是测得的应变值，故解此方程组就可求得 $\varepsilon_x$、$\varepsilon_y$、$\gamma_{xy}$ 的值。应变状态确定后，按式(6-3) 确定应力状态。

一般还需确定其主应变和主应力值。主应变 $\varepsilon_{max}$、$\varepsilon_{min}$ 与主方向 $\varphi_p$ 为：

$$\left.\begin{aligned}\varepsilon_{\max}&=\frac{1}{2}(\varepsilon_x+\varepsilon_y)+\frac{1}{2}\sqrt{(\varepsilon_x-\varepsilon_y)^2+\gamma_{xy}{}^2}\\\varepsilon_{\min}&=\frac{1}{2}(\varepsilon_x+\varepsilon_y)+\frac{1}{2}\sqrt{(\varepsilon_x-\varepsilon_y)^2+\gamma_{xy}{}^2}\\\varphi_\rho&=\frac{1}{2}\arctan\frac{\gamma_{xy}}{\varepsilon_x-\varepsilon_y}\end{aligned}\right\}\tag{6-6}$$

主应力 $\sigma_{\max}$、$\sigma_{\min}$ 和最大切应力 $\tau_{\max}$ 按式(6-7) 计算。

$$\left.\begin{aligned}\sigma_{\max}&=\frac{E}{1-\mu^2}(\varepsilon_{\max}+\mu\varepsilon_{\min})\\\sigma_{\min}&=\frac{E}{1-\mu^2}(\varepsilon_{\min}+\mu\varepsilon_{\max})\\\tau_{\max}&=\frac{E}{2(1+\mu)}(\varepsilon_{\max}-\varepsilon_{\min})\end{aligned}\right\}\tag{6-7}$$

按任意方向 $\varphi_1$、$\varphi_2$、$\varphi_3$ 贴片，在计算上很不方便，所以一般采用方向夹角一定的应变花。

① 直角型应变花 如图 6-11 所示，这时 $\varphi_1=0°$、$\varphi_2=45°$、$\varphi_3=90°$，由 $R_1$、$R_2$、$R_3$ 应变片分别测得的应变值为 $\varepsilon_1$、$\varepsilon_2$、$\varepsilon_3$，由式(6-5) 则有：

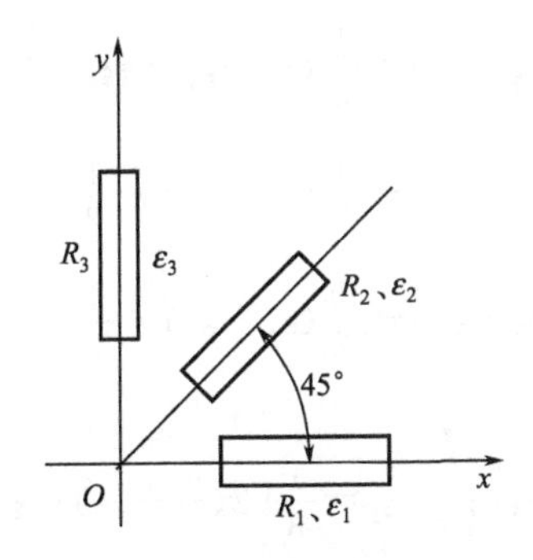


图 6-11 直角型应变花

$$\left.\begin{aligned}\varepsilon_1&=\frac{1}{2}(\varepsilon_x+\varepsilon_y)+\frac{1}{2}(\varepsilon_x-\varepsilon_y)=\varepsilon_x\\\varepsilon_2&=\frac{1}{2}(\varepsilon_x+\varepsilon_y)+\frac{1}{2}\gamma_{xy}\\\varepsilon_3&=\frac{1}{2}(\varepsilon_x+\varepsilon_y)-\frac{1}{2}(\varepsilon_x-\varepsilon_y)=-\varepsilon_y\end{aligned}\right\}\tag{6-8}$$

由式(6-8) 解出 $\varepsilon_x$、$\varepsilon_y$、$\gamma_{xy}$ 得

$$\left.\begin{aligned}&\varepsilon_x=\varepsilon_1;\quad \varepsilon_y=\varepsilon_3\\&\gamma_{xy}=2\varepsilon_2-(\varepsilon_1+\varepsilon_3)\end{aligned}\right\}\tag{6-9}$$

将其代入式(6-6)，得

$$\left.\begin{aligned}\varepsilon_{\substack{\max\\\min}}&=\frac{1}{2}(\varepsilon_1+\varepsilon_2)\pm\frac{1}{2}\sqrt{(\varepsilon_1-\varepsilon_3)^2+[2\varepsilon_2-(\varepsilon_1+\varepsilon_2)]^2}\\\varphi_\rho&=\frac{1}{2}\arctan\frac{2\varepsilon_2-(\varepsilon_1+\varepsilon_3)}{(\varepsilon_1-\varepsilon_3)}\end{aligned}\right\}\tag{6-10}$$

将式(6-10) 代入式(6-7)，得应力计算公式：

$$\left.\begin{aligned}\sigma_{\min}^{\max}&=\frac{E}{2(1-\mu)}(\varepsilon_1+\varepsilon_2)\pm\frac{E}{2(1+\mu)}\sqrt{(\varepsilon_1-\varepsilon_3)^2+[2\varepsilon_2-(\varepsilon_1+\varepsilon_2)]^2}\\\tau_{\max}&=\frac{E}{2(1+\mu)}\sqrt{(\varepsilon_1-\varepsilon_3)^2+[2\varepsilon_2-(\varepsilon_1+\varepsilon_2)]^2}\end{aligned}\right\}\tag{6-11}$$

② 三角型应变花　如图 6-12 所示，这时 $\varphi_1=0°$、$\varphi_2=60°$、$\varphi_3=120°$，由应变片 $R_1$、$R_2$、$R_3$ 测得的应变为 $\varepsilon_1$、$\varepsilon_2$、$\varepsilon_3$。由式(6-5) 得：

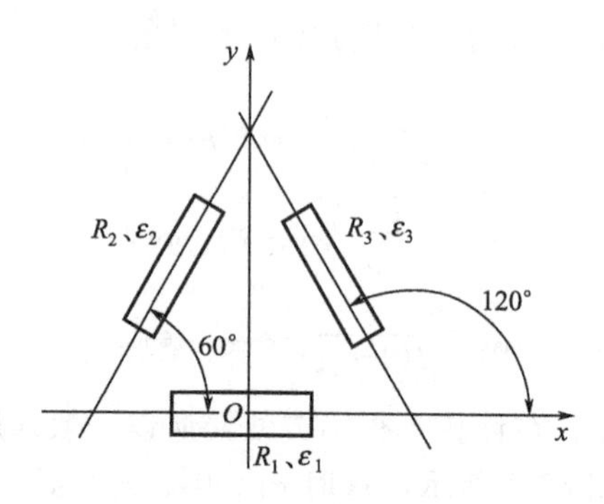


图 6-12　三角型应变花

$$\left.\begin{aligned}\varepsilon_1&=\frac{1}{2}(\varepsilon_x+\varepsilon_y)+\frac{1}{2}(\varepsilon_x-\varepsilon_y)=\varepsilon_x\\\varepsilon_2&=\frac{1}{2}(\varepsilon_x+\varepsilon_y)-\frac{1}{2}(\varepsilon_x-\varepsilon_y)\cdot\frac{1}{2}+\frac{\gamma_{xy}}{2}\cdot\frac{\sqrt{3}}{2}\\\varepsilon_3&=\frac{1}{2}(\varepsilon_x+\varepsilon_y)-\frac{1}{2}(\varepsilon_x-\varepsilon_y)\cdot\frac{1}{2}-\frac{\gamma_{xy}}{2}\cdot\frac{\sqrt{3}}{2}\end{aligned}\right\}\tag{6-12}$$

解式(6-12)，得 $\varepsilon_x$、$\varepsilon_y$、$\gamma_{xy}$：

$$\left.\begin{aligned}&\varepsilon_x=\varepsilon_1;\qquad \varepsilon_y=\frac{1}{3}[2(\varepsilon_2+\varepsilon_3)-\varepsilon_1]\\&\gamma_{xy}=\frac{2}{\sqrt{3}}(\varepsilon_2-\varepsilon_3)\end{aligned}\right\}\tag{6-13}$$

将其代入式(6-6)，得

$$\left.\begin{aligned}\varepsilon_{\min}^{\max}&=\frac{1}{3}(\varepsilon_1+\varepsilon_2+\varepsilon_3)\pm\sqrt{(\varepsilon_1-\frac{\varepsilon_1+\varepsilon_2+\varepsilon_3}{3})^2+[\frac{1}{\sqrt{3}}(\varepsilon_1-\varepsilon_2)]^2}\\\varphi_\rho&=\frac{1}{2}\arctan\frac{\frac{1}{\sqrt{3}}(\varepsilon_2-\varepsilon_3)}{\varepsilon_1-\frac{1}{3}(\varepsilon_1+\varepsilon_2+\varepsilon_3)}\end{aligned}\right\}\tag{6-14}$$

将式(6-4) 代入式(6-7)，得应力计算公式：

$$\left.\begin{aligned}\sigma_{\min}^{\max}&=\frac{E}{3(1-\mu)}(\varepsilon_1+\varepsilon_2+\varepsilon\sigma_3)\pm\frac{E}{1+\mu}\sqrt{[\varepsilon_1-\frac{1}{3}(\varepsilon_1+\varepsilon_2+\varepsilon_3)]^2+[\frac{1}{\sqrt{3}}(\varepsilon_2-\varepsilon_3)]^2}\\\tau_{\max}&=\frac{E}{1+\mu}\sqrt{[\varepsilon_1-\frac{1}{3}(\varepsilon_1+\varepsilon_2+\varepsilon_3)]^2+[\frac{1}{\sqrt{3}}(\varepsilon_2-\varepsilon_3)]^2}\end{aligned}\right\}\tag{6-15}$$

一般来说，利用三个应变片已足以确定平面的应变、应力状态，有时，为了便于校核测定结果和计算方便而多贴一片组成 T-△型和双直角型的应变花，如图 6-13 所示。

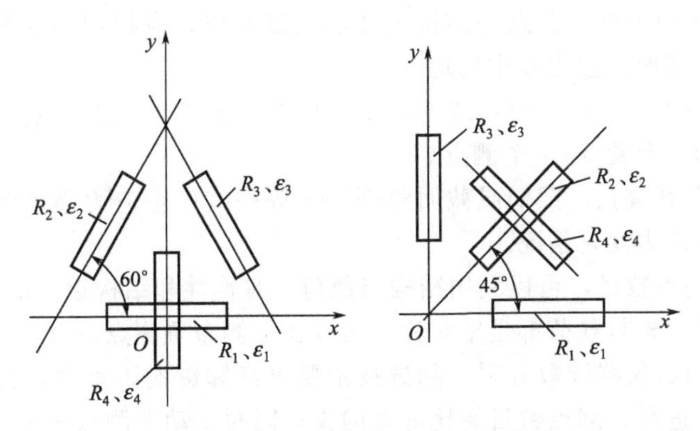


图 6-13　T-△型和双直角型应变花

现把以上各种形式应变花的应力计算公式归纳成式(6-16)：

$$\left.\begin{aligned}\sigma_{\min}^{\max}&=\frac{E}{1-\mu}A\pm\frac{E}{1+\mu}\sqrt{B^2+C^2}\\ \tau_{\max}&=\frac{E}{1+\mu}\sqrt{B^2+C^2}\\ \varphi_{\rho}&=\frac{1}{2}\arctan\frac{C}{B}\end{aligned}\right\}\tag{6-16}$$

式中的系数 $A$、$B$、$C$ 如表 6-1 所示：

**表 6-1　不同类型的应变花下 A、B、C 的值**

| 应变花型式 | $A$ | $B$ | $C$ |
|---|---|---|---|
| 直角型 | $\frac{1}{2}(\varepsilon_1+\varepsilon_3)$ | $\frac{1}{2}(\varepsilon_1-\varepsilon_3)$ | $\frac{1}{2}[2\varepsilon_2-(\varepsilon_1+\varepsilon_3)]$ |
| 三角型 | $\frac{1}{3}(\varepsilon_1+\varepsilon_2+\varepsilon_3)$ | $\varepsilon_1-\frac{1}{3}(\varepsilon_1+\varepsilon_2+\varepsilon_3)$ | $\frac{1}{\sqrt{3}}(\varepsilon_2-\varepsilon_3)$ |
| T-△型 | $\frac{1}{2}(\varepsilon_1+\varepsilon_4)$ | $\frac{1}{2}(\varepsilon_1-\varepsilon_4)$ | $\frac{1}{\sqrt{3}}(\varepsilon_2-\varepsilon_3)$ |
| 双直角型 | $\frac{1}{2}(\varepsilon_1+\varepsilon_3)$ | $\frac{1}{2}(\varepsilon_1-\varepsilon_3)$ | $\frac{1}{2}(\varepsilon_2-\varepsilon_4)$ |

### 6.3.3　测点选择、布片和选片原则

**(1) 测点的选择**

在结构零件应变应力的测试中，必须正确、合理地选定测点。测点的数目不足或位置不当，都会使测试达不到预期目的；但测点过多，也会使测试工作量增加。若被测件的结构、形状以及受力形式比较简单，可以利用力学知识进行分析，从而合理布置测点。若被测件的结构形状比较复杂，则要根据实践经验分析其强度上的弱点，再结合力学知识进行分析，按测试目的确定测点。

对于正在研制阶段的新型构件，通常是先采用光弹或密栅云纹试验分析其应力分布规律、判断其危险部位，然后再确定测点的布置。对于已在生产中使用的构件，也可以先用脆漆法或光弹贴片法来了解其应力分布情况，然后再确定其测点部位。

在选择测点时，有以下几个问题需加考虑。

① 被测件最大应力处的测点是结构强度的关键部位，应特别加以重视。最大应力点一般都产生在危险截面或应力集中的地方。

② 如果最大应力点难以确定，或者需要了解构件应力分布的全貌，一般都在所研究的线段上比较均匀地布置 5～7 个测点。

③ 对于构件上开有孔、凹槽或截面急剧变化等一些产生应力集中的区域，测点应适当加多，以了解其应力变化情况。

④ 为了减少测点数目，可以利用结构与载荷的对称性和结构边界的特殊情况。例如：厚壁筒容器，由于结构与载荷都是轴对称，所以在一侧布置测点就可以了。

⑤ 由于动态测试仪器线数有限、测试技术要求高和影响因素多，所以动态测试应在静态测试的基础上进行，测点数目要比静态的少；同时，动态测点一定要选在能反映构件动态性质的关键部位。

**表 6-2　常用布片和接桥方式**

| 序号 | 受力状态简图 | 应变片数 | 电桥组合形式 | | 温度补偿情况 | 电桥输出电压 | 测量项目及应变值 | 特点 |
|---|---|---|---|---|---|---|---|---|
| | | | 电桥形式 | 电桥接法 | | | | |
| 1 | 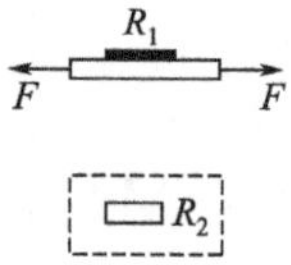 | 2 | 半桥式 | 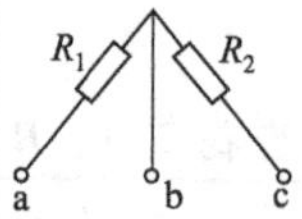 | 另设补偿片 | $u_y=\frac{1}{4}u_0S\varepsilon$ | 拉(压)应变 $\varepsilon=\varepsilon_i$ | 不能消除弯矩的影响 |
| 2 | 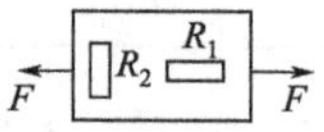 | 2 | | | 互为补偿片 | $u_y=\frac{1}{4}u_0S\varepsilon(1+\gamma)$ | 拉(压)应变 $\varepsilon=\frac{\varepsilon_i}{1+\gamma}$ | 输出的电压高 |
| 3 | 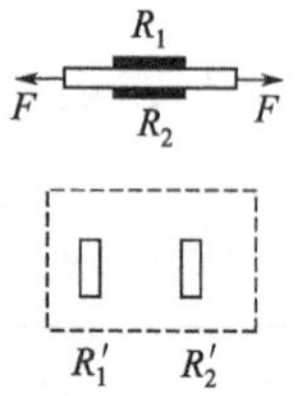 | 4 | 半桥式 | 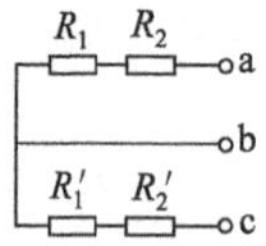 | 另设补偿片 | $u_y=\frac{1}{4}u_0S\varepsilon$ | 拉(压)应变 $\varepsilon=\varepsilon_i$ | 可以消除弯矩影响 |
| 4 | | 4 | 全桥式 | 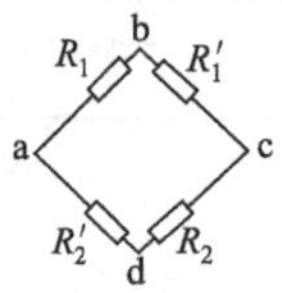 | | $u_y=\frac{1}{2}u_0S\varepsilon$ | 拉(压)应变 $\varepsilon=\frac{\varepsilon_i}{2}$ | 输出电压高一倍能够消除弯矩影响 |
| 5 | 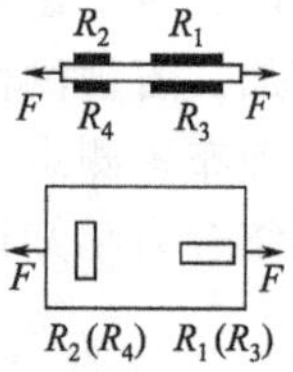 | 4 | 半桥式 | 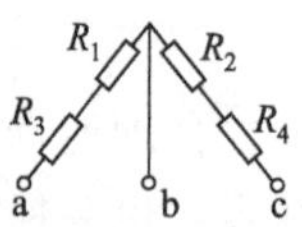 | 互为补偿片 | $u_y=\frac{1}{4}u_0S\varepsilon(1+\gamma)$ | 拉(压)应变 $\varepsilon=\frac{\varepsilon_i}{1+\gamma}$ | 输出电压提高到(1+γ)倍，且能消除弯矩影响 |
| 6 | | 4 | 全桥式 | 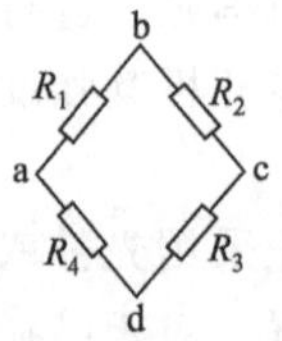 | | $u_y=\frac{1}{2}u_0S\varepsilon(1+\gamma)$ | 拉(压)应变 $\varepsilon=\frac{\varepsilon_i}{2(1+\gamma)}$ | 输出电压提高到 2(1+γ)倍，且能消除弯矩影响 |

注：$S$—应变片灵敏度；$\mu_0$—供桥电压；$\gamma$—被测件的泊松比；$\varepsilon_i$—应变仪测度的应变值；$\varepsilon$—所需测量的机械应变值。

**(2) 应变片的布置**

测点选定后，即可根据测点的应力状态来考虑应变片的布置。当测点是线应力状态时，只要求沿主应力方向贴片。若测点是主应力已知的平面应力状态，就沿两个主应力方向上分别贴片。当测点的主应力方向未知，则需贴上相应的应变花。

测点应力状态的判定，可根据力学知识、构件的边界情况、形状与载荷的对称性等来分析。有时可借助其他试验方法如脆漆法或密栅云纹法来判断主应力方向，这样可以少贴片。

**(3) 应变片的选择**

应变片的选用在前面已有介绍，现只对应变花的问题加以补充。三角型应变花的覆盖面积比直角型的小，所以应力梯度大的测点宜选用三角型应变花。若没有应力梯度限制，则选用直角型应变花为好，因它容易计算。

电阻应变片的布片和接桥方法，对于提高输出灵敏度和消除不需要因素的影响，保证测量质量有很大的关系，应引起足够的重视。应变片的布片和接桥方法应根据测量的目的和对载荷分布的估计而定。在测量复合载荷作用下的应变时，还应利用应变片的布片和接桥方法来消除相互影响因素。

在实际测量过程中，常利用应变电桥的加减特性或加减法则来达到提高测量灵敏度，或在复杂载荷中有选择地测取某种应变的目的。常用的布片和接桥方式如表 6-2 所示。

从表 6-2 中可以看出，不同的布片和接桥方法对灵敏度和温度补偿情况的影响是不同的：一般应优先选用输出电压大、能实现温度补偿、粘贴应变片方便和便于分析的方案。

## 6.4 应力、应变的其他测量方法

### 6.4.1 超声波测量方法

超声波应力测试技术大多以固体解释中应力和声速的相关性为基础，即使超声波直接通过被测介质，通过声速的变化来检测固体中的应力分布。

**(1) 超声波测量原理**

它主要是利用超声波声速的差异与应力间存在的对应关系进行测量应力的。在固体中声速可以表示为：

$$v=\sqrt{\frac{E}{\rho}} \tag{6-17}$$

式中　$E$——弹性模量；

$\rho$——密度。

当超声波通过处于应力下的固体传播时，应力会使固体的弹性模量和密度发生改变。通常情况下变化比较小，可以认为声速与应力的变化呈理想的线性关系，且拉应力引起超声波声速减小，而压应力则引起超声波声速增大。由于以上应力是指超声波传播方向所受的应力，所以采用纵波与横波声速同时作为转换变量，才能够综合反映出应力分布。

**(2) 应力测量方法**

超声波检测金属材料应力是利用应力引起的声双折射效应进行测量的。对于垂直平面应力作用面传播的超声偏振横波和垂直平面应力作用面传播的超声纵波，传播速度和主应力之间存在如下关系：

$$\begin{cases}(v_{T_1}-v_{T_2})/v_{T_0}=S_T(\sigma_1-\sigma_2)\\(v_L-v_{L_0})/v_{L_0}=S_L(\sigma_1+\sigma_2)\end{cases}\tag{6-18}$$

式中 $v_{T_0}$——零应力介质中超声波横波的传播速度；

$v_{T_1}$、$v_{T_2}$——沿主应力 $\sigma_1$ 和 $\sigma_2$ 方向分解出的两个横波分量的传播速度；

$v_{L_0}$——超声波纵波在零应力介质中的传播速度；

$v_L$——介质中超声波纵波的传播速度；

$S_T$——超声波横声波弹性常数；

$S_L$——超声波纵声波弹性常数。

在实际测量中可以通过以下途径确定声速：超声波传播时间的直接测量法、相位比较法、回振法、超声测角仪法、回波振幅法、频谱法以及层析法。图 6-14 是一简单的高精度超声波声速测量仪的构成原理示意图。

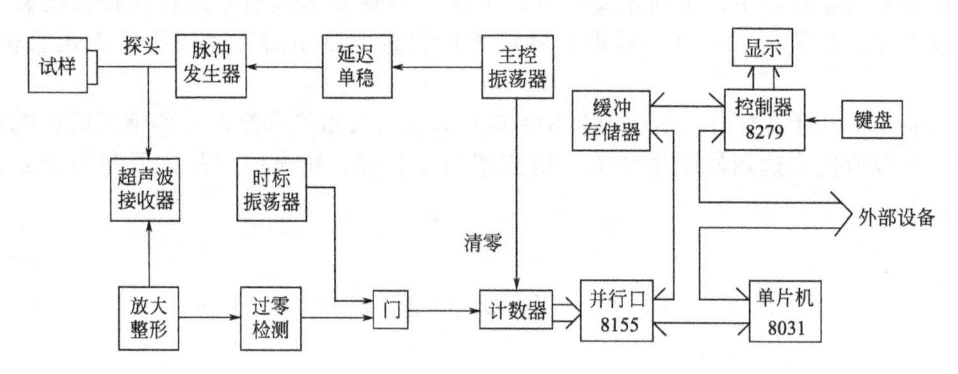


图 6-14 超声波检测实验系统示意图

## 6.4.2 光弹性测量方法

光弹性法是一种功能光学与力学相结合的实验测试方法，它是利用光测折射和干涉原理进行应力测量的。被测件是由一种具有双折射性能的透明材料制成的、与被测件几何形状相似的模型，给模型加上与实际情况相似的载荷，并置于偏振光场中。由于模型材料的双折射效应和干涉性能，于是就得到了整个模型的干涉条纹。

根据光弹的应力一光学定律，干涉条纹与模型边界及内部的应力分布之间存在着一定的数量关系，即：

$$R=Ch(\sigma_1-\sigma_2)\tag{6-19}$$

式中 $R$——光通过模型材料后由于双折射而产生的光程差；

$C$——模型材料的应力光学系数；

$h$——模型厚度；

$\sigma_1$、$\sigma_2$——模型内部点的主应力。

模型厚度 $h$ 为已知，偏振光通过受力模型上任意点后所产生的光程差与该点的主应力差成正比。由此可见，如果能用实验方法测定 $R$ 和 $C$ 的值，就能确定模型上任意点的主应力差值。而光程差与单射光波长 $\lambda$ 与干涉条纹 $n$ 之间存在如下关系：

$$R=n\lambda$$

式中　$n$——干涉条纹级数。

由平面光弹实验可以测得3组数据：干涉条纹数；主应力方向，它由等倾线测定，并通过适当的方法就能判明 $\sigma_1$ 和 $\sigma_2$ 的方向；模型中的条纹值，它由计算测定，$f=\lambda/C$。

光弹性实验方法的优点是直观性强，可以测量构件表面和内部的应力、应力集中和接触应力等。

### 6.4.3 激光全息测量方法

全息干涉法是一种基于全息照相技术的计量测试方法，是利用激光的干涉将物体光波的全部信息记录在底片上得到全息图，再利用光的衍射在一定条件下使物体的光波再现，见图6-15。将全息干涉技术应用到弹性应力的实验测试方法就称为全息光弹法，它是利用光的干涉和衍射原理进行应力测量的一种实验方法。这种方法不仅可以获得反映主应力方法的等倾线和反映主应力差的等差线，而且还能测得主应力和等和线。因此只要经过简单的计算，就可以求出被测模型上各点的应力。

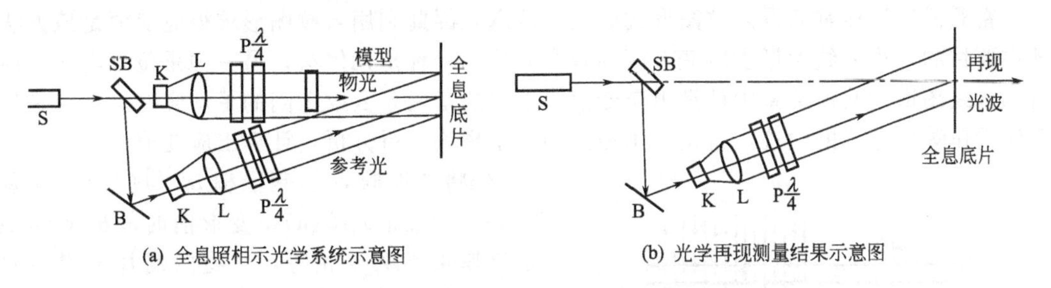


(a) 全息照相示光学系统示意图　　(b) 光学再现测量结果示意图

图6-15　全息光弹实验的光学系统

SB—分光镜；S—氦氖激光器；B—反光镜；K—扩束镜；L—准直镜；P—偏振镜

全息光弹实验测试装置需要安装在特制的防震台上，加载装置也必须要求稳定、准确、可靠，不能产生振动。测量应力时可采用圆形偏振光或平面偏振光，具体过程在模型加载前首先曝光一次，待模型加载后与同一张底片上再曝光一次，称为两次曝光法。经过两次曝光的底片上就获得了模型加载前后的全部光信息，通过显影和定影处理后得到激光全息图。如果将上述全息图放回到原光路系统中，并用参考光照射，就能观察到模型受载前后的两束物光的干涉图。这些干涉条纹与模型所受的应力之间有一定的数量关系。

由于光强与光的振幅呈正比，而再现物光的振幅由于受模型中应力分布的影响而改变，所以其光强与模型的主应力有关，所以其光强与模型的主应力有关。根据应力一光学定律，再现物光的光强 $I$ 表达式为：

$$I=t_2^2A\left[k^2+2k\cos\frac{\pi h}{\lambda}D(\sigma_1+\sigma_2)\cos\frac{\pi h}{\lambda}C(\sigma_1-\sigma_2)+\cos^2\frac{\pi h}{\lambda}C(\sigma_1-\sigma_2)\right] \quad (6\text{-}20)$$

式中　$t_2$——第二次曝光时间；

$A$——物光；

$k$——两次曝光时间比，$k=t_1/t_2$；

$h$——模型厚度；

$\lambda$——光波波长；

$D$——与模型材料激光在空气中的折射率有关的系数；

$C$——模型材料的光学系数。

### 6.4.4 密栅云纹方法

密栅云纹法是实验应力分析中的一种新方法，其基本测量元件是密栅片，它是20世纪80年代发展起来的一种利用光的干涉原理而进行测量的一种方法。引起所测的数据为纯几何变形量，故无论是对各向同性或各向异性材料以及处于弹性、弹塑性或大塑性范围内的变形均能适用。它的优点是实验方法简单、适应范围广、结果显示直观、测量数据准确。

**（1）密栅云纹法原理**

密栅片是由一种透明和不透明相间的平行等距线所组成的胶片，这些平行的等距线为栅线，它可以通过光学方法印制在照片用的胶片上，制成黑线与透明线相间的栅片。将栅片贴在试件表面后制成了试件栅。通常用于测量应变及位移用的栅线密度为2～50线/mm。

密栅云纹法的基本原理就是利用试件栅和基准栅重叠后，存在于栅线间的光学干涉云纹进行测量。干涉云纹间距和栅线间距与试件变形之间存在着确定的数量关系，因此可由密栅节距和云纹间距求出试件变形后各处的应变值。

**（2）应变测量方法**

密栅云纹法通常获得云纹图形式的应变信息，因此利用云纹图形求得应变值是该方法的主要目的，由云纹图形求应变有两种基本方法：一种是几何法；另一种是位移场法。前者从云纹图形的几何关系中计算出应变值，求出的是两条云纹区间的平均应变；后者是将云纹看作等位移线的轨迹，直接应用相关的力学理论进行分析，计算出应变值。

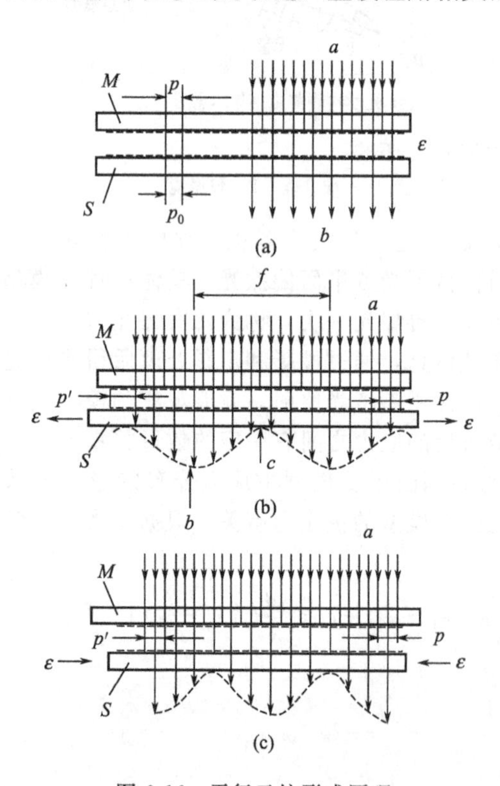


图 6-16 平行云纹形成原理

(a) 未加载荷；(b) 加拉伸载荷；(c) 加压缩载荷

先将试件栅 $S$ 和基准栅 $M$ 与应变方向垂直布置，见图6-16(a)，变形前时间栅节间距 $p_0$ 与基准节距 $p$ 相等，并将两栅片的黑线对齐。此时基准栅片与试件栅重叠，且基准栅的栅线与试件栅的栅线相互平行时，试件变形后所形成的云纹图像成为平行云纹。由于有黑线的遮挡，当光线从白线条透过时，每节间距的光强由 $a$ 减弱到 $b$。当试件栅 $S$ 受垂直于栅线的拉伸载荷作用而变形时，从而使其节距就由 $p_0$ 增大到 $p'$，增量为 $\Delta p$，即 $p'=p_0+\Delta p$。说明试件栅与基准栅的每一栅线错移 $\Delta p$ 距离，从而使两栅片的透光强度小于 $b$，见图6-16(b)。经过 $n$ 根栅线后，某一栅线又将与试验件栅线的另一栅线完全重合，使两栅片在该处的透光度又恢复到 $b$，形成亮带，而在 $n/2$ 栅线处试件栅的黑线刚好落在基准栅的透明线上，完全遮挡了光线，形成内呈暗带 $C$，涉云纹间距 $f$，则：

$$f=np \tag{6-21}$$

又因为在每一云纹间距内，实践栅线数比基准线少一根，故 $f=(n-1)\ p'$，联立两式消去

$n$，得：

$$f=\frac{pp'}{p'-p} \tag{6-22}$$

由于试件的拉应变表达式为 $\varepsilon=\frac{\Delta p}{p_0}$，所以 $p'=p_0+\Delta p=p(1+\varepsilon)$。代入式(6-22) 可以得到：

$$f=\frac{p_0(1+\varepsilon)}{\varepsilon} \tag{6-23}$$

由此可以得到：

$$\varepsilon=\frac{p_0}{f-p_0} \tag{6-24}$$

因为 $p_0 \ll f$，所以式(6-24) 可以近似的表示为 $\varepsilon \approx \frac{p_0}{f}$。如图 6-16(c) 所示，当试件受垂直于栅线的压缩载荷时，进行类似的推导可以得到：$\varepsilon=\frac{p_0}{f+p_0}\approx\frac{p_0}{f}$。由此可以知道，只要测得云纹间距 $f$，便可以求出均匀拉伸或均匀压缩条件下的应变，则所得的应变 $\varepsilon$ 表示相邻云纹间的平均应变。

### 6.4.5 X射线宏观应力测定方法

X射线衍射法具有不损坏结构、快速、准确可靠、能测量小区域应力的优点，又能够测量出材料结构中三种不同的应力（第一类内应力、第二类内应力和第三类内应力）。

**(1) X射线衍射法测定应力的原理**

X射线衍射法通过测量弹性应变方法可以求出应变值。对于理想的多晶体而言，在无应力状态下，不同方位的同族晶面间距是相等的，而当受到一定的宏观应力 $\sigma$ 时，不同晶粒的同族晶面的面间距随晶面方位及应力大小发生有规律的变化。可以认为某方位 $d_\phi$ 面间距相对于无应力时的变化 $(d_\phi-d_0)/d_0=\Delta d/d_0$，反映了由应力所造成的晶面方向上的弹性应变，$\varepsilon_\varphi=\Delta d/d_0$。显然，在面间距随方位的变化律与作用应力之间存在一定的函数关系。

$$\sigma_\varphi=-\frac{E}{2(1+\gamma)}\cot\theta_0\frac{\pi}{180}\frac{\Delta 2\theta_{\varphi\phi}}{\Delta\sin^2\varphi} \tag{6-25}$$

令 $K=-\frac{E}{2(1+\gamma)}\cot\theta_0\frac{\pi}{180}$，称为应力常数，它取决于被测材料的弹性性质（如弹性模量、泊松比）以及所选的衍射面的衍射角。$M=\frac{\Delta 2\theta_{\varphi\phi}}{\Delta\sin^2\varphi}$，称为 $2\theta_{\phi\varphi}-\sin^2\varphi$ 直线的斜率。由此可以得到：

$$\sigma_\phi=KM \tag{6-26}$$

由于 $K$ 值为负，所以当 $M>0$，应力为负，即为压应力；相反，$M<0$，应力为正，为拉应力。

**(2) 宏观应力的测定方法**

欲求试样表面某确定方向上的残余应力，必须在测定方向平面内测出至少两个不同方位的衍射角 $\varphi$，并求出 $2\theta_\phi-\sin^2\varphi$ 直线的斜率，根据测试条件及应力常数 $K$，求出应力值。目前宏观应力多用衍射仪法测量，常选用的衍射几何方式有两种：同倾法和侧倾法，见图 6-17 所示。

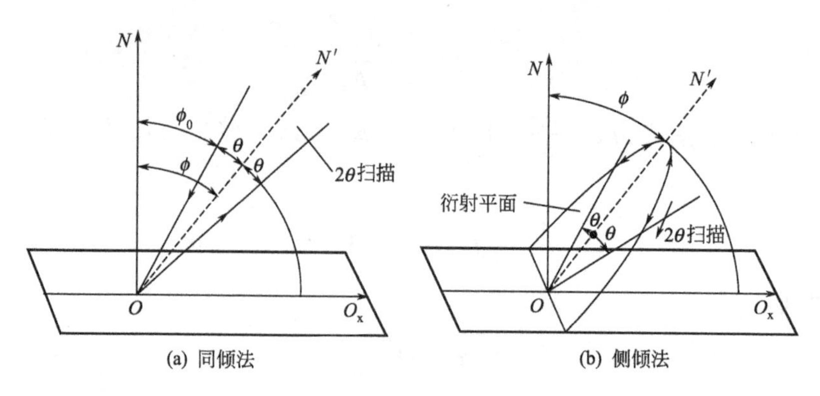


图 6-17 同倾法与侧倾法

① 同倾法 同倾法的衍射几何特点是测量方向平面和扫描平面重合，见图 6-17(a)所示。测量平面的定义如前所述，扫描平面是指入射线、衍射面法线以及衍射线所在的平面。此法中确定 $\varphi$ 的方法有两种。

a. 固定 $\varphi$ 法。在衍射仪上对试样进行常规的对称衍射时，入射线与计数管轴线对称布置在试样表面法线两侧，计数器与试样以 2∶1 的角速度转动，见图 6-18，此条件下记录的衍射峰所对应的衍射晶面必平行于试样表面，即 $\varphi=0°$。从 $\varphi=0°$ 位置使试样绕衍射仪轴单独转动 $\varphi$ 角后，再进行 $2\theta/\theta$ 扫描测量，衍射面法线与试样表面法线夹角就等于所转过的 $\varphi$ 角。通过衍射几何条件设置直接确定和改变衍射面 $\varphi$ 方位的方法称为固定 $\varphi$ 法。固定 $\varphi$ 法比较适合尺寸较小的试样在衍射仪上测定宏观应力。

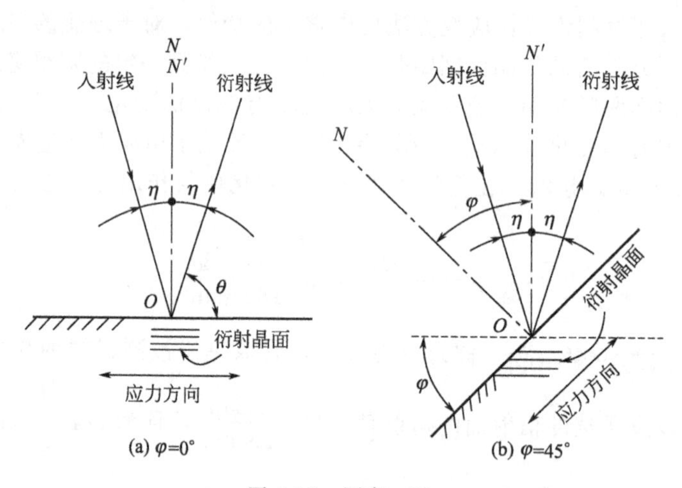


图 6-18 固定 $\varphi$ 法

b. 固定 $\varphi_0$ 法。在工程实践中往往测量机械零件或大型构件上的残余应力，它们的形状复杂，体积庞大，不可能放在衍射仪上检测，固定 $\varphi_0$ 法就是为了适应这种情况下的应力测量而建立的。此方法的特点就是待测工件不动，专用仪器的 X 射线管、测角器组件用立柱、横梁或之间安置在工件待测部位近旁，通过改变 X 射线的入射方向获得不同的 $\varphi$ 方位，$\varphi_0$ 即入射线与试件表面法线的夹角。

② 侧倾法 由式(6-26) 可以看出，当残余应力值和应力常数 $K$ 一定的情况下，斜率 $M$ 的精度取决于 $\Delta\sin^2\varphi$，也就是测量面的晶面方位 $\varphi$ 差越大，$\Delta 2\theta_{\varphi\phi}$ 的相对误差越小。在

同倾法中，$\varphi$ 或 $\varphi_0$ 的变化受 $\theta$ 角制约；在固定 $\varphi$ 法中，$\varphi$ 的变化范围是 0°～$\theta$；固定 $\varphi_0$ 法中的 $\varphi_0$ 变化范围 0～(2$\theta$－90°)。

当待测件形状复杂，方位角的变化受到工件的形状限制，以致无法用同倾法测量应力。如图 6-19 中转角处的切向应力，方位角的变化还受到工件形状的限制，以致无法用同倾法测量，此时可采用侧倾法。侧倾法的特点就是测量方向平面与扫面平面垂直，见图 6-17(b)。侧倾法中计数管在垂直于测量方向平面的平面上扫描，$\varphi$ 的变化不受衍射角的大小的限制而只决定于待测试件的空间形状，对于平表面试件，其 $\varphi$ 的变化范围理论上可接近 90°。显然，侧倾法其确定 $\varphi$ 方位的方式属于固定 $\varphi$ 法，选取的方位角的方式亦可采用两点法及 $\sin^2\varphi$ 法，其应力计算与同倾法完全相同。

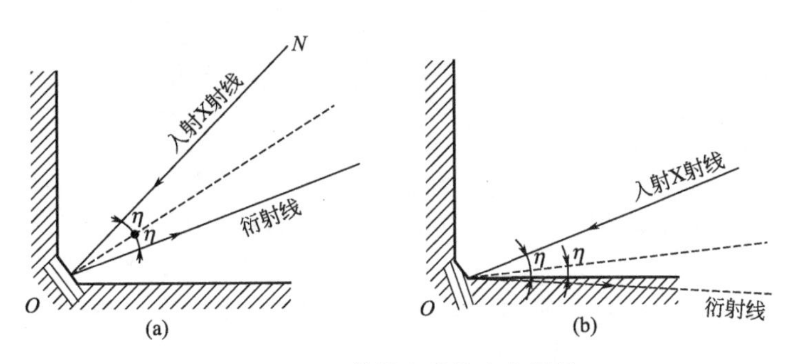


图 6-19 工件转角处的应力测量

### 6.4.6 热辐射应力图分析

为产生一个和结构表面上一点的应力相匹配的数值输出、或沿表面上某条线的应力图、或表面的全场等厚应力图，利用计算机强化对温度变化非常小的红外探测。在循环载荷下，当频率高到由任何的应力梯度引起的热传递都可忽略时，热弹性效应就会产生一个与主应力之和的改变成比例的温度改变。为能够在不同环境温度下使用，需要做一些校准校正。此方法可在很大的温度范围内应用，并可用于包括金属、木材、混凝土、普通塑料和增强塑料等结构材料。

### 6.4.7 机械式测量

用殷瓦钢（Invar 钢）制成的卷尺沿几米长的标距可直接测量应变，在合理的范围也可应用分规直接测量应变。对于短标距，可用机械式放大设备，但是会带来摩擦问题，而且由于振动问题，难于安装和读数。使用镜（mirror）的光学放大需要使用机械杠杆或辊子，虽然已取得很大进步，但仍难满足多数应用要求。在实验装置中，这些机械式和光学式的放大设备却可成功地加以应用。刻痕应变仪利用在抛光目标上的刻痕来确定应变幅，刻痕并不和时间直接相关，它们通常和测量动应变相关。通过放大镜观测刻痕目标可获得每一过程中的峰-峰应变，如果需要，也可将零应变线刻于目标上。使用激光望远镜、光学望远镜或两者结合使用的电测仪器，可以得到远处结构目标部分的运动情况，这使得远距离位移测量成为可能。使用两台这种电测仪器，就可测量应变。通常，由于环境因素，当进行远距离测量获得单一位置的应变时，这种测量技术就显得很有价值。

### 6.4.8 脆性涂层

表面涂层在应变低于大多数结构材料的弹性极限时会发生开裂，这就提供了一种确定最大应变位置和主应变方向的方法。在对环境状态进行良好控制和进行合适校准的情况下，可获得涂层屈服时的定量结果；但因为涂层材料的使用环境问题，涂层并不容易得到，所以这种技术也不是普遍适用的。

# 第 7 章　热工测量技术

## 7.1　温度的测量

温度测量仪器的种类很多，应用技术范围也很广泛。目前，无论是测温原理，还是传感器技术以及测量线路和二次仪表等方面，技术发展都很完善。而且许多新技术的出现，被迅速用于温度测量领域；红外、激光、光导纤维、遥感及电子计算机技术，已经或者正在测温领域获得应用，目前正向更高的精确度、超高温、超低温、快速响应及智能化等方向发展。

### 7.1.1　测温方法的分类

温度测量的方法很多。从测量体与被测介质是否接触来分类，有接触式测温和非接触式测温两大类。接触式测温是基于热平衡原理，测温敏感元件必须与被测介质接触，使两者处于同一热平衡状态，具有同一温度，如水银温度计、热电偶温度计等；非接触式测温其测量敏感元件不与被测介质接触，它是利用物质的热辐射原理，通过接受被测物体发出的辐射能量来进行测温，如辐射温度计、红外温度计等。本节主要介绍热电偶测温及热电阻测温方法。

接触式测温简单、可靠，测温精度也比较高，但由于测温元件需要与被测介质接触以达到充分的热交换使之完全热平衡，因而存在滞后现象；另外，由于受到材料耐高温性能的限制，接触式测温的最高温度是有限制的。非接触式测温其测温元件不与被测介质接触，其测温范围很广，其测温上限原则上不受限制，测温速度也较快，且可对运动体进行测量；但它受到物体的发射率、被测对象到仪表之间的距离、烟尘和水汽等其他介质的影响，一般测温误差较大。

### 7.1.2　热电偶测温

在工业生产过程中的温度检测中，热电偶是主要的测温元件。下面就热电偶测温的有关技术问题进行分析。

**(1) 热电偶的种类**

从热电效应理论来讲，只要是两种不同性质的任何导体都可配制成热电偶。实际上，并不是所有材料都可成为有实用价值的热电极材料，因为还要考虑到灵敏度、准确度、可靠性、稳定性等条件，故作为热电极的材料，一般应满足一定要求，见第 3 章。图 7-1 列出了我国标准热电偶的主要特性。

① 标准热电偶及其材料　国际上公认的热电极材料只有几种，并已列入标准化文件中。按照国际计量委员会规定的《1990 年国际温标》的标准，规定了 8 种通用热电偶。下面重点介绍我国常用的几种热电偶，其测温范围及使用温度参见表 7-1。标准热电偶有

统一的分度表。

a. 铂铑 10-铂热电偶（分度号 S）：正极为铂铑合金丝（由 90%铂和 10%铑冶炼而成）；负极为铂丝。

b. 镍铬-镍硅热电偶（分度号 K）：正极为镍铬合金；负极为镍硅合金。

c. 镍铬-康铜热电偶（分度号 E）：正极为镍铬合金；负极为康铜（铜、镍合金冶炼而成）。这种热电偶也称为镍铬-铜镍合金热电偶。

d. 铂铑 30-铂铑 6 热电偶（分度号 B）：正极为铂铑合金（由 70%铂和 30%铑冶炼而成）；负极也为铂铑合金（由 94%铂和 6%铑冶炼而成）。

**表 7-1 我国标准热电偶的主要特征**

| 名称 | 分度号 | | 测量范围/℃ | 等级 | 使用温度 $t$/℃ | 允许误差 |
|---|---|---|---|---|---|---|
| | 新 | 旧 | | | | |
| 铂铑 10-铂 | S | LB-3 | 0～1600 | Ⅰ | 0～1100 | ±1℃ |
| | | | | | 1100～1600 | ±[1+(t−1100)×0.003]℃ |
| | | | | Ⅱ | 0～600 | ±1.5℃ |
| | | | | | 600～1600 | ±0.25%t |
| 铂铑 30-铂铑 6 | B | LL-2 | 0～1800 | Ⅱ | 600～1700 | ±0.25%t |
| | | | | Ⅲ | 600～800 | ±4℃ |
| | | | | | 800～1700 | ±0.5%t |
| 镍铬-镍硅（镍铬-镍铝） | K | EU-2 | 0～1300 | Ⅰ | 0～400 | ±1.6℃ |
| | | | | | 400～1100 | ±0.4%t |
| | | | | Ⅱ | 0～400 | ±3℃ |
| | | | | | 400～1300 | ±0.75%t |
| 铜-康铜 | T | CK | −200～400 | Ⅰ | −40～350 | ±0.5℃或±0.4%t |
| | | | | Ⅱ | −40～350 | ±1℃或±0.75%t |
| | | | | Ⅲ | −200～40 | ±1℃或±1.5%t |
| 镍铬-康铜 | E | | −200～900 | Ⅰ | −40～800 | ±1.5℃或±0.4%t |
| | | | | Ⅱ | −40～900 | ±2.5℃或±0.75%t |
| | | | | Ⅲ | −200～40 | ±2.5℃或±1.5%t |
| 铁-康铜 | J | | −40～750 | Ⅰ | −40～750 | ±1.5℃或±0.4%t |
| | | | | Ⅱ | −40～750 | ±2.5℃或±0.75%t |
| 铂铑 13-铂 | R | | 0～1600 | Ⅰ | 0～1600 | ±1℃或±[1+(t−1100)×0.003]℃ |
| | | | | Ⅱ | 0～1600 | ±1.5℃或 0.25%t |
| 镍铬-金铁 | NiCr-AuFe0.07 | | −270～0 | Ⅰ | −270～0 | ±0.5℃ |
| | | | | Ⅱ | −270～0 | ±1℃ |
| 铜-金铁 | Cu-AuFe0.07 | | −270～196 | Ⅰ | −270～−196 | ±0.5℃ |
| | | | | Ⅱ | −270～−196 | ±1℃ |

② 非标准热电偶及其材料　非标准化热电偶没有统一的分度表，在应用范围和数量上不如标准化热电偶大。但非标准化热电偶一般是根据某些特殊场合的要求而研制的，例如：在超高温、超低温、核辐射、高真空等场合，一般的标准化热电偶不能满足要求，此时必须采用非标准化的热电偶。使用较多的非标准化热电偶有钨铼、镍铬-金铁等。

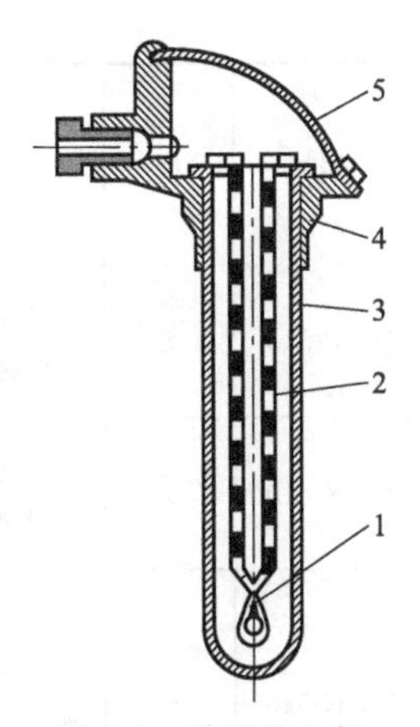

图 7-1　普通热电偶
1—热电极；2—绝缘套；3—保护管；4—接线盒；5—接线盒盖

钨铼热电偶，这是一种在高温测量方面具有特别良好性能的热电偶，正极为钨铼合金（由95%钨和5%铼冶炼而成），负极也为钨铼合金（由80%钨和20%铼冶炼而成）；它是目前测温范围最高的一种热电偶，测温温度长期为2800℃，短期可达到3000℃；高温抗氧化能力差，可在真空、惰性气体介质或氢气介质中使用；热电势和温度的关系近似直线，在高温为2000℃时，热电势接近30mV。

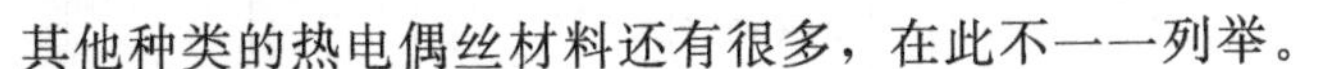
其他种类的热电偶丝材料还有很多，在此不一一列举。

**(2) 热电偶的结构**

热电偶结构形式很多，按照热电偶的结构划分有普通热电偶、铠装热电偶、表面热电偶、浸入式热电偶等。

① 普通热电偶　如图7-1所示，工业上常用的热电偶一般由热电极、绝缘管、保护套管、接线盒、接线盒盖等组成。这种热电偶主要用于气体、蒸汽、液体等介质的测温。这类热电偶已制成标准形式，可根据测温范围和环境条件来选择热电极材料及保护套管。表7-2中列出了部分国产普通热电偶的型号及特性，供选用时参考。

② 铠装热电偶　根据测量端结构形式，可分为碰底型、不碰底型、裸露型、帽型等，分别如图7-2所示。铠装热电偶由热电偶丝、绝缘材料（氧化铁）及不锈钢保护管经拉制工艺制成。其主要优点是外径细、响应快、柔性强，可进行一定程度的弯曲，耐热、耐压、耐冲击性强。表7-3中列出了部分国产铠装热电偶的型号及特性，供选用时参考。

铠装热电偶的热电极、绝缘体及外保护管是整体结构，纤细小巧，对被测体温度场影响较小。更为突出的是其挠性好，弯曲自如，弯曲半径为套管的直径的2倍，可以安装在无法安装常规热电偶的地方，如密封的热处理罩内或工件箱内。铠装热电偶结构坚实，抗冲击、抗震性能良好，即使是随热处理工件一起落入淬火油内，也经得起冲击，在高压及震动场合也能安全使用。铠装热电偶可长可短，可以直接与显示仪表连接，无需用延伸导线。

③ 薄膜热电偶　其结构可分为片状、针状等。图7-3所示为片状结构示意图，这种热电偶的特点是热容量小、动态响应快，适用于测微小面积和瞬变温度。测量温度范围为－200～300℃。

④ 表面热电偶　它分为永久性安装和非永久性安装两种，主要用于测量金属块、炉壁、涡轮叶片、轧辊等固体的表面温度。

⑤ 浸入式热电偶　主要用于测量铜液、钢液、铝液及熔融合金液体的温度。浸入式热电偶的主要特点是可直接插入液态金属中进行测量。

表 7-2 国产普通热电偶的型号及规格

| 型号 | 分度号 | 结构特征 | 测温范围/℃ | 保护管材料 | 规格 | | 时间常数/s | 工作压强/MPa |
|---|---|---|---|---|---|---|---|---|
| | | | | | 总长(*L*)/mm | 插深(*l*)/mm | | |
| WRP-510 | S | 可动法兰，直角形防溅式铂铑10-铂热电偶 | 0～1600 | 高铝质 | 500～500(mm×mm)<br>700～750(mm×mm) | | 90～180 | 常压 |
| WRR-510 | B | 可动法兰，直角形防溅式铂铑30-铂铑60热电偶 | 0～1800 | 刚玉质 | | | | |
| WRN-320 | K | 小惰性可动法兰防溅式镍铬-镍硅热电偶 | 0～800 | 不锈钢<br>1Cr18Ni9Ti<br>Cr25Ti | 300<br>350<br>400<br>450<br>550<br>650<br>900<br>1150<br>1650<br>2150 | | 30～90 | 常压 |
| WRN-330 | K | 小惰性可动法兰防水式镍铬-镍硅热电偶 | | | | | | |
| WRK-320 | E | 小惰性可动法兰防溅式镍铬-考铜热电偶 | 0～600 | 碳钢20号<br>不锈钢<br>1Cr18Ni9Ti<br>Cr25Ti | 300<br>350<br>400<br>450<br>550<br>650<br>900<br>1150<br>1650<br>2150 | | 30～90 | 常压 |
| WRK-330 | E | 小惰性可动法兰防水式镍铬-考铜热电偶 | | | | | | |
| WRN-320 | K | 小惰性无固定装置防溅式镍铬-镍硅热电偶 | 0～800 | 不锈钢<br>1Cr18Ni9Ti<br>Cr25Ti | 300<br>358<br>400<br>450<br>650<br>900<br>1150<br>1650<br>2150 | | 30～90 | 常压 |
| WRN-130 | K | 小惰性无固定装置防水式镍铬-镍硅热电偶 | | | | | | |
| WRN-120 | E | 小惰性无固定装置防溅式镍铬-考铜热电偶 | 0～600 | 碳钢20号<br>不锈钢<br>1Cr18Ni9Ti<br>Cr25Ti | 300<br>358<br>400<br>450<br>650<br>900<br>1150<br>1650<br>2150 | | 30～90 | 常压 |
| WRN-130 | E | 小惰性无固定装置防水式镍铬-考铜热电偶 | | | | | | |

续表

| 型号 | 分度号 | 结构特征 | 测温范围/℃ | 保护管材料 | 规格 总长(L)/mm | 规格 插深(l)/mm | 时间常数/s | 工作压强/MPa |
|---|---|---|---|---|---|---|---|---|
| WRN-002$^{\mathrm{I}}_{\mathrm{II}}$<br>（三对式） | K | 用于在常压下长期测量小于800℃的氧化性空气介质中的各点温度，如加装套管和密封结构则可承受压强，且能使用在其他介质中 | 0～800 |  | Ⅰ型<br>$L_1=2015$<br>$L_2=3615$<br>$L_3=5015$ |  | ＜2 | 常压 |
| WRK-002$^{\mathrm{I}}_{\mathrm{II}}$<br>（三对式） | E | 用于在常压下长期测量小于600℃的氧化性空气介质中的各点温度，如加装套密封结构则可承受压强，且能使用在其他介质中 | 0～600 |  | Ⅱ型<br>$L_1=2315$<br>$L_2=3915$<br>$L_3=5115$ |  | ＜2 | 常压 |
| WRP-100 | S | 无接线盘。由保护管、接线座及热电偶感温元件等组成 | 小于1300 | 高铝质 | 252 | 225 | ＜45 | 常压 |
| WRN-001$^{\mathrm{I}}_{\mathrm{II}}$<br>（六点式） | K | 用于在常压下长期测量小于800℃的氧化性空气介质中的各点温度，如加装套管和密封结构则可承受压强，且能使用在其他介质中 | 0～800 |  | Ⅰ型<br>$L_1=1563$<br>$L_2=2563$<br>$L_3=3563$<br>$L_4=4063$<br>$L_5=4763$<br>$L_6=6763$ |  | ＜2 | 常压 |
| WRN-001$^{\mathrm{I}}_{\mathrm{II}}$<br>（六点式） | E | 用于在常压下长期测量小于600℃的氧化性空气介质中的各点温度，如加装套管和密封结构则可承受压强，且能使用在其他介质中 | 0～600 |  | Ⅰ型<br>$L_1=1563$<br>$L_2=2563$<br>$L_3=3563$<br>$L_4=4063$<br>$L_5=4763$<br>$L_6=6763$ |  |  |  |
| WRPT-01 | S | 用来和测温枪、显示仪表等配套，直接测量钢水温度和其他金属熔液温度。特点：结构简单，体积小，使用方便，反应灵敏，测温准确可靠 | 0～1010<br>(1554±3) |  |  |  | ≤4 |  |
| WRRT-01 | B |  | 0～1800<br>(1554±4) |  |  |  |  |  |
| WRPT-02 | S | 取钢水倒入定碳标内，数秒钟后可读出相应的含碳量。结构简单，操作方便 | 金属熔液温度 |  |  |  |  |  |
| WRRT-02 | B |  |  |  |  |  |  |  |
| WRNX-620 | K | 小惰性固定螺纹防溅式镍铬-镍硅热电偶 | 0～600 | 不锈钢<br>1Cr18Ni9Ti |  | 75<br>100<br>150<br>200<br>250 | ＜30 | 10 |
| WRNX-030 | K | 小惰性固定螺纹防水式镍铬-镍硅热电偶 |  |  |  |  |  |  |
| WRKX-620 | E | 小惰性固定螺纹防溅式镍铬-考铜热电偶 | 0～600 | 不锈钢<br>1Cr18Ni9Ti |  | 75<br>100<br>150<br>200<br>250 | ＜30 | 10 |
| WRKX-630 | E | 小惰性固定螺纹防水式镍铬-考铜热电偶 |  |  |  |  |  |  |

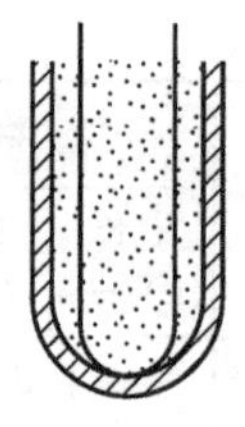
(a) 碰底型

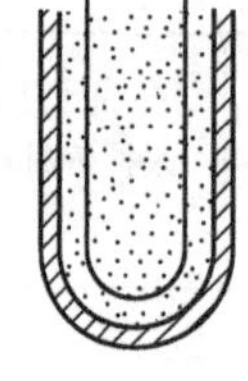
(b) 不碰底型

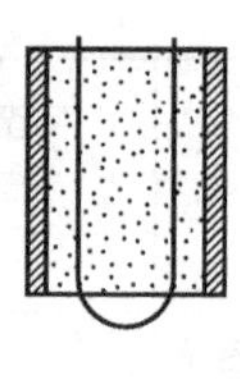
(c) 裸露型

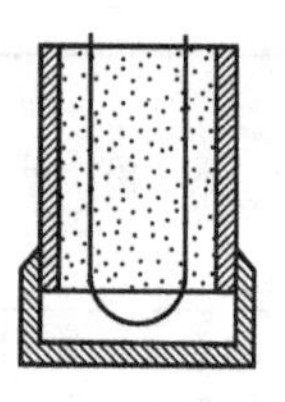
(d) 帽型

图 7-2 铠装热电偶结构示意图

**表 7-3 国产铠装热电偶的型号及特性**

| 品种 | 套管材料 | 外径/mm | 使用温度/℃ 长期使用最高温度 | 使用温度/℃ 短期使用最高温度 | 允差值 |
|---|---|---|---|---|---|
| 镍铬-镍硅(镍铝)(WRGKK) | 不锈钢 1Cr18Ni9Ti | 0.25 | 400 | 500 | Ⅰ等 ±1.5℃或0.4%$t$ Ⅱ等 ±2.5℃或0.75%$t$ Ⅲ等 ±2.5℃或1.5%$t$ |
| | | 0.15,1.0 | 400 | 600 | |
| | | 1.5,2.0 | 600 | 700 | |
| | | 3.0,4.0,4.5 5.0,6.0,8.0 | 800 | 900 | |
| | 高温合金钢 GH3030 | 0.25 | 400 | 500 | |
| | | 0.5,1.0 | 500 | 600 | |
| | | 1.5 | 800 | 900 | |
| | | 2.0,3.0 | 900 | 1000 | |
| | | 4.0,4.5,5.0 | 1000 | 1100 | |
| | | 6.0,8.0 | 1100 | 1200 | |
| 镍铬-铜镍(康铜)(WRGEK) | 不锈钢 1Cr18Ni9Ti | 0.5,1.0 | 400 | 500 | |
| | | 1.5,2.0 | 500 | 600 | |
| | | 3.0,4.0 | 600 | 700 | |
| | | 4.5,5.0 | | | |
| | | 6.0,8.0 | 700 | 800 | |
| 铁-铜镍(康铜)(WRGTK) | 不锈钢 1Cr18Ni9Ti | 0.5,1.0 | 300 | 400 | |
| | | 1.5,2.0 | 400 | 500 | |
| | | 3.0,4.0 | 500 | 600 | |
| | | 4.5,5.0 | 500 | 600 | |
| | | 6.0,8.0 | 600 | 700 | |
| 铜-铜镍(康铜)(WRGTK) | 不锈钢 1Cr18Ni9Ti | 0.5,1.0 | 200 | 250 | Ⅰ等 0.5℃或0.4%$t$ Ⅱ等 1℃或0.75%$t$ Ⅲ等 1℃或1.5%$t$ |
| | | 1.5,2.0,3.0 4.0,4.5,5.0 | 250 | 300 | |
| | | 6.0,8.0 | 300 | 350 | |
| 铂铑10-铂(WRGSK) | 高温合金铜 GH3039 | 2.0,3.0,4.0 4.5,5.0,6.0 | 1100 | 1200 | Ⅰ等 1℃或1+($t$−1000)×0.003℃ Ⅱ等 1.5℃或0.25%$t$ Ⅲ等 4%℃ |
| 铂铑13-铑(WRGSK) | 铂铑6 | 2.0,3.0 4.0,4.5,5.0,6.0 | 1200 | 1300 | |
| 铂铑80-铑6(WRGSK) | 铂铑6 | 2.0,3.0 | 1500 | 1600 | |
| | | 4.0,4.5,5.0,6.0 | 1600 | 1700 | |

(3) 热电偶的冷端温度补偿

用热电偶测温时，热电势的大小决定于热端温度及冷端温度之差；如果冷端温度固定不变，则决定于热端温度。若冷端温度是变化的，这将会引起测量误差。为此，需要采用一些措施来消除冷端温度变化所产生的影响。

① 冷端温度法　一般热电偶的冷端温度以 0℃为标准。为此常将冷端置于冰水混合物中，使其温度保持为恒定的 0℃。在实验条件下通常是把冷端放在盛有绝缘油的试管中（参见图 7-4），然后再将其放入装满冰水混合物的保温容器中，使冷端保持为恒定的 0℃。

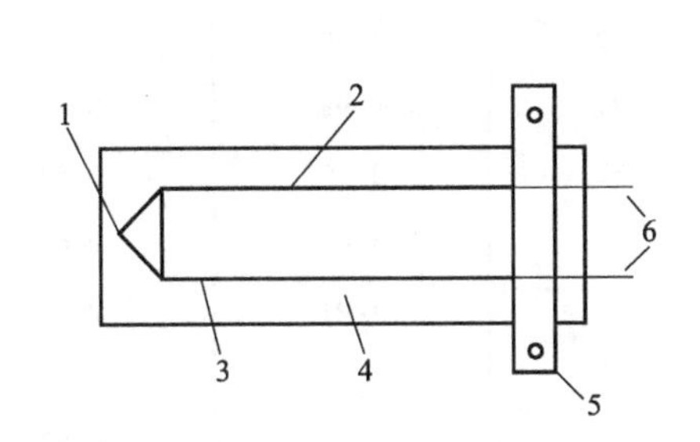


图 7-3　片状热电偶结构示意图

1—测量接点；2—薄膜热电极 A；3—薄膜热电极 B；4—衬底；5—接头夹；6—引出线

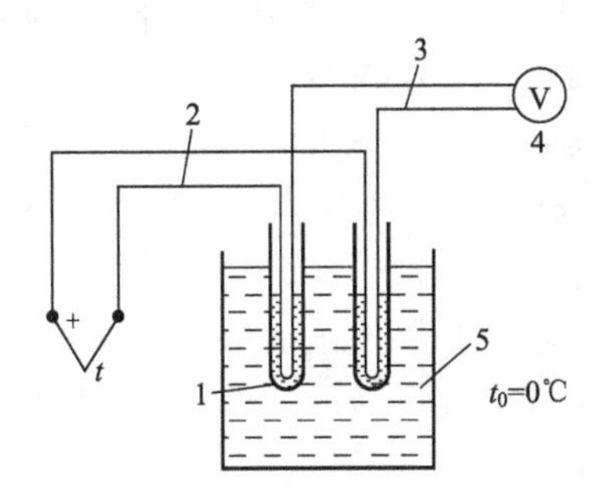


图 7-4　热电偶冷端温度冰水混合 0℃

1—油；2—补偿导线；3—铜导线；4—测温毫伏计；5—冰水混合物

② 冷端温度计算校正法　以中间温度定律进行校正。例如，镍铬-镍硅热电偶（K 型），在冷端温度为 25℃、待测热端温度 $t$ 时，测得其热电势为 31.213mV，要求查热电偶的分度表确定热端温度。此时不能直接用 31.213mV 查分度表得到热端温度，需要进行修正。现有的数据是热端温度为 $t$、冷端温度为 25℃ 的热电势 $E_{AB}$（$t$，25）= 31.213mV。查分度表得 $E_{AB}$（25，0）=1.000mV，然后计算热电偶其热端温度为 $t$、冷端温度为 0℃ 时的热电势 $E_{AB}$（$t$，0）= $E_{AB}$（$t$，25）+ $E_{AB}$（25，0）= 31.213 + 1.000 = 32.213（mV），此时查分度表得热端温度为 $t$=774℃。

③ 冷端温度补正法　利用冷端温度计算校正法比较麻烦，比较简单的方法是以冷端温度为补正值，这样虽然带来误差，但是误差不大。例如，冷端温度计算校正法中介绍的问题（K 型热电偶），以热电势 31.213 mV 查表得温度 750℃，再加上冷端温度 25℃（即补正温度），得测量温度 775℃。这样得到的温度与准确温度 774℃之差是 1℃，这点误差对于一般工业测量还是可以接受的；但此法对于热电特性线性度较差的热电偶不适用，为此工业上采用温度补正系数 $K$ 修正，见表 7-4。其应用方法是，就某种型号的热电偶而言，应补正的温度是冷端温度乘以补正系数。例如：K 型热电偶，冷端温度为 25℃，补正系数 $K$=1，补正温度 $K$×25℃=25℃；若是 S 型热电偶，此时 $K$=0.59。由此看出，补正温度并不是冷端温度。

④ 仪表调零法　在环境温度（即冷端温度）变化不大的情况下，将温度显示仪表的零点调到环境温度，相当于给仪表预先加了一个热电势 $E_{AB}$（$t_0$，0），热电偶在热端温度 $t$ 的作用下产生热电势 $E_{AB}$（$t$，$t_0$），两个热电势相加等于 $E_{AB}$（$t$，0），温度仪表显示 $t$。

**表 7-4 热电偶冷端温度补正系数**

| 工作温度/℃ | T型（铜-考铜） | E型（镍铬-考铜） | J型（铁-康铜） | K型（镍铬-镍硅） | S型（铂铑10-铂） |
|---|---|---|---|---|---|
| 0 | 1.00 | 1.00 | 1.00 | 1.00 | 1.00 |
| 20 | 1.00 | 1.00 | 1.00 | 1.00 | 1.00 |
| 100 | 0.86 | 0.90 | 1.00 | 1.00 | 0.82 |
| 200 | 0.77 | 0.83 | 0.99 | 1.00 | 0.72 |
| 300 | 0.68 | 0.81 | 0.98 | 0.98 | 0.69 |
| 400 | 0.65 | 0.83 | 1.00 | 0.98 | 0.66 |
| 500 | 0.65 | 0.79 | 1.00 | 1.00 | 0.63 |
| 600 | — | 0.78 | 0.91 | 0.96 | 0.62 |
| 700 | — | 0.80 | 0.82 | 1.00 | 0.60 |
| 800 | — | 0.80 | 0.84 | 1.00 | 0.59 |
| 900 | — | — | — | 1.01 | 0.56 |
| 1000 | — | — | — | 1.11 | 0.55 |
| 1100 | — | — | — | — | 0.53 |
| 1200 | — | — | — | — | 0.53 |
| 1300 | — | — | — | — | 0.52 |
| 1400 | — | — | — | — | 0.52 |
| 1500 | — | — | — | — | 0.53 |
| 1600 | — | — | — | — | 0.53 |

⑤ 补偿导线法　为了使热电偶冷端温度保持恒定（最好为0℃），可将热电偶做得很长，使冷端远离工作端，并连同测量仪表一起放置到恒温或温度波动比较小的地方。若热电极是贵重金属材料，则加长热电偶将加大成本；另外加长热电偶也会造成安装使用不方便。为了降低热电偶长度，可以用补偿导线将热电偶的冷端延伸出来。这种导线在一定温度范围内（0～150℃）具有和所连接的热电偶相同的热电性能。若热电极是价格低廉的金属材料，补偿导线可用其本身的材料。常用热电偶的补偿导线的种类列于表7-5。

**表 7-5 常用热电偶补偿导线**

| 热电偶名称及分度号 | 补偿导线 | | | | | | 补偿导线的热电势及允许误差 / mV |
|---|---|---|---|---|---|---|---|
| | 正极 | | | 负极 | | | |
| | 代号 | 材料 | 颜色 | 代号 | 材料 | 颜色 | |
| 铂铑-铂(S) | SPC | 铜 | 红 | SNC | 镍铜 | 绿 | 0.64±0.03 |
| 镍铬-镍硅(K) | KPC | 铜 | 红 | KNC | 康铜 | 蓝 | 4.10±0.15 |
| 镍铬-考铜(XK) | | 镍铬 | 红 | | 考铜 | 黄 | 6.95±0.30 |
| 铜-康铜(T) | TPX | 铜 | 红 | TNX | 康铜 | 白 | 4.10±0.15 |

注：代号中的最后一个字母C表示是补偿型补偿导线；字母X表示是延伸型补偿导线。

必须指出，只有冷端温度恒定或配用仪表本身具有冷端温度自动补偿装置时，应用补偿导线才有意义。热电偶和补偿导线连接端所处的温度一般不应超出 150℃，否则也会由于热电特性不同而带来新的误差。

⑥ 补偿电桥法　补偿电桥法是利用不平衡电桥产生的电势来补偿冷端温度变化而引起的热电势变化值。补偿电桥现已标准化，如图 7-5 所示。不平衡电桥（即补偿电桥）是由电阻 $R_1$、$R_2$、$R_3$ 和 $R_{Cu}$组成。其中 $R_1=R_2=R_3=1\Omega$；$R_{Cu}$是由温度系数较大的铜线绕制而成的补偿电阻，0℃时，$R_{Cu}=1\Omega$；$R_S$是用温度系数很小的锰铜丝绕制而成的；$R_S$的值可根据所选热电偶的类型计算确定。此桥串联在热电偶测量回路中，热电偶冷端与电阻 $R_{Cu}$感受相同的温度，在某一温度下（通常取 0℃）调整电桥平衡，使 $R_1=R_2=R_3=R_{Cu}$。当冷端温度变化时，$R_{Cu}$随冷端温度改变，电桥失去平衡，产生一不平衡电压 $\Delta U$，此电压与热电势叠加，一起送入测量仪表。适当选择 $R_S$的数值，可使电桥产生的不平衡电压 $\Delta U$ 在一定温度范围内基本上能补偿由于冷端温度变化而引起的热电势变化值。这样，当冷端温度有一定变化时，仪表可显示出正确的温度值。表 7-6 中列出了冷端温度补偿电桥型号及技术数据，供选用。

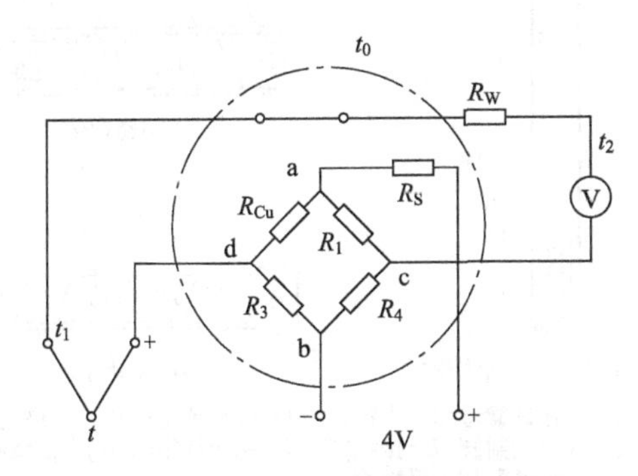


图 7-5　正补偿电桥法原理图

**表 7-6　冷端温度补偿电桥型号及技术数据**

| 型号 | 配用热电偶 | 温度补偿范围/℃ | 电源电压/V | 内阻/Ω | 补偿误差 |
|---|---|---|---|---|---|
| WBC-01 | 铂铑 10-铂 | 0～50 | AC220 | 1 | ±0.045mV |
| WBC-02 | 镍铬-镍铬(铝) | 0～50 | AC220 | 1 | ±0.16mV |
| WBC-03 | 镍铬-考铜 | 0～50 | 1 | 1 | ±0.18mV |
| WBC-57-S | 铂铑 10-铂 | 0～40 | 4 | 1 | ±(0.015+0.0015$t$)/℃ |
| WBC-57-T | 镍铬-镍硅(铝) | 0～40 | 4 | 1 | ±(0.04+0.004$t$)/℃ |
| WBC-57-K | 镍铬-考铜 | 0～40 | 4 | 1 | ±(0.065+0.0065$t$)/℃ |

### 7.1.3 热电阻测温

前面讨论的热电偶测温，其适用于高于 500℃的测温范围。对于 500℃以下的中、低温，使用热电偶测量就不一定恰当。首先，在中、低区热电偶输出的热电势小，其小信号就要求测量电路的抗干扰能力高，否则难以进行准确测量；其次，在较低的温度区域，因一般补偿方法不易得到很好补偿，因此，冷端温度的变化和环境温度变化所引起的相对测量误差就显得特别突出。所以在中、低温区，一般使用另一种测温元件——热电阻来进行测量。

常用的标准化测温电阻有铂热电阻（$Pt_{100}$）、铜热电阻（$Cu_{50}$）等，附表 1～附表 6 中给出了铂热电阻及铜热电阻的分度表。

采用热电阻作为测温元件时，是将温度的变化转化为电阻的变化，因此对温度的测量就转化为对电阻的测量。要测出电阻的变化，一般是以热电阻作为电桥的一臂，通过电桥将测量电阻的变化转变为测量电压的变化。由动圈式仪表（毫伏计等）直接测量或经过放大器输出，实现自动测量或记录。工业用热电阻的结构见图 7-6(a)，铂热电阻感温元件的几种典型结构如图 7-6(b)～(d)。铂丝绕于骨架上，置于陶瓷或金属制成的保护管内，引出导线有二线式和三线式，引出导线见图 7-7。

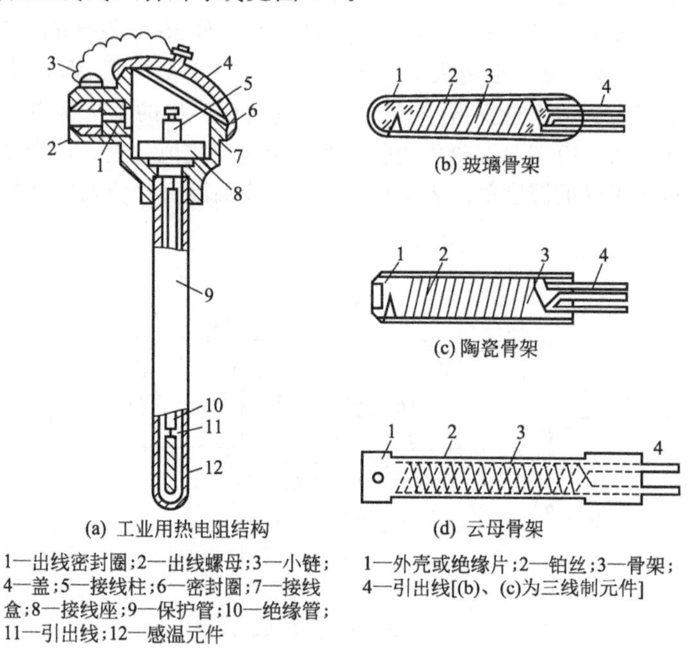


图 7-6　铂电阻测温传感器的结构

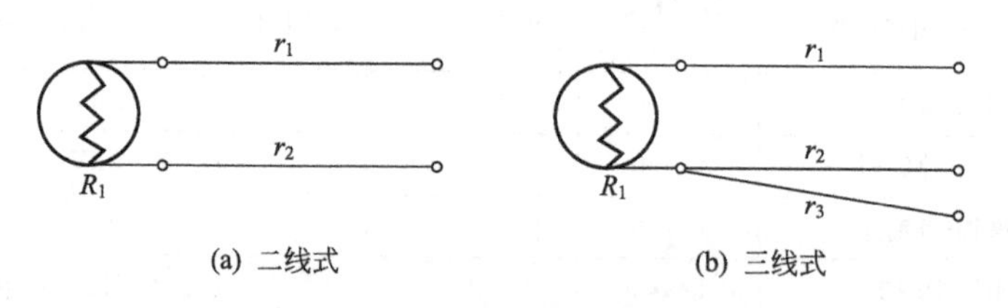


图 7-7　铂电阻测温传感器的引线

和热电阻的二线式及三线式引出导线对应，铂电阻电桥线路接法有二线式及三线式接法，图 7-8 是电桥线路接法。当采用二线式接法时，引出导线 $r_1$、$r_2$ 被接于电桥的一臂上，这样导线的电阻完全加到一个桥臂上；若热电阻感受的温度未变，但导线所处的环境温度发生了变化、导线电阻将发生变化，从而使电桥输出电压发生变化，这样会引起测量误差。

采用三线式接法时，具有相同温度特性的导线 $r_1$、$r_2$ 接于一个桥臂上，导线 $r_3$ 接于供电电源的负端，若热电阻感受的温度未变而导线所处的环境温度发生变化，例如环境温度增加，于是三根导线的电阻都增加。$r_1$、$r_2$ 的增加将导致电桥输出电压增加；而 $r_3$ 的增加将导致加到电桥上的电压降低、从而将引起电桥输出电压降低；两者可以相互抵消一部分，从而减小附加误差。

**表 7-7 铂铑 10-铂热电偶分度表**

分度号：S　　（参考端温度为 0℃）　　单位：mV

| 温度/℃ | 0 | 100 | 200 | 300 | 400 | 500 | 600 | 700 | 800 | 900 | 1000 | 1100 | 1200 | 1300 | 1400 | 1500 | 1600 | 1700 | 温度/℃ |
|---|---|---|---|---|---|---|---|---|---|---|---|---|---|---|---|---|---|---|---|
| 0 | 0.000<br>55 | 0.645<br>74 | 1.440<br>85 | 2.323<br>91 | 3.260<br>96 | 4.234<br>99 | 5.237<br>102 | 6.274<br>106 | 7.345<br>109 | 8.448<br>112 | 9.585<br>115 | 10.754<br>118 | 11.947<br>120 | 13.155<br>121 | 14.368<br>121 | 15.576<br>121 | 16.771<br>119 | 17.942<br>114 | 0 |
| 10 | 0.055<br>58 | 0.719<br>76 | 1.525<br>86 | 2.414<br>92 | 3.356<br>96 | 4.333<br>99 | 5.339<br>103 | 6.380<br>106 | 7.454<br>109 | 8.560<br>113 | 9.700<br>116 | 10.872<br>119 | 12.067<br>121 | 13.276<br>121 | 14.489<br>121 | 15.697<br>120 | 16.890<br>118 | 18.056<br>114 | 10 |
| 20 | 0.113<br>60 | 0.795<br>77 | 1.611<br>87 | 2.506<br>93 | 3.452<br>97 | 4.432<br>100 | 5.442<br>102 | 6.486<br>106 | 7.563<br>109 | 8.673<br>113 | 9.816<br>116 | 10.991<br>119 | 12.188<br>120 | 13.397<br>122 | 14.610<br>121 | 15.817<br>120 | 17.008<br>117 | 18.170<br>112 | 20 |
| 30 | 0.173<br>62 | 0.872<br>78 | 1.698<br>87 | 2.599<br>93 | 3.549<br>96 | 4.532<br>100 | 5.544<br>104 | 6.592<br>107 | 7.672<br>110 | 8.786<br>113 | 9.932<br>116 | 11.110<br>119 | 12.308<br>121 | 13.519<br>121 | 14.731<br>121 | 15.937<br>120 | 17.125<br>118 | 18.282<br>112 | 30 |
| 40 | 0.235<br>64 | 0.950<br>79 | 1.785<br>88 | 2.692<br>94 | 3.645<br>98 | 4.632<br>100 | 5.648<br>103 | 6.699<br>106 | 7.782<br>110 | 8.899<br>113 | 10.048<br>117 | 11.220<br>119 | 12.429<br>121 | 13.640<br>121 | 14.852<br>121 | 16.057<br>119 | 17.243<br>117 | 18.394<br>110 | 40 |
| 50 | 0.299<br>66 | 1.029<br>80 | 1.873<br>89 | 2.786<br>94 | 3.743<br>97 | 4.732<br>100 | 5.751<br>104 | 6.805<br>108 | 7.892<br>111 | 9.012<br>114 | 10.165<br>117 | 11.348<br>119 | 12.550<br>121 | 13.761<br>122 | 14.973<br>121 | 16.176<br>120 | 17.360<br>117 | 18.504<br>108 | 50 |
| 60 | 0.365<br>67 | 1.109<br>81 | 1.962<br>89 | 2.880<br>94 | 3.840<br>98 | 4.832<br>101 | 5.855<br>105 | 6.913<br>107 | 8.003<br>111 | 9.126<br>114 | 10.282<br>118 | 11.467<br>120 | 12.671<br>121 | 13.883<br>121 | 15.094<br>121 | 16.296<br>110 | 17.477<br>117 | 18.612 | 60 |
| 70 | 0.432<br>70 | 1.190<br>83 | 2.051<br>90 | 2.974<br>95 | 3.938<br>98 | 4.933<br>101 | 5.960<br>104 | 7.020<br>108 | 8.114<br>111 | 9.240<br>115 | 10.400<br>117 | 11.587<br>120 | 12.792<br>121 | 14.004<br>121 | 15.215<br>121 | 16.415<br>119 | 17.594<br>117 |  | 70 |
| 80 | 0.502<br>71 | 1.273<br>83 | 2.141<br>91 | 3.069<br>95 | 4.036<br>99 | 5.034<br>102 | 6.064<br>105 | 7.128<br>108 | 8.225<br>111 | 9.355<br>115 | 10.517<br>118 | 11.707<br>120 | 12.913<br>121 | 14.125<br>122 | 15.336<br>120 | 16.534<br>119 | 17.711<br>115 |  | 80 |
| 90 | 0.573<br>72 | 1.356<br>84 | 2.232<br>91 | 3.164<br>96 | 4.135<br>99 | 5.136<br>101 | 6.169<br>105 | 7.236<br>109 | 8.336<br>112 | 0.470<br>115 | 10.635<br>119 | 11.827<br>120 | 13.034<br>121 | 14.247<br>121 | 15.456<br>120 | 16.653<br>118 | 17.825<br>116 |  | 90 |
| 100 | 0.645 | 1.440 | 2.323 | 3.260 | 4.234 | 5.237 | 6.274 | 7.345 | 8.448 | 9.585 | 10.754 | 11.947 | 13.155 | 14.368 | 15.576 | 16.771 | 17.942 |  | 100 |
| 温度/℃ | 0 | 100 | 200 | 300 | 400 | 500 | 600 | 700 | 800 | 900 | 1000 | 1100 | 1200 | 1300 | 1400 | 1500 | 1600 | 1700 | 温度/℃ |

**表 7-8 镍铬-镍硅（镍铬-镍铝）热电偶分度表**

分度号：K　　　　（参考端温度为 0℃）　　　　单位：mV

| 温度/℃ | −100 | −0 | 温度/℃ | 0 | 100 | 200 | 300 | 400 | 500 | 600 | 700 | 800 | 900 | 1000 | 1100 | 1200 | 1300 | 温度/℃ |
|---|---|---|---|---|---|---|---|---|---|---|---|---|---|---|---|---|---|---|
| −0 | −3.553<br>299 | 0.000<br>392 | 0 | 0.000<br>397 | 4.095<br>413 | 8.137<br>400 | 12.207<br>416 | 16.395<br>423 | 20.640<br>426 | 24.902<br>425 | 29.128<br>419 | 33.277<br>409 | 37.325<br>399 | 41.269<br>388 | 45.108<br>378 | 48.828<br>364 | 52.393<br>349 | 0 |
| −10 | −3.852<br>286 | −0.392<br>385 | 10 | 0.397<br>401 | 4.508<br>411 | 8.537<br>401 | 12.623<br>416 | 16.818<br>423 | 21.066<br>427 | 25.327<br>424 | 29.547<br>418 | 33.686<br>409 | 37.724<br>398 | 41.657<br>288 | 45.486<br>377 | 49.192<br>363 | 52.747<br>346 | 10 |
| −20 | −4.138<br>272 | −0.777<br>379 | 20 | 0.798<br>405 | 4.919<br>408 | 8.938<br>403 | 13.039<br>417 | 17.241<br>423 | 21.493<br>426 | 25.751<br>425 | 29.965<br>418 | 34.095<br>407 | 38.122<br>397 | 42.045<br>387 | 45.863<br>375 | 49.555<br>361 | 53.093<br>346 | 20 |
| −30 | −4.410<br>259 | −1.156<br>371 | 30 | 1.203<br>408 | 5.327<br>406 | 9.341<br>404 | 13.456<br>418 | 17.664<br>424 | 21.919<br>427 | 26.176<br>423 | 30.383<br>416 | 34.502<br>407 | 38.519<br>396 | 42.432<br>385 | 46.238<br>374 | 49.916<br>360 | 53.439<br>343 | 30 |
| −40 | −4.669<br>243 | −1.527<br>362 | 40 | 1.611<br>411 | 5.733<br>404 | 9.745<br>406 | 13.874<br>418 | 18.088<br>425 | 22.346<br>426 | 26.599<br>423 | 30.799<br>415 | 34.909<br>405 | 38.915<br>395 | 42.817<br>385 | 46.612<br>373 | 50.276<br>357 | 53.782<br>343 | 40 |
| −50 | −4.912<br>229 | −1.889<br>354 | 50 | 2.022<br>414 | 6.137<br>402 | 10.151<br>400 | 14.292<br>420 | 18.513<br>425 | 22.772<br>426 | 27.022<br>423 | 31.214<br>410 | 35.314<br>404 | 39.310<br>393 | 43.202<br>383 | 46.985<br>371 | 50.633<br>357 | 54.125<br>341 | 50 |
| −60 | −5.141<br>213 | −2.243<br>343 | 60 | 2.436<br>414 | 6.530<br>400 | 10.560<br>409 | 14.712<br>420 | 18.938<br>425 | 23.198<br>426 | 27.445<br>422 | 31.629<br>413 | 35.718<br>403 | 39.703<br>393 | 43.585<br>383 | 47.356<br>370 | 50.990<br>354 | 54.466<br>341 | 60 |
| −70 | −5.354<br>196 | −2.586<br>334 | 70 | 2.850<br>416 | 6.939<br>399 | 10.969<br>412 | 15.132<br>420 | 19.363<br>425 | 23.624<br>426 | 27.867<br>421 | 32.042<br>413 | 36.121<br>403 | 40.096<br>392 | 43.968<br>381 | 47.726<br>369 | 51.344<br>353 | 54.807 | 70 |
| −80 | −5.550<br>180 | −2.920<br>322 | 80 | 3.266<br>415 | 7.338<br>390 | 11.381<br>412 | 15.552<br>422 | 19.788<br>426 | 24.050<br>426 | 28.288<br>421 | 32.455<br>411 | 36.524<br>401 | 40.488<br>391 | 44.349<br>380 | 48.095<br>367 | 51.697<br>352 |  | 80 |
| −90 | −5.730<br>161 | −3.242<br>311 | 90 | 3.681<br>414 | 7.737<br>400 | 11.793<br>414 | 15.974<br>421 | 20.214<br>426 | 24.476<br>426 | 28.700<br>419 | 32.866<br>411 | 36.925<br>400 | 40.879<br>390 | 44.729<br>379 | 48.462<br>366 | 52.049<br>349 |  | 90 |
| −100 | −5.891 | −3.553 | 100 | 4.095 | 8.137 | 12.207 | 16.395 | 20.640 | 24.902 | 29.128 | 33.277 | 37.325 | 41.269 | 45.108 | 48.828 | 52.398 |  | 100 |
| 温度/℃ | −100 | −0 | 温度/℃ | 0 | 100 | 200 | 300 | 400 | 500 | 600 | 700 | 800 | 900 | 1000 | 1100 | 1200 | 1300 | 温度/℃ |

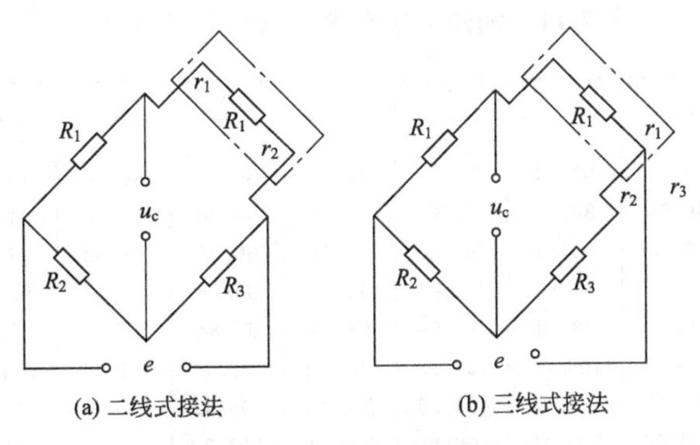


图 7-8　铂电阻电桥线路接法

实际应用时必须注意，每根连接导线的电阻规定为5Ω，调整阻值应精确到（5±0.01）Ω。若导线电阻不足5Ω，应该用锰铜丝补足。另外热电阻与仪表配套使用时，必须注意仪表的分度号应与热电阻的分度号相同。热电偶与热电阻分度表见表 7-7～表 7-12 所列。

**表 7-9　公称电阻值为 10Ω 的铂热电阻分度表**（ZB Y301－85）

分度号：Pt10　　　　$R$（0℃）＝10.000Ω　单位：Ω

| 温度/℃ | －100 | －0 | 温度/℃ | 0 | 100 | 200 | 300 | 400 | 500 | 600 | 700 | 800 | 温度/℃ |
|---|---|---|---|---|---|---|---|---|---|---|---|---|---|
| －0 | 6.025 | 10.000 | 0 | 10.000 | 13.850 | 17.584 | 21.202 | 24.704 | 28.090 | 31.359 | 34.513 | 37.551 | 0 |
| －10 | 5.619 | 9.609 | 10 | 10.390 | 14.229 | 17.951 | 21.557 | 25.048 | 28.422 | 31.680 | 34.822 | 37.848 | 10 |
| －20 | 5.211 | 9.216 | 20 | 10.779 | 14.606 | 18.317 | 21.912 | 25.390 | 28.753 | 31.999 | 35.130 | 38.145 | 20 |
| －30 | 4.800 | 8.822 | 30 | 11.169 | 14.982 | 18.682 | 22.265 | 25.732 | 29.083 | 32.318 | 35.437 | 38.440 | 30 |
| －40 | 4.387 | 8.427 | 40 | 11.554 | 15.358 | 19.045 | 22.617 | 26.072 | 29.411 | 32.635 | 35.742 | 38.734 | 40 |
| －50 | 3.971 | 8.031 | 50 | 11.940 | 15.731 | 19.407 | 22.967 | 26.411 | 29.739 | 32.951 | 36.047 | 39.026 | 50 |
| －60 | 3.553 | 7.633 | 60 | 12.324 | 16.104 | 19.769 | 23.317 | 26.749 | 30.065 | 33.266 | 36.350 |  | 60 |
| －70 | 3.132 | 7.233 | 70 | 12.707 | 16.476 | 20.129 | 23.665 | 27.086 | 30.391 | 33.579 | 36.652 |  | 70 |
| －80 | 2.708 | 6.833 | 80 | 13.089 | 16.846 | 20.488 | 24.013 | 27.422 | 30.715 | 33.892 | 36.953 |  | 80 |
| －90 | 2.280 | 6.430 | 90 | 13.470 | 17.216 | 20.845 | 24.359 | 27.756 | 31.038 | 34.203 | 37.252 |  | 90 |
| －100 | 1.849 | 6.025 | 100 | 13.850 | 17.584 | 21.202 | 24.704 | 28.090 | 31.359 | 34.513 | 37.551 |  | 100 |
| 温度/℃ | －100 | －0 | 温度/℃ | 0 | 100 | 200 | 300 | 400 | 500 | 600 | 700 | 800 | 温度/℃ |

**表 7-10　公称电阻值为 100Ω 的铂热电阻分度表**（ZB Y301－85）

分度号：Pt100　　　　$R$（0℃）＝100.00Ω　单位：Ω

| 温度/℃ | －100 | －0 | 温度/℃ | 0 | 100 | 200 | 300 | 400 | 500 | 600 | 700 | 800 | 温度/℃ |
|---|---|---|---|---|---|---|---|---|---|---|---|---|---|
| －0 | 60.25 | 100.00 | 0 | 100 | 138.50 | 175.84 | 212.02 | 247.04 | 280.90 | 313.59 | 345.13 | 375.51 | 0 |
| －10 | 56.19 | 96.09 | 10 | 103.90 | 142.29 | 179.51 | 215.57 | 250.48 | 284.22 | 316.80 | 348.22 | 378.48 | 10 |
| －20 | 52.11 | 92.16 | 20 | 107.79 | 146.06 | 183.17 | 219.12 | 253.90 | 287.53 | 319.99 | 351.30 | 381.45 | 20 |
| －30 | 48.00 | 88.22 | 30 | 111.67 | 149.82 | 186.82 | 222.65 | 257.32 | 290.83 | 323.18 | 354.37 | 384.40 | 30 |
| －40 | 43.87 | 84.27 | 40 | 115.54 | 153.58 | 190.45 | 226.17 | 260.72 | 294.11 | 326.35 | 357.42 | 387.34 | 40 |
| －50 | 39.71 | 80.31 | 50 | 119.40 | 157.31 | 194.07 | 229.67 | 264.11 | 297.39 | 329.51 | 360.47 | 390.26 | 50 |
| －60 | 35.53 | 76.33 | 60 | 123.24 | 161.04 | 197.69 | 233.17 | 267.49 | 300.65 | 332.66 | 363.50 |  | 60 |
| －70 | 31.32 | 72.33 | 70 | 127.07 | 164.76 | 201.29 | 236.65 | 270.86 | 303.91 | 335.79 | 366.52 |  | 70 |
| －80 | 27.08 | 68.33 | 80 | 130.89 | 168.46 | 204.88 | 240.13 | 274.22 | 307.15 | 338.92 | 369.53 |  | 80 |
| －90 | 22.80 | 64.30 | 90 | 134.70 | 172.16 | 208.45 | 243.59 | 277.56 | 310.38 | 342.03 | 372.52 |  | 90 |
| －100 | 18.49 | 60.25 | 100 | 138.50 | 175.84 | 212.02 | 247.04 | 280.90 | 313.59 | 345.13 | 375.51 |  | 100 |
| 温度/℃ | －100 | －0 | 温度/℃ | 0 | 100 | 200 | 300 | 400 | 500 | 600 | 700 | 800 | 温度/℃ |

**表 7-11 铜热电阻分度表（JJG 229—87）**

分度号：Cu100　　$R_0$＝100.00Ω　单位：Ω

| 温度/℃ | 0 | 1 | 2 | 3 | 4 | 5 | 6 | 7 | 8 | 9 |
|---|---|---|---|---|---|---|---|---|---|---|
| －50 | 78.49 | — | — | — | — | — | — | — | — | — |
| －40 | 82.80 | 82.36 | 81.94 | 81.50 | 81.08 | 80.64 | 80.20 | 79.78 | 79.34 | 78.92 |
| －30 | 87.10 | 86.68 | 86.24 | 85.82 | 85.38 | 84.96 | 84.54 | 84.10 | 83.66 | 83.22 |
| －20 | 91.40 | 90.98 | 90.54 | 90.12 | 89.68 | 89.26 | 88.82 | 88.40 | 87.96 | 87.54 |
| －10 | 95.70 | 95.28 | 94.84 | 94.42 | 93.98 | 93.56 | 93.12 | 92.70 | 92.26 | 91.84 |
| －0 | 100.00 | 99.56 | 99.14 | 98.70 | 98.28 | 97.84 | 97.42 | 97.00 | 96.56 | 96.14 |
| 0 | 100.00 | 100.42 | 100.86 | 101.28 | 101.72 | 102.14 | 102.56 | 103.00 | 103.42 | 103.86 |
| 10 | 104.28 | 104.72 | 105.14 | 105.56 | 106.00 | 106.42 | 106.86 | 107.28 | 107.72 | 108.14 |
| 20 | 108.56 | 109.00 | 109.42 | 109.84 | 110.28 | 110.70 | 111.14 | 111.56 | 112.00 | 112.42 |
| 30 | 112.84 | 113.28 | 113.70 | 114.14 | 114.56 | 114.98 | 115.42 | 115.84 | 116.26 | 116.70 |
| 40 | 117.12 | 117.56 | 117.98 | 118.40 | 118.84 | 119.26 | 119.70 | 120.12 | 120.54 | 120.98 |
| 50 | 121.40 | 121.84 | 122.26 | 122.68 | 123.12 | 123.54 | 123.96 | 124.40 | 124.82 | 125.26 |
| 60 | 125.68 | 126.10 | 126.54 | 126.96 | 127.40 | 127.82 | 128.24 | 128.68 | 129.10 | 129.52 |
| 70 | 129.96 | 130.38 | 130.82 | 131.24 | 131.66 | 132.10 | 132.52 | 132.96 | 133.38 | 133.80 |
| 80 | 134.24 | 134.66 | 135.08 | 135.52 | 135.94 | 136.38 | 136.80 | 137.24 | 137.66 | 138.08 |
| 90 | 138.52 | 138.94 | 139.36 | 139.80 | 140.22 | 140.66 | 14.08 | 141.52 | 141.94 | 142.36 |
| 100 | 142.80 | 143.22 | 43.66 | 144.08 | 144.50 | 144.94 | 145.36 | 145.80 | 146.22 | 146.66 |
| 110 | 147.08 | 147.50 | 147.94 | 148.36 | 148.80 | 149.22 | 149.66 | 150.08 | 150.52 | 150.94 |
| 120 | 151.36 | 151.80 | 152.22 | 152.66 | 153.08 | 153.52 | 153.94 | 154.38 | 154.80 | 155.24 |
| 130 | 155.66 | 156.10 | 156.52 | 156.96 | 157.38 | 157.82 | 158.24 | 158.68 | 159.10 | 159.54 |
| 140 | 159.96 | 160.40 | 160.82 | 161.26 | 161.68 | 162.12 | 162.54 | 162.98 | 163.40 | 163.84 |
| 150 | 164.27 | | | | | | | | | |

**表 7-12 铜热电阻分度表（JJG 229—87）**

分度号：Cu50　　$R_0$＝50.00Ω　单位：Ω

| 温度/℃ | 0 | 1 | 2 | 3 | 4 | 5 | 6 | 7 | 8 | 9 |
|---|---|---|---|---|---|---|---|---|---|---|
| －50 | 39.24 | — | — | — | — | — | — | — | — | — |
| －40 | 41.40 | 41.18 | 40.97 | 40.75 | 40.54 | 40.32 | 40.10 | 39.89 | 39.67 | 39.46 |
| －30 | 43.55 | 43.34 | 43.12 | 42.91 | 42.69 | 42.48 | 42.27 | 42.05 | 41.83 | 41.61 |
| －20 | 45.70 | 45.49 | 45.27 | 45.06 | 44.84 | 44.63 | 44.41 | 44.20 | 43.93 | 43.77 |
| －10 | 47.85 | 47.64 | 47.42 | 47.21 | 46.99 | 46.78 | 46.56 | 46.35 | 46.13 | 45.92 |
| －0 | 50.00 | 49.78 | 49.57 | 49.35 | 49.14 | 48.92 | 48.71 | 48.50 | 48.28 | 48.07 |
| 0 | 50.00 | 50.21 | 50.43 | 50.64 | 50.86 | 51.07 | 51.28 | 51.50 | 51.71 | 51.93 |
| 10 | 52.14 | 52.36 | 52.57 | 52.78 | 53.00 | 53.21 | 53.43 | 53.64 | 53.86 | 54.07 |
| 20 | 54.28 | 54.50 | 54.71 | 54.92 | 55.14 | 55.35 | 55.57 | 55.73 | 56.00 | 56.21 |
| 30 | 56.42 | 56.64 | 56.85 | 57.07 | 57.28 | 57.49 | 57.71 | 57.92 | 58.14 | 58.35 |
| 40 | 58.56 | 58.78 | 58.99 | 59.20 | 59.42 | 59.63 | 59.85 | 60.06 | 60.27 | 60.49 |
| 50 | 60.70 | 60.92 | 61.13 | 61.34 | 61.56 | 61.77 | 61.98 | 62.20 | 62.41 | 62.62 |
| 60 | 62.84 | 63.05 | 63.27 | 63.48 | 63.70 | 63.91 | 64.12 | 64.34 | 64.55 | 64.76 |
| 70 | 64.98 | 65.19 | 65.41 | 65.62 | 65.83 | 66.05 | 66.26 | 66.48 | 66.69 | 66.90 |
| 80 | 67.12 | 67.33 | 67.54 | 67.76 | 67.97 | 68.19 | 68.40 | 68.62 | 68.83 | 69.04 |
| 90 | 69.26 | 69.47 | 69.68 | 69.90 | 70.11 | 70.33 | 70.54 | 70.76 | 70.97 | 71.18 |
| 100 | 71.40 | 71.61 | 71.83 | 72.04 | 72.25 | 72.47 | 72.68 | 72.90 | 73.11 | 73.33 |
| 110 | 73.54 | 73.75 | 73.97 | 74.19 | 74.40 | 74.61 | 74.83 | 75.04 | 75.26 | 75.47 |
| 120 | 75.68 | 75.90 | 76.11 | 76.33 | 76.54 | 76.76 | 76.97 | 77.19 | 77.40 | 77.62 |
| 130 | 77.83 | 78.05 | 78.26 | 78.48 | 78.69 | 78.91 | 79.12 | 79.34 | 79.55 | 79.77 |
| 140 | 79.98 | 80.20 | 80.41 | 80.63 | 80.84 | 81.06 | 81.27 | 81.49 | 81.70 | 81.92 |
| 150 | 82.13 | — | — | — | — | — | — | — | — | — |

# 7.2 温度的自动控制

本节首先介绍温度控制的概念，其次将介绍位式温度控制、时间比例温度控制、连续温度控制的控制原理。

## 7.2.1 温度控制的概念

炉温自动控制是在手动控制的基础上发展起来的。如图 7-9(a) 所示的炉温手动控制系统，开始电源加到电加热炉上使炉温迅速上升，热电偶及显示仪表检测炉温，操作人员观测炉温，比较目标温度和显示温度之间的偏差值，并分析炉温偏差值，如炉温已达到目标值，立即用手旋转调压器旋钮，将加热电压调低一些，以保持炉温在目标值上不变。如炉温降低，则用手旋转调压器旋钮反旋，将加热电压升高一些，这样就达到炉温手动控制的目的。

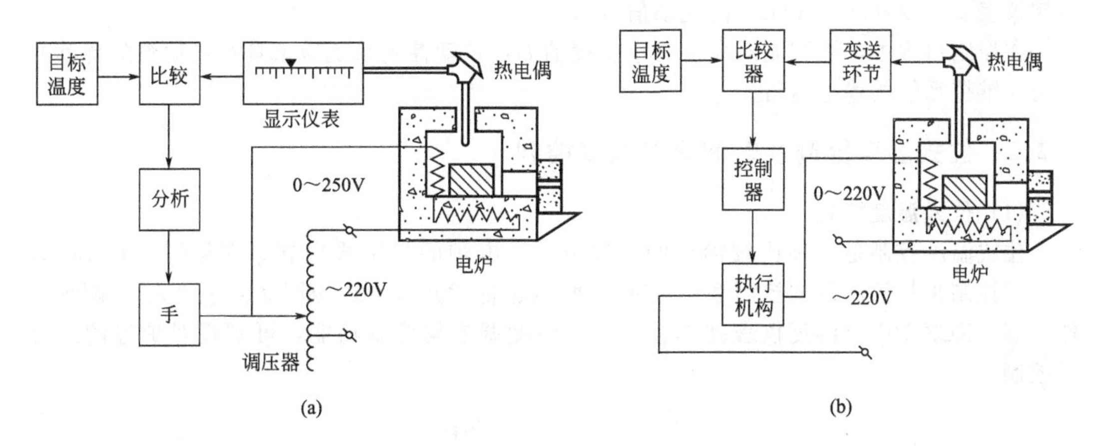


图 7-9 炉温手动及自动控制系统构成图

要实现炉温自动控制，必须有代替人工观察、分析及处理功能的仪表，还要有执行控制动作的机构，如图 7-9(b) 所示。热电偶输出电压经变送环节输出温度测量值，比较器计算目标温度和温度测量值的差值，输出偏差信号；然后经控制器输出控制信号，再经过执行机构（即晶闸管调压器）调节加热电压，从而控制炉温使其稳定在目标温度上。

在图 7-9(b) 所示自动控制系统的基础上，将温度的控制系统概括为图 7-10 所示控制结构，每一个方块代表一个装置，各装置完成不同的功能，它们是按照工艺过程的特点和要求合理构成的。这是一个闭环反馈控制系统的结构图。

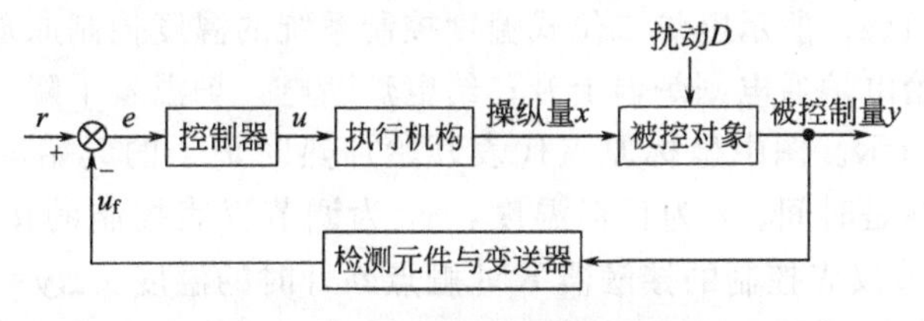


图 7-10 温度的调节与控制系统

被控对象是指需要控制的生产过程，如炉温。就单输入、单输出的生产过程而言，被控制量只有一个（炉温）。有的生产过程被控制量不止一个，例如可控气体热处理除需要控制炉温以外，还要控制气体成分、流量、压强等，这种多输入、多输出并且相互关联的被控对象，其过程特性互不相同，采取的控制方法也不一样。对被控对象的认识与分析应根据具体生产过程进行讨论。

控制器是构成自动控制系统的中枢机构，它按目标值 $r$ 与反馈值 $u_f$ 的偏差值 $e$($e=r-u_f$ 的偏差值)，进行运算处理发出控制量 $u$。控制器起分析运算作用。控制器的输入、输出之间的函数关系决定了控制器所具有的控制规律。

执行机构接受控制器发来的控制信号，经伺服放大器放大到足够大的功率以推动执行机构。执行机构的输出量是操纵量 $x$。执行机构有电动执行机构、气动活塞执行机构、液动活塞执行机构等。简单的位式控制则是各种继电器。

检测元件（如用热电偶及热电阻等）感受被控制量 $y$（例如：炉温 $t$）的变化，然后经变送器输出检测信号（即反馈信号 $u_f$）。经常要求检测元件及变送器的输出信号为统一的标准信号（例如：电动控制仪表要求 0～10mA DC 或 4～20 mA DC 的电流信号，气动控制仪表要求 0.02～0.1MPa 的气动信号）。

在控制过程中，被控制对象有时承受扰动 $D$，自动控制系统应该具有自动消除扰动的能力，维持系统的稳定运行。

### 7.2.2 位式温度控制及时间比例温度控制

#### (1) 位式温度控制

位式温度控制是一种比较简单的控制方式。电炉的二位式控制原理见图 7-11 所示。二位式控制是指控制器的控制动作只有“通”（也称“开”）和“断”（也称“关”）两种工作状态。XCZ-101 型温度仪表就具有二位式温度调节与控制功能，可实现对炉温的二位式控制。

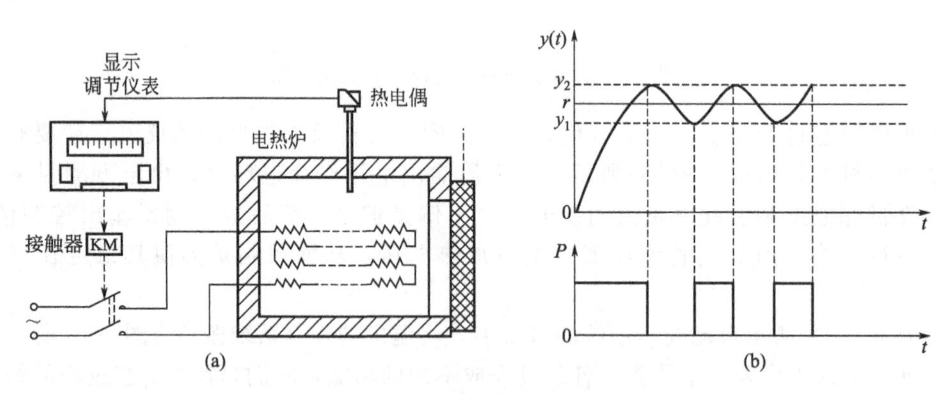


图 7-11 炉温二位式控制原理

下面分析图 7-11(a) 所示电炉二位式温度控制系统的温度控制原理。为分析方便，设电炉无热惯性，即给电炉通电则炉温上升；给电炉断电，炉温就下降。这样，炉温的变化规律如图 7-11(b) 所示。图中坐标原点代表开始加热时炉子的起始温度和起始时间，纵坐标是炉温，横坐标是时间。$r$ 为目标温度，$y_1$ 为调节仪表控制的接触器 KM 触点接通时的温度，$y_2$ 为调节仪表控制的接触器 KM 触点断开时的温度。$\Delta y=y_2-y_1$ 为触点在两种动作状态时的温度差，称为调节仪表的死区。由图可看出，当炉子从冷态升温时，调节仪表控制的接触器KM触点闭合，使电源接通，电炉以全功率加热，炉温按指数曲线上升。当炉温到达目标值$r$时，由于调节仪表存在死区，接触器仍然闭合。当炉温升到高于$r$的某一温度$y_2$（死区上限）时，调节仪表动作，控制接触器KM断开，电炉停止加热，炉温下降，当下降到$r$以下某一温度$y_1$（死区下限）时调节仪表又控制接触器触点接通，炉温再度上升。这样，通过调节仪表输出控制信号使接触器触点"通"和"断"，即加热电源"通"和"断"动作的不断交替，炉温被控制在目标温度附近。

从上面的分析可知，二位式控制的一个突出特点是被调参数始终不能稳定在目标值上，它总是在目标值上下做周期性的波动。因此，被调参数的波动幅度是衡量位式控制器的重要指标。

二位式控制的控制规律简单，是一种断续控制形式。控制器结构简单、动作可靠、使用方便。在控制精度要求不高的场合，二位式控制得到广泛应用，它是目前炉温调节中最常见的控制方法。二位式控制的缺点是被控参数波动较大，控制精度不高，控制器动作频繁，容易损坏，且噪声较大。

**(2) 时间比例温度控制**

简单的二位式温度控制其温度波动一般在±10℃左右，波动幅度比较大。设想在炉温比目标温度低很多时，接通加热电源时间长些；炉温较高、在目标温度上下变化时接通加热电源的时间相应缩短些，即随着被控量接近目标值的程度自动调整开关接通时间，这样就有可能提高二位控制器的控制精度。具有这种自动改变通断时间功能的控制器，称为带时间比例的控制器。这种控制器的时间比例特性可以用图7-12来说明。

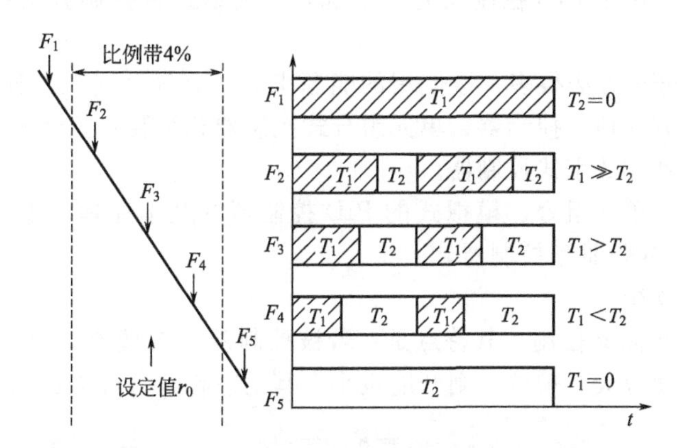


图7-12 时间比例温度控制器的时间比例特性

在图7-12中，$F_1$、$F_2$、$F_3$、$F_4$、$F_5$分别表示不同的温度位置，$T_1$表示控制开关接通时间，$T_2$表示控制开关断开时间。从$F_1$变化到$F_5$时，控制开关接通的时间不断减少，而断开时间不断增加，直至完全断开。相反，从$F_5$变化到$F_1$时，控制开关的接通时间不断地增加，而断开时间不断减少，直至完全接通。完全接通和完全断开之间或完全断开和完全接通之间都有一个逐渐变化的过程，因而控制质量要好于二位控制。

## 7.2.3 炉温连续控制

采用位式控制炉温时，输入功率不能连续变化，其控制精度比较低。而且由于位式控制系统的执行元件是交流接触器，其频繁通断容易损坏，而且有噪声公害。如采用连续控制，采用无触点调压或调功器连续控制电炉加热功率，不用接触器，则可以克服这些缺点。

**(1) 炉温连续控制系统的构成及PID控制**

以图7-9(b)、图7-10所示温度自动控制原理为基础，实际的电炉温度控制系统构成框图如图7-13，其构成有调压或调功器（即晶闸管调压器）、传感器（热电偶）、显示记录仪器、PID控制器等。当炉温$y$与目标值$r$有偏差$e$时，PID控制器输出信号不再是简单的“通”、“断”信号，而是输出连续信号，该信号与偏差信号成比例、积分、微分的关系。这个信号去控制晶闸管调压器的晶闸管的控制角（也就是晶闸管的开度），从而连续调节输入电炉的功率，使炉温向着减少偏差的方向变化，直至偏差消除，炉温稳定在目标值上。

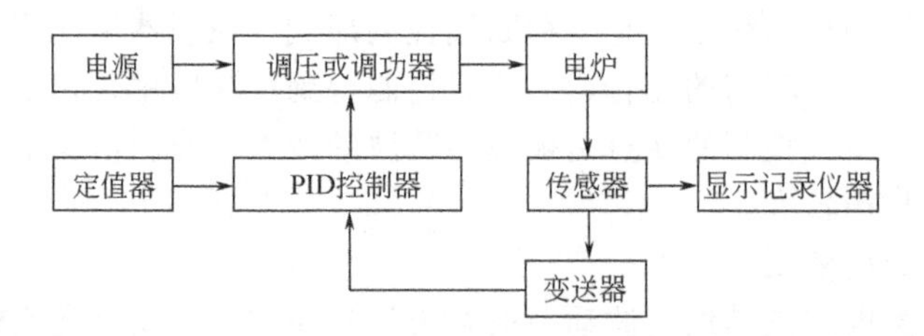


图7-13 电炉温度控制系统构成框图

电炉温度控制系统的核心部分是PID控制器。PID控制是一种经典的负反馈控制方法，其特点是控制比较精确、原理简单、使用方便、适应性强，其控制品质对被控对象特性的变化不太敏感。由于PID控制具有这些优点，所以这种控制方法在目前温度控制中应用非常广泛。

PID控制器的分类方法很多，按使用的能源来分，有气动式控制器和电动式控制器；按结构形式来分，有基地式控制器、单元组合式控制器和组装式控制器等；按信号类型来分，有模拟式控制器和数字式控制器。

下面介绍电动、单元组合、模拟式的PID控制器的基本原理。电动单元组合模拟控制器的典型产品是DDZ-Ⅲ型控制器。

**(2) 比例控制规律**

比例控制规律亦称P控制。其特点是：若被控制量$y$的偏差$e$大，则由控制量$u_p$控制的执行机构的开度也大，偏差小则开度也小。其动态特性方程为：

$$u_p=K_p e=\frac{1}{P}e \tag{7-1}$$

式中 $K_p$——比例放大系数，也叫比例增益，即偏差量$e$改变一单位时，控制量$u_p$的变化量；

$P$——比例带，也称比例度，控制量100％移动时，偏差值的百分数。

比例带大时，执行机构的开度量要小一些，过渡过程可能逐渐稳定下来，一般不会产生过调或者产生自激振荡，但被控制量存在的偏差值较大；比例带小时，执行机构的开度量要大一些，被控制量的变化比较灵敏，存在的偏差值也较小。比例带$P$选择恰当，会收到比较好的效果。

**(3) 积分控制规律**

积分控制亦称为I控制。只要被控制量发生变化而产生偏差$e$，控制器就开始动作，执行机构不停地移动。被控制量的偏差愈大，执行机构的移动速度愈快，直到被控制量的偏差消除为止。积分控制的控制量$u_I$动态特性方程为：

$$u_I = I\int_0^t e\mathrm{d}t = \frac{1}{T_I}\int_0^t e\mathrm{d}t \tag{7-2}$$

式中 $I$——积分速度，即被控制量的偏差 $e$ 变化 100%时，执行机构的移动速度；

$T_I$——积分时间，即被控制量的偏差产生 100%变化时，执行机构移动全行程时间。

由于积分动作存在时间过程，消除偏差也就存在一个时间过程。减少积分时间 $T_I$，则积分速度增大，消除偏差的速度加快。积分动作的优点是能完全消除偏差，使被控制量回到设定值；但须指出，执行机构的移动速度与被控制量的偏差成正比。它好比一个不熟练的操作人员，视被控制量的偏差开关阀门，开的速度不当时，容易造成过调，甚至会造成自激振荡。因此，需要合理选择积分速度即积分时间。

**(4) 微分控制规律**

微分控制亦称 D 控制。在微分控制作用下，执行机构的移动速度与被控制量的偏差 $e$ 的变化速度成正比。理想微分环节的控制量 $u_D$ 动态特性方程为：

$$u_D = T_D\frac{\mathrm{d}e}{\mathrm{d}t} \tag{7-3}$$

式中 $T_D$——微分时间。

控制过程中，只要被控制量 $y$ 的偏差 $e$ 发生变化即产生微分量，就产生微分控制量 $u_D$。微分控制的作用是抑制被控制量产生的偏差的变化，偏差增加，微分控制抑制其增加；偏差减小，微分控制抑制其减小。微分控制作用使执行机构快速移动，并迅速缓和下来直至逐渐消失，它反映的是偏差量的变化速度。应当指出，偏差量的变化速度为零，不等于被控制量 $y$ 未变化。例如：被控制量以缓慢速度变化时，微分控制便失去作用，被控制量将一直缓慢变化下去，这样将造成严重的偏差，微分控制器将起不到控制作用。故只有微分控制作用的控制器是不能单独使用的。

由上述分析可以看出，比例控制能尽快克服被控制量的偏差，但存在静差，被控制量回不到目标值；积分控制能消除静差，但容易产生过调，甚至产生振荡；微分控制作用有利于克服动态偏差，但控制作用短暂即消失。如果综合使用上述的两种或三种控制动作，必然会得到更为满意的控制效果。

**(5) 比例积分控制规律**

比例积分控制亦称 PI 控制。PI 控制的控制输出量 $u_{PI}$ 动态特性方程为：

$$u_{PI} = \frac{1}{P}(e + \frac{1}{T_I}\int_0^t e\mathrm{d}t) \tag{7-4}$$

式中的第一项是比例控制作用，第二项是积分控制作用。综合使用这两种控制作用，能使被控制量较快地趋向稳定，存在的静差被积分控制作用逐渐消除，得到无静差调节效果。只要比例带 $P$ 及积分时间 $T_I$ 选择适当，被控制量的偏差便能很快被消除。

**(6) 比例微分控制规律**

比例微分控制，简称 PD 控制。它在比例控制的基础上，再利用微分控制器微分控制作用进行控制。其控制输出量 $u_{PD}$ 的动态特性方程为：

$$u_{PD} = \frac{1}{P}(e + T_D\frac{\mathrm{d}e}{\mathrm{d}t}) \tag{7-5}$$

PD 控制达到平衡时存在静差，这是由比例控制造成的。但只要被控制量发生变化，其变化速度将引起执行机构的快速移动，从而可以有效抑制被控制量的偏差变化。由于微分控制的存在，控制器的比例带 $P$ 可以适当减小，以加强控制作用。综合微分控制能抑制动态偏差的作用，在PD控制下，被控制量的动态与静态偏差都将相应降低，从而获得较好的控制效果。

**(7) 比例积分微分控制规律**

比例积分微分控制亦称PID控制。它是同时采用三种控制作用的控制器，其控制量$u_{PID}$的动态特性方程为

$$u_{PID}=\frac{1}{P}(e+\frac{1}{T_I}\int_0^t e\mathrm{d}t+T_D\frac{\mathrm{d}e}{\mathrm{d}t}) \tag{7-6}$$

PID控制的P控制可以较快克服偏差，有利于缩短控制过程；D控制可以减小动态偏差；I控制可以消除静差。只要$P$、$T_I$及$T_D$参数选择恰当，就可获得良好的控制效果。因此，PID控制器是目前最优良的控制仪器。

典型的PID控制器是DDZ-Ⅲ型模拟式比例积分微分控制器，它是电动单元组合仪表，它们的PID运算电路都采用运算放大器及电阻电容分立元件组成。详细介绍请参阅有关资料。

## 7.3 流体压力和流量的测量

### 7.3.1 流体压力的测量

压力是工业生产过程中重要工艺参数之一。许多生产工艺过程经常要求在一定的压力或一定的压力变化范围内进行，这就需测量或控制压力，以保证工艺过程的正常进行。压力检测或控制可以防止生产设备因过压而引起破坏或爆炸，这是安全生产所必需的。通过测量压力或压差可间接测量其他物理量，如温度、液位、流量、密度与成分等。

**(1) 基本概念及测压仪表的分类**

① 压力的单位　在工程上，"压力"定义为垂直均匀地作用于单位面积上的力，通常用p表示，单位力作用于单位面积上，为一个压力单位。工程上所指的压力就是物理学上的压强，而压力差就是压强差。

a. 帕斯卡（Pascal）。1N下的力垂直而均匀地作用在$1m^2$的面积上所产生的压力，称为1"帕斯卡"，简称"帕"，符号为Pa。加上词头又有千帕（kPa）、兆帕（MPa）等。

由物理学可知，1N力的含义是使1kg质量的物体获得1m/s的加速度所需的力。于是用基本单位表示1Pa如下：

$$1\mathrm{Pa}=1\frac{\mathrm{N}}{\mathrm{m}^2}=1\frac{\mathrm{kg}\cdot\mathrm{m/s}^2}{\mathrm{m}^2}=1\mathrm{kg}/(\mathrm{m}\cdot\mathrm{s}^2)$$

帕是国际单位制（SI）及我国法定计量单位中的压力单位。工程上用的压力计量单位有工程大气压、标准大气压、毫米水柱（$mmH_2O$）及毫米汞柱（mmHg）等。

b. 物理大气压（又称标准大气压）。物理大气压是科学技术中最早采用的压力单位。其定义为：在温度为0℃（此时水银密度为$13.5951g/cm^3$）和标准重力加速度（$980.665cm/s^2$）下，760mm高的水银柱作用于底部水平面上的压力，用1atm表示。

c. 工程大气压。工程大气压是工程技术中应用最广泛的一种压力单位，一个工程大气压等于$1cm^2$面积上均匀垂直地承受着1kgf力时形成的压力，即$1kgf/cm^2$。

d. 毫米水柱（$mmH_2O$）及毫米水银柱（mmHg）。这是一种在实际使用中很直观的

单位。这两种压力单位常用来表示低压。它们相当于重力加速度为 980.665cm/s$^2$、温度为4℃（水）或0℃（水银）时，液柱高度为 1 mm 的水或水银作用在底面积上的重力压力，用1mmH$_2$O或1mmHg表示。

上述压力计量单位之间的换算关系列于表7-13。

**表7-13 压力单位换算表**

| 单位 | 帕/Pa | 巴/bar | 工程大气压/(kgf/cm$^2$) | 标准大气压/atm | 毫米水柱/mmH$_2$O | 毫米汞柱/mmHg | 磅力/平方英寸/(lbf/in$^2$) |
|---|---|---|---|---|---|---|---|
| 帕/Pa | 1 | 1×10$^{-5}$ | 1.019716×10$^{-5}$ | 0.9869236×10$^{-5}$ | 1.019716×10$^{-1}$ | 0.75006×10$^{-2}$ | 1.450442×10$^{-4}$ |
| 巴/bar | 1×10$^5$ | 1 | 1.019716 | 0.9869236 | 1.019716×10$^4$ | 0.75006×10$^3$ | 1.450442×10 |
| 工程大气压/(kgf/cm$^2$) | 0.980665×10$^5$ | 0.980665 | 1 | 0.96784 | 1×10$^4$ | 0.73556×10$^3$ | 1.4224×10 |
| 标准大气压/atm | 1.01325×10$^5$ | 1.01325 | 1.03323 | 1 | 1.03323×10$^4$ | 0.76×10$^3$ | 1.4696×10 |
| 毫米水柱/mmH$_2$O | 0.980665×10 | 0.980665×10$^{-4}$ | 1×10$^{-4}$ | 0.96784×10$^{-4}$ | 1 | 0.73556×10$^{-1}$ | 1.4224×10$^{-3}$ |
| 毫米汞柱/mmHg | 1.333224×10$^2$ | 1.333224×10$^{-3}$ | 1.35951×10$^{-3}$ | 1.3158×10$^{-3}$ | 1.35951×10 | 1 | 1.9338×10$^{-2}$ |
| 磅力/平方英寸/(lbf/in$^2$) | 0.68949×10$^4$ | 0.68949×10$^{-1}$ | 0.70307×10$^{-1}$ | 0.6805×10$^{-1}$ | 0.70307×10$^3$ | 0.51715×10$^2$ | 1 |

② 压力的表示方式　压力的表示方式有三种，即绝对压力 $P_J$、表压力 $P_B$、真空度或负压 $P_Z$。它们之间的关系如图7-14所示。

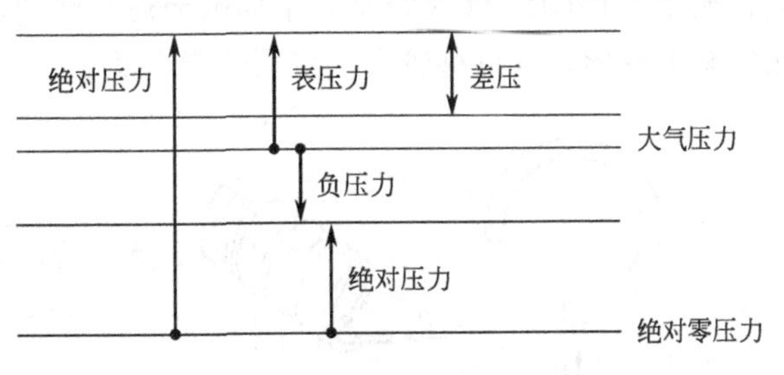


图7-14　绝对压力、表压力、负压（真空度）的关系

绝对压力 $P_J$ 是指介质的实际压力；表压力 $P_B$ 是指高于大气压的绝对压力与大气压力 $P_D$ 之差，即：

$$P_B = P_J - P_D \tag{7-7}$$

真空度 $P_Z$ 是指大气压与低于大气压力的绝对压力之差，也称负压。即：

$$P_Z = P_D - P_J \tag{7-8}$$

由于各种工艺设备和测量仪表通常是处于大气之中，本身就承受着大气压力，所以工程上经常采用表压或真空度（负压）来表示压力的大小。通常，压力表和真空表指示的压力数值除特别说明外，均指表压或真空度，而较高真空度时，习惯上又往往用绝对压力 $B$ 数值来表示。

③ 测压仪表的分类　测量压力的仪表类型很多，按其转换原理的不同，大致分为下列四类。

a. 液柱式压力计。它是根据流体静力学原理，把被测压力转换成液柱高度，利用这种方法测量压力的仪表有U形管压力计，单管压力计和斜管压力计等。

b. 弹性式压力表。它是根据弹性元件受力变形的原理，将被测压力转换成位移。

c. 电气式压力表。它是将被测压力转换成各种电量，如电感、电容、电阻、电位差等，依据电量的大小实现压力的间接测量。

d. 活塞式压力计。它是根据水压机液体传送压力的原理，将被测压力转换成活塞面积上所加平衡砝码的质量。它普遍地被作为标准仪器用来对弹性式压力计进行校验和刻度。

**(2) 弹性式压力表**

利用各种形式的弹性元件，在被测介质的表压力或负压力（真空）作用下产生的弹性变形（一般表现为位移）来反映被测压力的大小，以此原理制成的测压仪表称为弹性式压力计。

弹性式压力计或真空计结构简单，造价低廉，精度较高，便于携带和安装使用，又有较宽的测压范围（$10^{-2}\sim10^{9}$Pa），因此它是目前工业生产和实验室中应用最广的一种压力表。若增加记录机构、电气变送装置、控制元件等，则可以实现压力的记录、远传、信号报警、自动控制等。

弹性式压力表根据压力显示和传递方式的不同分为两类：一类是把压力引起的弹性元件的位移再经过机械机构放大并指示被测压力的压力表；另一类是把弹性元件的应变转换成电的或气压的变化，即有两次变换的压力表。

① 弹性式压力表的弹性元件　弹性元件是弹性式压力计的测量元件。常用的弹性元件有下列几种，如图 7-15 所示。图 7-15(a) 是单圈弹簧管，当通入压力 $P$ 后，它的自由端就会产生如图中箭头所示方向的位移；当通入负压力时，则位移方向相反。单圈弹簧管自由端位移较小，能测量较高的压力。为增加自由端的位移，可制成多圈弹簧管，如图 7-15(b)。弹性膜片是一片由金属或非金属做成的且有弹性的膜片，如图 7-15(c)，在压力作用下能产生变形。有时也可以由两块金属膜片沿周边对焊起来，成一薄壁盒子，称为膜盒，如图 7-15(d)。波纹管是一个周围为波纹状的薄壁金属筒体，如图 7-15(e)，这种弹性元件易于变形，且位移较大，应用非常广泛。

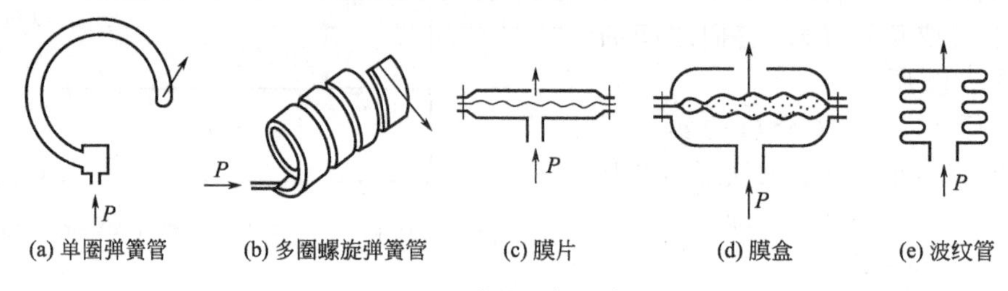


图 7-15　弹性元件示意图

根据弹性元件的各种不同形式，弹性式压力计可以分为相应的各种类型。下面仅介绍其中的一种：单圈弹簧管压力计。

② 单圈弹簧管压力表的结构和工作原理　单圈弹簧管压力表主要由测量元件——弹簧管、机械放大指针、标尺三部分构成，如图 7-16 所示。

弹簧管 1 是一根弯成圆弧形的空心金属管子，其截面做成扁圆或椭圆形，一端封闭（称自由端，即弹簧管受压变形后的变形位移的输出端），另一端（称固定端，即被测压力 $P$ 的输入端）焊接在固定支柱上，并与管接头 9 相通。当被测压力的介质通过管接头 9 进入弹簧管的内腔中，呈椭圆形的弹簧管截面在介质压力的作用下有变圆的趋势，弯成圆弧形的弹簧管随之产生向外挺直的扩张变形，从而使弹簧管的自由端产生位移。此位移牵动拉杆 2 带动扇形齿轮 3 作逆时针偏转，指针 5 通过同轴中心齿轮 4 的带动作顺时针方向转动，从而在面板 6 的刻度标尺上显示出被测压力（表压力）的数值。指针旋转角的大小与弹簧管自由端的位移量成正比，也就是与所测介质压力的大小成正比。

被测压力被弹簧管自身的变形所产生的应力相平衡。游丝 7 的作用是用来克服扇形齿轮和中心齿轮的传动间隙所引起的仪表变差。调节螺钉 8 可以改变拉杆和扇形齿轮的连接

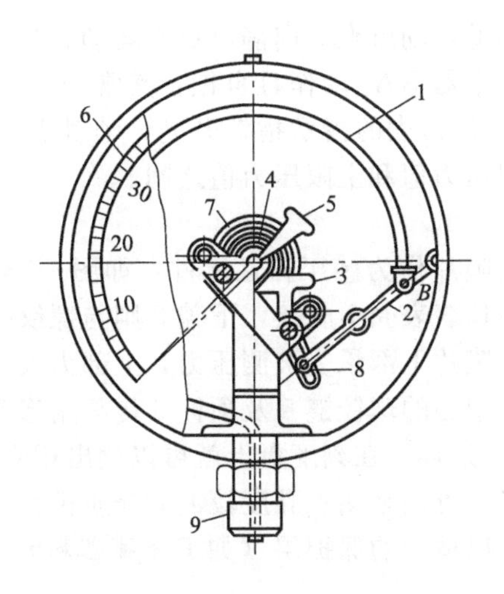


图 7-16　弹簧管压力计

1—弹簧管；2—拉杆；3—扇形齿轮；4—中心齿轮；5—指针；

6—面板；7—游丝；8—调节螺钉；9—接头

位置，即可改变传动机构的传动比（放大系数），以调整仪表的量程。

**(3) 电接点压力表**

在生产过程中，常常需要把压力控制在某一范围内，即当压力高于或低于给定的范围时，就会破坏工艺条件，甚至会发生事故。利用电接点压力表，就可简便地通过自控装置使压力保持在给定的范围内，例如空气压缩机的自动压缩过程。

如图 7-17 所示是电接点压力表的结构和工作原理示意图，电动机 M 动作带动加压系统加压，使压力表的压力上升。电接点压力表由测压部分（即弹簧管压力表）和电接点装置所组成。压力表指示指针上有动触点 2，表盘上另有两根可调节的指针，一根为给定压力下限值的下限给定指针，其上有静触点 1；另一根为给定压力上限值的上限给定指针，其上有静触点 4。当压力超出上限给定值时，动触点 2 和静触点 4 接触，继电器 $KA_2$ 动作，其常闭触点断开，使 $KA_1$ 断电，进一步使 KM 断电，电动机 M 停止工作，气压随之

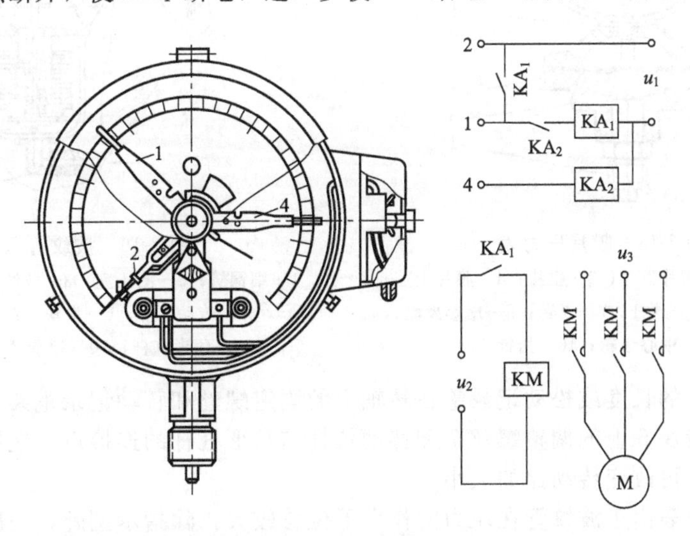


图 7-17　电接点压力表

降低，压力表的指示指针降低，动触点 2 向静触点 1 运动。当压力达到下限给定值时，动触点 2 和静触点 1 接触，继电器 $KA_1$ 动作且自锁，其常开触点闭合，使 KM 闭合，电动机 M 启动，气压随之上升，压力表的指示指针升高，动触点 2 向静触点 4 运动。如此往复运动，就控制压力在下限压力值和上限压力值之间。

**（4）膜片压力表**

膜片压力表是利用金属膜片作为感压弹性元件，如图 7-18 所示，金属膜片 3 固定在两块金属盖中间，上盖 4 与仪表表壳 7 相接，下盖 2 则与螺纹接头 1 连成一个整体。当被测介质从接头传入膜室后，膜片下部承受被测压力，上部为大气压，因此膜片产生向上的位移。此位移借固定于膜片中心的球铰链 5 及顶杆 6 传至扇形齿轮 8，从而使齿轮 9 及固定在它轴上的指针 10 转动。这样，在刻度盘上就可以读出相应的压力数值。

膜片压力表的最大优点是可用来测量黏度较大的介质压力。如果膜片和下盖是用不锈钢制造或膜片和下盖内侧涂以适当的保护层（如 F-3 氟塑料），还可以用来测量某些腐蚀介质的压力。

**（5）波纹管压力表**

波纹管压力表是以金属波纹管作为感压弹性元件。如图 7-19 所示，波纹管 3 和弹簧 4 组成测压室 2。当被测介质从仪表接头引入，通过细铜管 1 到测压室 2，在介质压力的作用下，波纹管收缩向上产生位移。与此同时，将弹簧压缩顶动传动导杆 5，使角形杠杆 9 绕支点转动，并通过拉杆 11 带动固定在轴上的桥形记录笔 10 移动，从而指示或记录出被测压力。波纹管压力表常用来测量介质压力 $(0\sim4)\times10^5$ Pa。

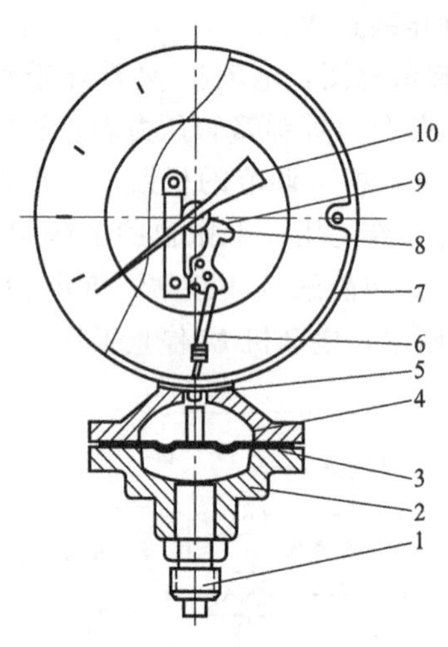


图 7-18　膜片压力表

1—接头；2—膜片下盖；3—膜片；4—膜片上盖；5—球铰链；6—顶杆；7—表壳；8—扇形齿轮；9—中心齿轮；10—指针

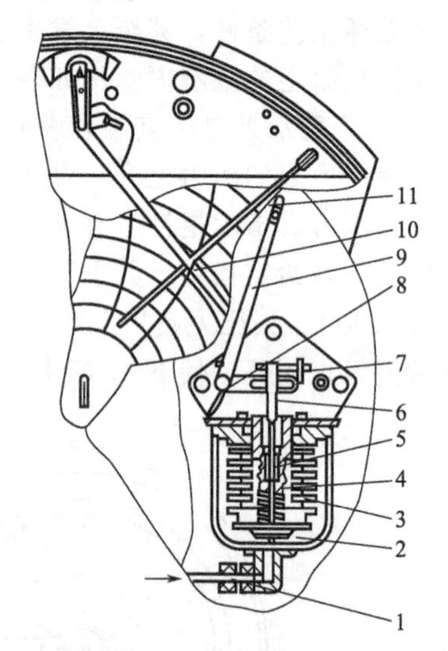


图 7-19　波纹管压力表

1—细铜管；2—测压室；3—波纹管；4，8—弹簧；5—传动导杆；6—滑块；7—调整螺丝；9—角形杠杆；10—记录笔；11—拉杆

调节导杆 5 的长度或松动记录笔在转轴上的固定螺丝和转动记录笔架上△型小孔可调节零位。旋转滑块 6 上的调整螺丝 7 和移动拉杆与角形杠杆的连接点，能增长或缩短角形杠杆 9 的长度，可改变传动比的大小。

波纹管压力表由于波纹管在压力的作用下位移较大，除指示型外，一般都做成自动记录仪表。记录纸由钟表机构或同步电机驱动。有的波纹管压力表还带接点装置和调节装置。

### 7.3.2 流体流量的测量

生产工艺过程中，需要实时、精确、快速测量燃料量、空气量等液体或气体的流量，进而控制生产过程中的工作状况，保证工艺过程的正常安全运行，同时为进行经济核算提供基本依据。

要求测量的流体包括单相固定物料（如单相气体、液体）、混相流体；低黏度液体及高黏度的；层流及紊流流动状态、脉动流体等。测量条件包括高温到低温、从高压到低压，因此流量测量是非常复杂的技术问题。

**(1) 基本概念及流量仪表的分类**

① 瞬时流量、累积流量　瞬时流量是指单位时间内通过管道某一横截面的流体数量，简称流量。当流体的量以质量表示时，称质量流量，用符号 $M$ 表示。以体积或容积表示时，称体积流量，用符号 $Q$ 表示。两者的关系为：

$$M=\rho Q \tag{7-9}$$

式中　$\rho$——流体介质的密度，单位为 $kg/m^3$。

在国际单位制中，质量流量 $M$ 的单位为 kg/s、t/h；体积流量 $Q$ 的单位为 $m^3/h$、L/s。

在某一段时间内流过流体的总量称为累积流量，它等于该时间内流量对时间的积分。累积流量除以工质流通时间得到平均流量。

② 流量测量方法　常用流量测量方法大致分为容积法和速度法两类。

a. 容积法。在单位时间内以标准固定体积对流动介质连续不断地进行度量，以根据排出流体固定容积数来计算流量。这种通过排放次数求得介质总量的方法称容积法，如椭圆齿轮流量计、腰轮（罗茨）流量计等。容积法受流体的流动状态影响较小，适用于测量高黏度、低雷诺数的流体。但它不适宜于测量高温、高压及脏污介质的流量。其量值较小。

b. 速度法。根据流体的一元流动连续方程，以测量流体在管道内固定截面上的“平均流速”作为测量依据来计算流量。如节流式流量计、转子流量计、涡轮流量计等。由于这种方法是利用“平均流速”计算流量，所以管路条件的影响很大，如雷诺数、涡流及截面上流速分布不对称等都会给测量带来误差。但是这种测量方法有较宽的使用条件，可用于高温、高压流体的测量。有的仪器还可适用于对脏污介质流体的测量，其测量精度能满足要求，能量损失较小，因此目前在工业上获得了广泛使用。

③ 流量仪表的分类　流量检测的方法和仪表种类很多，分类方法也不统一。最简单的是把流量仪表分为以下三大类。

a. 速度式流量计。速度式流量计以测量流体在管道内的流速作为测量依据来计算流量，例如：差压式流量计、转子流量计、电磁流量计、涡轮流量计、漩涡流量计、超声波流量计、激光流量计、靶式流量计、冲击式流量计、匀速管流量计等。

b. 容积式流量计。容积式流量计以单位时间内所推出流体的固定容积数作为测量依据来计算流量，例如：椭圆齿轮流量计、腰轮流量计、刮板式流量计、活塞式流量计、伺服式容积流量计及湿式气体流量计等。

c. 质量流量计。质量流量计以测量与物质质量有关的物理效应为基础，分为直接式、推导式两种。直接式质量流量计利用与质量流量直接有关的原理（如：牛顿第二定律）进行测量。例如：量热式流量计、微动式（科里奥里）流量计、角动量式流量计、振动陀螺式流量计等。

推导式质量流量计是同时测取流体的密度和体积流量，通过运算而推导出质量流量的；也可以同时连续测量温度、压力，将其值转换成密度，再与体积流量进行运算而得到质量流量。工业上大多采用温度、压力补偿式。

④ 流量测量仪表的选用　由于流量测量仪表的种类多，适应性也不同，因此正确选用流量测量仪表对保证流量测量精度十分重要。

a. 选用流量测量仪表时要考虑工艺允许压力损失，最大、最小额定流量，使用场合特点以及被测流体的性质和状态（如液体、气体、蒸汽、粉末、导电性、压力、温度、黏度、重度、腐蚀、气泡和脉动流等），还要考虑对仪表的精度要求，以及测量瞬时值、积算值等。

b. 节流装置或其他差压感受元件与差压计配套，可用于测量各种性质及状态的液体、气体与蒸汽的流量，一般用在大于 50mm 管径的流量测量；标准孔板适用于测量干净的液体、气体或蒸汽流量；喷嘴适用于测量高压、过热蒸汽的流量；文丘里管适用于精密测量干净或脏污的液体或气体；偏心孔板和圆缺孔板适用于介质含有沉淀物、悬浮物的流量测量；1/4 圆喷嘴适用于测量黏度大、流速低、雷诺数小的流体；毕托管适用于流量较大而不允许有显著压力损失的场合，但测量精度较低。

c. 计量部门应选用精度等级较高的仪表，如椭圆齿轮流量计、旋转活塞流量计、腰轮流量计、涡轮流量计、漩涡流量计等。

d. 电磁流量计只能用于导电液体的测量，如酸、碱、盐、泥沙状流体等。

e. 金属转子流量计和靶式流量计可以测量高黏度、腐蚀性介质的流量，它可远传和自动调节。

f. 差压流量计和靶式流量计是均方根刻度。在选择刻度时，最大流量为满刻度的95%，正常流量为满刻度的70%～80%，最小流量为满刻度的30%；其他流量仪表是线性刻度，在选择刻度时，最大流量为满刻度的90%，正常流量为满刻度的50%～70%，最小流量为满刻度的10%～20%。

**(2) 转子流量计**

在工业生产中经常遇到小流量的测量，因其流体的流速低，这就要求测量仪表具有较高的灵敏度，才能保证一定的精度。节流装置对管径小于 50mm、低雷诺数的流体的测量精度是不高的。而转子流量计则特别适宜于测量管径 50mm 以下管道的流量。测量的流量可小到每小时几升。

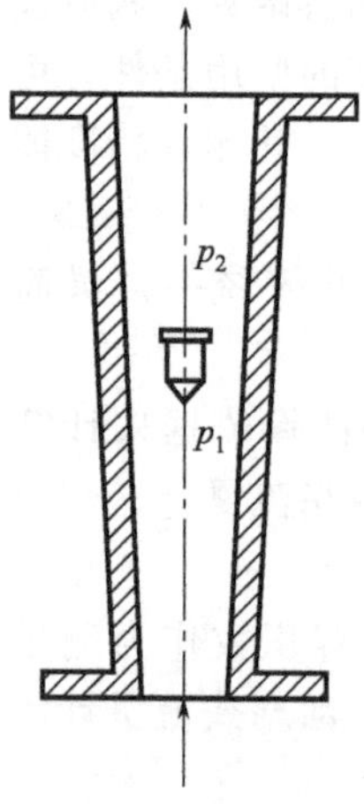

① 转子流量计的工作原理　转子流量计与前面所讲的差压式流量计在工作原理上是不相同的：差压式流量计，是在节流面积（如孔板面积）不变的条件下，以差压变化来反映流量的大小；而转子流量计，却是以压降不变，利用节流面积的变化来测量流量的大小，即转子流量计采用的是恒压降、变节流面积的流量测量法。

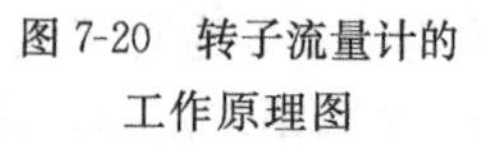

图 7-20　转子流量计的工作原理图

图 7-20 是转子流量计的原理图，它基本上由两个部分组成：一个是由下往上逐渐扩大的圆锥形管；另一个是放在锥形管内随被测介质流量大小而作上下浮动的转子（又称浮子）。转子流量计工作时，被测流体（气体或液体）由锥形管下部进入，沿着锥形管向上运动，流过转子与锥形管之间的环隙，再从锥形管上部流出。当流体流过锥形管时，位于锥形管中的转子受到一个向上的力，使转子

浮起。当这个力正好等于浸没在流体里的转子重力（即等于转子重力减去流体对转子的浮力）时，则作用在转子上的上下两个力达到平衡，此时转子就停浮在某一高度上。假如被测流体的流量突然由小变大时，作用在转子上的力就加大。因为转子在流体中的重力是不变的，即作用在转子上的向下力是不变的，所以转子就上升。由于转子在锥形管中位置的升高，造成转子与锥形管间环隙增大，即流通面积增大。随着环隙的增大，流过此环隙的流体流速变慢，因而，流体作用在转子上的力也就变小。当流体作用在转子上的力再次等于转子在流体中的重力时，转子又稳定在一个新的高度上。这样，转子在锥形管中的平衡位置的高低与被测介质的流量大小相对应。因此，根据这个高度，就可测得流体流过转子流量计的流量值。这就是转子流量计测量流量的基本原理。

② 转子流量计的分类　转子流量计一般按其锥形管材料的不同，分为玻璃管转子流量计和金属管转子流量计两种类型。玻璃管转子流量计的锥形管用玻璃制成，流量标尺直接刻度在管壁上，可直接读取所测流量数值，因此，它又被称为直读式转子流量计。金属管转子流量计有两大类：一类是电远传转子流量计，它有表头可直接指示流量，同时输出0～10 mA或4～20mA的标准直流电流信号；另一类是气远传转子流量计，除有表头指示流量外同时输出0.02～0.1 MPa的标准气压信号。这两种转子流量计都由转换器和变送器两大部分组成。

转子的材料有铜、铝、不锈钢、钢、硬橡胶、玻璃、胶木、有机玻璃等，根据被测介质的性质和所测流量大小而定。

**(3) 节流式流量计**

节流式流量计是利用流体流经节流装置时在节流装置前后产生的静压力差来实现流量测量的。节流式流量计由节流装置、引压导管、差压计、显示记录仪表等组成，是目前工业生产中应用最广的一种流量测量仪表。

① 标准节流装置　节流装置是节流式流量计的核心部件。全套标准节流装置如图7-21所示，标准节流装置由节流件、取压装置和节流件上游侧阻力件、下游侧阻力件以及它们间的直管段组成。节流装置两侧管道直径 $D$，节流件的孔板的孔径 $d$，$d < D$。连续流动的流体流过节流装置。标准节流装置同时规定了它所适应的流体种类、流体流动条件以及对管道条件、安装条件、流体参数的要求。

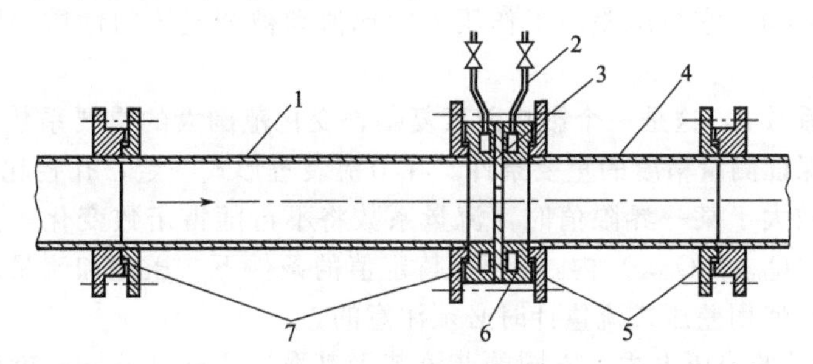


图7-21　标准节流装置

1—上游直管段；2—导压管；3—孔板；4—下游直管段；5，7—连接法兰；6—取压环室

② 节流现象　连续流动的流体流过节流装置的孔板的小孔时，流通面积突然缩小、流速增大，流过节流孔形成收缩的流束，如图7-22所示。之后，流体的流速又由于流通面积的变大和流束的扩大而降低。流体流过节流装置前后，在管壁处的静压力产生差异如图7-22所示 $P_1$、$P_2$，形成静压差 $\Delta p = P_1 - P_2$，这个现象称作节流现象。

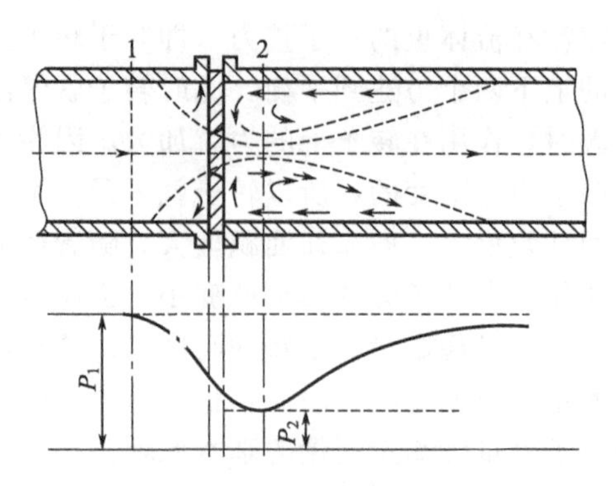


图 7-22 流体流经孔板时的节流现象

③ 节流装置的测量原理 节流装置的作用就是形成流束的局部收缩，从而产生压差。流体流过节流装置产生压差的原理称为节流原理。流过的流量愈大，在节流装置前后所产生的压差也就愈大，因此可通过测量压差来计量流体流量的大小。

流体流量和流体流过节流装置所产生的压差的关系式如下。

$$Q=0.0039986\alpha\varepsilon d\sqrt{\Delta p/\rho} \tag{7-10}$$

$$M=0.0039986\alpha\varepsilon d\sqrt{\Delta p\cdot\rho} \tag{7-11}$$

式中 $Q$——流体的体积流量，$m^3/h$；

$M$——流体的质量流量，kg/h；

$\Delta p$——压差，Pa；

$d$——工作状态下节流装置的孔径，mm；

$\rho$——工作状态下流体的密度，$kg/m^3$；

$\alpha$——流量系数；

$\varepsilon$——流体的膨胀校正系数。

上述两式表明：当 $d$、$\rho$、$\alpha$、$\varepsilon$ 不变时，流量与压差的平方根成正比，它们之间有恒定的关系，根据这个压差就可以测出相应的流量值。

流体的膨胀系数 $\varepsilon$，当流体是液体时，因液体是不可压缩的，所以其膨胀系数 $\varepsilon=1$；当流体是气体时 $\varepsilon<1$，它与压差与工作压力的比值和被测气体的性质等因素有关，可从有关资料中查到。

流体的流量系数 $\alpha$，这是一个影响因素复杂、变化范围大的重要系数，测量过程中保持 $\alpha$ 为恒定值是保证测量精度的重要条件。在节流装置形式一定、孔径比（$d/D$）一定的条件下，当雷诺数大于某一界限值时，流量系数将不再随雷诺数变化，而趋向定值。所以，在测量范围（$Q_{min}\sim Q_{max}$）内，$\alpha$ 都保持定值的条件下，压差和流量之间才有恒定的对应关系。这是在使用差压式流量计时必须注意的。

④ 标准节流件的取压方式 不同的节流装置其取压方式亦不同；就标准节流装置及其各种节流元件而言，其取压方式有明确规定。关于标准节流件的结构形式可参阅有关专业书。下面介绍的是标准孔板的取压方式。标准孔板可以采用两种取压方式：角接取压和法兰取压，如图 7-23 所示。

a. 角接取压。采用角接取压时，孔板上、下游侧取压孔的轴线分别与孔板上、下游侧端面的距离等于取压孔径的一半或取压环隙宽度的一半，也就是取压口应紧靠节流元件上、下游端面。角接取压有单独钻孔取压和环室取压两种方式。

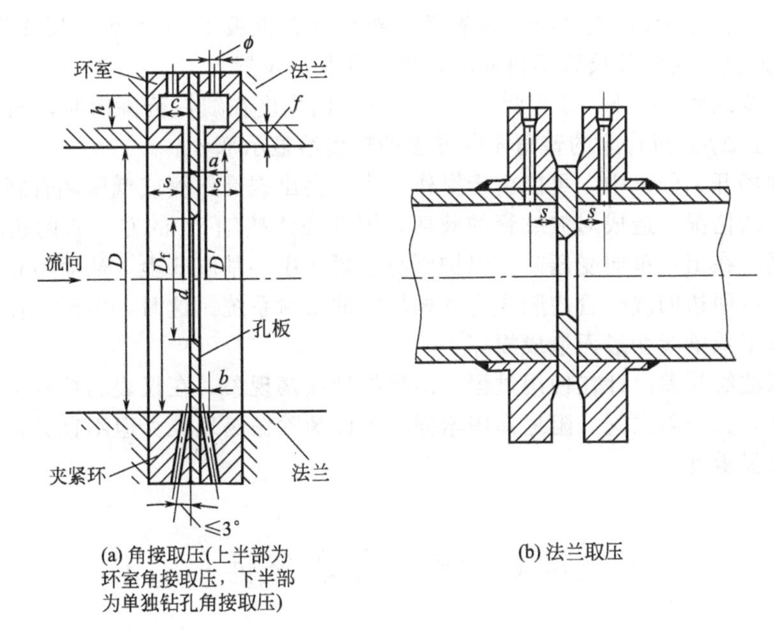


(a) 角接取压(上半部为环室角接取压，下半部为单独钻孔角接取压)

(b) 法兰取压

图 7-23 标准孔板的取压方式

环室取压是在孔板上、下端各装一环室［见图 7-23(a) 的上部］，压力信号由孔板与环室空腔之间的缝隙 $a$ 引到环室空腔，再由环室通到压力信号管道，环室的作用主要是均衡端面边缘部分的压力。单独钻孔取压是在孔板前后夹紧环上各钻一压孔［见图 7-23(a) 下部］，压力信号管直接接在两孔上。

b. 法兰取压。标准孔板夹于两片法兰之间，上、下游侧取压孔中心距离孔板上、下端面为 (25.4±0.8) mm，取压孔径不大于 0.08 $D$，并在 6～12mm 之间取值，孔轴线必须垂直于管道轴线，见图 7-23(b) 所示。

**(4) 节流式流量计用差压计**

前面已介绍，节流式流量计主要由节流装置和差压计组成。在节流装置形成压差的基础上，需要用差压计测量差压。工业上应用的差压计的种类很多，如：双波纹管差压计、膜片式差压计、电动差压变送器、气动差压变送器等。

下面介绍双波纹管差压的结构及测量原理。双波纹管差压计是基于位移平衡原理工作的，如图 7-24 所示。当流体流过节流装置 1 时，产生差压 $\Delta p = p_1 - p_2$，分别经导压管 2、4、阀门 3 进入高低压外壳 15、9，作用在高、低压波纹管 14、8 上，产生向右方向的测量力（$p_M = \Delta pS$，$S$ 为波纹管的有效面积）。高压波纹管 14 内的填充液 10 因受压后通过中心基座 6 上的阻尼阀 13 周围间隙流向低压波纹管 8，则高压波纹管 14 压缩，低压波纹管 8 伸长，从而使连接轴 16 向右方向位移，一方面使量程弹簧 7 拉伸，另一方面通过推板 12 推动摆杆 11 带动扭管

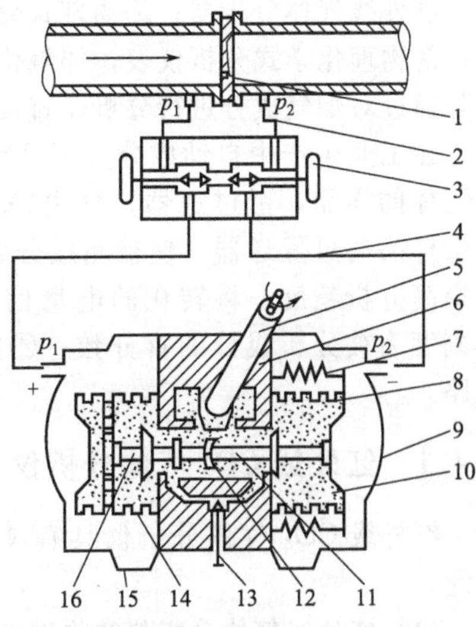


图 7-24 双波纹管差压计原理示意图

1—节流装置；2，4—导压管；3—阀门；5—扭管；6—中心基座；7—量程弹簧；8—低压波纹管；9—低压外壳；10—填充液；11—摆杆；12—推板；13—阻尼阀；14—高压波纹管；15—高压外壳；16—连接轴

5反时针转动一个角度$\alpha$，直至量程弹簧7和扭管5在推板12上产生一反作用力$p_F$和测量力$p_M$平衡为止，此时波纹管不再移动，平衡在某一位置上。

当高低压波纹管14、8、量程弹簧7和扭管5的刚度在线性范围内时，扭管5的转角$\alpha$就正比于差压$\Delta p$。扭管5的转角$\alpha$通过主动杆传给显示部分。

考虑到现场开、停工中，可能由于操作不当，会出现高压侧或低压侧管线泄漏，出现单向压力过大的情况，造成对波纹管的破坏，因此在连接轴16的左、右两边都装有单向受压的保护阀。在出现单向受压时，保护阀将贴紧于中心基座6上，从而阻止工作液进一步流动，使左右两边的波纹管内腔成为互相隔绝的密封系统。这时，由于工作液的不可压缩性，波纹管不致继续变形而造成损坏。

为消除双波纹管差压计在使用过程中出现指针振荡现象，在仪表的结构上设有可调阻尼度的阻尼阀，关小阻尼阀，阻尼作用增强，可以消除振荡现象。但不宜关得过小，使阻尼太大，降低灵敏度。

## 7.4 炉气成分分析

在热加工过程中，炉气成分分析主要是正确测量烟气成分，如$O_2$、CO、$CO_2$及其含量，并确定炉子燃烧状况，实现良好的热加工工艺过程。送入加热炉的燃气、空气及氧气的比例决定燃烧效率，燃气过量将导致燃烧不完全，空气及氧气过量将导致排烟损失大，烟气中的$O_2$、$CO_2$含量可以反映燃烧效率。故可利用烟气中$O_2$、$CO_2$含量，判别燃烧是否最佳。所以进行炉气分析具有重要意义。

下面介绍炉气成分分析技术。

常用的炉气成分分析仪表的种类主要有四类：①化学式分析仪表，如奥氏气体分析器、红外线气体分析器；②物理式分析仪表，如热磁氧分析器、质谱分析仪、热导式分析仪；③物理化学式分析仪表，如氧化锆氧量计、气相色谱分析仪；④燃烧效率监测仪表，这是通过对烟气成分进行分析，直接显示燃烧产物中气体成分和热效率的仪表。

在工业生产中自动成分分析系统由下面四部分组成：①取样系统，正确取出将要分析气体的样品，由过滤器、分离净化设备、冷却器和抽吸设备等组成；②发送器，将分析样品通过发送器，使被测成分含量转化为电量输出；③信号放大系统和显示部分，为提高分析精度、将转化的电量信号放大并送入自动电子电位差计或电桥进行显示，其刻度为被分析成分的百分数；④附加部分，如对环境温度进行自动补偿，采用补偿电路。

### 7.4.1 红外线$CO_2$气体分析仪

红外线$CO_2$气体分析仪具有灵敏度高、选择性好、滞后小等特点，目前应用比较广泛。

**(1) 红外线气体分析仪的物理基础**

红外线的波长为0.76～420 μm，位于可见红光波之外，故称红外光。许多气体如$CO_2$、CO、$CH_4$、水蒸气等对红外线都有一定的按波长选择性吸收能量的特性，这些波段称为特征吸收波段。不同气体其特征吸收波段也不同，如$CO_2$有两个特征吸收波段2.6～2.9 μm及4.1～4.5μm 。当波长为2～7μm的红外线射入含有$CO_2$的气体后，这两个特征波段的红外线将被吸收，其透过率就甚小；而且 $N_2$、$O_2$、$H_2$ 及 He、Ne 等气体对 1～25 μm 波长的红外线均不吸收。一些气体吸收光谱特性如图 7-25 所示。利用气体对红外线的吸收特性，可以分析这种气体的浓度。

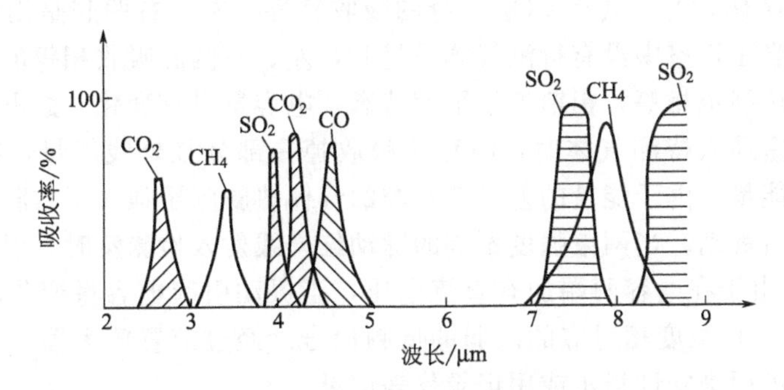


图 7-25 一些气体的吸收光谱特性

对于一定波长红外辐射能的吸收强度与被测介质浓度间的关系可由气体吸收定律确定。

$$I=I_0 e^{-K_\lambda Cl} \tag{7-12}$$

式中 $I$——吸收后透射红外辐射强度；

$I_0$——吸收前入射的红外辐射强度；

$K$——被测介质对波长为 λ 的红外辐射吸收系数；

$C$——被测介质的摩尔百分浓度；

$l$——红外辐射线穿过的被测介质长度。

当入射红外线的波长、强度和被测介质长度一定的情况下，透过的红外线强度只和吸收气体的浓度有关。因此，通过测量透过的红外线的强度，即可确定待测气体的浓度。

**(2) 红外线 $CO_2$ 气体分析仪的结构及工作原理**

根据气体吸收定律，采用光-声-电转换效应的 $CO_2$ 红外线分析仪的原理如图 7-26。

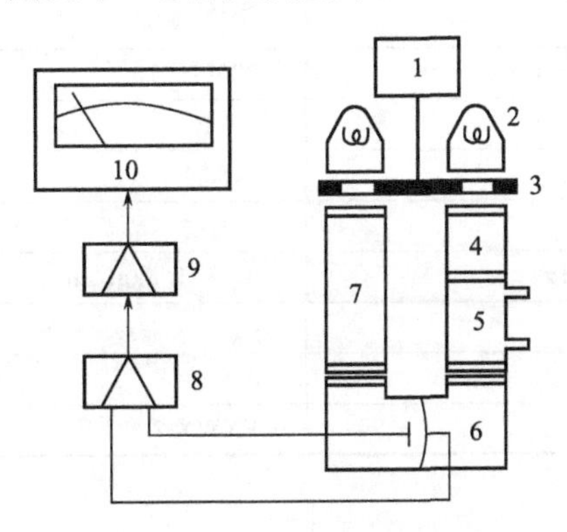


图 7-26 红外线分析仪原理图

1—同步电动机；2—红外光源；3—切光片；4—滤波室；5—工作室；6—检测器；7—参比滤波室；8—前置放大器；9—主放大器；10—指示仪表

左边是参比侧，右边是工作侧。红外线光源射出强度相等的两束光，经切光片调制成频率为 12.5 Hz 的脉冲红外线，分别射向参比侧和工作侧。参比侧的光束经过滤波室；工作侧的光束经滤波室和工作室。滤波室封存有排除干扰的组分，它将待测气体中的与

$CO_2$ 吸收波段有重叠的其他组分所对应的红外线波段吸收掉。右侧从滤波室出来的红外线射入工作室，被待测气体 $CO_2$ 吸收掉一部分能量，然后射入检测器的右腔。参比侧的光束经过滤波室将干扰组分所对应的红外线吸收掉，透过的红外线进入检测器的左腔。左、右两腔都封存有 $CO_2$，具有 $CO_2$ 本身的吸收特性。左、右两腔是用电容微音器的动片铝箔隔开的。当工作室中没有待测气体通过时，左、右两腔吸收相等的红外线能量；因此，气体热膨胀压强也相等，铝箔处于平衡状态，电容量没有变化，故电容微音器输出信号为零。当工作室通入待测气体时，$CO_2$ 将吸收掉一部分红外线能量，则左腔比右腔获得较多的红外线能量。由于能量的差异使左腔的气体热膨胀压强大于右腔的气体热膨胀压强，导致铝箔向右移动。当两束强度不等的脉动红外线射入检测室时，引起铝箔振动，即引起光-声效应。由于在电容两端加有直流电压，当振动引起电容量变化时，即可输出一个与待测气体中 $CO_2$ 浓度相对应的微弱的低频信号。经过前置放大器和主放大器放大后再进行整流，即可用毫安计指示或用记录仪表记录。

红外线 $CO_2$ 分析仪的优点是：响应快，滞后时间小于 30s；测量精度较高，误差不大于±0.03%；能用于添加 $NH_3$ 的气体，取样距离可以较长。缺点是：结构较复杂，价格较贵，有时因 $CH_4$ 含量过高使碳势失控而不易发现。热处理常用红外线 $CO_2$ 分析仪的技术规格见表 7-14。

**表 7-14 热处理用红外线 $CO_2$ 分析仪的技术规格**

| 项　目 | 型号及技术数据 | | |
|---|---|---|---|
| | QGS-04 | HQG-71 | FQC-$CO_2$ |
| 量程/% | $CO_2$、CH、CO 1,2,5,10,20,30,50,70,100<br>$NH_3$ 15,25 | $CO_2$ 1,5,10,20,30,40,60,100 | $CO_2$ 1,5,10,20<br>$CH_4$ 1,2,5,10,15,30<br>$NH_3$ 10,15,25 |
| 精度级 | 3 | 3 | 5 |
| 稳定性 | 每周漂移≤±3% | 每 24h 漂移≤±3% | 每 48h 漂移<±5% |
| 反应时间/s | <30(0.5L/h) | <30(0.2～0.5L/h) | <10 |
| 功率消耗/W(不包括记录仪) | <120 | <150 | <120 |
| 电源电压/V | 220(1±10%) | 220(1±10%) | 220(1±10%) |
| 环境温度/℃ | 10～35 | 0～40 | 10～35 |
| 相对湿度/% | ≤80 | ≤85 | ≤85 |
| 试样气 | | | |
| 压力 | 40mmHg | 0.1～1.5kgf/cm$^2$ | 300～500mmHg |
| 温度/℃ | <40 | ≤50 | |
| 流量/(L/min) | 0.5 | 0.2 | 15～25L/h |
| 记录仪型号 | EWX-2 | EXWX-2 | XWD-102 |

## 7.4.2 奥氏气体分析仪

红外线 $CO_2$ 分析仪是测量气体的单一组分（水或二氧化碳）来标定气体碳势的，在生产过程中，有时因原料气体的成分变化或催化剂失效等原因，可能引起碳势出现反常现象，这时要对气体作全面分析，找出原因。在这种情况下常用多组分气体分析仪，即一台仪器能分析多种气体组分，如奥氏分析仪和气相色谱分析仪等。

奥氏气体分析仪是一种传统的人工分析方法，由于它的测量误差较小、结构简单、操

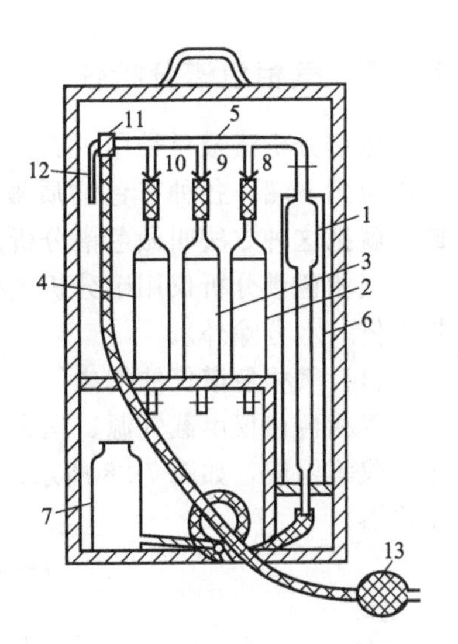

图7-27　奥氏气体分析仪简图

1—量管；2，3，4—吸收容器；5—梳形管；6—玻璃圆筒；7—水准瓶；8，9，10—玻璃开关；11—三路开关；12—连接管；13—橡皮球

作方便、价格便宜而被广泛采用，并当作标准仪器使用。下面介绍奥氏气体分析仪的工作原理、结构和操作。

**(1) 工作原理**

奥氏气体分析器是一种化学吸收式分析器，它利用某些化学试剂，对混合气体中的某一成分进行选择性吸收，然后按容积数量测定气体成分含量。它能直接表示出某成分的体积含量百分数。目前该仪器主要用作烟气中对 $CO_2$、$O_2$ 和 CO 的百分浓度的测定。

奥氏气体分析器的原理结构如图7-27所示。它是由测量刻度玻璃量管1，吸收容器2、3、4，梳形管5和平衡瓶7等组成，量管1通常做成100cm$^3$ 的容积。为提高它的测量精度，在它的下部做成收缩状态，并刻有标尺刻度。为了减少环境温度变化的影响，在玻璃刻度管外面放一个装满水的玻璃圆筒6，在三个吸收瓶内分别装有不同化学药品。瓶内充以氢氧化钾的水溶液（将100g化学纯氢氧化钾，溶于200ml的蒸馏水中），用以吸收 $CO_2$ 或 $SO_2$ 等。瓶内充以焦性没食子酸的碱溶液 $C_6H_3(OH)_3$，（在130ml的蒸馏水中加入190g KOH，另取20g焦性没食子酸溶于60ml蒸馏水中，将这两种溶液混合使用），用以吸收 $O_2$。瓶内充以氯化亚铜氨溶液（将35g氯化氨及28g氯化亚铜溶于100ml蒸馏水中，再加40ml氨水，过滤后立即倒入插有铜丝的吸收瓶中），用以吸收CO。

**(2) 奥氏气体分析仪的取样操作步骤**

① 为使整个分析系统内没有残余的非分析试样，可先打开三通旋塞让试样进入分析器内，并用平衡瓶连续多次吸取分析气样，并随后排除。

② 量管内、平衡瓶里装的是食盐水，因 $CO_2$、$SO_2$ 均稍溶于水，所以可预先让试样和食盐水接触，并使其饱和，这样就不会影响分析。

③ 正式取样分析时，让量管中液位降到“0”刻度线以下，并保持平衡瓶液位与量管内液位一致，约1～2min后，让分析气体冷却后再准确地校对零位，使吸取的试样烟气正好是100ml。

**(3) 奥氏气体分析器的读数方法及步骤**

① 抬高平衡瓶，打开二通旋塞8，上下调整平衡瓶，使量管与平衡瓶内液位对齐，读取试样气体中减少的体积即为 $CO_2$ 含量。

② 在 $CO_2$ 被吸收后，以同样方法，在吸收瓶内吸收 $O_2$，但由于吸收反应较慢，故需往返6～7次。吸收 $O_2$ 以后的量管读数实为 $CO_2$＋$O_2$ 的体积，所以 $O_2$ 的百分含量为本次和上次的读数之差。

③ 利用吸收瓶吸收CO的方法同上。

首先，吸收分析气体的顺序必须是 $CO_2$、$O_2$、CO，因为焦性没食子酸的碱溶液不仅能吸收 $O_2$，而且还能吸收 $CO_2$；其次，进入分析器中气体试样温度不应超过40～50℃，最好保持分析仪在20℃左右。如果温度过低将影响吸收效率，但在分析过程中应尽量避免环境温度有较大变化，导致分析气体容积变化而引起误差。

### 7.4.3 气相色谱分析仪

色谱分析法最早是用一支色谱柱来分离植物中的有色物质，这些有色物质从色谱柱的上端流到下端，各种有色物质被逐渐分开，于是就在色谱柱上形成一个个有色的环，因此，就把这种方法叫做色谱分析法。

气相色谱分析仪用于分析气相，它被用于分析热处理生产中的原料气、可控气体和保护气体（水分除外）。

**(1) 气相色谱仪的构成**

气相色谱仪由载气源、压力及流程控制装置、进样装置、色谱柱、检测器、恒温箱及记录仪等构成，如图 7-28 所示。有时为了除去气体中的杂质和水分，还需要有过滤器和干燥器。

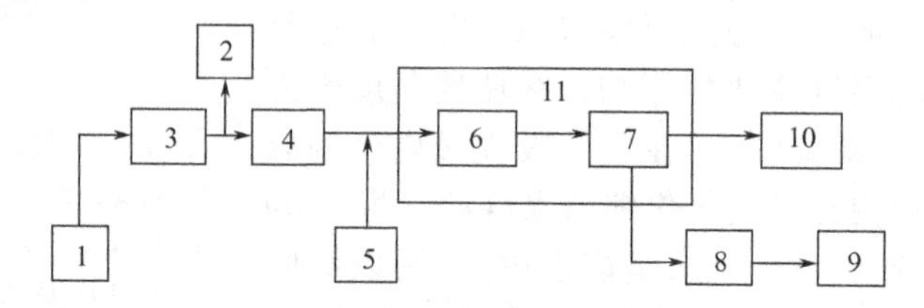


图 7-28 气相色谱仪的构成图

1—载气钢瓶；2—压力表；3—流量控制阀；4—微型流量计；5—进样装置；6—色谱柱；7—检测器；8—信号衰减器；9—记录仪；10—流量计；11—恒温值

气相色谱仪的分析过程是首先打开载气钢瓶 1，经流量控制阀 3 使流量计 4 的读数和进样装置 5 的读数符合规定值。开启恒温控制器 11，控制使色谱柱 6 和检测器 7 的温度符合规定值。然后开启信号衰减器 8、记录仪 9。由于此时样品没有进入进样装置 5，所以记录仪绘出一条基线。抽取一定量的样品，注入进样装置 5。当样品是液体时，经汽化器汽化，然后被载气载入色谱柱 6。在色谱柱中，样品中的各种组分被重新排列成一定的次序，并在载气的冲洗下，按先后次序进入检测器 7。检测器分别鉴别出每一组分的成分和含量，并通过记录仪 9 把每个组分及其含量的色谱峰曲线记录下来，通过计算得到样品的组成。

**(2) 气相色谱仪的工作原理**

色谱是由混合物中分离出的各种组分形成的各种颜色排列而成的色带，按各组分出现的先后顺序分别进行测量。分离是一种物理化学过程，需分离的样品由气体或液体携带，沿色谱柱连续流动。在色谱柱中有固定相（固体或液体）。携带样品的液体或气体称为流动相，亦称载液或载气。气相色谱仪的流动相是气体。载气不能被固定相吸附或溶解，而样品中的各组分则可被吸附或溶解。因此色谱法就是利用固定相对组分具有不同的吸附或溶解能力，使各组分在两相中反复进行分配，最后使各组分得以分离。

当载气带着样品进入色谱柱以后，固定相就对样品中各组分产生不同的吸附作用，容易被吸附的组分吸附，脱附就比较困难；相反，难吸附的组分脱附就比较容易。这样各组分前进的速度就产生差异，从而在色谱柱内停留的时间就不一样。易被吸附的组分前进速度慢，在柱内停留的时间长；难被吸附的组分在色谱柱内停留的时间短。由于整个过程是连续进行的，刚被吸附的组分随后又被后来的气体脱附，而刚被脱附的组分刚一前进，又被后面的固定相吸附。这种吸附-脱附-再吸附-再脱附的过程，在柱内多次出现。因而使各组分前进的速度产生很大差异。吸附力最弱者首先离开色谱柱，其他组分按吸附力的强弱依次离开色谱柱，而吸附力最强者最后离开，实现了组分分离的目的。

在一定的温度和压力条件下，物质在气、液两相中的溶解量有一定的比值，这个比值称为该物质的分配系数。各种物质的分配系数是不同的，因此可利用物质的这一性质，使各组分的物质在色谱柱内进行分离。

当载气把样品带到色谱柱中时，由于分配系数的不同，它们溶解在两相中的量也不同。由于易溶解的组分解析比较困难，而难溶解的组分解析比较容易，这样其前进速度不同，易溶解的速度就慢，难溶解的速度就快。载气带着样品在色谱柱内不断地进行溶解-解析-再溶解-再解析，使各组分在柱内前进的速度不同，在柱内停留的时间亦不同，因而在色谱柱的末端就出现了按分配系数大小依次排列的组分。在液相中（固定相）溶解速度最小的组分由于其前进速度最快而首先流出色谱柱，然后依次流出溶解度较大者，其中溶解度最大者最后离开色谱柱。

综上所述，通过色谱柱的作用，可以使样品中混合组分变成一系列分离组分（见图7-29），并由检测器将分离组分鉴别，测出每种组分的含量，实现分析的目的。

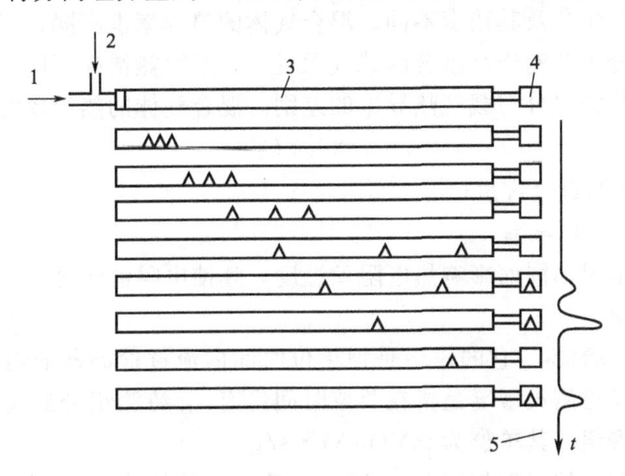


图 7-29 混合物在色谱柱中的分离

1—载气；2—样品；3—色谱柱；4—检测器；5—时间

**(3) 检测器**

检测器又称鉴定器，用于鉴定从色谱柱中分离出来的各个组分的性质和数量。检测器应具有的性能：首先，被测组分单位浓度产生的输出信号应有足够的灵敏度；其次，是要求仪器在一定的范围内其输出信号与组分浓度具有良好的线性关系；第三，是要求对机械振动、热噪声及操作条件不稳定等环境的噪声具有高的信噪比；第四，是要求其响应速度快，重复性及基线稳定性好。下面介绍目前常用的热导池检测器和氢火焰电离检测器。

① 热导池检测器　它是将进入检测器中的组分在载气中的浓度转换成毫伏电压信号输出。热导池如图7-30所示，其中的热电阻丝放置在热导池两边的空间中，由四根热电阻丝组成的电桥。当左边空间中通入待测组分气样时称工作电阻臂，则右边空间通以载气时其电阻臂称参比臂；反之亦同。当左右两个空间中都通入载气而不通入待测组分气样时，电桥平衡、无信号输出；当有被测组分气样流过两空间之一时，由于不同组分的导热系数不同，造成电阻丝的散热条件变化而使热丝电阻值改变，电桥失去平衡而有输出信号。

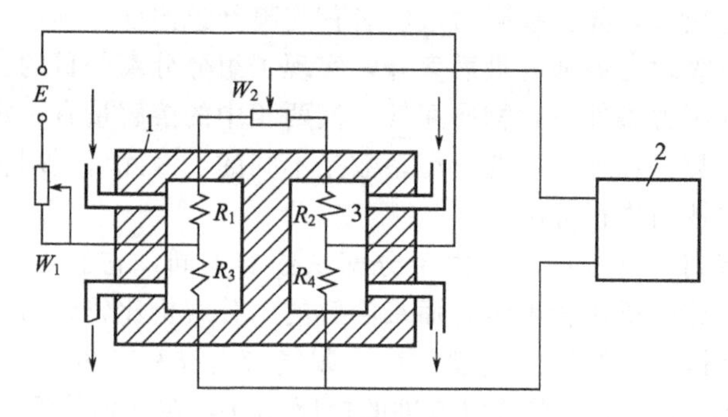


图 7-30 热导池原理图

1—热导池；2—记录仪表；3—桥臂电阻；$R_1$，$R_2$，$R_3$，$R_4$—桥臂电阻；$W_1$—桥臂电流调节电阻；$W_2$—零位调整电阻；$E$—稳压电源

在通常的导热分析仪中，混合气体内不论有几种组分，都同时送入测量室。在色谱仪的热导池中，由于先对气体进行分离，所以各待测组分是按次序先后进入热导池检测器的。由于载气中样品组分及其浓度不同，混合气体的热导率也不同，当热电阻丝处有纯载气及含有被色谱柱分离开的样品组分的载气通过时，其散热情况不同。散热的差别取决于待测组分的浓度及待测组分与载气热导率的差别。混合气体的热导率为：

$$\lambda=\sum\lambda_i C_i \tag{7-13}$$

式中 $C_i$——组分 $i$ 的百分含量；

$\lambda_i$——组分 $i$ 的热导率。

由于气体导热情况不同而影响热电阻丝温度，致使电阻值随之变化，这个变化通过电桥变成电压信号输出。

② 氢火焰电离检测器　它的作用是把单位时间内流过检测器的组分质量转换为毫伏或毫安信号输出，其检测灵敏度是指在单位时间内有 1g 待测组分通过检测器时，检测器输出的毫伏值或毫安值。其单位为 mV(mA)·s/g 。

氢火焰电离检测器的原理如图 7-31 所示。带有样品的载气从色谱柱出来后与纯氢混合，之后进入检测室。点火丝通电把氢气点燃，含有碳的有机物在氢火焰中燃烧，它们在高温下吸收热能形成离子（$C^{4+}+4e^-$），在强电场作用下 $C^{4+}$ 向收集电极 2 移动、而 $4e^-$ 向极化正电极 3 移动，在电阻 $R$ 上就产生电流，该电流与碳离子的数量成正比。组分质量越大，离子化形成的碳离子数越多，电阻 $R$ 上形成的电流也越大。该电流就是检测输

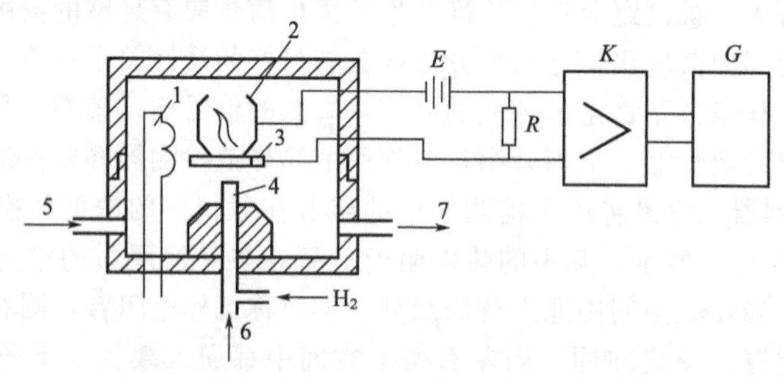


图 7-31 氢火焰电离检测器

1—点火丝；2—收集电极；3—极化电极；4—喷气口；5—空气入口；6—载气口；7—排气口；$K$—放大器；$G$—记录仪表

出电流。再经信号放大就可用记录仪2记录下来。

当用氢火焰电离检测器测量烟气中CO、$CO_2$时，需使分离后的CO、$CO_2$先经过转化炉转化为$CH_4$，再进入检测器进行检测，转化炉放有催化剂硝酸镍（$NiNO_3$），并加热至380℃。

# 7.5 料位的测量与控制

冲天炉内炉料高度对冲天炉熔化过程的正常进行有很大影响。冲天炉的满料操作为冲天炉的最佳燃烧提供了必要条件。若以人工去观察和控制冲天炉的料位，劳动条件太差，特别是自动加料的冲天炉，如用人工观察和控制料位，无法达到很好的效果。因此，冲天炉的料位测量和控制是实现冲天炉熔炼和加料自动化的重要环节。

## 7.5.1 炉气压差式料位测量与控制

**(1) 测量及控制原理**

在冲天炉的加料门以下大约一批炉料高度的位置上，插入一个测压管（图7-32），测出该点的炉内气压，进而控制料位的高低。

在冲天炉的熔炼过程中，炉内的风压从进风口到加料口逐渐降低，至加料口时降到大气压。假若测压管的测点以上没有炉料，则这点的风压接近于大气压。如果测压点以上有一层炉料，则测压点的风压就会提高到一定的数值。所以测压点风压的高低，可以反映炉内料层的高度。

把测压管用管道引出，最后用胶管导出和U形玻璃管差压计的左侧管口连接。U形玻璃管右侧管口露天，则其管口处的气压就是大气压。U形玻璃管内充以能导电的液体。

当料位下降，测压管的测点处的压力降低接近于大气压时，此时的料位线称作空料线。当炉内料位下降到空料线以下时，测压管上的气压接近于大气压，U形管差压计其两侧管口的气压相等、两侧液面等高，电极A与电极B经U形管内的导电液体接通，显示控制电路7显示冲天炉料位处于空料状态，同时控制加料系统开始加料。

加料后，测压管口处的气压升高，当料位高度增加到一定值时，U形管左侧液面受压增加而其高度降低从而导致电极A与液面脱离，于是电极A与电极B断开，显示控制电路7显示料位达到要求的高度，同时控制加料系统停止加料。

**(2) 炉气压差法料位器结构形式**

炉气压差法料位器结构形式如图7-33所示。这种结构属于气电分离式，即电极与进气管是分开的。电极用普通的粗铜丝，进气管用普通的玻璃管，然后将管口密封。这种结构形式不需任何加工件，因此制作容易。

**(3) 炉气压差法料位料位控制**

炉气压差法料位料位控制电路原理图如图7-34所示。当炉内呈现空料状态时，U形管内导电介质两端液面呈水平状态，接通A、B电极，使晶体管VT的基极电位升高而导通，继电器动作，并接通常开触头，切断常闭触头，输出“空料”信号。当冲天炉内满料时，U形管内的导电介液面出现压差，使A、B电极断开。此时，VT的基极与发射极等电位而截止，继电器断电，常开触头断开，常闭触头接通，输出“满料”信号。

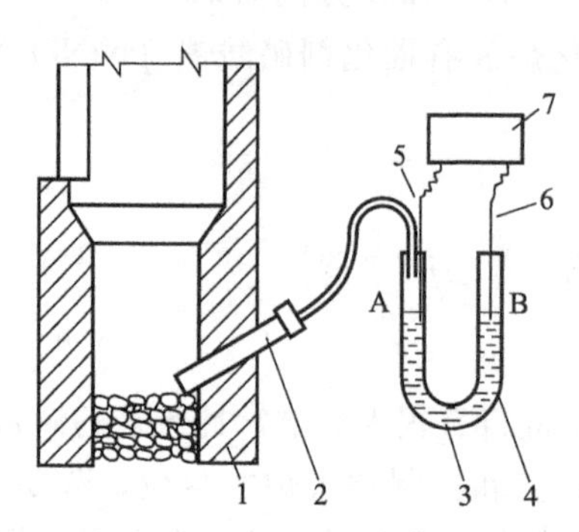

图 7-32 炉气压差式料位器结构形式

1—冲天炉；2—测压管；3—U 形差压计；4—导电液体；5，6—连接导线；7—显示及控制电路；A，B—电极

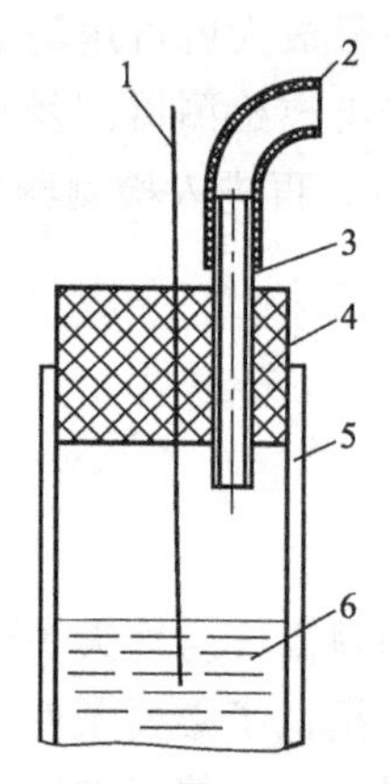

图 7-33 炉气压差法料位器结构形式

1—电极；2—橡皮软管；3—玻璃管；4—橡皮塞；5—U 形管；6—导电介质（液体水）

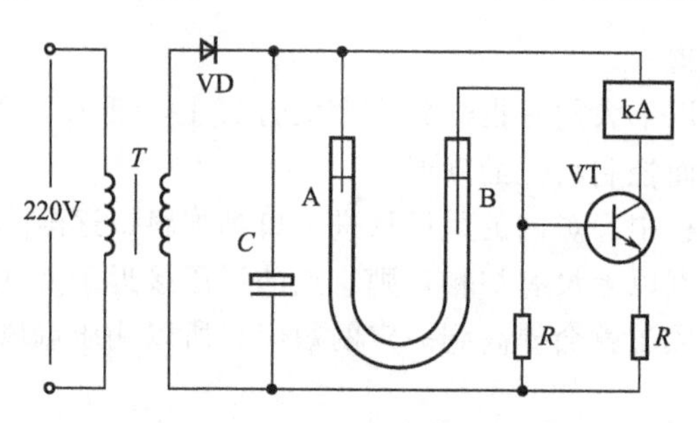

图 7-34 炉气压差法料位控制电路原理图

### 7.5.2 激光式料位测量与控制

冲天炉激光式料位测量与控制的原理图如图 7-35 所示。在冲天炉需控制料位的炉壁上，对开两个直径 50～70mm 的孔，由激光发射头 1 发射出一束能量集中、方向性好的激光，该激光经路线 2 穿过炉膛，被激光接收头 3 所接收。当炉料加至控制料位线以上时，遮挡了激光光路，激光接收头感受不到激光，控制电路 4 无信号输出，指示灯 5 不亮，表示炉料已加满，停止加料。当炉料下落至光路以下时，激光接收头 3 又接收到激光，控制电路 4 输出信号，指示灯 5 亮，开始加料。如此往复，起到料位自动检测及控制的作用。

### 7.5.3 γ 射线式料位测量与控制

冲天炉 γ 射线式料位测量与控制原理示意图如图 7-36 所示。在冲天炉需控制的料位线炉壁的两侧，各开一个射线孔，分别安装 γ 射线源 2 和 γ 射线探测头 3。放射源 2 发射出的 γ 射线穿过射线孔，经过炉膛，被探测头 3 接收，然后通过信号处理电路输出检测状态信号。

当炉料低于射线孔以下时，γ 射线穿过炉膛射到探测头 3 上，探测头 3 接收到较强的射线，经过信号处理电路输出信号，指示灯 5 亮，进行自动上料。反之，当炉料高于射线孔时，射线被炉料吸收，探测头 3 接收到的射线强度很弱，经信号处理电路处理，显示灯 5 不亮，停止上料。就这样，利用 γ 射线穿透强弱的变化，达到料位自动测量和控制的目的。

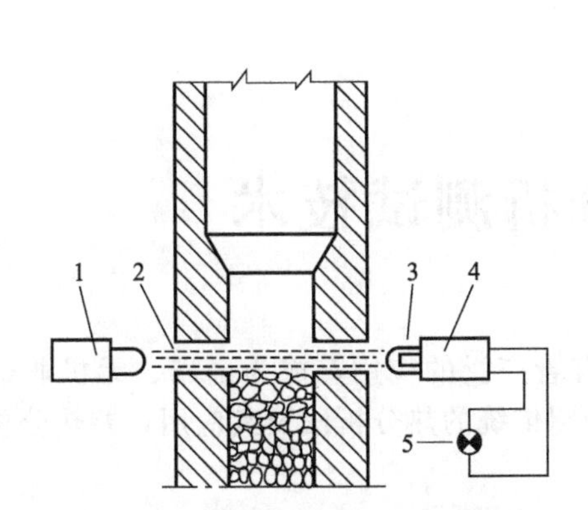


图 7-35　激光式料位测控示意图

1—激光发射头；2—激光光路；3—激光接收头；4—控制电路；5—指示灯

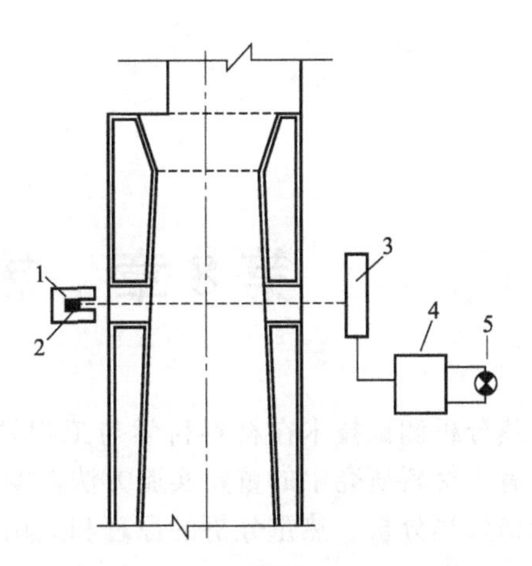


图 7-36　γ 射线料位测控示意图

1—铅盒；2—γ 射线源；3—γ 射线探测头；4—信号处理电路；5—指示灯

# 第8章　热分析测试技术

热分析测试技术在材料科学与工程领域有着广泛的应用，成为金属、无机非金属材料、有机材料研究中的重要实验方法。本章介绍传统的热分析法及其应用，差热分析、示差扫描量热分析、热重分析的原理和应用。

## 8.1　传统热分析法及其应用

### 8.1.1　传统热分析法的基本原理

在研究金属及合金的相变时，根据金属及合金在加热或冷却过程中温度的变化来确定其相变温度，这种方法在本书中称为传统热分析法。

在合金中无论发生哪一种相变，如加热时的熔化，冷却时的凝固，都伴随有热量的吸收或释放，从而使得加热或冷却过程中温度变化的连续性受到破坏，并显示出温度的特征值。也就是说，由于“热效应”的影响，使加热或冷却曲线上出现了“拐点”和“平台”。拐点或平台依热效应的大小而变化，如果在加热或冷却过程中不产生相变，冷却曲线就不会出现拐点或平台。因此，根据冷却或加热曲线就可以确定相变的温度。

图8-1是共晶成分合金的冷却曲线。共晶合金在恒温下结晶，图中水平线段的开始点a表示结晶的开始，线段的终点b表示结晶终了。在缓慢的冷却条件下，水平线段的温度接近于平衡结晶温度。

亚共晶或过共晶成分的合金在某一温度范围内结晶，其冷却曲线上出现拐点，如图8-2所示，这是因为液态合金开始结晶时，伴有热量析出，从而减慢了合金的冷却速度，冷却曲线的斜率减小，曲线上形成了拐点，拐点表示初晶析出，结晶过程开始。当出现第二个拐点或平台时，表示共晶结晶开始，共晶结晶在恒温下进行，因此出现了共晶平台。当共晶转变结束时，凝固完毕，此时冷却曲线上出现第三个拐点。

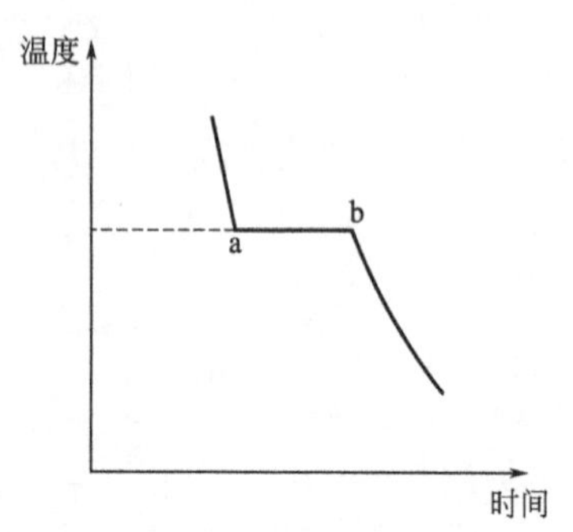

图8-1　共晶合金的冷却曲线

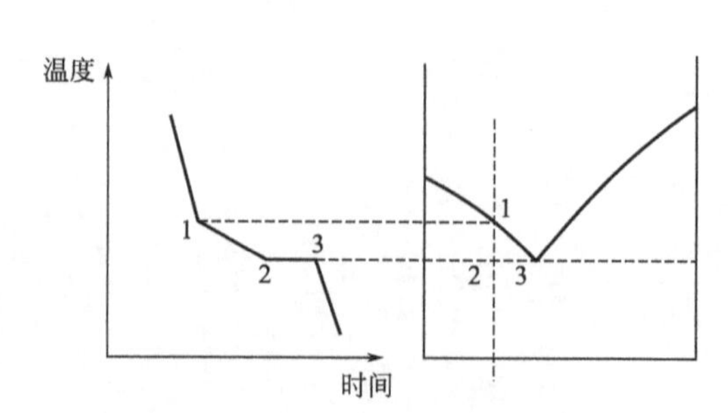

图8-2　亚共晶合金的冷却曲线

在实际测试中，由于各种因素的影响，测得的冷却曲线常常偏离理想情况。例如，液体金属的冷却速度快或其他原因使金属液过冷时，冷却曲线出现过冷谷，然后由于潜热的放出，温度回复上升，如果试样大小合适、金属容量足够，曲线上还能呈现水平段，如图8-3(a)所示；若放出的热量不足以使温度回升而呈现水平段，则会得到如图8-3(b)所示的圆滑过渡、缓慢下降的曲线。另外，由于热电偶的保护管具有一定的厚度，当液体金属温度下降时，热惰性使热电偶的温度稍高于金属试样温度。这样，在金属开始结晶时，热电偶不能立即指示出金属的真实温度，冷却曲线的水平线段开始处略呈圆角。同样，当金属完全凝固时，冷却曲线的水平段结束处亦呈圆角缓慢过渡，如图8-3(c)。

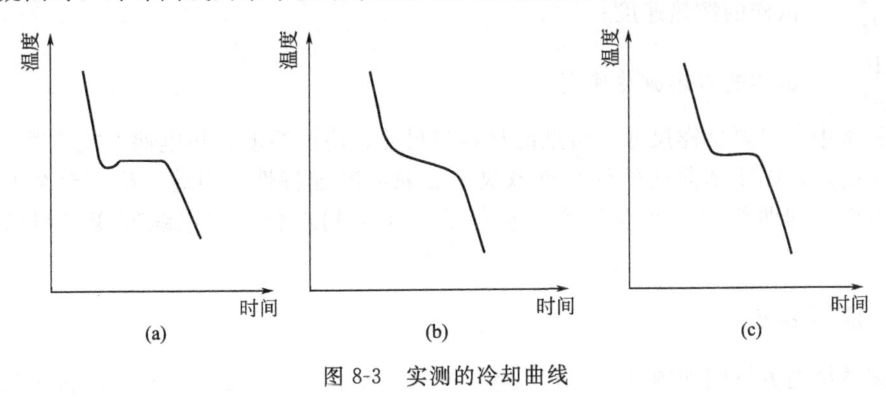


图 8-3 实测的冷却曲线

### 8.1.2 灰铸铁的冷却曲线

工业上使用较多的铸铁材料是亚共晶灰铸铁，在其一次结晶过程中，高碳相全部以片状石墨的形式析出。实测的冷却曲线如图8-4所示。

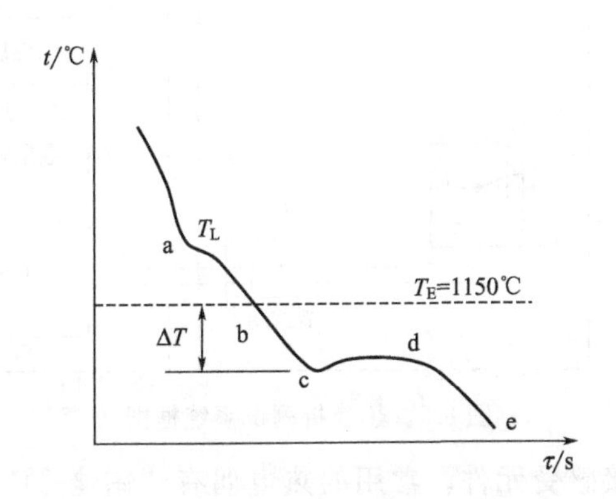


图 8-4 亚共晶灰铸铁的冷却曲线

在图8-4中，$T_L$ 是液相线温度，$T_E$ 是共晶温度。当铁水冷却到 $T_L$ 以下的a点时，冷却曲线上出现拐点，表示初生奥氏体开始析出。随着温度不断下降，奥氏体继续析出。b点温度低于 $T_E$，b点为实际共晶转变开始温度。在共晶转变的初始阶段，由于放出结晶潜热的速度低于散热速度，因此温度继续下降。至c点达到共晶转变的最大过冷度，即共晶停留最低温度。此时，由于共晶转变中晶核的大量形成和生长，放出结晶潜热的速度超过散热速度，引起温度回升，直到共晶停留的最高温度d点。由于过冷度自动减小，使结晶速度以及相应的潜热释放的速度放慢，温度又重新有所下降，至e点整个共晶转变结束，亦即一次结晶凝固终了。

从以上分析可以看出，冷却曲线表示了试样冷却过程中，潜热释放速度与散热速度之间的关系。两者之间有下列三种情况：

当 $\frac{dQ}{d\tau}=\frac{dL}{d\tau}$ 时，冷却曲线出现平台；

当 $\frac{dQ}{d\tau}>\frac{dL}{d\tau}$ 时，冷却曲线连续下降；

当 $\frac{dQ}{d\tau}<\frac{dL}{d\tau}$ 时，冷却曲线出现回升。

式中 $\frac{dQ}{d\tau}$——试样的散热速度；

$\frac{dL}{d\tau}$——试样的潜热放热速度。

在测试中，只要试样尺寸、铸型的材料与尺寸、浇注温度、热电偶安放位置、环境温度等保持稳定，则冷却曲线的形状就取决于金属的凝固特性。因此，根据合金的结晶理论，便能以冷却曲线的形状及温度特征值的变化来判断合金的组织转变过程以及组织结构。

### 8.1.3 测试系统

测试系统的方框图如图 8-5 所示。整个测试系统由一次感受元件和二次仪表两部分组成。一次感受元件包括样杯和热电偶；二次仪表包括数据记录、结果显示等装置。液态金属浇入样杯后，热电偶测得的数据由传输导线送到二次仪表，二次仪表对数据进行处理，最后由记录仪显示“温度-时间”曲线。

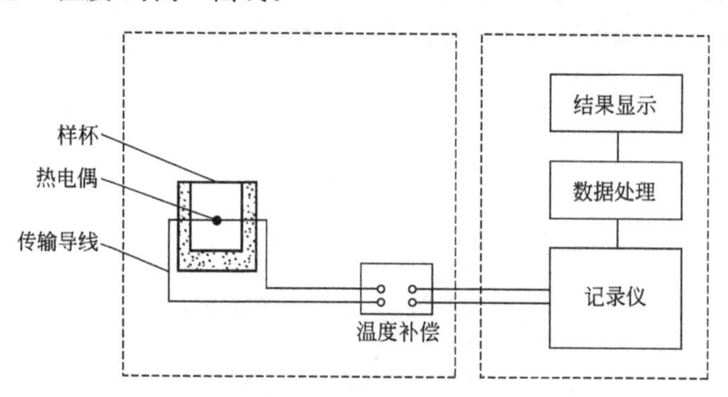


图 8-5 热分析测试系统框图

热电偶是温度的直接感受元件。常用的热电偶有“铂铑-铂”及“镍铬-镍硅”两种：前者大多用于钢、铸铁等高温合金；后者用于铜、铝等中低温合金。热点偶丝直径一般为 0.3～0.6mm，过粗则热惰性大、灵敏度差；过细则强度低、易断。热电偶丝外部用石英玻璃管保护，石英管内径为 1.0～2.0mm，壁厚为 0.5～1.0mm。在测试过程中，应防止金属液进入石英管内，以免影响测试结果，造成失误。

样杯一般多采用壳型，材料为树脂砂、冷硬树脂砂，有时也用合脂砂或油砂的。其壁厚应使之具有合适的冷却速度和足够的强度。样杯的内尺寸决定了铁水的容积（即试样的大小）。尺寸小：铁水量过少，冷却速度较快，冷却曲线上的拐点不明显甚至显示不出来；尺寸大：铁水量过多，冷却缓慢，曲线比较清晰，但测试时间较长。

样杯的结构如图 8-6(a) 所示：测温热电偶的接点位置应在试样的热节中心，尽可能

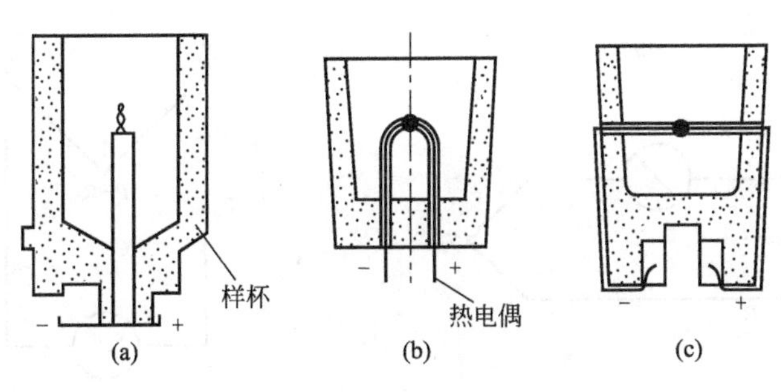


图 8-6　测冷却曲线的样杯结构

排除外界干扰因素，使记录的冷却曲线符合试样金属的凝固模式：另一种结构形式的样杯见图 8-6(b)，热电偶采用 U 形石英玻璃管保护；图 8-6(c) 为一种较新结构形式的样杯，偶丝以单股横穿试样，回收比较容易。

二次仪表分为通用的热分析仪表和专用的热分析仪表，二次仪表的功能是记录热分析曲线、进行必要的数据处理，并通过适当的显示装置输出结果。以往多用电子电位差计记录冷却曲线，目前使用专用的热分析仪，它们不仅可以记录冷却曲线，而且还配备微处理机进行数据处理，最后通过数字和曲线显示或打印出测试结果。

# 8.2　差热分析的原理及其应用

## 8.2.1　差热分析的原理

### (1) 温差电势及温差热电偶

图 8-7 是两种不同导体构成的闭合回路，若两接点的温度分别为 $T$ 和 $T_0$，则在回路中产生热电势，其值为：

$$E_{AB}(T,\ T_0)=f(T)-f(T_0) \tag{8-1}$$

热电势 $E_{AB}$的大小与温度差（$T-T_0$）的大小成正比。如果 $T_0$ 保持恒定，则 $E_{AB}$就是 $T$ 的函数，即

$$E_{AB}(T,\ T_0)=f(T)-C=\varphi(T) \tag{8-2}$$

在上述闭合回路中，热电势 $E_{AB}$即温差电势是接点温度的函数，当 $T=T_0$时，无温差电动势产生，即 $E_{AB}=0$；当 $T\neq T_0$时，有温差电动势产生，即 $E_{AB}\neq 0$。依据上述原理，将高灵敏度的检流计接于这个闭合回路内，见图 8-7，当两接点的温度 $T\neq T_0$时，闭合回路内有电流流动，检流计发生偏转。温差电势的变化可以通过记录仪记录下来，此温度差随时间变化的曲线即为差热分析曲线。

通常可采用温差热电偶测定两接点的温度差。具体的做法是，将构成温差热电偶的两对热电偶的同极对接起来。如图 8-8 所示，将铂铑合金丝分别焊接在两根铂丝上，这样就制成了铂铑-铂温差热电偶。一般低温大多采用镍铬-镍硅热电偶，高温大多采用铂铑-铂热电偶。

### (2) 差热分析及参比物的选用

所谓差热分析（DTA），是将试样和参比物在相同的热条件下加热或冷却，随时间或温度的变化，记录两者间的温度差 $\Delta T$ 的一种分析技术。如图 8-9 所示。

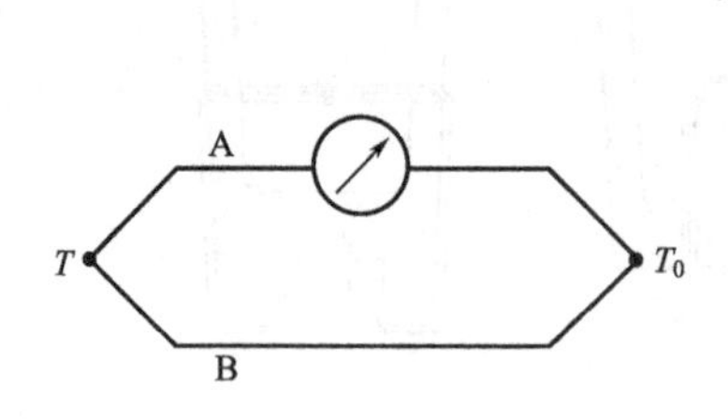


图 8-7　热电偶基本回路

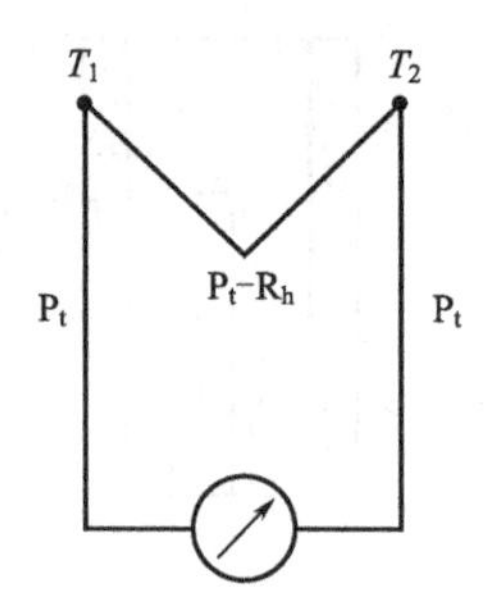


图 8-8　铂铑-铂温差热电偶

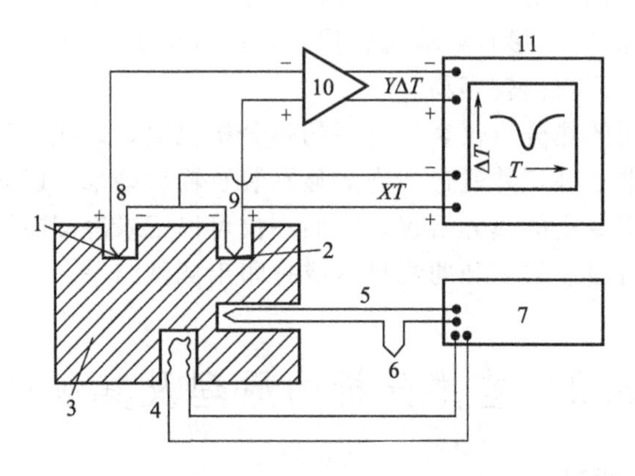


图 8-9　差热分析仪工作原理

1—参比物；2—样品；3—加热块；4—加热器；5—加热块热电偶；
6—冰冷联结；7—温度程控器；8—参比热电偶；9—样品热电偶；
10—放大器；11—记录仪

两个热电偶的同极相连，它们产生的热电势的方向相反。随着炉温的缓慢上升，样品和参比物受热达到稳定状态。如果试样与参比物的温度相同，$\Delta T=0$，那么它们的热电偶产生的热电势也相同。由于反向连接，所以产生的热电势大小相等，方向相反，正好抵消，记录仪上没有信号。如果样品由于热效应的发生而使温度发生变化，而参比物无热效应，这样 $\Delta T\neq 0$，记录仪上记录下 $\Delta T$ 的大小。当样品的热效应（放热或吸热）结束时，样品的温度再次与参比物的温度相同，$\Delta T=0$，信号指示也回到零。

测得的实验数据以 DTA 曲线形式表示，横坐标为时间或温度，纵坐标为试样和参比物之间的温度差。吸热过程以向下的谷表示，放热过程以向上的峰表示。随着时间（或温度）的变化，试样发生任何物理或化学变化时，释放出来的热量使试样的温度暂时升高并超过参比物的温度，从而在 DTA 曲线上产生一个放热峰。反之，一个吸热过程将使试样温度下降，而低于参比物的温度，在 DTA 曲线上产生一个吸热峰。在整个差热分析过程中，参比物起着与被测试样进行比较的作用。

一般来说，试样即使不发生任何物理或化学变化，试样和参比物之间也存在一个小而且稳定的温度差，这主要是由于这两种物质的热容和热传导性不同造成的。当然，也会受到其他许多因素的影响，诸如试样的数量和填充密度等。因此，DTA 还可以用来研究一些既不释放热量也不吸收热量情况下的转变，如当试样热容发生变化时，差热曲线在转变温度上相应出现一个突然的转折。

采用的参比物要和试样的热物性（比热容、热导率）相近，且在测定温度范围内是热惰性的物质。一般采用氧化铝（$Al_2O_3$）烧成的 $\alpha$-$Al_2O_3$，而在试样为有机物和高聚物时，也有用其他物质作参比物的。

**(3) 差热分析仪**

差热分析仪由试样支撑与测量系统、加热炉、温度程序控制器和记录仪四部分组成，见图 8-10。

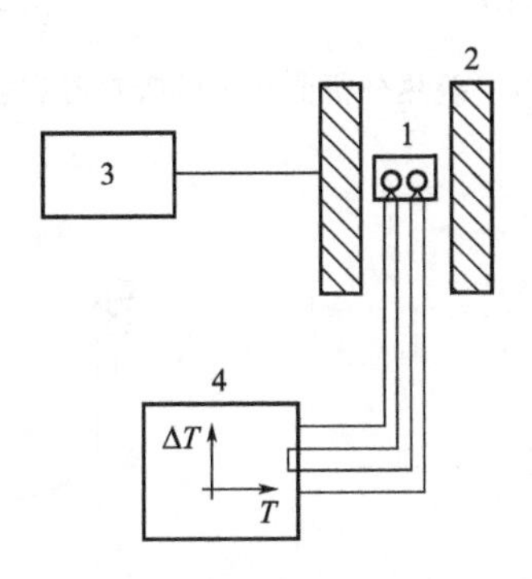


图 8-10 差热分析仪方框图

1—试样支撑与测量系统；2—加热炉；3—温度程序控制器；4—记录仪

① 试样支撑与测量系统　它包括热电偶、坩埚等。有的仪器还有均温块，用来使热量分布均匀，消除试样内的温度梯度。坩埚的材料有硬质玻璃、石英、镍和铂金等，坩埚的选择由实验温度范围和试样的性质而定，参比物和样品分别放在参比物坩埚和样品坩埚内。

② 加热炉　它是具有较大均匀温度区域的热源。温度是程序控制的，并具有一定的升温和降温速率。为避免氧化，通常用 $N_2$、Ne 等惰性气体保护。

③ 温度程序控制器　它根据需要对炉子供给能量，以保证获得线性的温度变化速率。温度变化速率的范围一般为 1～20℃/min。

④ 记录系统　它显示并记录热电偶的热电势信号。目前用微机储存、显示信号，用打印机输出测试结果。

差热分析仪的测试和记录过程概述如下。

a. 在加热炉的升温过程中，如果被测物不发生热效应，则 $T_1=T_2$，没有温度差，在差热电偶回路中无热电势产生，$\varphi(T)=0$。测得的曲线为一直线，它是差热分析的基线。

b. 在加热炉升温过程中，若被测物发生吸热反应，则被测物因吸热而使温度降低。在参比物端无吸热反应，温度将持续上升。结果是参比物温度高于被测物，即 $T_2>T_1$，闭合回路内有温差电势产生。差热分析曲线上形成一个吸热谷，见图 8-11(a)。

c. 若被测物在加热过程中有释热反应，释放的热量将使被测物的温度升高，参比物端没有这种热效应，使得 $T_2<T_1$，此时在差热分析曲线上形成放热峰，如图 8-11(b) 所示。

**(4) DTA 曲线分析**

① 差热曲线分析　图 8-12 所示为简单而又理想的 DTA 曲线的一部分。在炉温升高时，由于试样和参比物的热传导性及比热容的差异产生一个小而稳定的温度差，DTA 曲线以接近直线的方式（AB 段）向前移动，直到试样发生一些物理或化学变化为止。在 B 点上，由于试样发生了放热过程，曲线开始偏离基线，B 点称为反应的起始温度。放热峰

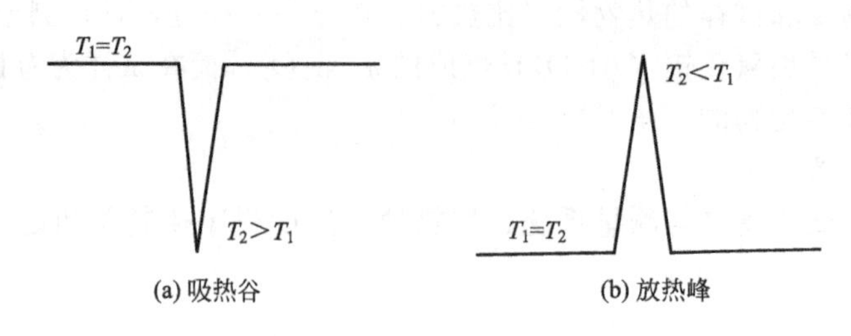


图 8-11　差热分析曲线上的吸热谷和放热峰

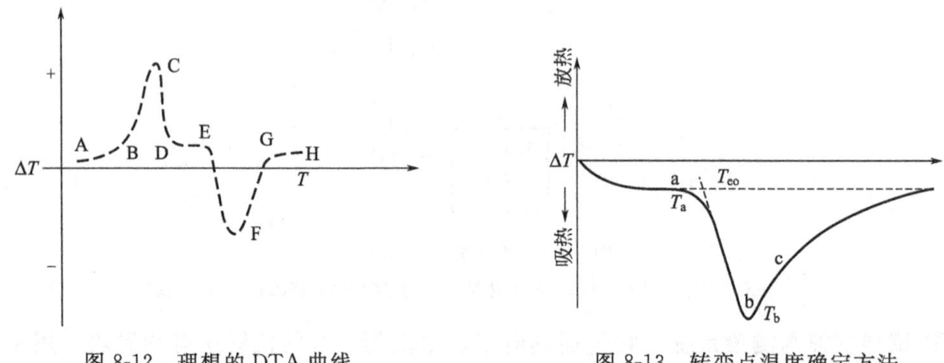


图 8-12　理想的 DTA 曲线　　　　图 8-13　转变点温度确定方法

温度 C 对应于差热电偶测量出来的最大放热速率，但它既不代表反应的最大速度，也不表示放热过程的完成。放热过程产生 BCD 峰，放热过程在 C 和 D 间的某个温度完成，D 点后不再释放热量，曲线出现新的基线 DE。在横坐标上 AB、DE 的高度有所不同，这反映了由于放热过程使试样比热容发生了变化。在 E 点，基线下折，表示吸热过程的开始，继而形成吸热谷 EFG，曲线的水平部分 GH 说明了这一过程已完成且形成了一个新的热稳定相。

② 转变点温度确定　测差热分析曲线的目的之一是确定转变点的温度。确定转变点温度的方法见图 8-13，取曲线陡峭部分的切线与基线延长线的交点 $T_{eo}$ 为 DTA 曲线的转变点，此温度最接近热力学的平衡温度。

③ DTA 曲线峰面积确定　DTA 曲线峰面积是反应热的一种度量。发生热反应时，试样的基本性质（主要是热传导、密度和比热容）发生变化，使热分析曲线偏离基线，这给作图计算面积造成一定困难，难以确定面积的包围线。可以采用如下经验方法确定面积包围线。

a. 见图 8-14(a)，分别作反应开始前和反应终止后的基线延长线，它们离开基线的点分别是反应开始点 $T_i$ 和反应终止点 $T_f$。联结 $T_i$、$P$ 和 $T_f$ 各点，便得到峰的面积。

b. 见图 8-14(b)，作基线的延长线，得 $T_i$ 和 $T_f$ 点。过顶点 $P$ 作基线的垂线，垂线将 DTA 曲线的面积分为面积 $S_1$ 和 $S_2$。图中的阴影部分，即 $S_1+S_2$ 为峰面积。这种求面积的方法是认为在 $S_1$ 中去掉的部分由 $S_2$ 中多余的部分补偿。

c. 见图 8-14(c)，由峰两侧曲率最大的两点间连线得到峰面积，即图中的 ABC 的面积。这种方法只适用于对称峰。

d. 见图 8-14(d)，在图中的 $C$ 点作切线的垂线，所得面积 BCD 作为所求峰面积。

在上述的实例中，DTA 峰具有规则的形状，并且峰与峰之间很好地分开。但实际上

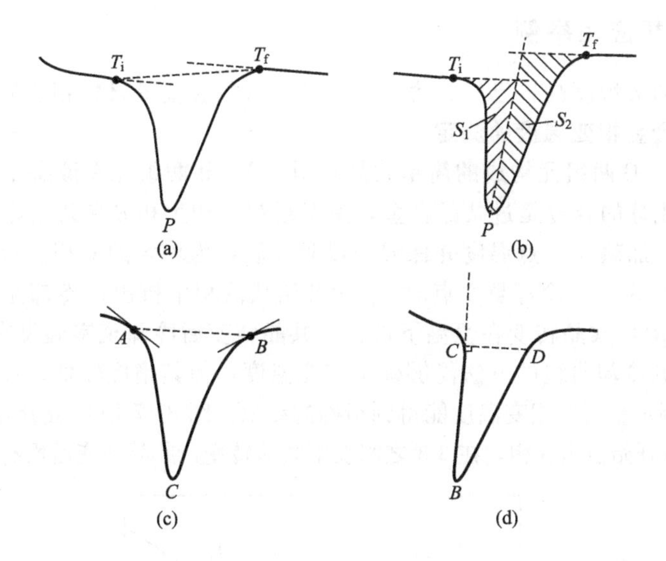


图 8-14　峰面积计算方法

常常不是如此，往往出现重叠和交错的峰。使解释这些峰产生了一定困难，改变实验条件可以改善峰的位置和增加峰的清晰度，例如：改变加热速度、稀释试样、增加或降低气体的压力等。解释 DTA 曲线常常需要熟练的技术和一定经验，除了最简单的体系外，不借助其他测试手段所得的结果来解释 DTA 曲线是很不可靠的。

**(5) 影响差热分析曲线的因素**

① 均温块的材质　均温块的主要作用是传热，均温块的材质是影响热分析曲线形状的重要因素之一，目前制作均温块的材料有镍、铝、银、铂、镍铬合金和陶瓷等。

② 热电偶　热电偶以各种方式影响着 DTA 曲线，如热电偶的位置、类型和尺寸。圆柱试样的中心部位与表面有温差，这不仅与材料本身性质有关，并且还与升温速率有关。热电偶在试样的位置不仅影响峰温，而且也影响峰的形状和大小。热电偶的类型和尺寸影响热量从热电偶中散出，因此改变峰面积。

③ 升温速率　提高升温速率将使 DTA 曲线的峰值增高，峰面积也有一定程度提高。提高升温速率将降低相邻反应的分辨率，例如：在慢速升温时，有明显分开的几个阶段，而快速升温时便合并为一个阶段。快速升温可能导致气体反应产物来不及逸出，改变了炉内气体的组成，因而也影响反应速率。

④ 炉内气体　试验中如果反应产物使试样周围的气体状态（组成、分压）发生变化，则会影响 DTA 曲线的形状。

⑤ 试样　试样的热物性，如热导率、比热容、密度等影响传热，因而影响峰面积。试样质量一般在几毫克至几百毫克，增加试样质量，峰面积增加不大。减少试样质量对峰的分离是有利的，还可允许适当提高升温速率。

⑥ 参比物　参比物的热物性影响 DTA 曲线。当参比物的热物性与试样十分相近时，DTA 曲线的基线偏离很小；两者相差较大时，基线偏离增大。

⑦ 试样预处理　试样预处理对热分析曲线可能产生明显影响。例如：某高聚物第一次升温测得的 DTA 曲线上玻璃化转变温度 $T_g$ 很不明显，但升温超过 $T_g$ 后缓冷；第二次升温便出现明显的玻璃化转变温度。

### 8.2.2 差热分析应用举例

差热分析仪的灵敏度高，已经成为研究钢铁、有色合金等材料相变的有效手段。

**(1) 过共晶合金相变温度的测定**

图 8-15 是 A、B 两组元构成的简单共晶相图，A、B 两组元在液态下完全互溶，在固态下不互溶。C 成分的合金是过共晶合金，室温组织由初生相 $\beta$ 和共晶体（$\alpha+\beta$）组成。

C 成分的合金加热到 1 点温度并保温一段时间后，为均匀的液相。合金缓慢冷却，测得的冷却曲线见图 8-16。冷却至 2 点时，$\beta$ 相开始从液相中析出；冷却至 3 点时，发生共晶转变 $L\rightarrow(\alpha+\beta)$，共晶转变在恒温下进行；共晶转变后冷却至室温没有新相析出。

尽管用上述测冷却曲线的方法能够确定转变温度，但其精度较低。差热分析的灵敏度高，用差热分析测定金属的相变温度能得到精确的结果。图 8-17 是 C 成分合金的差热分析曲线，冷却至 2 点时开始析出 $\beta$ 相，在 3-3′之间发生共晶转变，共晶转变后没有新相析出。

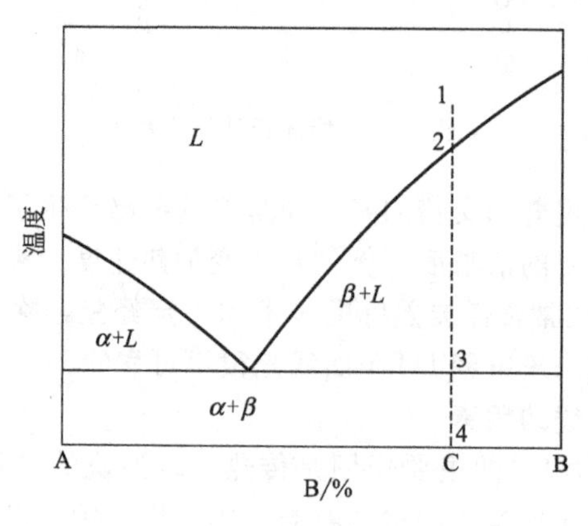


图 8-15 二元共晶相图

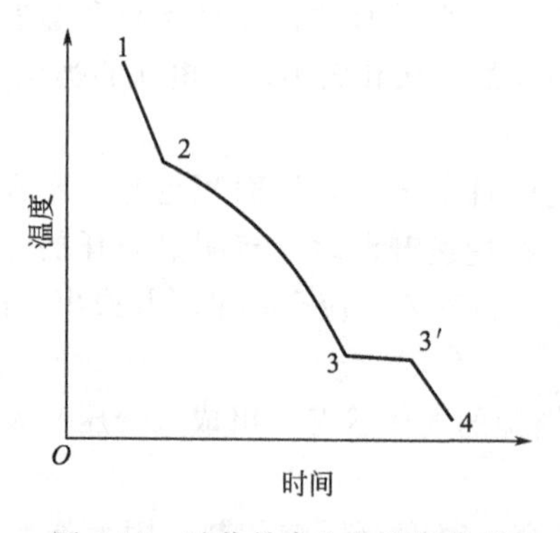


图 8-16 过共晶合金的冷却曲线

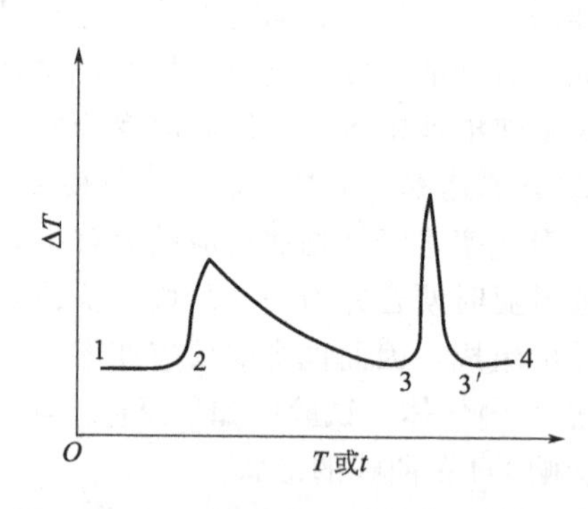


图 8-17 过共晶合金的 DTA 曲线

**(2) 亚共析钢固态相变的测定**

在图 8-18 中，曲线 1 是试样的冷却曲线；曲线 2 是参比物的冷却曲线；曲线 3 是试样的差热分析曲线。由曲线 1 可见，当温度达到 $A_{r_3}$ 时，先共析铁素体开始析出；当温度达到 $A_{r_1}$ 时，开始共析转变。由曲线 2 可见，参比物在冷却中不发生任何相变，参比物的温度均匀下降。曲线 3 是试样的差热分析曲线，是由曲线 1 和曲线 2 的温度相减得到的。铁素体析出和共析转变使差热分析曲线上出现两个放热峰。

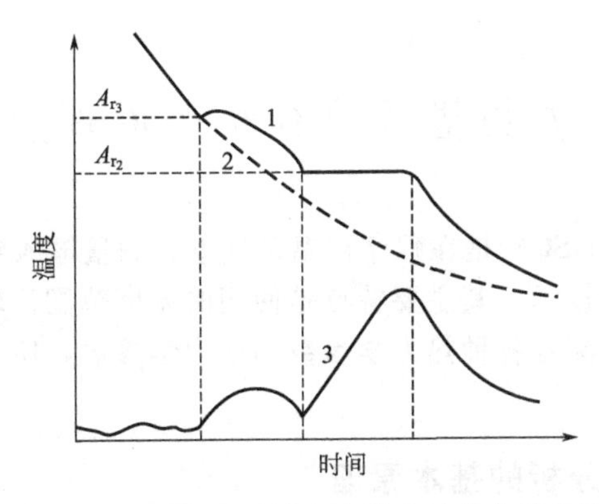


图 8-18　亚共析钢的冷却曲线和差热分析曲线

**(3) 二元相图测定**

图 8-19(a) 是一个包括共晶、包晶转变的二元相图，图 8-19(b) 是相图中 1，2，3…8 点合金的差热分析曲线。

曲线 1 表示 B 组元的多型性转变。

曲线 2 表示化合物 D 加热过程的转变，其熔点高于附近成分的合金，峰形尖锐。

曲线 3 表示共晶成分合金在共晶点处转变为液相，此共晶转变热效应最大，峰形尖锐。

曲线 4 表示成分介于共晶点与包晶点之间的合金加热过程的转变，共晶峰面积较小，峰形一直延续到熔化。

曲线 5 的合金，第一个峰表示以化合物为基的固溶体 $C_{(ss)}$ 和中间化合物 D 转变为 $C_{(ss)}+L$；第二个峰相应于包晶转变温度；第三个峰表示部分 $A_{(ss)}$ 变为 L，直至全部为 L。

曲线 6 第一个峰值对应于 $C_{(ss)}$ 在包晶温度下分解为 $A_{(ss)}$ 和 L，即是以化合物为基的固溶体在包晶温度下熔化，此热效应较大；第二个峰为 $A_{(ss)}+L \rightarrow L$，峰形略宽。

曲线 7 的第一个峰对应于 $A_{(ss)}+C_{(ss)} \rightarrow A_{(ss)}+L$，反应热效应较小；第二个峰值对应于 $A_{(ss)}+L \rightarrow L$，峰形较宽。

曲线 8 的第一个峰形平坦不明显，即为 $A_{(ss)}+C_{(ss)} \rightarrow A_{(ss)}$；第二个峰较宽且明显，表示为 $A_{(ss)}+L \rightarrow L$。

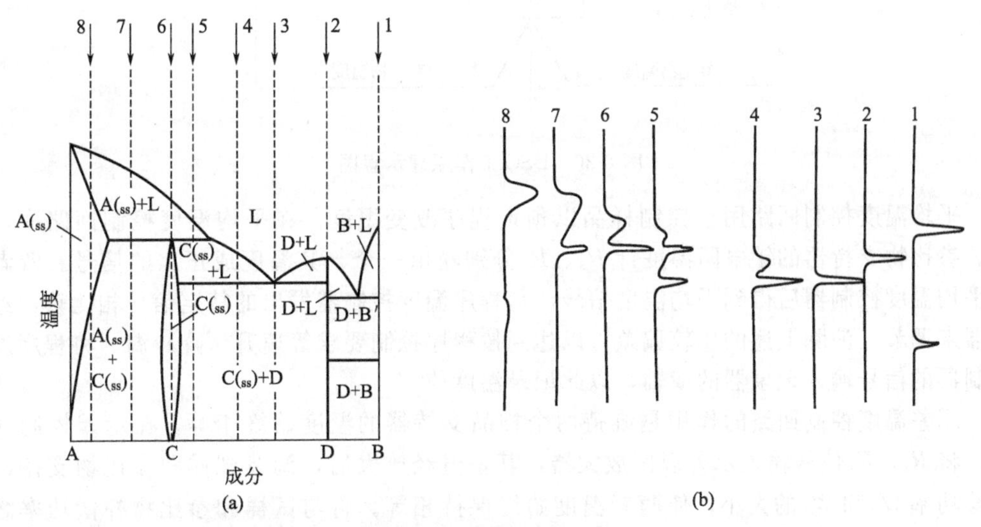


图 8-19　二元合金相图及相应的 DTA 曲线［脚注 (ss) 表示固溶体］

# 8.3 示差扫描量热分析的原理及其应用

示差扫描量热分析（DSC）是在程序控温条件下，测量输入到试样和参比物的功率差与温度的关系的一种测试技术。其主要特点是使用的温度范围比较宽、分辨能力高和灵敏度高。由于它们能定量地测定各种热力学参数和动力学参数，所以在应用科学和理论研究中获得广泛的应用。

## 8.3.1 示差扫描量热分析的基本原理

DSC的主要特点是试样和参比物分别具有独立的加热器和传感器。整个仪器由两个控制系统进行监控：其中一个控制温度，使试样和参比物在预定的速率下升温或降温；另一个用于补偿试样和参比物之间所产生的温差。这个温差是由试样的放热或吸热效应产生的。通过功率补偿使试样和参比物的温度保持相同，这样就可由补偿的功率直接计算出热流速率。

示差扫描量热仪由两个控制回路组成：平均温度控制回路、示差温度控制回路，见图8-20。

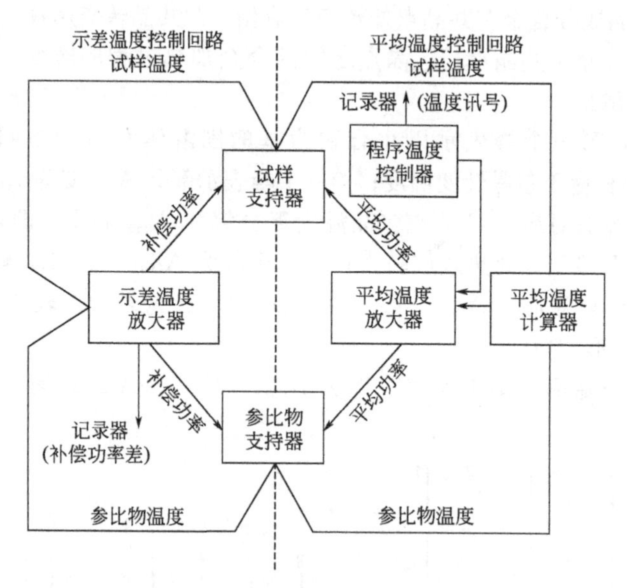


图 8-20 DSC 工作原理示意图

平均温度控制回路用于控制样品以预定程序改变温度。在平均温度控制回路中，试样、参比物支持器的铂电阻温度计 $R_s$、$R_r$ 分别输出一个与其温度成正比的信号。两者输入平均温度控制器后得到平均温度信号，与程序温度控制器发出的特定信号相比较，经放大器来调节，消除上述的比较偏差，以达到按程序控制要求等速升（降）温。将程序温度控制器的信号输入记录器的横轴，以此记录温度值。

示差温度控制回路的作用是维持两个样品支持器的温度始终相等。在示差控制回路中，将 $R_s$、$R_r$ 信号输入示差温度放大器，其差值经放大后，调节试样和参比物支持器的补偿功率 $W_s$ 和 $W_r$ 的大小，使两者温度始终保持相等。将与试样和参比物补偿功率之差成正比的信号输入到记录器，以此得到DSC曲线的纵坐标。

平均温度控制回路与示差温度控制回路交替工作，受时基同步控制电路所控制，交替次数一般为 60 次/s。

### 8.3.2　影响 DSC 曲线的因素

**(1) 影响测试结果的因素**

影响示差扫描量热分析结果的因素与差热分析基本相同。由于它用于定量测定，因此实验因素的影响显得更为重要，其主要的影响因素有下列几个方面。

① 升温速率　程序控制升温速率主要影响 DSC 曲线的峰温和峰形。一般来说，升温速度越大，峰温越高，峰形越大、越尖锐。

② 气体性质　在实验中，一般对所通气体的氧化还原性和惰性比较注意，而往往容易忽视其对 DSC 峰温和热焓值的影响。实际上，气体的影响是比较大的，例如，在 He 气中测得的起始温度和峰温都比较低。不同的气体对热焓值的影响也存在着明显的差别，例如，在 He 气中所测定的热焓值只相当于在其他气体中的 40%左右。由此可见，选择合适的实验气体是至关重要的。

③ 试样特性的影响　下面将分别讨论试样的用量、粒度等对测试结果的影响。

a. 试样用量是一个不可忽视的因素。通常用量不宜过多，否则会使试样内部传热慢、温度梯度增大，导致曲线的峰形扩大和分辨力下降。

b. 粒度的影响比较复杂。由于大颗粒的热阻较大，而使试样的熔融温度和熔融热焓偏低。但是当结晶的试样研磨成细颗粒时，往往由于晶体结构的歪曲和结晶度的下降也可能导致相类似的结果。带静电的粉状试样，由于粉末颗粒间的静电引力使粉末形成聚集体，会引起熔融热焓变大。

c. 在高聚物的研究中，发现试样几何形状的影响十分明显。例如：用 0.05mg 的试样测定聚乙烯的熔点，当试样厚度从 1μm 增至 5μm 时，其峰温可增高 1.7℃。

d. 许多材料如高聚物、液晶等往往由于热历史的不同而产生不同的晶型或相态（包括亚稳态），以致对 DSC 曲线有较大的影响。如液晶化合物 $CPH_xOB$ 加热熔融后以缓慢的速度冷却，测得它的升温 DSC 曲线见图 8-21(a)。但是在加热熔融后以快速冷却，测得它的升温曲线，却有两个相互重叠的峰，见图 8-21(b)。这个例子说明在研究液晶化合物的相态和相变温度时控制好试样的热历史条件十分重要。

e. 一般情况下应尽可能避免采用稀释剂，稀释剂的性质对温度和热焓有影响。

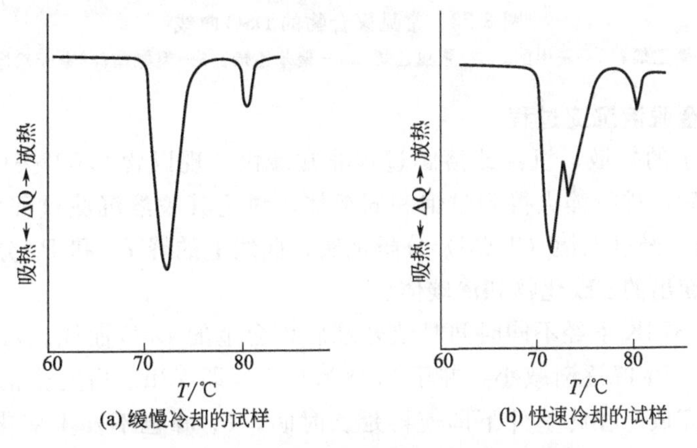


图 8-21　$CPH_xOB$ 的 DSC 曲线

**(2) 实验方法**

DSC 的实验方法在许多方面与 DTA 相同，但需要注意以下问题。

① 试样量通常在 10mg 以下，用十万分之一天平称量。通常，动态气体优于静态气体，采用动态气体时，气体流量一般为 20ml/min 左右。

② 常用坩埚有敞口式和密封式。完全密封的坩埚用于液态试样和蒸气压高的固体试样。普通密封坩埚能承受 202.6～303.9kPa 的压力。对于易氧化的试样，用惰性气体封装。固体样品宜制成薄膜、薄片或细小颗粒。当测量液体的常压沸点时，应事前在密封盖上打直径为 0.5～1.0mm 的孔。

③ 在处理实验数据时，峰面积的测量常用的方法和 DTA 相同。

## 8.3.3 示差扫描量热法的应用

示差扫描量热法使用温度范围宽、灵敏度高，能定量地测定热焓、熵和比热容等参数，在材料科学研究中获得广泛的应用。下面举例说明示差扫描量热法的应用。

**(1) 在高分子材料上的应用**

利用 DSC 能测得聚合物材料在升温过程中的热行为和许多物性数据。如图 8-22 中，132℃、178℃时产生的峰是熔融吸热峰；曲线 2 至曲线 5 对应的基线转折温度是－77℃、85℃、105℃、－59℃、148℃。

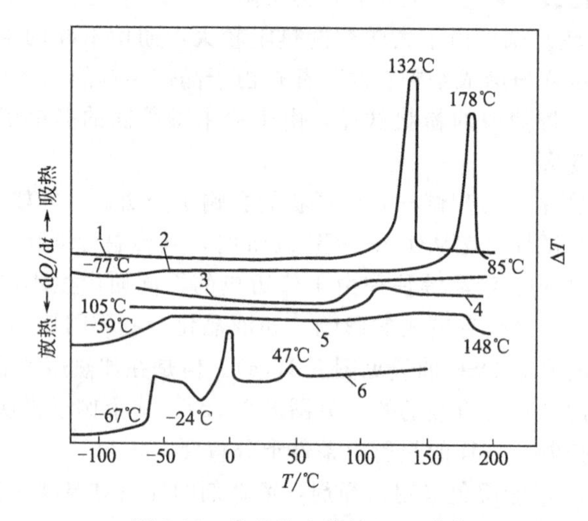


图 8-22 常见聚合物的 DSC 曲线

1—聚乙烯；2—聚甲醛；3—聚氯乙烯；4—聚苯乙烯；5—聚氨酯；6—天然橡胶

**(2) 研究合金脱溶沉淀过程**

固态合金原子的扩散、沉淀或溶解过程非常缓慢。现以含 0.023%C 的 Fe-C 合金为例，将试样退火后，进行淬火得到过饱和固溶体，讨论其脱溶沉淀过程。图 8-23 为试样的升温 DSC 曲线。经过电镜（TEM）分析证实，曲线上的峰 $P_1$ 和 $P_2$ 分别对应于从过饱和 $\alpha$ 固溶体中沉淀出的 ε 碳化物和渗碳体。

图 8-24 是在 373K 下经不同时间时效处理后该合金的 DSC 曲线。可以看出，随着等温时效时间延长，$P_1$ 峰逐渐减小，并于 $2.59\times10^5$s（即 72h）后完全消失，这时 ε 碳化物沉淀过程即告完成。在此条件下即使再延长时间，$P_2$ 峰也不发生变化。即在 373K 下很难形成渗碳体。

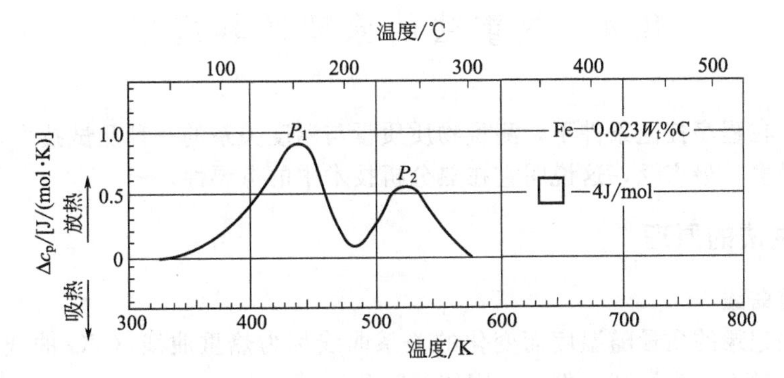


图 8-23　0.023%C 的 Fe-C 合金的 DSC 曲线

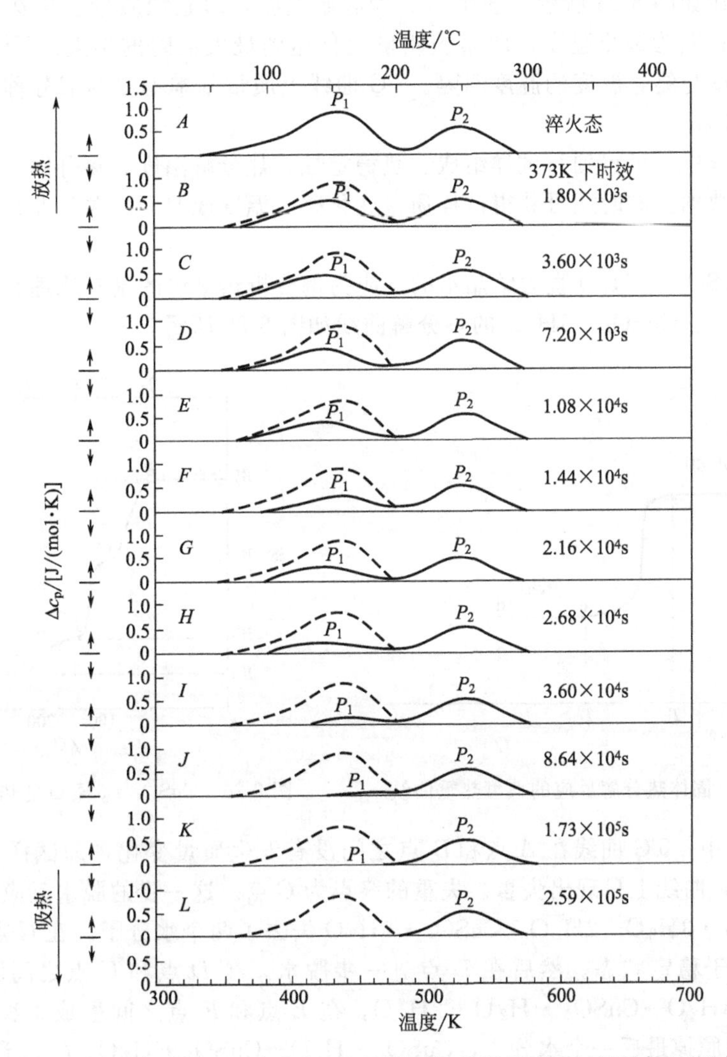


图 8-24　0.023%C 的 Fe-C 合金在 373K 下时效处理经不同时间后的 DSC 曲线

# 8.4 热重法的原理及其应用

热重法是在程序控温条件下，测量物质质量与温度关系的一种测试技术。在热分析技术中使用得最多、最广泛，这说明它在热分析技术中的重要性。

## 8.4.1 热重法的原理

### (1) 热重曲线

由热重法记录的质量随温度而变化的关系曲线称为热重曲线（TG 曲线），曲线的纵坐标为质量，横坐标为温度。例如：固体的热分解反应为：

$$A(固)\longrightarrow B(固)+C(气)$$

其热重曲线如图 8-25 所示。图中，$T_i$为起始温度，即累积质量变化达到热天平可以检测时的温度；$T_f$为终止温度，即累积质量变化达到最大值时的温度。$T_i \sim T_f$为反应区间内，起始温度与终止温度的温度间隔。TG 曲线上质量基本不变的部分称为平台，如图 8-25 中的 *ab* 和 *cd*。

从热重曲线中，可得到与试样组成、热稳定性、热分解温度、热分解产物和热分解动力学等有关的数据。同时还可获得试样质量变化率与温度或时间的关系曲线，即热重微分曲线。

下面以 $CuSO_4 \cdot 5H_2O$ 脱去结晶水的反应为例分析热重法的基本原理和两种类型热重曲线之间的关系。$CuSO_4 \cdot 5H_2O$ 的热分解曲线如图 8-26 所示。

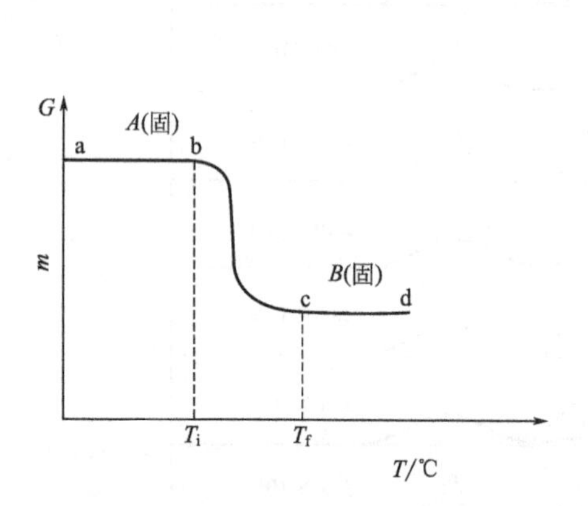


图 8-25 固体热分解反应的典型热重曲线

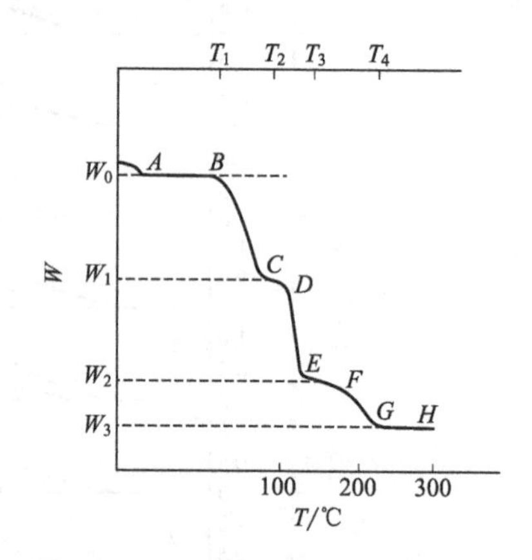


图 8-26 $CuSO_4 \cdot 5H_2O$ 的热重曲线

在图 8-26 中，TG 曲线在 *A* 点和 *B* 点之间没有发生质量变化，即试样是稳定的。在 *B* 点开始脱水，曲线上呈现出失重。失重的终点为 *C* 点。这一步的脱水反应为：$CuSO_4 \cdot 5H_2O \rightarrow CuSO_4 \cdot 3H_2O + 2H_2O$，$CuSO_4 \cdot 5H_2O$ 失去了两个水分子。在 *C* 点和 *D* 点之间试样再一次处于稳定状态。然后在 *D* 点进一步脱水。在 *D* 点和 *E* 点之间脱掉两个水分子，$CuSO_4 \cdot 3H_2O \rightarrow CuSO_4 \cdot H_2O + 2H_2O$。在 *E* 点和 *F* 点之间生成了稳定的化合物，从 *F* 点到 *G* 点脱掉最后一个水分子，$CuSO_4 \cdot H_2O \rightarrow CuSO_4 + H_2O$。*G* 点到 *H* 点的平台表示形成稳定的无水化合物。

利用热重法测定试样时，往往开始有一个很小的质量变化，这是由试样所存在的吸附水或溶剂引起的，见图8-26。

根据热重曲线上各平台之间的质量变化，可计算出试样各步的失重质量，参见图8-26。当温度升至$T_1$时产生第一步失重，第一步失重质量为（$W_0-W_1$），其失重百分数为：

$$\frac{(W_0-W_1)}{W_0}\times 100\% \tag{8-3}$$

式中　$W_0$——试样原始质量；

$W_1$——第一次失重后试样的质量。

第一步反应终点的温度为$T_2$，在$T_2$，形成稳定相$CuSO_4\cdot 3H_2O$。此后，失重从$T_2$到$T_3$，在$T_3$，生成$CuSO_4\cdot H_2O$。再进一步脱水一直到$T_4$，在$T_4$，无水硫酸铜生成。根据热重曲线上的各步失重质量可以很简便地计算出各步的失重百分数，从而判断试样的热分解机理和各步的分解产物。从热重曲线可看出热稳定性温度区、反应区、反应所产生的中间体和最终产物。该曲线也适合于化学量的计算。

**（2）热重微分曲线**

在热重曲线上，水平部分表示质量是恒定的，曲线斜率发生变化的部分表示质量的变化，因此从热重曲线可得出热重的微分曲线。热重微分曲线（DTG曲线）表示质量随时间的变化率（$dW/dt$），见图8-27，它是温度或时间的函数：

$$dW/dt=f(T)\text{或}dW/dt=f(t) \tag{8-4}$$

TG曲线与DTG曲线的对应关系见图8-28。DTG曲线的峰面积与失重质量成正比，因此可以从DTG的峰面积算出失重质量。

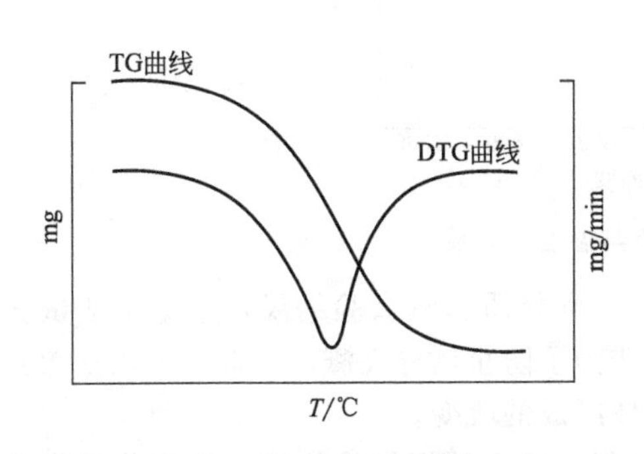


图8-27　TG、DTG曲线的关系

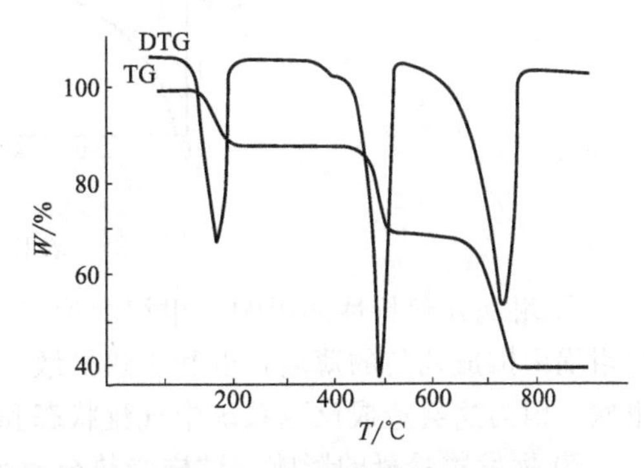


图8-28　$CaC_2O_4\cdot H_2O$的TG、DTG曲线

下面讨论$CaC_2O_4\cdot H_2O$的热分解过程。

含有一个结晶水的草酸钙的热重曲线和热重微分曲线，如图8-28所示。$CaC_2O_4\cdot H_2O$在100℃以前没有失重现象，其热重曲线呈水平状，为TG曲线中的第一个平台。在100℃和200℃之间失重并开始出现第二个平台，$CaC_2O_4\cdot H_2O \longrightarrow CaC_2O_4+H_2O$，这一步相当于1mol $CaC_2O_4\cdot H_2O$失掉1mol $H_2O$。在400℃和500℃之间失重并开始呈现第三个平台，$CaC_2O_4 \longrightarrow CaCO_3+CO$，相当于1mol $CaC_2O_4$分解出1mol CO。在600℃和800℃之间失重并出现第四个平台，$CaCO_3 \longrightarrow CaO+CO_2$，为$CaCO_3$分解成CaO和$CO_2$的过程。实际测定的TG和DTG曲线与实验条件，如加热速率、气体、试样质量、试样纯度和试样粒度等密切相关，TG曲线的形状和正确的解释取决于恒定的实验条件。最主要的是精确测定TG曲线开始偏离水平时的温度即反应的开始温度。

### 8.4.2 影响热重分析的因素

热重分析数据受仪器结构、实验条件和试样本身的影响。

**(1) 仪器因素**

① 浮力的影响　试样周围的气体随温度升高而膨胀，密度减小，因而引起浮力减小。300℃时的浮力约为室温时的 1/2 左右，而 900℃时为 1/4 左右。可见，在试样质量没有变化的情况下，由于升温，似乎试样质量在增加，这种现象称为表观增重。其值可用式(8-5) 表示：

$$\Delta W = V \cdot d(1-273/T) \tag{8-5}$$

式中　$\Delta W$——表观增重；

$V$——试样、试样容器和支持器的体积之和；

$d$——试样周围气体在 273K 时的密度；

$T$——热力学温度。

该式以 273K 为准，这时的表观增重为零。表观增重与温度的关系见图 8-29，200℃以前增重迅速，超过 200℃呈线性关系。

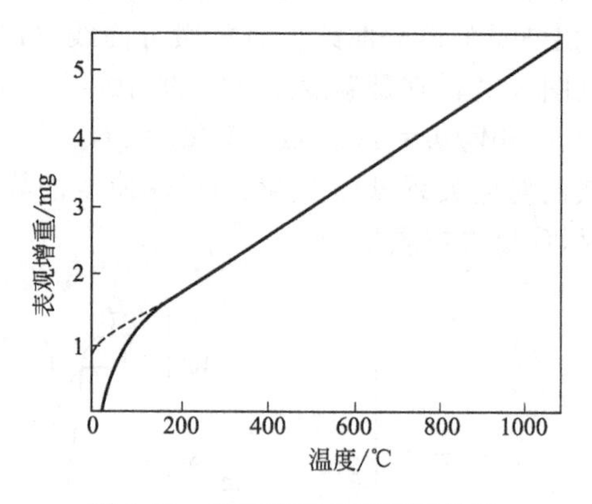


图 8-29　表观增重与温度的关系

② 坩埚几何特性的影响　坩埚的形状、尺寸和材质影响试验结果，应尽量使试样在浅坩埚中摊成均匀的薄层，以利于热扩散。除非为了防止试样飞溅，一般不采用加盖封闭坩埚，因为这会造成反应系统中气流状态和气体组成的改变。

③ 挥发物冷凝的影响　试样受热分解或升华，逸出的挥发物往往在热重分析仪的低温区冷凝，这不仅污染仪器，而且使实验结果产生严重的偏差。

④ 温度测量上的误差　在分析中，热电偶不与试样直接接触，而置于试样坩埚的凹穴中，因此会因为温度滞后而产生误差。

**(2) 实验条件**

① 升温速率　升温速率对热重法的影响比较大，升温速率越大，所产生的热滞后现象越严重，往往导致热重曲线上的起始温度 $T_i$ 和终止温度 $T_f$ 偏高。三种不同的升温速率对 $CaC_2O_4 \cdot H_2O$ 热重曲线的影响见图 8-30，随着升温速率的增大 $T_i$ 和 $T_f$ 都增高。一般来说，在热重法中，采用高的升温速率对热重曲线的测定不利，但是如果试样少还是可以采用较高的升温速度。

② 气体的影响　气体对 TG 曲线有明显影响，图 8-31 是一种聚酰亚胺分别在静态空气和氮气中测定的结果。

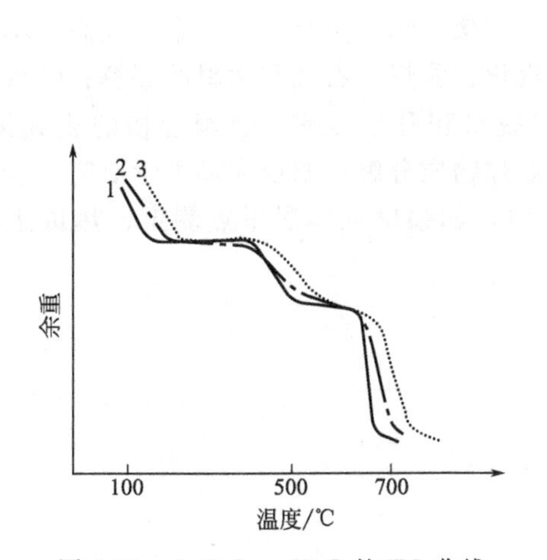


图 8-30 $CaC_2O_4 \cdot H_2O$ 的 TG 曲线
（升温速率为：1. 2.5℃/min；
2. 5.0℃/min；3. 10℃/min）

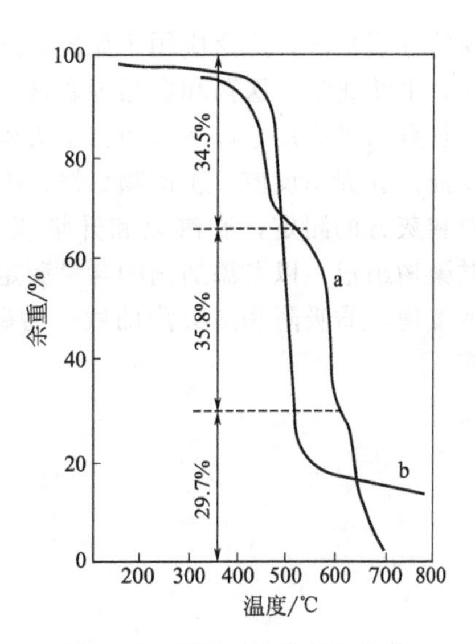


图 8-31 聚酰亚胺的 TG 曲线
（a. 空气；b. 氮气）

③ 试样质量与粒度的影响 在热重法中，试样用量应在热重分析仪灵敏度范围内尽量小，试样用量大会影响分析结果。图 8-32 是不同用量的 $CuSO_4 \cdot 5H_2O$ 的 TG 曲线。用量少所测得的结果比较好，TG 曲线上反映热分解反应中间过程的平台明显。因此，为了提高检测的灵敏度应采用少量试样，以得到较好的检测效果。

粒度也影响 TG 曲线。粒度越细反应面积越大，反应起始和结束的温度降低。图 8-33 表示粉碎和未粉碎的碳酸锰 $MnCO_3$ 的 TG 曲线。未粉碎试样（b）在 570℃分解，经一极大值后回落到 830℃达到一平台；而粉碎试样（a）分解是在 390℃开始，到 690℃形成平台。试样粒度大往往得不到较好的 TG 曲线。

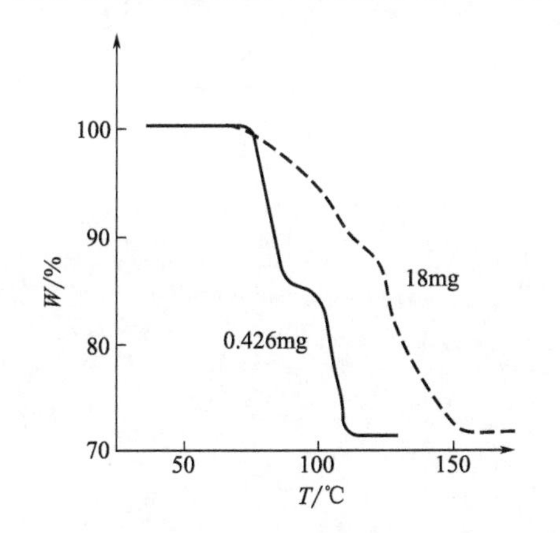


图 8-32 不同用量的 $CuSO_4 \cdot 5H_2O$ 的 TG 曲线

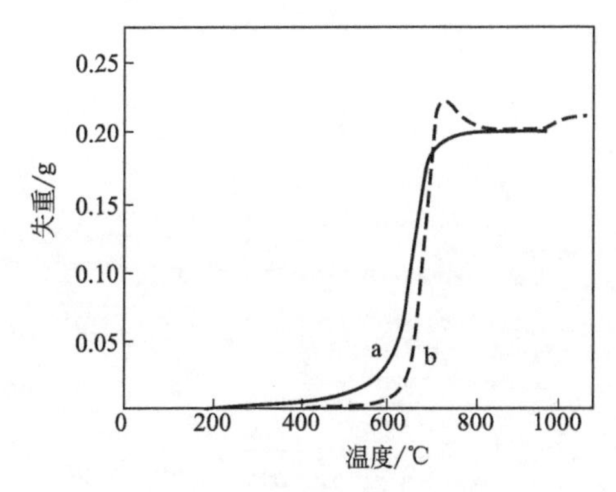


图 8-33 碳酸锰试样的 TG 曲线
（静态空气，6℃/min，0.6g 试样；
a. 粉碎，b. 未粉碎）

### 8.4.3 热重法的应用

由于热重法可精确测定质量的变化，所以它也是一种定量分析方法。热重法已成为很重要的分析手段，广泛应用于无机化学和有机化学、高聚物、冶金、地质、陶瓷、石油、煤炭、生物化学、医药和食品等领域。

热重法可应用于许多方面：①无机、有机和聚合物的热分解；②金属在高温不同气体的腐蚀；③固态反应；④矿物焙烧；⑤液体汽化；⑥煤、石油和木材的裂解；⑦湿气、挥发物和灰分的测定；⑧汽化和升华速率；⑨脱水和升华速率；⑩聚合物的热氧化裂解；⑪共聚物组成，以及添加剂的含量测定；⑫爆炸物质分解；⑬反应动力学研究；⑭新化合物的发现；⑮吸附和解吸附曲线；⑯磁学性质，如强磁性体居里点测定、热重法的温度标定。

# 第 9 章　无损检测及表面质量检测技术

本章介绍无损检测及表面质量检测技术。包括射线探伤、超声波探伤、磁粉探伤和涡流探伤的基本原理、检测方法和应用，金属材料耐磨性和耐腐蚀性的检测方法。

## 9.1　射线探伤

射线的种类很多，X 射线、γ 射线、α 射线、β 射线、电子射线和中子射线等。射线探伤主要使用 X 射线、γ 射线，它们有较强的穿透物体的能力。X 射线与 γ 射线的区别只是发生方法不同，它们都是波长很短的电磁波，两者的本质是相同的。

射线在穿透物体的过程中受到吸收和散射，所以，穿透物体后的强度小于穿透前的强度。衰减的程度由物体的厚度、物体的材质决定。当厚度相同的板材含有气孔时，有气孔的部分不吸收射线，容易透过。相反，如果混进容易吸收射线的异物时，这些地方射线就难以透过。因此，根据穿透物体前后射线的强度就能确定缺陷的种类和位置。

射线探伤的主要方法有射线照相法探伤和射线实时图像法探伤。

### 9.1.1　射线的发生及衰减

**(1) X 射线的发生**

X 射线管是一种两极电子管，其原理如图 9-1 所示。将阴极灯丝通电，使之白炽，电子就在真空中放出。假如两极之间加几十千伏以至几百千伏的电压（叫做管电压）时，电子就从阴极向阳极的方向加速飞行，而具有很大的动能。当电子撞击阳极金属时，其能量的大部分转变成热量，一部分转变为 X 射线能，透过 X 射线管的管壁向外面发射。受电子撞击的地方，即 X 射线发生的地方叫做焦点。电子从阴极移向阳极；而电流则相反，是从阳极向阴极流动，这个电流叫做管电流。只要调节灯丝加热电流就可以调节管电流，管电压的调节是靠调整 X 射线装置主变压器的初级电压来实现。

X 射线管发生的 X 射线如图 9-2 所示。它由连续的部分（叫做连续谱）和波长范围极

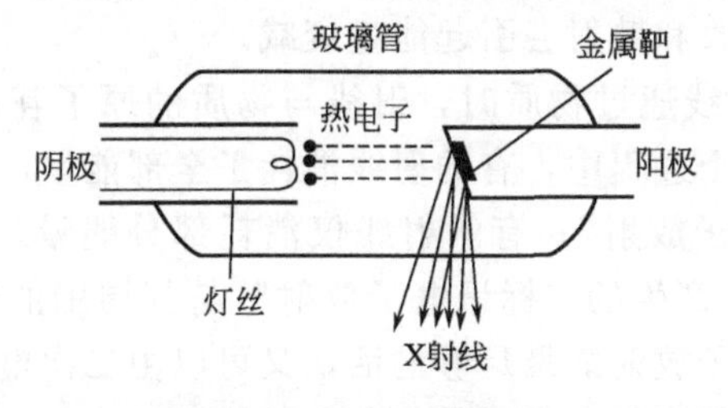


图 9-1　X 射线的发生

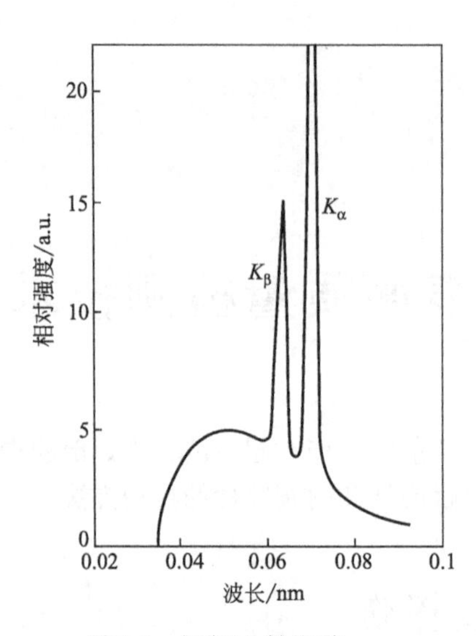


图 9-2 钼靶 X 射线谱

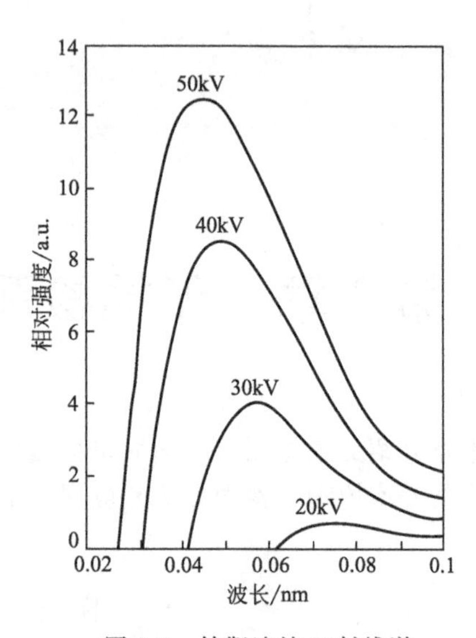


图 9-3 钨靶连续 X 射线谱

窄而强度很大的 $K_\alpha$、$K_\beta$ 部分（叫做线谱）组成。线谱 X 射线又叫标识 X 射线，其波长由 X 射线管的阳极金属（叫做靶）的种类决定。每种靶金属有一定的激发电压，管电压高于这个电压时就能发生标识 X 射线。钼靶的激发电压为 20kV，图 9-2 是钼靶在管电压为 35kV 时的情况。$K_\alpha$ 和 $K_\beta$ 的波长分别为 0.0712nm 和 0.0632nm。

连续谱的 X 射线叫做连续 X 射线，当管电压变动时 X 射线谱的分布就改变了。钨靶的连续 X 射线谱如图 9-3 所示，其管电压分别为 20kV、30kV、40kV 和 50kV。因为钨的激发电压为 69.5kV，因此这些管电压是发不出标识 X 射线的。由图可见，在 30kV 的时候，最短波长是 0.041nm，波长为 0.056nm 时 X 射线的强度最高。提高管电压，最短波长和最高强度的波长都向波长短的方向移动。因此，管电压越高平均波长越短。这个现象叫做线质的硬化。所谓“硬”就是容易穿透物体的意思。反之，所谓“软”的 X 射线就是平均波长较长而难以穿透物体的 X 射线。

**(2) γ 射线的发生**

γ 射线是由放射性同位素的原子核衰变过程产生的，γ 射线的性质与 X 射线相似，由于其波长比 X 射线短，因而射线能量高，具有更强的穿透力。

目前用得最广的射线源是 $^{60}Co$，它可以检查 250mm 厚铜质工件、300mm 厚的铝制工件和 350mm 厚的钢制工件；$^{192}Ir$、$^{137}Cs$ 等射线源可以检查较薄的钢制件，且有较好的效果，灵敏度高，对人体的危害较少，目前也用得很广。

γ 射线源比 X 射线源的装置小，所以有利于在场地较狭窄或野外检测时应用。

**(3) 射线的衰减**

射线通过物质时，吸收和散射会引起能量衰减。

① 射线的吸收　当射线通过物质时，射线与物质的原子互相撞击，使与原子核联系较弱的电子被逐出。在这个过程中，有的射线消耗了全部能量，使逐出的电子带有很大的能量，形成所谓“标识电子放射”；有的射线仅消耗部分能量，被逐出的电子能量较小，只形成“散射电子放射”。产生的“标识电子放射”与其周围的物质作用时，又会产生二次电子放射，如果二次电子放射能量足够的话，又可以由二次电子放射而产生三次电子放射，依次可以产生四次、五次等电子放射现象。而能量较小的“散射电子放射”与物质作

用时，只能把其全部能量变成热能。从这些现象看来，射线通过物质后，能量会因与物质中原子外层的电子碰撞而消耗。如果物质的厚度愈大，则射线与物质的电子撞击的机会愈多，射线能量的损耗就愈大。

② 射线的散射 射线的散射可以看作射线通过物质以后有部分射线改变了原来方向的结果。当射线穿过物质时，射线本身是电磁波，物质原子中的电子在其电磁场作用下，产生强迫振动。按照电动力学的理论，振动的电子能发出射线，它的频率与一次射线的频率相等，波长也一样。而这种振动的电子就变成散射到四面去的电磁波源，也就是变成向四周辐射的X射线。但事实上散射线的波长除了与原来波长相同外，还有一部分散射线的波长比原来射线的波长更长，这是由于产生康普顿效应的结果，即原来射线的能量消耗在电子的逸出轨道和电子的附加速度上。

③ 射线的衰减定律 射线通过物质时引起能量衰减，其原因是产生了吸收和散射。衰减按照一定的规律变化，以强度为 $I_0$ 的一束平行射线束通过厚度为 $x$ 的物质为例，其衰减定律为：

$$I_x = I_0 e^{-\mu x} \tag{9-1}$$

式中 $I_x$——射线通过厚度 $x$ 的物质后的射线强度；

e——自然对数的底；

$\mu$——射线衰减系数。射线的衰减是吸收和散射造成的，所以衰减系数 $\mu$ 是吸收系数 $\tau$ 和散射系数 $\sigma$ 的总和。即：$\mu=\tau+\sigma$。

吸收系数是衰减系数的重要组成部分，它随波长的增加而增加；但在产生标识X射线时，吸收系数突然变小。

散射系数随射线波长的变小和所通过物质原子序数的减小而增加，这是因为射线能量大，易使物质中的电子发生强迫振动和弹性碰撞之故。原子序数小的物质，其电子与核的结合力小，容易发生康普顿散射。

衰减与物质的密度有关，密度越大，射线在其途径上碰到的原子就越多，衰减也就越严重。不同的材料和不同的射线能量其衰减系数是不同的，几种材料的衰减系数见表9-1。

**表9-1 几种材料的衰减系数**

| 射线能量/MeV | 水 | 碳 | 铝 | 铁 | 铜 | 锡 |
|---|---|---|---|---|---|---|
| 0.25 | 0.124 | 0.26 | 0.29 | 1.800 | 0.91 | 2.7 |
| 0.50 | 0.095 | 0.20 | 0.22 | 0.665 | 0.70 | 1.8 |
| 0.75 | 0.078 | 0.17 | 0.19 | 0.544 | 0.58 | 1.06 |
| 1.00 | 0.068 | 0.15 | 0.16 | 0.469 | 0.50 | 0.80 |
| 1.25 | 0.063 | 0.13 | 0.146 | 0.413 | 0.45 | 0.62 |
| 1.50 | 0.058 | 0.12 | 0.132 | 0.370 | 0.41 | 0.58 |
| 1.75 | 0.052 | 0.11 | 0.122 | 0.337 | 0.38 | 0.55 |
| 2.00 | 0.050 | 0.10 | 0.150 | 0.313 | 0.35 | 0.48 |
| 2.5 | 0.043 | 0.087 | 0.105 | 0.280 | 0.33 | 0.44 |
| 3.0 | 0.041 | 0.083 | 0.100 | 0.270 | 0.32 | 0.42 |
| 3.5 | 0.033 | 0.078 | 0.095 | 0.280 | 0.31 | 0.42 |
| 4.0 | 0.032 | 0.069 | 0.086 | 0.250 | 0.30 | 0.46 |
| 4.5 | 0.031 | 0.068 | 0.078 | 0.245 | 0.28 | 0.47 |
| 5 | 0.030 | 0.067 | 0.075 | 0.244 | 0.27 | 0.48 |
| 6 | 0.026 | 0.064 | 0.071 | 0.232 | 0.28 | 0.50 |
| 7 | 0.025 | 0.061 | 0.068 | 0.233 | 0.30 | 0.53 |
| 8 | 0.024 | 0.059 | 0.065 | 0.233 | 0.30 | 0.55 |
| 9 | 0.023 | 0.057 | 0.063 | 0.214 | 0.31 | 0.58 |
| 10 | 0.022 | 0.054 | 0.061 | 0.214 | 0.31 | 0.6 |

### 9.1.2 射线照相法探伤的原理及方法

**(1) 射线照相法的探伤原理**

射线照相法探伤是利用射线在物质中的衰减规律和对某些物体产生的光化及荧光作用为基础进行探伤的。图 9-4 是平行射线束透过工件的情况，照射在工件上的射线强度为 $J_0$，由于工件材料对射线的衰减作用，因此穿出来的射线强度衰减至 $J_C$。若工件中存在缺陷，见图 9-4(a)的 A、B 点，因该点射线透过的工件实际厚度减少，则穿出的射线强度 $J_A$、$J_B$ 比没有缺陷的 C 点的射线强度大一些。从射线对底片的光化作用角度来看，射线强的部分对底片的光化作用强烈，即感光量大。感光量较大的底片经暗室处理后变得较黑，如图 9-4(b)中 A、B 点比 C 点黑，因此工件中的缺陷在底片上产生了黑色影像，这就是射线探伤照相法的探伤原理。

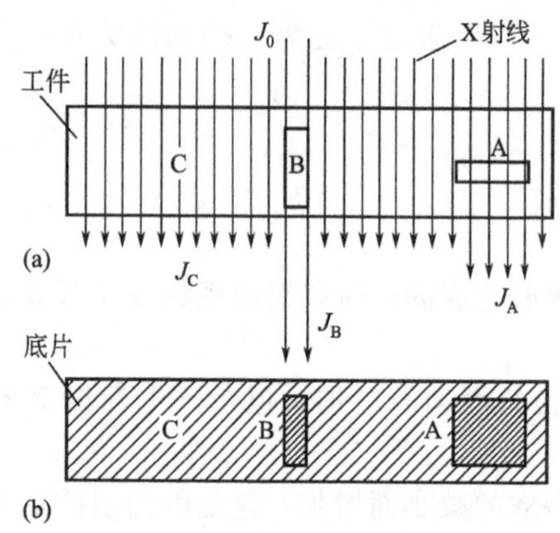


图 9-4 射线照相法探伤示意图

从图 9-4 中还可看出，缺陷 A 和 B 虽是大小相同的缺陷，但由于它与射线的相对位置不同，因此，在底片中缺陷影像的黑度就不同。当缺陷在射线方向上的长度大时，其黑度就大，否则就小。由此可知，照相法不但可以从底片上得到工件中缺陷在投射面上的大小，而且通过缺陷影像黑度的深浅程度还可以确定缺陷在射线方向的大小。由此亦可见，像裂纹这样的缺陷，如果其方向与射线的方向平行，则容易发现。如果垂直则不易发现，甚至不能显示出来。照相法显示缺陷效果较好，目前运用最广，下面将详细介绍其探伤操作要点。

**(2) 射线照相法探伤操作要点**

① 软片的选取　软片是一张可以弯曲的透明软片，一般由醋酸纤维或硝酸纤维制成，两面涂以混于乳胶液中的溴化银或氯化银。涂层很薄，一般为 10μm 厚。溴化银或氯化银颗粒直径约为 1～5μm，均匀分布。

软片的质量由感光度、最大光学密度、反差、宽容度、清晰度和灰雾光学密度来衡量。探伤用的软片，一般要求反差高、清晰度高和灰雾少。尚未曝光的软片应注意保存，软片不能受潮、受热和受压，一般要放在湿度不超过 80%、温度为 17℃的干燥箱中保存。同时还要防止氨、硫化氢等气体和酸类的侵害，要注意使用期限，以免软片过期变质。

② 增感屏的选用　射线照射到某些物质如钨酸钙、硫化锌镉、铅箔和锡箔等会产生荧光效应。将这些物质均匀地黏附在纸板上，则形成所谓荧光增感屏。如果纸板上黏附的是铅箔或锡箔，则谓之金属增感屏。用这些增感屏夹着软片，在射线的作用下，软片不仅受射线的感光作用，并且也受到增感屏产生的荧光作用。因此，软片在增感屏的作用下比没有增感屏单独受射线作用时曝光量大大增加。如果对软片作用的曝光量为一定值时，有增感屏的情况下，可大大减少曝光时间，从而大大提高探伤速度。

要求质量较高的产品或铝制品多选用金属增感屏，γ 射线探伤通常选用金属增感屏。金属增感屏发光粒子小，并且有吸收散射线的作用，故影像清晰。

增感屏应该保持清洁，因为任何异物都能遮盖发光或吸收荧光而使之失去作用。同时，增

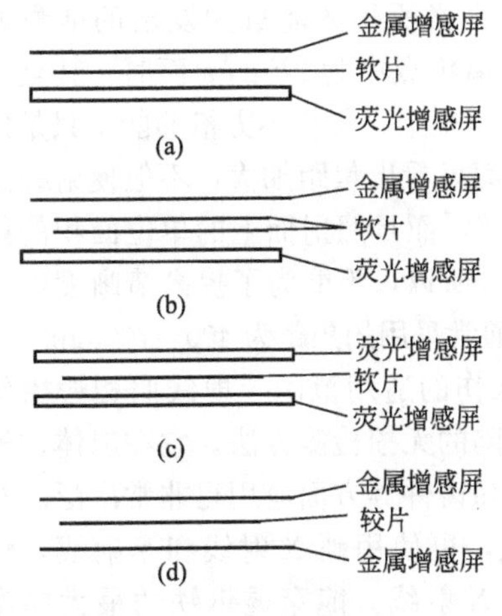

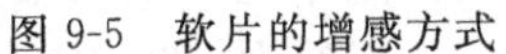

图 9-5　软片的增感方式

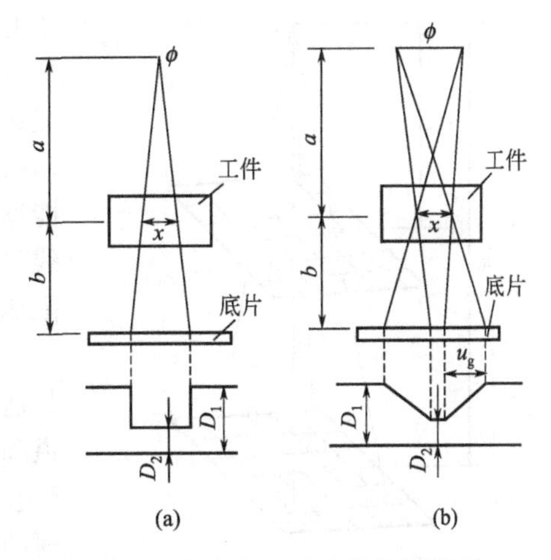


图 9-6　焦点大小对清晰度的影响

感屏的表面不能划伤或磨损，否则亦影响其性能或造成底片上的伪缺陷；增感屏上的脏物可用棉花蘸无水酒精轻轻擦去；受潮的增感屏可用红外线或在烘箱低温烘干，切不可暴晒。

③ 增感方式的选择　实际应用中，可以采用如图 9-5 所示的四种增感方式：ⓐ是比较常用的方式，它既可以得到比较清晰的影像，又能起增感作用；ⓑ可一次透视获得二张底片；ⓒ是为了提高增感系数，缩短曝光时间，但所得的清晰度稍有下降；ⓓ得到的缺陷影像最清晰，但要增加曝光时间。

要根据实际情况和产品的质量选用增感方式：产品质量要求高，探伤时间又比较充裕，可选第四种；如时间很紧迫，清晰度允许稍差一点，可用第三种方式。

④ 射线的焦点　$\gamma$ 射线的焦点是射线源的大小。X 射线焦点是指 X 射线管内阳极靶上发出的 X 射线范围。

射线焦点的大小对底片的清晰度影响很大，因而会影响探伤的灵敏度。点状焦点摄得底片的清晰度最好，如果焦点占有一定面积，那么焦点内的每一个点都成为射线源，并且将在底片上给出若干个缺陷的投影，可用简单的几何作图来说明，如图 9-6 所示。

从图 9-6(a)可以看出，当缺陷尺寸为 $x$，焦点为点状 $\phi$，所给出的影像最清晰，这时底片上的黑度将由 $D_2$ 急剧过渡到 $D_1$。如果焦点是一个直径为 $\phi$ 的圆截面，如图 9-6(b)所示，那么在照片上得不到清晰的影像。缺陷 $x$ 除了产生黑度为 $D_2$ 的影像外，还得到宽度为 $u_g$ 的半影区，使得黑度由 $D_2$ 逐渐过渡到 $D_1$，因而使缺陷影像模糊。半影的宽度 $u_g$ 与焦点的直径 $\phi$ 和缺陷到底片的距离 $b$ 成正比，并与焦点到缺陷的距离 $a$ 成反比。

$$u_g=\phi\frac{b}{a} \tag{9-2}$$

缺陷影像的清晰度用 $\rho$ 表示，它与半影宽度 $u_g$ 成反比：

$$\rho=\frac{1}{u_g}=\frac{a}{b\phi} \tag{9-3}$$

从清晰度的公式可知，为了提高影像的清晰度，应当减小焦点的尺寸，增加焦点到工件的距离，并尽量把底片贴紧工件。

⑤ 焦距　探伤所指的焦距是指焦点到暗盒之间的距离。从清晰度公式可知：为了提高底片的清晰度，希望焦点小或焦距长，在射线源选定后，底片的清晰度还可以由焦距来改变。

从图 9-7 看出，当射线源 $\phi$ 发出的射线能量照射到焦距为 $F$ 的 $a$ 面时，其能量集中在四个

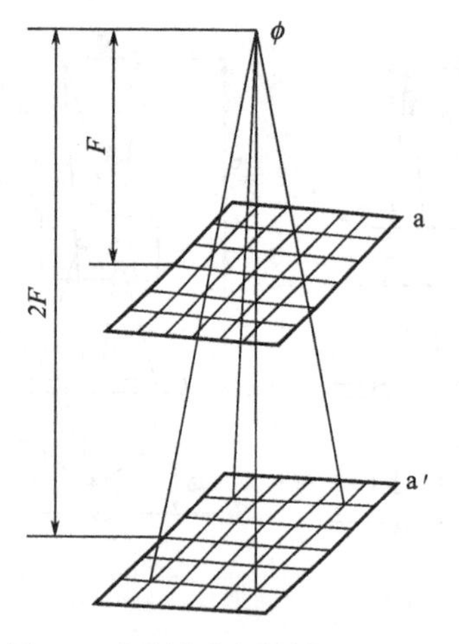


图 9-7 焦距大小与照射强度的关系

小的方格内，每个小方格所得的能量为发出的能量的1/4，但当射线源照到离焦点中为 $2F$ 的 a′面时，其全部能量则分散到16个小方格上，每个小方格的能量只是发出的能量的1/16，从而可看出焦距加大，不但使射线的能量因距离增加而衰减，而且照射面上的单位面积的射线强度也大大地减少。所以，不能为了提高清晰度而无限地加大焦距，探伤通常采用的焦距为400～700mm。

⑥ 射线照相法探伤的适用范围　射线照相法探伤是适用于检出内部缺陷的无损检测方法。它在船体、管道和其他结构的焊缝和铸件等方面应用得非常广泛。对于较厚的被检物来说，可使用硬X射线和γ射线，较薄的被检物则使用软X射线。能穿透钢铁的最大厚度约为450mm，铜约为350mm，铝约为1200mm。

对于如气孔、夹渣和铸造孔洞等缺陷，在X射线透射方向则有较明显的厚度差别，即使很小的缺陷也较容易检查出来。但是，如裂纹那样虽然有一定的面积而厚度很薄的缺陷，只有与裂纹方向平行的X射线照射时，才能够查出。而同裂纹面几乎垂直的射线照射时，就很难查出，这是因为在照射方向上几乎没有厚度差别的缘故。因此有时要改变照射方向来进行照相。

观察底片，能够直观地知道缺陷的两维形状、大小和分布等，并能估计缺陷的种类。只用一张底片是无法知道缺陷厚度以及离表面的位置的。若观察不同照射方向的两张底片，便能获得厚度方向上的情况。

## 9.1.3 射线实时图像法探伤

射线实时图像法探伤是一种新型的射线探伤方法，与传统的射线照相法探伤相比，具有实时、高效、不用胶片、可记录和劳动条件好等显著优点，是当前无损检测自动化技术中应用较为成功的方法之一。由于它多采用X射线源，常称为X射线实时图像法探伤。国内外将它主要用于钢管、压力容器壳体焊缝检查，微电子器件和集成电路检查，食品包装夹杂物检查及海关安全检查等方面的工作。

### (1) 荧光屏电视成像法探伤

荧光屏电视成像法探伤系统组成见图9-8。当X射线照射到荧光物质上时会激发出可见荧光，荧光的强弱与入射的射线强度成正比。利用荧光屏的上述性质可将X射线透过物体后形成的射线图像转换为可见荧光图像，并利用闭路电视方法，用可见光摄像机摄像和送至监视器显示出工件的缺陷图像。

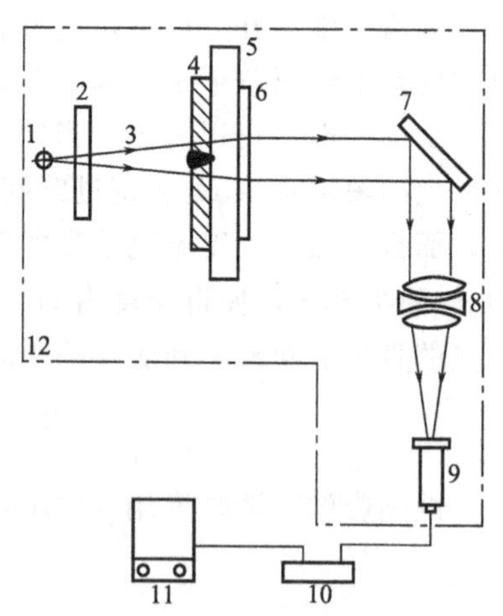


图 9-8 荧光屏电视成像法探伤系统

1—射线源；2，5—电动光阑；3—X射线束；4—工件；6—荧光屏；7—反射镜；8—光学透镜组；9—电视摄像机；10—控制器；11—监视器；12—防护设施

探伤系统中的电动光阑2为可变快门，既可限制射线照射区域和得到合适的照射量，也是实现自动化的必需机构，用它可以自动进行X射线照射的开、关。电动光阑5与前者具有相同功能，并能提高成像质量。光

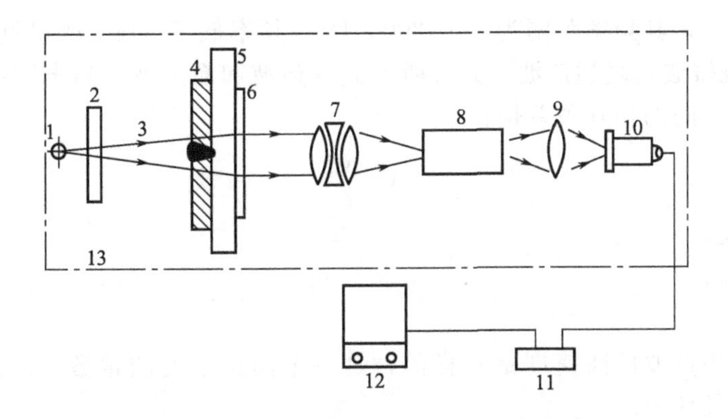


图 9-9　光电增强电视成像法探伤系统

1—射线源；2，5—电动光阑；3—X射线束；4—工件；
6—光纤闪烁屏；7，9—光学透镜组；8—微光增强器；
10—电视摄像机；11—控制器；12—监视器；13—防护设施

学透镜组 8 主要起聚焦、提高图像亮度、与摄像机适当耦合的作用。

荧光屏电视成像法探伤适用于中等厚度的轻合金材料的缺陷探伤，如铝合金、镁合金等。

**(2) 光电增强电视成像法探伤**

光电增强电视成像法探伤系统的组成见图 9-9。其显著特点就是在荧光屏电视成像法探伤系统的光学透镜组之后，在电视摄像机之前增加了一个微光增强器。同时，考虑到荧光屏仅适用于低能 X 射线检测系统，这是因为当 X 射线能量较高时，荧光物质的转换效率要降低，并且由于散射的影响使图像的干扰相对加强，而使图像质量下降；因此在本系统中，用光纤闪烁屏代替了荧光屏以适应高能 X 射线检测。光纤闪烁屏将 X 射线转换成可见光，具有很高的转换效率和分辨率，而且光纤闪烁屏制造简单、成本较低、耐用。微光增强器可对图像亮度进行光学增强处理，目前采用的是性能优良的微通道板图像增强器，这种结构紧凑、结实耐用、工作电压低、画面无晕影的微光增强器，可将图像亮度增强约几千至几万倍。

# 9.2　超声波探伤

超声波探伤是焊接件和铸件质量检验的一项重要检验技术。它具有如下优点：灵敏度高、设备轻巧、操作方便、探测速度快、成本低、对人体无害等，故被广泛应用。因目前的设备都是以脉冲波形图来间接显示缺陷，因而探伤结果受探伤人员的经验和技术熟练程度的影响较大，现在还做不到精确判定缺陷。一般来说，进行超声波探伤必须掌握超声波探伤的物理基础，熟知影响探伤灵敏度的因素，了解通常产生缺陷的特征及其常出现的位置等。因此，探伤时除了掌握超声波探伤的技术外，还应对探伤产品作全面了解。

## 9.2.1　超声波的产生及传播

**(1) 超声波的产生**

超声波同声波一样是一种机械波，是机械振动在弹性介质中的传播过程。人耳能听到的机械波叫做声波，其频率范围为16～20000Hz。频率低于16Hz的机械波叫做次声波。超过20kHz的机械波叫做超声波。人耳听不到次声波和超声波。超声波和声波并无本质区别，波动参数之间的相互关系是：

$$\lambda=\frac{c}{f} \tag{9-4}$$

式中 $\lambda$——波长；

$c$——声速；

$f$——频率。

在同一物质中声波传播速度是一样的，是一个固定不变的常数。由式（9-4）可见，声波频率愈高波长愈短。

产生超声波的方法有机械法、热学方法、电动力法、磁滞伸缩法和压电法等。由于压电法产生超声波较其他的方法简单，所用的功率小，而且用压电法能产生很高频率的超声波；另外，用这种方法制成的探伤仪结构灵巧、工作方便，并能满足探伤所要求的工作频率的变化，因此探伤中采用压电法来产生超声波。

压电法是利用压电晶体来产生超声波的，这种晶体切出的晶片具有压电效应和逆压电效应，即受拉应力或压应力而变形时，会在晶片表面出现电荷；反之，在受电荷或电场作用下会发生变形。

晶片产生超声波是逆压电效应的结果。在晶片表面施加交变电场或交变电压，则晶片的逆压电效应使周围的介质激起振动而产生声波。当这个交变电场的频率超过声波的频率范围，则在介质中便产生超声波。因此，要改变超声波的频率，只须改变交变电场的频率和晶片尺寸就可以了。同样，要将超声波变成电的信号，也是轻而易举的，只要将超声波作用到晶片上，晶片因超声波的作用而发生变形，由于压电效应便会在晶片表面上产生电荷。这样，利用压电晶片便可发射或者接收超声波，这就使得利用超声波来发现缺陷成为可能。

**(2) 超声波的波形及传播**

① 超声波的波形　按振动方向与波动传播方向之间的关系，波形分为纵波、横波和表面波三种。

纵波是传播方向与质点振动方向一致的波，见图9-10。它在弹性介质中以疏密相间的形式向前传播。在固、液、气中都能传播纵波。工程技术上，纵波的发生与接收比较容易。因而，在工业探伤中，得到了最广泛的应用。

横波是质点振动方向垂直于波的传播方向的波，见图9-11。介质的剪切力引起横波，由于液态和气态介质不能承受剪切作用，故在液态和气态介质中不能传播横波。只有固态介质具有剪切弹性而能传播横波。由于横波探伤灵敏度高、分辨率强，因此应用横波探伤的地位日趋重要。

表面波传播时，介质表面层的质点运动状态具有纵波与横波质点运动的综合特性，其质点振动的轨迹为一个绕其平衡位置运动的椭圆，见图9-12。当传播深度等于一个波长时，其振幅值已经很小。因此，在一般探伤实用技术中将沿介质表面深度方向的有效传播距离看作为一个波长。所以，表面波探伤只能发现沿工件表面以下一个波长深度范围内的表面缺陷。

② 超声波的传播　超声波的波速是指超声振动在弹性介质中传播时波阵面前进的速度。对于同一波形，在不同介质中的波速是不同的；对于同一介质，不同波形的波速也是不同的，见表9-2。

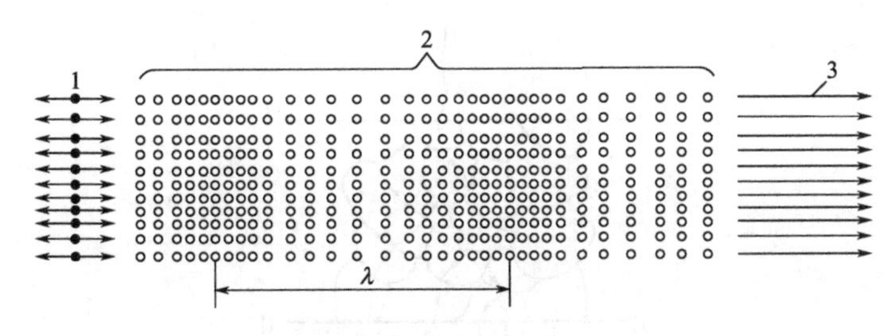


图 9-10　纵波

1—质点振动方向；2—质点振动情况；3—声波传播方向

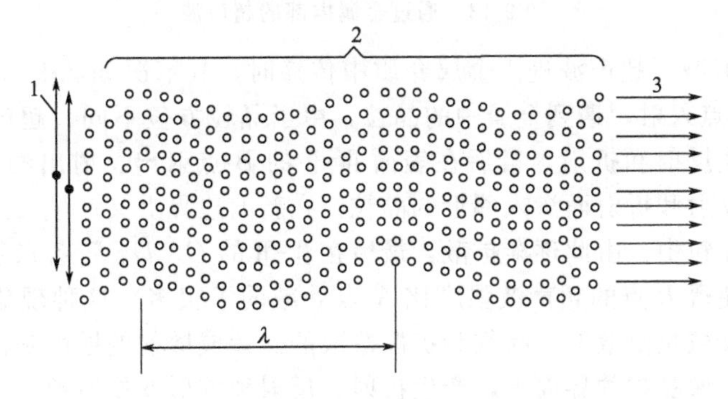


图 9-11　横波

1—质点振动方向；2—质点振动情况；3—声波传播方向

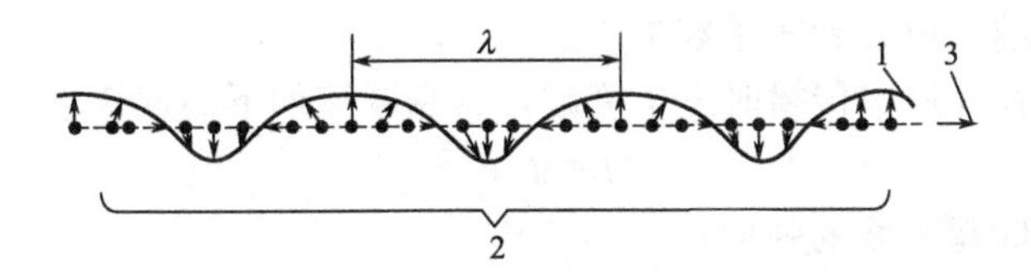


图 9-12　表面波

1—质点振动的方向；2—质点振动的情况；3—声波传播方向

**表 9-2　几种材料的声速**

| 材料 | 纵波速度 $C_L$ /$10^5$cm/s | 横波速度 $C_S$ /$10^5$cm/s | 表面波速度 $C_R$ /$10^5$cm/s | 材料 | 纵波速度 $C_L$ /$10^5$cm/s | 横波速度 $C_S$ /$10^5$cm/s | 表面波速度 $C_R$ /$10^5$cm/s |
|---|---|---|---|---|---|---|---|
| 生铁 | 4.5 | 2.4 | 2.23 | 石英 | 5.76 | — | — |
| 铜 | 4.7 | 2.3 | 2.15 | 银 | 3.6 | 1.6 | 1.5 |
| 空气 | 0.33 | — | — | 水 | 1.4 | — | — |
| 黄铜 | 3.8 | 2.0 | 1.84 | 软橡皮 | 1.5 | — | — |
| 白铜 | 4.8 | 2.2 | 2.06 | 钨 | 5.5 | 2.6 | 2.43 |
| 镍 | 5.6 | 3.0 | 2.89 | 锌 | 4.2 | 2.4 | 2.20 |
| 铂 | 4.0 | 1.7 | 1.59 | 锡 | 3.3 | 1.7 | 1.58 |
| 有机玻璃 | 2.64 | 1.3 | 1.2 | 水银 | 1.45 | — | — |
| 瓷 | 5.3 | 3.1 | 2.89 | 钛酸钡 | 5.6 | — | — |
| 变压器油 | 1.39 | — | — | | | | |

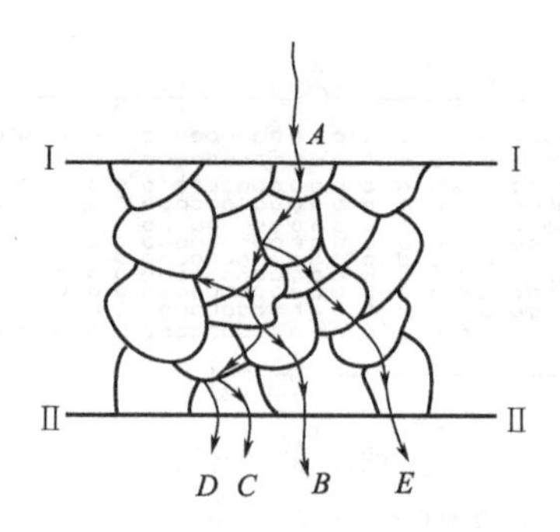


图 9-13　通过金属内部的超声波

a. 超声波的衰减。超声波进入金属介质中传播时，其情况如图 9-13 所示。超声波垂直表面Ⅰ-Ⅰ从 $A$ 点入射，遇到金属中的晶粒，由于晶粒方位不同，超声波由一个晶粒转入另一晶粒时发生反射和折射，最后在表面Ⅱ-Ⅱ的 $B$ 点射出。射出的只是部分的声波，其余的声波由于反射和折射而渗入邻近的晶粒，在新的边界上又产生反射和折射，而后又渗入新的邻近的晶粒中，由此逐渐扩散，最后在Ⅱ-Ⅱ的 $C$、$D$、$E$ 各点射出和被晶粒吸收而消失。这样，使得 $B$ 点的超声波强度比 $A$ 点处减弱了很多，这种现象称为超声波衰减现象。超声波的衰减是由散射、吸收和扩散造成的。造成散射的原因是由于声波在不均匀的和各向异性的金属晶粒的界面上，产生折射、反射和波形变换所致。而吸收的原因是由于金属晶粒在声源激发振动时晶粒间互相摩擦，使部分的超声波能量转变成热能和动能。至于声束的扩散，是因为超声波在传播过程中单位面积能量减小造成的。扩散的因素一般是另行考虑的，不纳入声波衰减系数中。

总之，超声波在介质中传播时发生衰减，其衰减按如下的规律进行：

$$J=J_0\mathrm{e}^{-2\beta s} \tag{9-5}$$

式中　$J_0$——入射时超声波的强度；

$\beta$——衰减系数；

$s$——波传播的距离。

由于扩散导致的衰减另行计算，故衰减系数 $\beta$ 实际是吸收系数 $\beta_a$ 和散射系数 $\beta_s$ 之和。

b. 超声波的反射、折射及波形变换。超声波在介质中传播遇到另一种介质的界面时，则发生反射、透射和折射现象，而且还按几何光学定律在原介质和第二介质中继续传播，并在界面上同时还发生波形变换。通过如下几种情况，说明其变化规律。

当超声波从一种介质垂直入射到第二种介质上时，其能量除一部分反射外，其余能量则透过界面在第二种介质中继续按原来方向传播，在界面上不发生折射和波形变换，见图 9-14(a)。

当超声波从第一种介质倾斜入射到第二种介质的界面上时，则其中一部分能量被反射回到第一种介质里，其余能量则透过界面产生折射和在界面上发生波形变换。如：第一介质为有机玻璃，第二介质为钢时，其反射、折射及波形变换等情况如图 9-14(b)和图 9-14(c)所示。

图 9-14 (b) 是纵波 $L$ 从有机玻璃倾斜入射到钢时，产生反射的纵波 $L_1$ 和折射的纵波 $L_2$，同时发生波形变换现象而产生反射的横波 $S_1$ 和折射的横波 $S_2$。他们之间的关系亦符合几何光学的反射定律和折射定律：

$$\frac{C_{\mathrm{L}}}{\sin\alpha}=\frac{C_{\mathrm{L_1}}}{\sin\alpha_{\mathrm{L}}}=\frac{C_{\mathrm{S_1}}}{\sin\alpha_{\mathrm{S}}}=\frac{C_{\mathrm{L_2}}}{\sin\gamma_{\mathrm{L}}}=\frac{C_{\mathrm{S_2}}}{\sin\gamma_{\mathrm{S}}} \tag{9-6}$$

式中　$\alpha$——入射角；

$\alpha_L$——纵波的反射角；

$\alpha_S$——横波的反射角；

$\gamma_L$——纵波的折射角；

$\gamma_S$——横波的折射角；

$C_{L_1}$——纵波在第一介质的传播速度；

$C_{S_1}$——横波在第一介质的传播速度；

$C_{L_2}$——纵波在第二介质的传播速度；

$C_{S_2}$——横波在第二介质的传播速度。

图 9-14(c)是横波 $S$ 从有机玻璃倾斜入射到钢中的情况，同样出现反射横波 $S_1$、折射横波 $S_2$，以及反射的纵波 $L_1$ 和折射的纵波 $L_2$，其折射定律和反射定律亦按几何光学的规律，即：

$$\frac{C_S}{\sin\alpha}=\frac{C_{S_1}}{\sin\alpha_S}=\frac{C_{L_1}}{\sin\alpha_L}=\frac{C_{S_2}}{\sin\gamma_S}=\frac{C_{L_2}}{\sin\gamma_L} \tag{9-7}$$

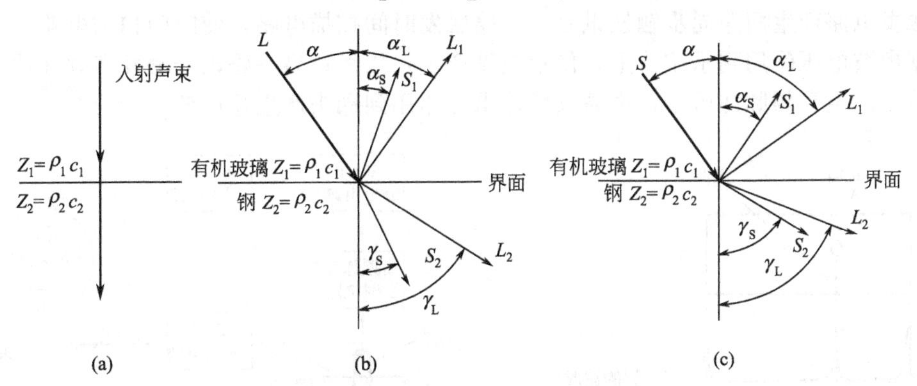


图 9-14　超声波在界面上的反射与折射

根据式（9-6），且因为 $C_L=C_{L_1}$，可得：

纵波入射角：

$$\alpha=\arcsin\left[\frac{C_{L_1}}{C_{L_2}}\sin\gamma_L\right] \tag{9-8}$$

或：

$$\alpha=\arcsin\left[\frac{C_{S_1}}{C_{S_{S2}}}\sin\gamma_S\right] \tag{9-9}$$

当第二介质的纵波速度 $C_{L_2}$ 大于第一介质的纵波速度 $C_{L_1}$ 时，则 $\gamma_L>\alpha$。若 $\alpha$ 增大，$\gamma_L$ 也增大。当 $\gamma_L$ 增大到 90°时，则在第二介质中只有折射横波，折射的纵波只在界面上传播。当 $\gamma_L>90°$时，则纵波全部在第一介质中，这种现象称纵波全反射。而 $\gamma_L=90°$时的 $\alpha$ 入射角称第一临界角用 $\alpha_{1m}$ 表示，即：

$$\alpha_{1m}=\arcsin\frac{C_{L_1}}{C_{L_2}} \tag{9-10}$$

当第二介质的横波速度 $C_{S_2}$ 也大于第一介质的纵波速度 $C_{L_1}$ 时，则 $\gamma_S$ 也大于 $\alpha$；同理，也将有折射横波在第二介质界面上传播的现象，这时的入射角称为第二临界角，用 $\alpha_{2m}$ 表示，即：

$$\alpha_{2m}=\arcsin\frac{C_{S_1}}{C_{S_2}} \tag{9-11}$$

例如：第一介质是有机玻璃，其纵波速度 $C_{L_1}=2640\text{m/s}$；第二介质为钢，其 $C_{L_2}=5900$

m/s，$C_{S_2}=3200m/s$，则 $\alpha_{1m}=27°10'$，$\alpha_{2m}=55°50'$。

由此可知，利用纵波的倾斜入射也可取得横波，只需要入射角 $\alpha$ 选取在 $\alpha_{1m}\sim\alpha_{2m}$ 就行了。

## 9.2.2 超声波探伤原理及方法

### (1) 超声波探伤仪及探伤原理

脉冲反射法是超声波探伤中应用最广的方法。其基本原理是将一定频率间断发射的超声波通过一定介质的耦合传入工件，当遇到缺陷或工件底面时，超声波将产生反射，反射波为仪器接收并以电脉冲信号在示波屏上显示出来，由此判断缺陷的有无，以及进行定位、定量和评定。根据回波（反射波）的显示方式不同，分为 A 型、B 型、C 型探伤仪。其中 A 型探伤仪是目前最常用、最普通的一种。

A 型探伤仪的指示特点是根据示波管荧光屏上时间扫描基线上的讯号，来判定工件内部缺陷存在与否及存在情况的，但不能反映其性质。它又分为检波型（$A_{DC}$）和不检波型（$A_{AC}$）两种，如图 9-15 所示。简单的 A 型探伤仪探伤原理如图 9-16 所示。它是由同步触发电路、时间扫描电路、高频脉冲发射电路、接收放大电路等组成。当电源接通后，同步触发电路产生两路同步触发讯号：一路触发时间扫描电路，使时间扫描电路工作，产生的锯齿波电压作用到示波管上，使示波管产生扫描线；另一路讯号触发高频脉冲发射电路，使之产生高频脉冲讯号，由高频脉冲讯号作用到探头产生超声波。

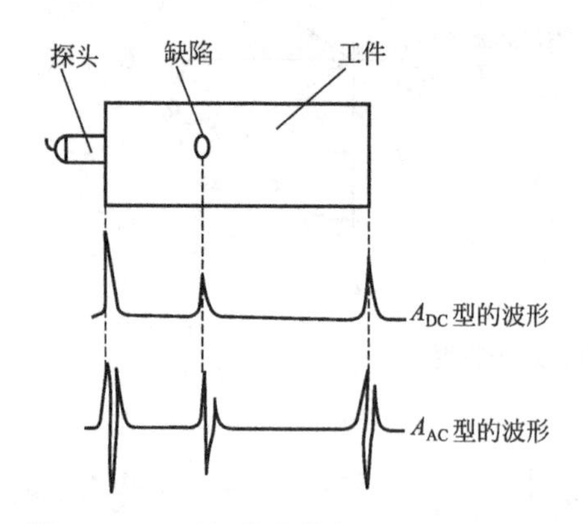


图 9-15 A 型探伤仪荧光屏显示的图形

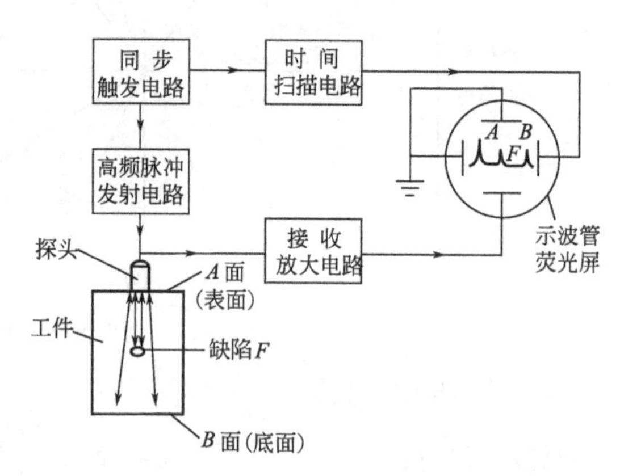


图 9-16 A 型探伤仪的工作原理

探伤时，超声波通过探测表面的耦合剂将超声波传入工件，超声波在工件里传播，遇到缺陷和工件的底面就反射至探头。由探头将超声波转变成电讯号，并传至接收放大电路中，经检波后在示波管荧光屏的扫描线上出现表面反射波（始波）$A$，缺陷反射波 $F$ 和底面反射波 $B$。通过始波 $A$ 和缺陷波 $F$ 之间的距离便可决定缺陷离工件表面的位置。同时通过缺陷波 $F$ 的高度亦可决定缺陷的大小。

A 型探伤仪，可以用一个探头作发射超声波和接收超声波；也可以用两个探头工作，一个作发射超声波，另一个作接收超声波进行穿透式探伤。同时，还可以通过探头改变波形，进行纵波探伤、横波探伤和表面波探伤。

### (2) 超声波探伤仪探头的结构

探头又称压电超声换能器，是实现电-声能量相互转换的能量转换器件。由于工件形状和材质、探伤的目的及探伤条件等不同，因而使用不同形式的探头。

① 直探头　也称平探头、可发射和接收纵波。主要由压电晶片、吸收块及保护膜组成。

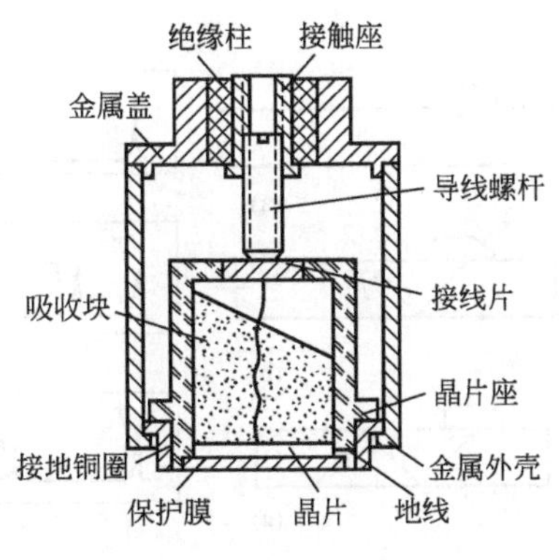


图 9-17　直探头的结构

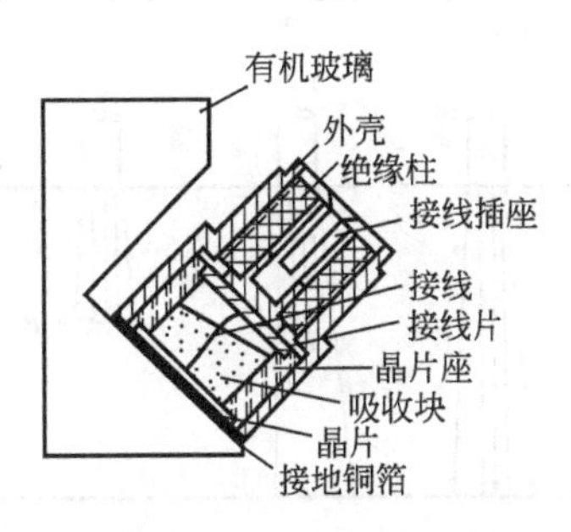


图 9-18　斜探头的结构

其结构如图 9-17 所示。压电晶片多为圆板形，其厚度与产生的超声波频率成反比，即厚度越厚，产生的超声频率越低；反之则越高。保护膜的作用是保护晶片，避免探头与工件表面摩擦而磨损晶片。吸收块的作用是吸收声残存的能量，不致因发射的电脉冲停止后，压电晶片因惯性而继续振动。吸收块的上表面必须倾斜 20°左右，这样可减少探头杂波。

② 斜探头　用于横波探伤，它可发射和接收横波。主要由压电晶片、吸收块及斜楔块组成。如图 9-18 所示。吸收块和晶片的要求与直探头相同，要求楔块的形状应使声波在楔块中传播时不得返回晶片，以免出现杂波。楔块上，晶片接触的表面与工件接触的表面之间的夹角称为探头角度。亦即超声波入射到工件中的入射角。

**(3) 超声波探伤方法**

超声波探伤由于使用仪器的种类、结构以及使用超声波的波形、探头的型式、耦合的方法和显示缺陷的方法等不同，其方法也不同。接触法是指探头与工件表面之间经一层薄的耦合剂后，便直接进行探伤的方法，如图 9-19(a)所示；浸液法是将探头与工件全部浸于液体或探头与工件之间局部充以液体进行探伤的方法，见图 9-19(b)和图 9-19(c)。

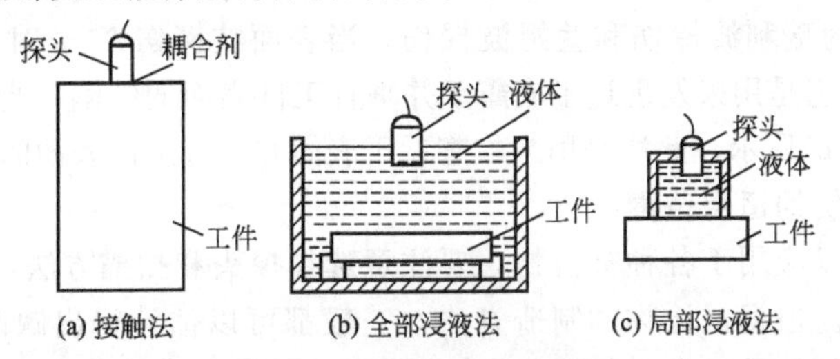


图 9-19　接触法和浸液法

① 纵波探伤　纵波探伤是利用超声波的纵波进行探伤。使用的是直探头，故又称直探头探伤。如图 9-20 所示。当直探头在被探工件上移动时，经过无缺陷处探伤仪的荧光屏上只有始波 $A$ 和底波 $B$，如图 9-20(a)所示。若探头移到有缺陷处，且缺陷的反射面比声束小，则荧光屏上出现始波 $A$，缺陷波 $F$ 和底波 $B$，见图 9-20(b)。若探头移到大缺陷处（缺陷比声束大），则荧光屏上只出现始波 $A$ 和缺陷波 $F$，见图 9-20(c)。

纵波探伤适用于厚钢板、轴类、轮等几何形状简单的工件，它能发现与探测表面平行的缺陷。

② 横波探伤　横波探伤是利用横波进行探伤的方法，它是采用斜探头进行的，故又称斜探头探伤。它是用来发现与探测表面成角度的缺陷。探伤时，探头放在探测工件表面上，通过耦合剂，声波便进入工件中，若工件内没有缺陷，由于声束倾斜而产生反射，故

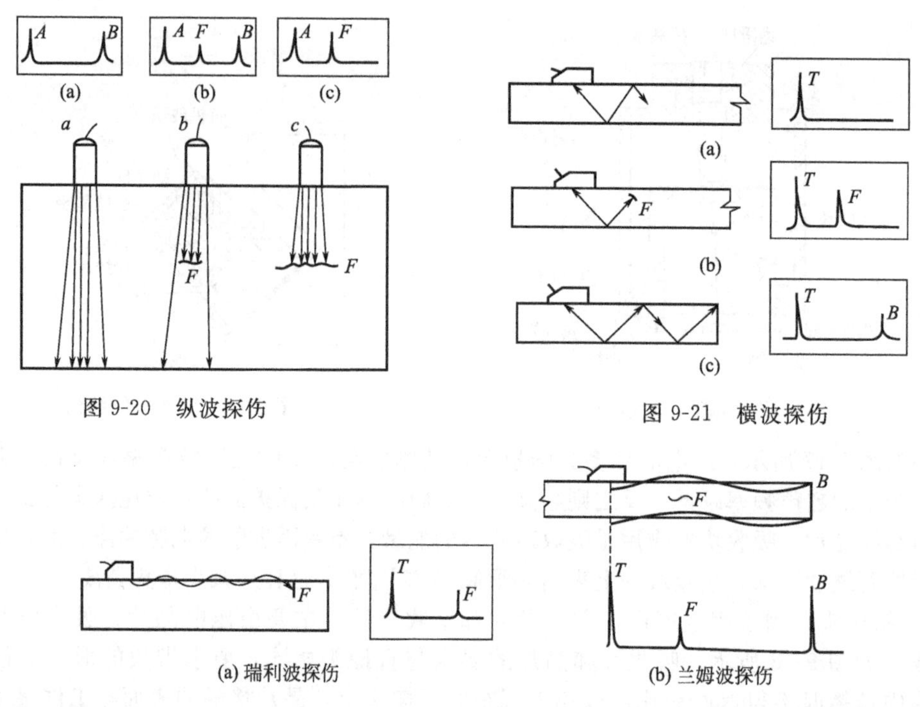


图 9-20　纵波探伤

图 9-21　横波探伤

(a) 瑞利波探伤　　(b) 兰姆波探伤

图 9-22　表面波探伤

没有底波出现，荧光屏上只有始波 $T$，如图 9-21(a)所示。当工件存在缺陷而缺陷与声束垂直或倾斜角度很小时，声束会被反射回来，在荧光屏上出现缺陷 $F$，见图 9-21(b)。当探头接近板端，则出现板端角反射波 $B$，如图 9-21(c)所示。

③ 表面波探伤　表面波探伤也是属于斜探头探伤的一种，但探头的角度等于第二临界角 $\alpha_{2m}$，此法是专门用来发现表面或离表面很近的缺陷的。根据使用的波长 $\lambda$ 和工件厚度 $\delta$ 的相对大小不同分为瑞利波探伤和兰姆波探伤。当表面波探伤 $\delta>\lambda$ 时，属于瑞利波探伤，如图 9-22(a)所示，它是用来发现近于或露于并垂直工件表面的缺陷；当 $\delta<\lambda$ 时，属于兰姆波探伤，如图 9-22(b)所示，此法是用来检查近于表面并平行工件表面的浅伤。

**(4) 超声波探伤的适用范围**

超声波探伤可以应用于各种被检物，要注意选择探头和扫描方法，使得超声波尽量能垂直地射向缺陷面。根据被检物的制造方法，一般都可以估计得出缺陷的方向性和部位。因此，事先应研究如何选择合适的探伤方法。

# 9.3　磁力探伤

## 9.3.1　磁力探伤的原理

磁力探伤是一种较常用的无损探伤方法。磁力探伤是利用磁场磁化铁磁金属零件所产生的漏磁来发现其中存在的缺陷。从磁化铁磁金属的物理现象可知，如果将一个铁磁金属制成的零件放在磁铁的两极之间，零件就有磁力线通过，这时零件就被磁化。对于断面相同、内部组织均匀的零件，磁力线在其内部平行、均匀地分布。但内部存在裂纹、夹杂、气孔等缺陷时，由于这些缺陷中存在的物质是非磁性的，其磁阻很大，磁力线不能通过。

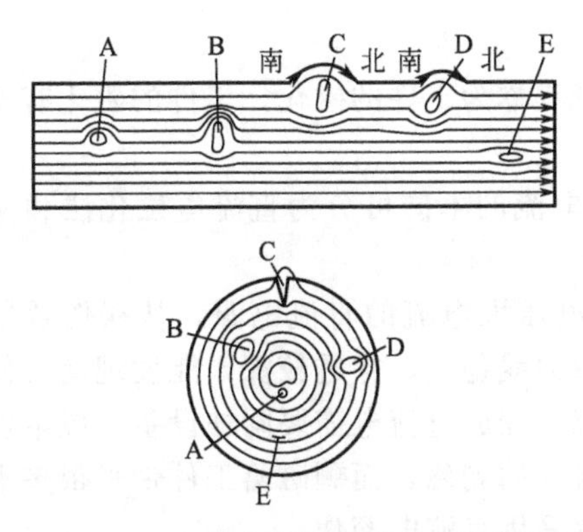


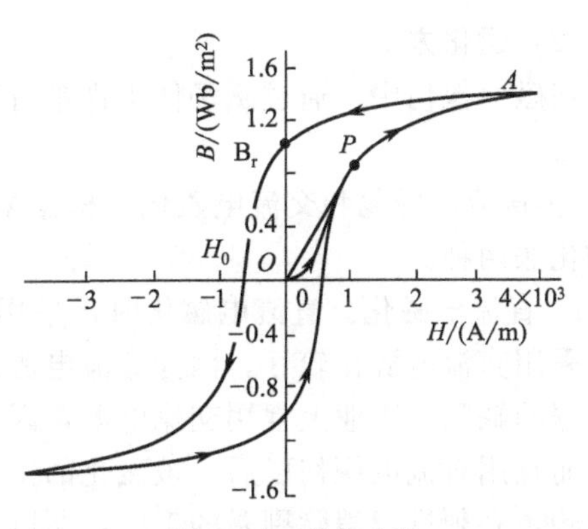


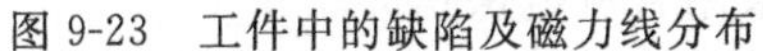
图 9-23　工件中的缺陷及磁力线分布

图 9-24　磁化曲线

当这些缺陷接近或位于零件表面时，则磁力线不但在零件内产生弯曲，而且还会穿过零件的表面形成一个南北两极的局部磁场见图 9-23，这种现象称为漏磁。只要利用某种方法找出漏磁，就可以把该缺陷找出来。

磁化后的零件并不能使所有缺陷都能产生漏磁，漏磁的产生是与缺陷的形状、缺陷离表面的距离以及缺陷和磁力线的相对位置有关。对于球状缺陷（如气孔），磁力线弯曲得不显著（如图 9-23 的 A 点）就不容易产生漏磁。缺陷离零件表面很远，即使磁力线弯曲显著亦不能产生漏磁，如图 9-23 的 B 点。对于面状的缺陷，如裂纹、未焊透等，只有缺陷的延伸方向和磁力线的方向垂直时，才能使磁力线产生最大的漏磁，如图 9-23 的 C 点。当平行时漏磁就很少，如图 9-23 的 E 点。当缺陷存在于表面时产生的漏磁最大，显露缺陷最显著，如图 9-23 的 D 点。总之，磁力探伤最容易发现接近表面及延伸方向与磁力线方向垂直的缺陷。

材料的晶粒大小、组织均匀性以及零件表面的粗糙度也会引起漏磁，这些因素会降低磁力探伤的准确性，应该加以注意。磁力探伤只能发现磁性金属表面和近表面的缺陷，对于缺陷的性质和离表面的深度只能根据经验来估计。磁力探伤按测量漏磁方法的不同，可分为磁粉法、磁感应法和磁性记录法，以磁粉法用得最广。

### 9.3.2　材料的磁化和退磁

#### (1) 钢铁材料的磁化

材料的磁性一般是用磁化曲线来表示。图 9-24 是某种钢铁材料的磁化曲线，图中横坐标为磁场强度，纵坐标为磁通密度，它显示了磁场增大和减小时材料的磁化情况。

在图 9-24 中，磁场强度 $H$ 从零开始增加时，在磁化曲线 $OA$ 上的点 $P$ 与原点 $O$ 连接起来的直线 $OP$ 的斜率表示磁导率 $\mu$。可以用磁导率 $\mu$ 来表示磁通密度 $B$ 与磁场强度 $H$ 的关系，即 $B=\mu H$。钢铁材料的磁导率比非磁性材料要大几十到几千倍，这个数值可以表示材料磁化的难易程度。

在 $A$ 点之上再加很强的磁场时，磁化曲线几乎接近于水平线。把这一磁通密度叫做饱和磁通密度，它表示材料能达到的最大磁化程度。使材料达到饱和磁化所需的磁场强度对检测是很重要的，磁化达到饱和之后，再把磁场强度减到零，这时的磁通密度 $B_r$ 叫做剩磁通密度。如再从相反方向加磁场，使磁通密度成为零，这时的磁场强度 $H_0$ 叫做矫顽力。剩磁通密度 $B_r$ 和矫顽力 $H_0$ 都是用来表示剩磁的大小。

钢铁材料的磁性，尤其是磁导率和矫顽力，受材料的化学成分、冷加工和热处理过程中所引起的残余应力的影响而变化。一般来说，钢铁材料的硬度大、磁导率较小而矫顽力较大。

(2) 磁化方法

在磁力探伤中，通过磁场使工件带有磁性的过程称为工件的磁化。工件的磁化有不同的方法。

① 直流电磁化和交流电磁化　根据采用磁化电流的不同可分为直流电磁化法和交流电磁化法两种。

a. 直流电磁化。直流电磁化时，采用的是低电压大电流的直流电源。从探伤效果来看，采用直流电源比较好。因为直流电源产生的磁力线稳定、穿透较深，能发现离工件表面较深的缺陷。工业上常用交流电源，因为把交流电变成直流电需要附加设备，成本也较高，而且用直流电探伤以后，被磁化的工件还有很大的剩磁，而剩磁给工件带来很多不利的影响，必须进行消除剩磁的工序，所以目前较少采用直流电探伤。

b. 交流电磁化。交流电磁化时，采用的是低电压大电流的交流电源。交流电源产生的磁力线不如直流电源产生的磁力线稳定，而且交流电在工件中产生集肤效应而使穿透力较浅，只能发现离工件表面较近的缺陷。但也由于集肤效应的作用而提高了检查工件表面小缺陷的灵敏度，因而是铁磁金属工件检查疲劳裂纹的最好方法。由于使用交流电方便，设备也很简单，故应用较广泛。

② 直接通电磁化和间接通电磁化　按通电的方式不同可分为直接通电磁化和间接通电磁化。

a. 直接通电磁化。该方法又称为直接励磁，其特征是在工件上直接通电流以产生磁力线进行探伤。直接通电磁化的设备十分简单，方法也很简便，但工件表面接上电源时，要求接触良好，否则会把工件表面烧伤，同时因电流直接流经工件使工件发热，如果掌握不好，甚至会使已淬火的工件退火。

b. 间接通电磁化。该方法又称间接励磁，即利用探伤器产生的磁场磁化工件，这样可避免直接通电磁化时产生的问题。间接通电磁化的探伤器是用线圈通电来产生磁场，故可用增加线圈的圈数或减少电流的大小来获得较强的磁场，这对探伤工作带来方便，所以得到广泛的应用。

③ 纵向、周向和联合磁化。

a. 纵向磁化。工件磁化后，磁力线在工件中的方向与工件轴向平行，这样的磁化方法称为纵向磁化法。纵向磁化法只能发现与工件的轴线相垂直的横向缺陷。纵向磁化法的工程实例见图 9-25。

b. 周向磁化。工件磁化后，磁力线在工件中的分布是环绕工件轴线成很多的同心圆，这样的磁化称为周向磁化。它用来发现与工件的轴线相平行的纵向缺陷。周向磁化法的工程实例见图 9-26、图 9-27。

c. 复合磁化法。复合磁化法是将纵向和横向磁化同时作用在工件上，使工件得到由两个互相垂直的磁力线作用而产生的合成磁场，以检查各种不同倾斜方向的缺陷。复合磁化法示意图见图 9-28。

在复合磁化的设备中，铁轭的中部嵌入一片不导电的绝缘片把铁轭分开。在铁轭的两个半体上，各有一个线圈。探伤时，不但线圈接上电源，铁轭本身也接入低电压大电流的电源，这样在铁轭的工件上产生纵向磁化的同时亦产生周向磁化，因此工件实际出现一个复合磁场。这个磁场是与工作轴线成一个倾斜角度分布的，这就可以发现既不是纵向也不是周向而是与工作轴线成某一角度的缺陷。通过改变纵向或周向的磁化强度可取得不同倾角的复合磁场，就可发现与工件轴线成不同倾角的缺陷。

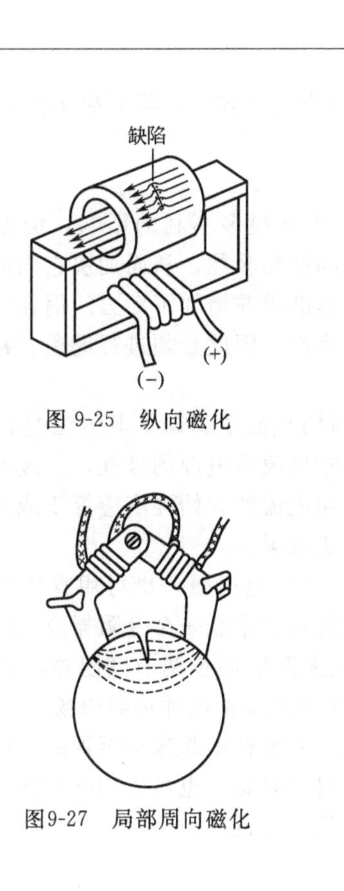


图 9-25　纵向磁化

图9-27　局部周向磁化

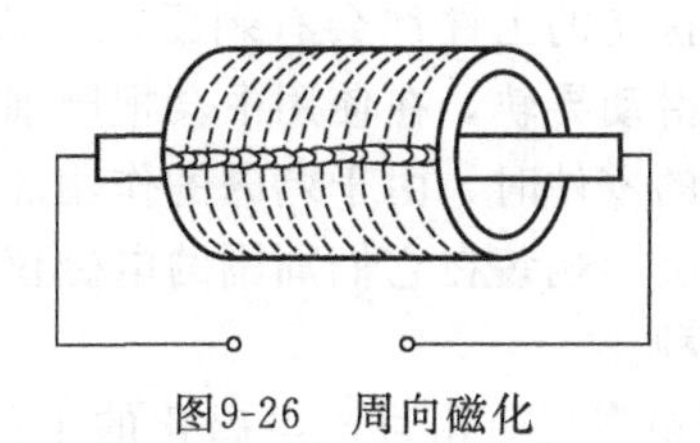

图9-26　周向磁化

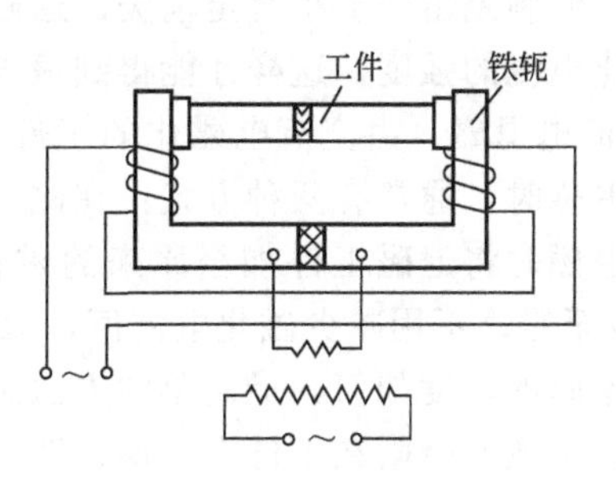


图9-28　复合磁化示意

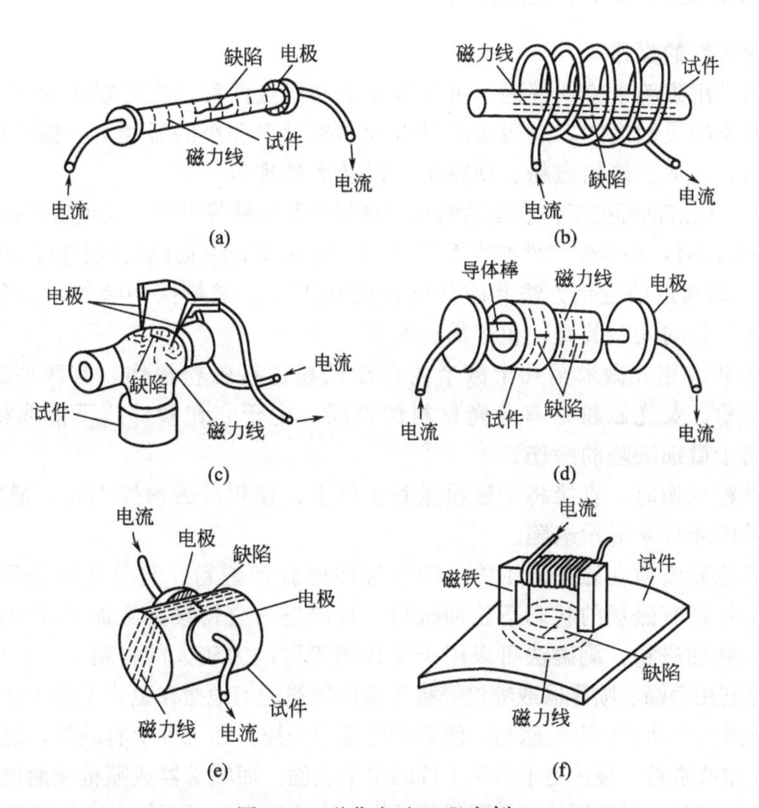


图9-29　磁化方法工程实例

图 9-29 是工程中采用的磁化方法，图上的磁力线（虚线）表示磁场方向。按这个方向磁化，容易测出缺陷。

**(3) 退磁**

经磁力探伤的工件都会有剩磁，这些剩磁会带来很多不利的影响，例如：带剩磁的轴、轴承、滑动导轨，在使用中会把磨损时形成的铁粉吸住，从而加快它们的磨损；又如加工有剩磁的零件时，由于剩磁的作用加剧了刀具磨损并增加了动力的消耗；再者，带有剩磁的工件会影响装在它们周围的电磁仪表的准确性，因此必须进行退磁。常用的退磁方法有以下两种。

a. 直流电退磁。由直流电磁化的工件，必须用直流电退磁。其方法是，与原来磁化时一样将工件放回探伤仪上，然后接通电源并不断地改变电源的极性，并逐渐降低电流的大小至零，使剩磁由大至小直至消失。退磁时所用电流的起始强度应等于或大于探伤时所采用的磁化电流的强度，这样才能得到最大的退磁效果。

b. 交流电退磁。由交流电磁化的工件，可用交流电退磁，也可用直流电来退磁。采用交流电退磁时，通常有两种方式：在磁化电源线路中串联一个变阻器或其他调节电流的装置，在退磁时将退磁工件加至原来的磁化电流强度后逐步调节变阻器，将磁化电流在 60s 内减少至零；不用减少磁化电流值，只需将工件逐步抽出并远离磁场。

检验退磁的程度如何，最简单的方法是用几个回形针串起来移至退磁后的工件，如果回形针不摆动或不吸附在工件上，即证明已全部退掉剩磁；也可以用磁粉来检查退磁后的效果，如果退磁后的工件不再吸引磁粉，也就证明退磁良好。

### 9.3.3 磁粉探伤的操作和适用范围

**(1) 磁粉探伤的操作**

磁粉探伤是用磁粉来检查漏磁，可分为干法和湿法两种。在磁粉法检查中，磁粉的质量是会影响检验的灵敏度的，一般要求具有大的磁导率和小的矫顽力。探伤操作包括以下工序：预处理、磁化、施加磁粉、观察记录以及后处理等。

a. 预处理。用溶剂等把工件表面的油脂、涂料以及铁锈等去掉，以免妨碍磁粉附着在缺陷上。用干磁粉检测时，还要使工件的表面干燥。组装的部件要拆开后分别进行探伤。

b. 磁化。用选定的磁化方法和磁化电流磁化工件。磁粉探伤装置种类很多，有可以进行各种方式磁化的大型装置，也有简易装置。

c. 施加磁粉。用几微米至几十微米的微细铁粉进行磁粉探伤。有两种磁粉：非荧光磁粉和荧光磁粉。荧光磁粉是有荧光材料的铁粉，由于它在紫外线下能取得明显的对比度，因此适用于微细缺陷的探伤。

使用干磁粉探伤时，直接将干磁粉撒到工件上。使用湿磁粉探伤时，把磁粉在油液中调匀，用这种磁悬液来显示缺陷。

把磁粉或磁悬液撒在磁化的工件上的过程叫做施加磁粉。它分连续法和剩磁法两种。连续法是在工件加有磁场的状态下施加磁粉，且磁场一直持续到施加完成为止；剩磁法则是在磁化过后施加磁粉，剩磁法可以用于工具钢等矫顽力较大的材料。

干粉法是利用手筛、喷雾器或喷枪等将干燥的磁粉均匀地撒在磁化了的工件上，然后轻轻地振动工件或微微吹动工件上的磁粉，使多余的磁粉去掉。如工件上有缺陷，磁粉就集聚在缺陷上。用手筛撒放磁粉，最适用于检验工件的水平表面。而喷雾器或喷枪喷洒磁粉适用于工件的垂直或倾斜的平面。干法用的磁粉要保持干燥，下雨和刮风天不能在室外进行探伤。

湿法施加磁粉可采用如下几种方法：第一种方法是将磁化后的工件沉浸在磁粉悬浮液内；第二种方法是将磁粉悬浮液浇在磁化的工件上；第三种方法是将磁粉悬浮液喷在磁化的工件上。第一种方法适用于小的和剩磁比较大的工件，应用此法检验时，先将磁粉悬浮液搅匀，将磁化了的工件放入磁粉悬浮液中，经过 1min 后将工件拿出来进行检查；如果工件放入磁粉悬浮液的时间过长，则工件表面积满了磁粉，给发现缺陷增加了困难。第二、第三种方法适用于大型工件，由于磁粉液具有流动性，因此喷上磁粉液后，有缺陷的地方就会留下磁粉痕迹。为了检验的可靠性，可将第一次出现的磁粉抹去，进行第二次检查。如果磁粉痕迹重复出现，就可确定该处存在缺陷。

磁粉悬浮液是用磁粉和油液配制而成的。要求油液透明、黏度小，对工件没有腐蚀作用，对人体没有危害。常用的油液是煤油、变压器油、定子油等。一般配制磁粉悬浮液时，先用变压器油把磁粉调成糊状，再用煤油稀释。以每 1000mL 液体内含有 35～40g 磁粉为标准。

d. 观察和记录。磁粉痕迹的观察是在施加磁粉后进行的。用非荧光磁粉时，在光线明亮的地方进行观察；而用荧光磁粉时，则在暗室用紫外线灯进行观察。在截面大小突然变化的部位，即使没有缺陷，有时也会出现磁粉痕迹，要确认磁粉痕迹是不是缺陷需用其他探伤方法进行确定。

e. 后处理。探伤后要进行除去磁粉和退磁处理。

**(2) 磁粉探伤的适用范围**

磁粉探伤适用于检测钢铁材料的裂纹等表面缺陷，例如铸件、锻件、焊缝等的表面缺陷。其适用范围如下：

a. 对钢铁等强磁性材料的表面缺陷探伤特别适宜；

b. 对于在表面没有开口但深度很浅的裂纹也可以探测出来；

c. 虽然是钢铁材料，但如奥氏体不锈钢那样的非磁性材料是不适用的；

d. 能检测出缺陷的位置和长度，但不知道缺陷的深度。不能检测工件内部的缺陷。

## 9.4 渗透探伤

渗透探伤包括着色探伤和荧光探伤，这些方法利用某些液体的渗透性来发现和显示缺陷，可用于各种金属材料和非金属材料构件表面开口缺陷的检验。

### 9.4.1 着色探伤

着色探伤操作方便、设备简单、成本低廉、不受工件形状和大小的限制，用于检测材料的表面缺陷。

**(1) 着色探伤的基本原理**

① 毛细现象　圆柱形细管内液体的毛细现象如图 9-30 所示。根据液体的润湿能力的不同，管内的液面高度会发生不同的变化，如果液体能够湿润，则液面在管内上升，且形成凹形，如图所示。液体的润湿能力越强，管内液面上升越高。细管内液面高度的变化现象，就是液体毛细现象。毛细现象使液体在管内上升的高度 $h$ 可用式（9-12）计算：

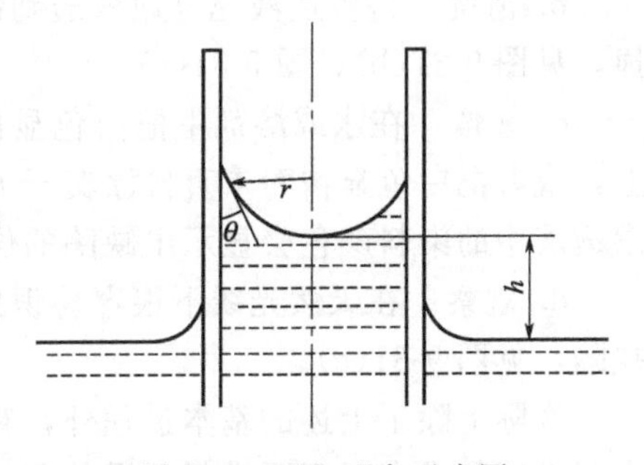


图 9-30　毛细现象示意图

$$h=\frac{2\alpha\cos\theta}{r\rho g} \tag{9-12}$$

式中 $\alpha$——液体的表面张力系数；

$\theta$——液面与管壁的接触角；

$r$——毛细管半径；

$\rho$——液体的密度；

$g$——重力加速度。

② 着色探伤原理 在被检工件表面涂覆某些渗透力较强的渗透液，在毛细作用下，渗透液被渗入到工件表面开口的缺陷中，然后去除工件表面上多余的渗透液，但保留渗透到表面缺陷中的渗透液，再在工件表面上涂上一层显像剂，缺陷中的渗透液在毛细作用下被吸到显影剂中，从而形成缺陷的痕迹。

**(2) 渗透液和显像剂**

渗透液由染料和矿物油组成，常用的渗透液见表 9-3。

渗透液使用或配制过久，应加以检查；如发现沉淀或挥发性油液损耗过多，不宜使用，以免降低探伤的灵敏度。

显像剂通常是由氧化锌、氧化镁、高岭土粉末和火棉胶液组成。若着色液是玫瑰红染料，可用水代替火棉胶。

**表 9-3 常用渗透液的组成**

| 油液成分＼油液编号 | 一号 | 二号 | 三号 | 四号 |
|---|---|---|---|---|
| 乳百灵/% | 10(体积) | 10 | 10 | 10 |
| 苯馏酚/% | 10 | 60 | | |
| 170～200℃蒸馏汽油/% | 20 | | 20 | 30 |
| 丙酮/% | | | 50 | 30 |
| 苯甲酸甲酯/% | | | 20 | 20 |
| 变压器油/% | | | | 10 |
| 腊红/(g/L) | 20 | 20 | | 100 |
| 玫瑰红/(g/L) | | | 80 | |
| 60～130℃蒸馏汽油/% | | 30 | | |

**(3) 着色探伤方法**

着色探伤主要有如下四个基本操作过程。

a. 渗透。将工件浸渍于渗透液中或者用喷雾器或刷子把渗透液涂于工件的表面。如果工件表面上有缺陷，渗透液就渗入缺陷，见图 9-31(a)。

b. 清洗。待渗透液充分地渗透到缺陷内之后，用水或清洗剂把试件表面的渗透液洗掉，见图 9-31(b)、图 9-31(c)。

c. 显像。在水或溶剂中把白色显像粉调匀，制成的显像剂，将其涂覆在工件的表面上，或者把白色显像粉末直接涂覆于工件的表面。缺陷中的渗透液就会被显像剂吸出来，渗透液中的染料颜色会显示出缺陷的位置和大小，见图 9-31(d)。

d. 观察。在天然光线下很容易识别渗透液显示的痕迹，用肉眼就可以发现很微细的缺陷，见图 9-31(e)。

实际上除了上述的基本过程外，有时为了使渗透容易进行，还要进行预处理。另外，为了进行显像有时还要进行干燥处理。或者为了使渗透液容易洗掉，对某些渗透液有时还

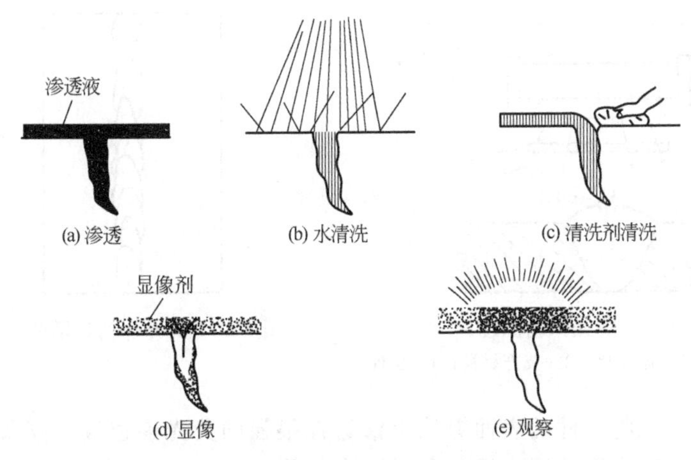


图 9-31　着色渗透探伤的基本操作

要做乳化等处理。

着色渗透探伤能探测出的最小尺寸一般约为深 0.02mm。下列因素影响着色探伤的灵敏度。

a. 渗透时间。由于工件表面的缺陷中存在空气，妨碍油液的迅速渗入。如果渗透时间过短，不能保证油液很好地渗入缺陷，因而影响探伤的灵敏度。一般渗透时间控制在 10～15min。

b. 渗透液的渗透性。渗透液的渗透性强，易于渗入微小缺陷中，则可发现微小缺陷，探伤灵敏度高。

c. 渗透液的颜色。颜色对探伤灵敏度影响也很大，颜色鲜明，对眼睛敏感，则易于发现缺陷。若渗透液的颜色与显像剂的颜色差别不大，缺陷难于被发现。

d. 工件表面的清洁程度。一般用水冲洗工件表面多余的油液。冲洗不干净，则使显像剂染色，造成判别缺陷困难。若冲洗过分，又会把缺陷中的渗透液冲掉，使缺陷显露不出来。

e. 观察时间。微小的缺陷一般出现得较晚，太早观察不能发现它们。通常在显影 15～30min 后才进行观察。

除了以上因素外，渗透液的温度、工件的温度、显像剂的粒度和厚度等都会影响探伤的灵敏度。

### 9.4.2　荧光探伤

荧光探伤和着色渗透探伤一样，用来发现各种材料的表面缺陷。

**(1) 荧光探伤原理及过程**

当紫外线照射到荧光物质时，荧光物质便吸收紫外线的光能量，使离原子核较近、位于低能级轨道上的电子受激发而跳跃到离原子核较远的高能级轨道上，原子处于激发状态。处于激发状态的原子很不稳定，高能级轨道上的电子要自发地跳跃到原来失去电子的低能级轨道上。当电子由高能级跳到低能级时便发出光子，光子具有的能量是高低能级的能量差。不同荧光物质产生的荧光波长不完全一样，因此光的颜色也有差异。渗透探伤用的荧光颜色最好为黄绿色，因为这种颜色在暗处的衬度较高，人眼对其的感觉较敏锐。

荧光探伤是一种利用紫外线照射某些荧光物质产生荧光的特性来检查工作表面缺陷的方法。

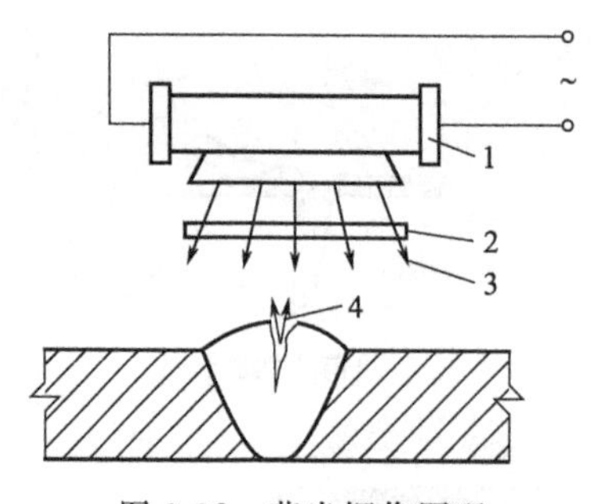


图 9-32 荧光探伤原理

1—紫外线灯；2—滤光片；3—荧光材料；4—工件

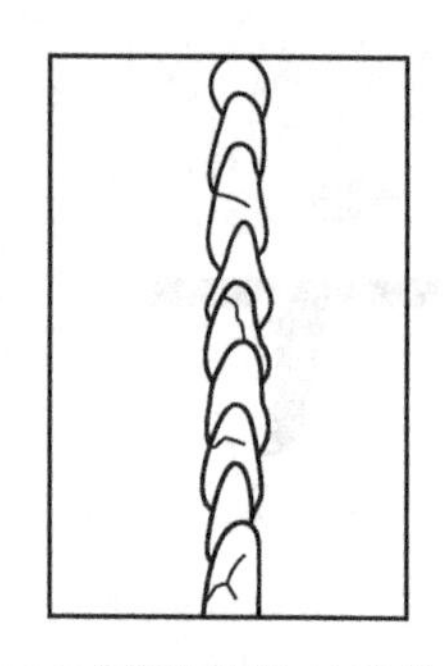

图 9-33 荧光探伤显示的裂纹

荧光探伤时，先将工件的表面上涂上渗透性很强的荧光渗透液，停留 5～10min，然后除去表面多余的荧光渗透液，接着在探伤的表面上撒上一层氧化镁粉末，振动几下，这时，在缺陷处的氧化镁被荧光渗透液浸透，随后把多余的氧化镁粉末吹掉。然后在暗室中用紫外线照射工件，如图 9-32 所示，在紫外线作用下，留在缺陷处的荧光物质发出明亮的荧光。缺陷是裂纹时，它们就会以明亮的曲折线条出现，如图 9-33 所示。

**(2) 探伤用的荧光物质及其特性**

在紫外线作用下能产生荧光的材料很多，有天然材料，也有人造材料；有固体的也有液体的。固体的荧光材料往往要加入活化剂，加入活化剂能大大增强发光强度，常用的活化剂有 Mn、Ni、Cu、Ag 等。

探伤用的荧光物质要求渗透性好，对工件无腐蚀作用和不起化学反应，对人体也要无伤害作用。常用的固体荧光材料和液体荧光材料见表 9-4、表 9-5。

**表 9-4 固体荧光材料**

| 基本物质 | 活化剂 | 发光颜色 | 最大发光波长/nm | 激发光波长/nm |
|---|---|---|---|---|
| CaS | Mn | 绿色 | 510 | 420 |
| CaS | Ni | 红色 | 780 | 420 |
| CaS | Ni | 蓝色 | 475 | 420 |
| ZnS | Mn | 黄绿色 | 555 | 420 |
| ZnS | Cu | 蓝绿色 | 535 | 420 |
| ZnS | 纯 | 浅蓝色 | 465 | 420 |
| (Zn+Cd)S | Ag | 当浓度增大由白到红各色 | 590 | 460 |
| $CaWO_4$ | (Pb) | 蓝色 | 440 | 300 |
| $MgSiO_4$ | Mn | 红色 |  | 280 |
| CaS | Mn | 橙黄色 | 600 | 420 |

**表 9-5 液体荧光材料**

|  | 荧光物质 | 荧光颜色 | 发光波长/nm |
|---|---|---|---|
| 1 | 25%石油+25%航空油+50%煤油 | 天蓝色 | 460 |
| 2 | 变压器油(或高级机油)与煤油成 1∶2(或 1∶3)混合后加 5%鱼油 | 鲜明天蓝色 | 500 |
| 3 | 2 号配方中加 0.11%蒽油 | 玫瑰色 | 600 |
| 4 | 2 号配方中加 0.5%页岩油 | 玫瑰色 | 60 |
| 5 | 苯甲酸甲酯 70%+10%甲苯+10%丙酮+10%正己烷,混合后加 0.3%(质量)PEB 增白剂 | 乳白色 |  |
| 6 | 苯甲酸甲酯 10%+PEB 增白剂 0.3%(质量) | 乳白色 |  |
| 7 | 丙酮 40%+40%酒精+20%煤油+0.3%荧光增白剂+蒽油 0.3%(质量) | 玫瑰色 |  |

固体粉末状的荧光材料透明度不好，这是由于材料本身对光有极大的内吸收作用，因而只能看到表面层的发光、较深处发出的光会被本身完全吸收。故增加固体荧光材料的厚度并不能增加发光强度。而液体荧光材料多数是透明的，因此增加涂层的厚度，会使发光强度增加。用液体荧光材料探伤可粗略地反映缺陷的深度。荧光探伤虽然已应用很久，但目前应用还不广泛，主要原因是液体荧光材料不够理想，很难检查出极其细微的缺陷。

# 9.5　涡流探伤

涡流探伤是使导电的工件内发生涡流，通过测量涡流的变化量，来进行工件的探伤、材质的检验和形状尺寸的测试等。它也作称作电磁感应检测。

## 9.5.1　涡流的产生和检测

**(1) 涡流的产生**

如图9-34所示，把线圈1接在交流电源上，并通以交流电。当线圈1与线圈2相靠近时，在线圈2中就会感应产生交流电。这是由于线圈1通过交流电时，能产生随时间而变化的磁场，磁场的磁力线穿过线圈2，使它感应产生交流电。如果使用金属板代替线圈2，同样也可以使金属板产生交流电，如图9-35所示。

如上所述，使用交流电时，穿过线圈的磁力线随时间而变化，在金属板中感生电动势，从而有交流电流过，这种现象叫做电磁感应。把所产生的这种交流电叫做涡流或者感生电流。涡流的分布及大小与线圈的形状和尺寸、交流电的频率、导体与线圈的距离、工件的形状和尺寸以及工件表面的缺陷等有关。因此，根据检测到的工件中的涡流，就可以取得关于工件缺陷方面的信息。

涡流是交流电，在导体的表面电流较多，随着向里的深入电流按指数规律减小，这种现象称为集肤效应。因此，用涡流探伤从工件表面取得信息容易，探测工件内部缺陷困难。在涡流探伤中经常使用透入深度这个概念。透入深度指涡流密度是工件表面涡流密度37%时，距工件表面的深度。透入深度与材质有关，比如碳钢比铝的透入深度小。

**(2) 涡流的检测**

如图9-35所示，在工件中的涡流方向与线圈（激磁线圈）中的电流方向相反。由工件中涡流所产生的交流磁场，其磁力线是随时间而变化的，它穿过激磁线圈时就在线圈内感生交流电。因为这个电流方向与涡流方向相反，结果就与激磁线圈中原来的电流（激磁

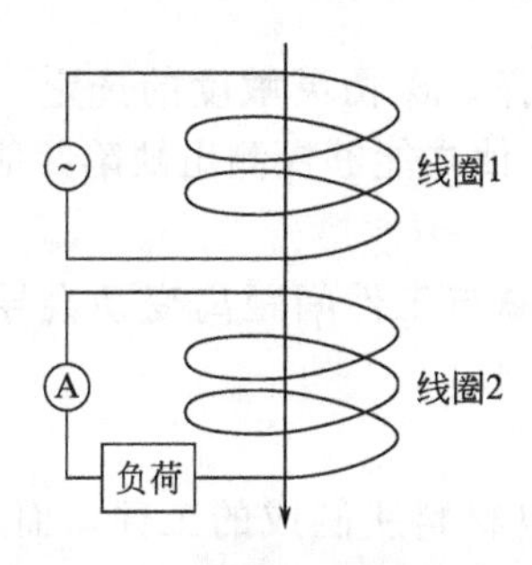

图9-34　电磁感应现象

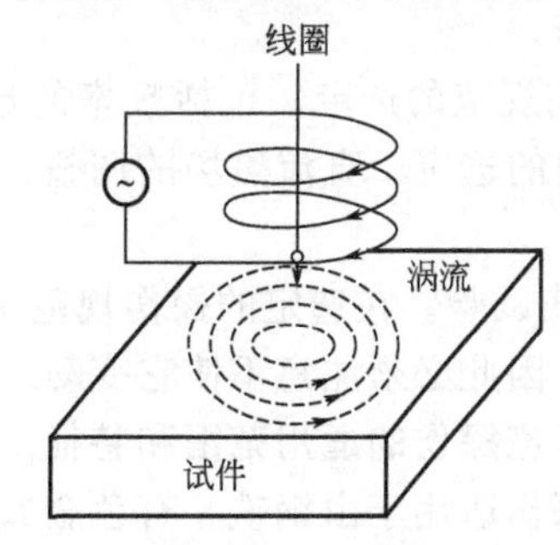

图9-35　涡流的产生

电流）方向相同了；也就是说，线圈中的电流由于涡流的反作用而增加了。假如涡流变化的话，这个增加的部分也会变化。测定这个电流的变化，就可以测得涡流的变化，从而可得到工件的信息。

交流电随着时间以一定的频率改变电流方向，激磁电流和反作用电流的相位是有一定差异的，这个相位差随着工件的形状等而变化，所以这个相位的变化也可以作为检测工件状态的一个信息加以利用。另外，因工件表面同线圈之间距离的变动会引起线圈电流的变化，所以可以得到关于试件表面光洁度和涂膜厚度等信息。

为了测定涡流的反作用电流，除了用激磁线圈外，还可以使用专用的探测线圈（称为次级线圈）。按试件的形状和检测目的的不同，可采用不同形式的线圈，见图 9-36。

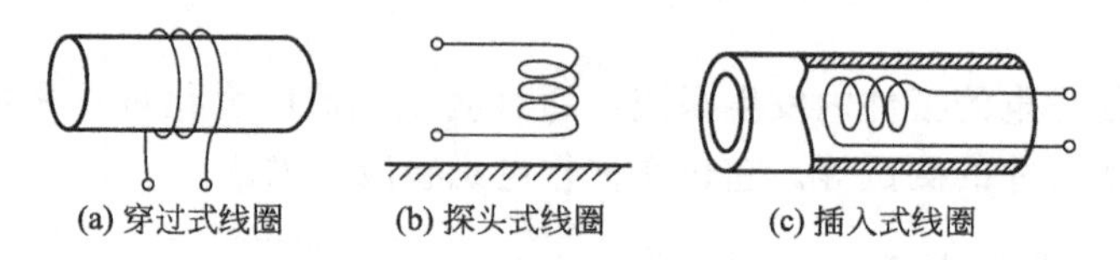


图 9-36　不同形式的探测线圈

## 9.5.2 探伤操作

### (1) 探伤装置

涡流探伤装置的组成如图 9-37 所示。振荡器发生的交流电通过线圈及其产生的交流磁场加到工件上。工件的涡流由线圈检测，作为交流输出送入电桥电路。因为必须检出很微小的涡流变化，所以事前要调整电桥，使没有缺陷时的交流输出接近于零。从电桥输出的电信号由放大器放大后送到检波器，进入检波器的电信号在这里进行检波，并作为工件的信息在显示器上显示出来。同步检波利用杂乱信号与缺陷信号的相位差把杂乱信号分离掉，只输出特定相位角的缺陷信号。因此，必须事前调整移相器。

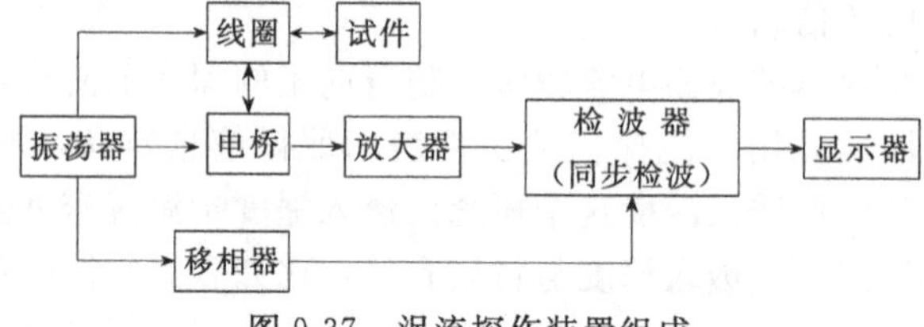


图 9-37　涡流探伤装置组成

### (2) 探伤操作步骤

a. 试件表面清理。试件表面在探伤前要进行清理，除去对探伤有影响的附着物。

b. 探伤仪器的稳定。探伤仪通电后，应经过必要的稳定时间，方可以选定试验规范并进行探伤。

c. 探伤规范的选定。包括频率的选定、线圈的选择、探伤灵敏度的选定、平衡的调整、相位角的选定、直流磁场的调整。调整探伤仪器，使之能够探测出缺陷并能排除杂乱信号。

d. 探伤试验。在选定的探伤规范下进行探伤。线圈与工件间距离变动会导致杂乱信号的出现，因此必须注意不使它变动。

### (3) 涡流探伤的适用范围和特征

涡流探伤适用于由钢铁、有色金属以及石墨等导电材料所制成的工件，而对于玻璃、陶瓷和合成树脂等非导电材料是不适用的。涡流检测适用于如下项目的检测。

a. 探伤。工件表面上和接近表面处的缺陷检测。

b. 尺寸检测。工件的尺寸，涂膜厚度、腐蚀状况和变形的检测。

涡流检测的优点是：由于探伤结果可以直接用电信号输出，因此可以进行自动化检测；由于采用非接触式的方法，所以检测速度很快；适用范围较广，能检测各种导电材料工件的表面缺陷、尺寸形状的变化等。

涡流检测的缺点是：很难用于形状复杂的工件；对表面下较深部位的缺陷不能检测；难以直接从检测所得的显示信号来判别缺陷的种类。

## 9.6　金属耐磨性的检测

相互接触并作相对运动的物体由于机械、物理和化学作用，造成物体表面材料的位移及分离，使表面形状、尺寸、组织及性能发生变化的过程称为磨损。磨损是机械构件失效的主要方式之一。

磨损的分类方法很多。由于构件磨损是一个复杂过程，每一起磨损都可能存在性质不同、互不相关的机理，涉及的接触表面、环境介质、相对运动特性、载荷特性等也有所不同，这就造成分类上的交叉现象，至今没有形成统一的分类方法。目前较通用的是按磨损机理来划分，即将磨损分为磨料磨损、黏着磨损、冲蚀磨损、微动磨损、腐蚀磨损和疲劳磨损。本节主要介绍磨料磨损、黏着磨损的试验检测方法。

### 9.6.1　磨料磨损

#### (1) 磨料磨损的分类

磨料磨损是指硬的磨粒或硬的凸出物在与摩擦表面相互接触运动过程中，使材料表面损耗的一种现象或过程。硬颗粒或凸出物一般为非金属材料，如石英砂、矿石等。磨粒或凸出物可以从微米级尺寸的粒子变化到矿石乃至更大的物体。磨料磨损有以下几种分类方法。

a. 按力的作用特点可以分为划伤式磨损、碾碎式磨损和凿削式磨损。划伤式磨损属低应力磨损，即磨料与构件表面之间的作用力小于磨料本身的压溃强度。划伤式磨损只在材料表面产生微小的划痕，宏观看构件表面仍比较光亮，高倍放大镜下观察可见微细的磨沟或微坑一类损伤。典型构件如农机具的磨损，洗煤设备的磨损，运输过程的溜槽、料仓、漏斗、料车的磨损等。

碾碎式磨损属高应力磨损，当磨料与构件表面之间接触压应力大于磨料的压溃强度时，磨粒被压碎。这种磨损的磨粒在压碎之前，几乎没有滚动和切削的可能，它对被磨表面的主要作用是由接触处的集中压应力产生的。对塑性材料而言就像打硬度一样，磨料使材料表面发生塑性变形，许许多多“压头”对材料表面的压应力作用，使之发生不定向流动，最后由于疲劳而破坏。对于脆硬材料，几乎不发生塑性流动，磨损主要是脆性破裂的结果。典型构件是球磨机的磨球与衬板及滚式破碎机中的辊轮等。

凿削式磨损的产生主要是由于磨料中包含大块磨粒，而且具有尖锐棱角，对构件表面进行冲击式的高应力作用，使构件表面撕裂出很大的颗粒或碎块，表面形成较深的犁沟或深坑。这种磨损常在运输或破碎大块磨料时发生。典型实例如颚式破碎机的齿板、辗辊等。

b. 按金属与磨料的相对硬度可以分为硬磨料磨损和软磨料磨损。如果金属的硬度 $H_m$ 与磨料的硬度 $H_a$ 之比小于0.8，属硬磨料磨损；如果比值大于0.8，则属软磨料磨损。

c. 按磨损表面数量分类。当外界硬粒移动于两摩擦表面之间，称为三体磨损，如矿石在破碎机定、动齿板之间的磨损；硬粒料沿固体表面相对运动，作用于被磨构件表面，称为二体磨损。

d. 按相对运动分类，分为固定磨料磨损和自由磨料磨损。前者如砂纸、砂布、砂轮、锉刀及含有硬质点的轴承合金与材料对磨时发生的磨损，后者像沙子、灰尘等散装硬质材料与金属对磨时的磨损。

**(2) 磨料磨损试验方法**

磨损试验可分为实验室磨损试验和实际工况条件下的磨损试验。后者的真实性和可靠性好，然而试验周期长、影响因素不易控制、花费人力物力大。以前，磨料磨损的研究主要借助于实际工况条件下的试验来进行。近年来，已经可以有效地利用实验室试验来从事磨料磨损的研究了。

衡量实验室磨损试验的基本标准是：重现性好、实验误差小、鉴别率高和模拟性好。实验室的磨损结果必须和实际试验的趋向和效果相一致，并尽可能定量地预测实际使用的结果。在实际试验时，有时会出现与实验室试验完全相反的结果，这时就要小心地研究和分析实验室试验方法的适用性。这里，如何正确选择实验室磨损试验方法就显得特别重要了。

① 磨料磨损试验机　到目前为止，国内外已经研究和开发了上百种不同类型的磨料磨损试验机。这些磨损试验机都是根据实际磨料磨损过程的特点专门设计的，包括按照磨料与材料的接触和运动方式（固定、半固定和自由）、应力大小（高、低应力）、载荷方式（动载、冲击）和介质的干湿状态（冲蚀、腐蚀、高温）设计的磨损试验机，以及专门为研究磨料磨损机理而设计的单颗粒磨料磨损试验机等。另外，还有与实际工况非常接近的一些台架式小型磨料磨损试验机，如凿削式颚式破碎机、小型球磨机、落球冲击疲劳试验机等。表9-6是典型的磨料磨损试验机工作原理示意图。

② 磨损量的测定与比较方法　由于磨料磨损的磨损量较大，所以材料的损失主要采用宏观称重的方法来计量。为了比较不同密度的材料性能，利用磨损体积的损失来计量则更为合理。只有在评价实际零件（犁铧、履带板、斗齿等）的磨损损耗时才采用特定部位的尺寸变化来量度的方法。为了避免试验条件和参数在试验过程中变化引起的偏差，经常在磨损试验中放置一定材料的标准试样，以标准试样和试验试样失重（或体积损失）的比值，来表示材料的耐磨性。表9-7是磨损量的各种表示方法。

## 9.6.2　黏着磨损

**(1) 黏着磨损的分类**

黏着磨损也称咬合磨损或摩擦磨损。相对运动物体的真实接触面积上发生固相黏着，使材料从一个表面转移到另一表面的现象，称为黏着磨损。相对运动的接触表面发生黏着以后，如果在运动产生的切应力作用下，于表面接触处发生断裂，则只有极微小的磨损。如果黏合强度很高，切应力不能克服黏合力，则视黏合强度、金属本体强度与切应力三者之间的不同关系，出现不同的破坏现象，据此可以把黏着磨损分为表9-8所列的四种类型。

表 9-6 典型的磨料磨损试验机工作原理示意图

| 分类 | | 示意图 | 说明 |
|---|---|---|---|
| 磨料界于材料之间 | 转盘式 |  试片 | 试样与转动的转盘圆周接触，磨料在材料之间产生磨损 |
| | 平板式 | 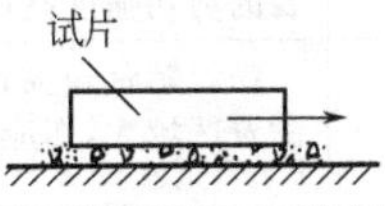 试片 | 磨料在试样之间，有相对运动。一般磨料发生滚动 |
| 磨料与材料表面接触 | 固定颗粒式 | 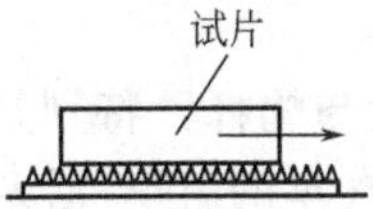 试片 | 磨料黏结在砂纸上，试样与固定磨料有相对运动产生磨损 |
| | 自由颗粒式 | 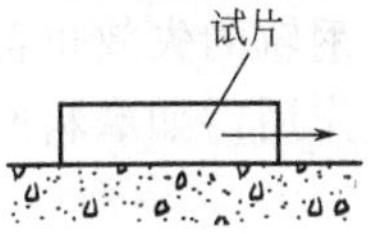 试片 | 磨料呈分散自由粒子状态，与试样表面有相对运动产生磨损 |
| 磨料在材料内部运动 | 滚动式 | 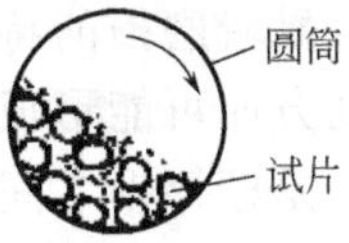 圆筒 试片 | 磨料与试样同时装入转动的滚筒内，在转动时产生碾压与振动而磨损 |
| | 回转式 | 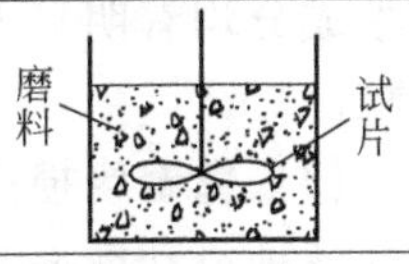 磨料 试片 | 磨料装入容器中，试样旋转产生磨损，包括干式和湿式两种方式 |
| 磨料对材料发生冲击 | 冲击式 | 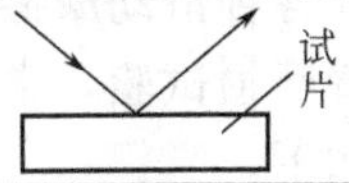 试片 | 磨料以一定速度和角度对试样产生冲击而造成磨损 |
| | 冲压式 | 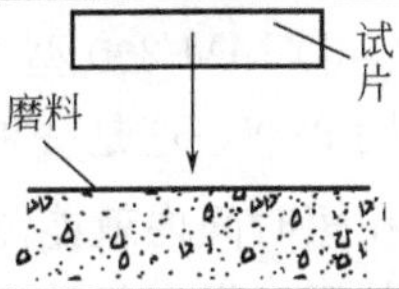 试片 磨料 | 试样作用在磨料层上，与冲击式有一定区别 |

表 9-7 磨损量的各种表示方法

| 类别 | | 单位 |
|---|---|---|
| 磨损量 | 质量损失 | mg |
| | 体积损失 | $mm^3$ |
| | 尺寸损失 | mm |
| | 单位面积损失 | $mg/cm^2$ |
| 磨损率 | 单位距离损失 | mg/cm<br>(mm/cm) |
| | 单位时间损失 | mg/min |
| 比磨损量 | | $cm/cm^2$ |
| 耐磨性<br>相对耐磨性<br>相对磨损率 | <br>数值愈大，耐磨性愈好<br>数值愈小，耐磨性愈好 | 无单位 |
| 处理单位矿石量的磨损量 | | mg/g |
| 消耗单位动力量的磨损量 | | mg/kW |

表 9-8 黏着磨损的分类

| 类型 | 破坏现象 | 损坏原因 |
| --- | --- | --- |
| 涂抹 | 剪切破坏发生在离黏着结合面不远的较软金属层内，软金属涂抹在硬金属表面上 | 较软金属的剪切强度小于黏着结合强度，也小于外加的切应力 |
| 擦伤 | 软金属表面有细而浅的划痕，剪切发生在较软金属的亚表层内，有时硬金属表面也有划伤 | 两基体金属的剪切强度都低于黏着结合强度，也低于切应力，转移到硬面上的黏着物质又擦伤软金属表面 |
| 撕脱 | 剪切破坏发生在摩擦副一方或两金属较深处，有较深划痕 | 与擦伤损坏原因基本相同，黏着结合强度比两基体金属的剪切强度高得多 |
| 咬死 | 摩擦副之间咬死，不能相对运动 | 黏着结合强度比两基体金属的剪切强度高得多，而且黏着区域大，切应力低于黏着结合强度 |

**(2) 常见的黏着磨损及其特征**

黏着磨损普遍存在于生产实践中。蜗轮与蜗杆，特别是重型机床和齿轮加工机床的分度蜗轮，4～5 年间就有几百微米的磨损；汽车的缸套-活塞环、曲轴轴颈-轴瓦、凸轮-挺杆等摩擦副都承受黏着磨损；刀具、模具、钢轨的失效也都与黏着磨损有密切关系。在实际工况中，许多摩擦副同时承受着多种磨损作用，如磨料磨损与黏着磨损，接触疲劳与黏着磨损等。

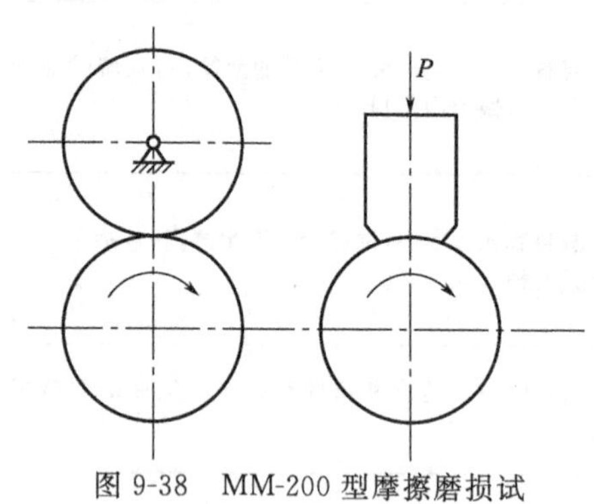


图 9-38 MM-200 型摩擦磨损试验机工作原理示意图

黏着磨损的特征是磨损表面有细的划痕，沿滑动方向可能形成交替的裂口、凹穴。最突出的特征是摩擦副之间有金属转移，表层金相组织和化学成分均有明显变化。磨损产物多为片状或小颗粒。

**(3) 黏着磨损试验**

各种滑动摩擦磨损试验机原则上都可以进行黏着磨损试验，常用的黏着磨损试验机和试验方法如下。

① MM-200 型摩擦磨损试验机 其工作原理见图 9-38，这是一种滑动兼滚动摩擦的试验机。用这种试验机做试验，材料和能量消耗较少，在短时间内就能测出摩擦系数和磨损量的试验结果。磨损量一般用称重法求得，也可用试验前后试样直径的变化或试样磨痕宽度的变化来表示。摩擦系数可通过在标尺上实际指出的摩擦力矩 $T$ 进行计算：

$$\mu=\frac{T}{RP} \tag{9-13}$$

式中 $R$——下试样的半径；

$P$——试样所承受的垂直载荷。

也可利用摩擦功求出平均摩擦系数：

$$\mu=\frac{W}{2\pi RNP} \tag{9-14}$$

式中 $W$——测得的实际摩擦功；

$N$——下试样的实际转数。

为了保证试验的准确性，应对试样的加工精度严格要求，如内外圆的同心度，轴线与端面的垂直度等。这种试验机的缺点是滑动速度太低，下试样的最大转速只有 400r/min，而且可调范围有限。

② 销环式磨损试验机　这种试验机与MM-200型磨损试验机相似，但结构简单、调试方便，试样容易加工和装配，也便于测量，可以模拟各种工况。加载方式一般采用砝码间断式加载，也可以实现连续式加载。这种试验机是纯滑动摩擦，因此黏着效应极为明显，用它适宜进行黏着磨损试验，其工作原理图如图9-39所示。摩擦系数可用式（9-15）表示：

$$\mu=\frac{M_f L_3}{Q_1 L_1+Q_2 L_2+Q_3 L_3} \tag{9-15}$$

式中　$M_f$——摩擦转矩，可直接测出；

$L_3$——由 $P$ 至支点的距离；

$Q_1$——杠杆的质量；

$L_1$——$B$（重心）到支点的距离；

$Q_2$——加载砝码质量；

$L_2$——$C$ 到支点的距离；

$Q_3$——试样夹头的质量。

③ Falex磨损试验机　其可以进行点、线、面接触以及冲蚀的磨损试验。销与V形块试样的黏着磨损试验见图9-40。试样用销钉固定在转动机构上，一般以300r/min的转速转动。左右两块V形压块在压力作用下，夹住试样。试样转动时便与固定的V形块发生相对滑动，它们之间的摩擦系数可以通过转换机构直接记录在自动记录仪上。Falex试验机有两种加载方式：连续加载与恒定加载。对磨损量的评价，可以采用称重法。

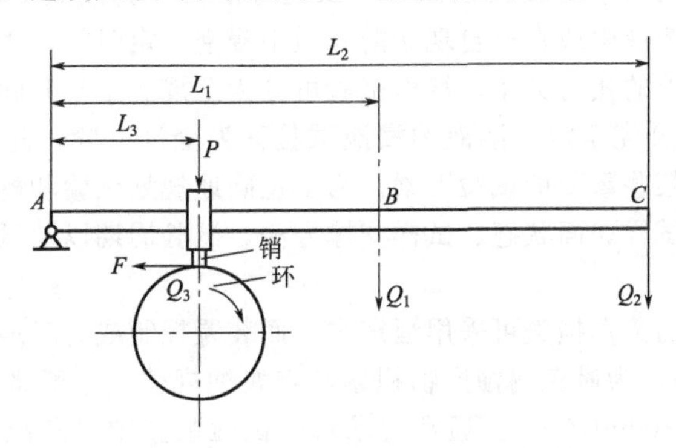


图9-39　销环式磨损试验机工作原理示意图

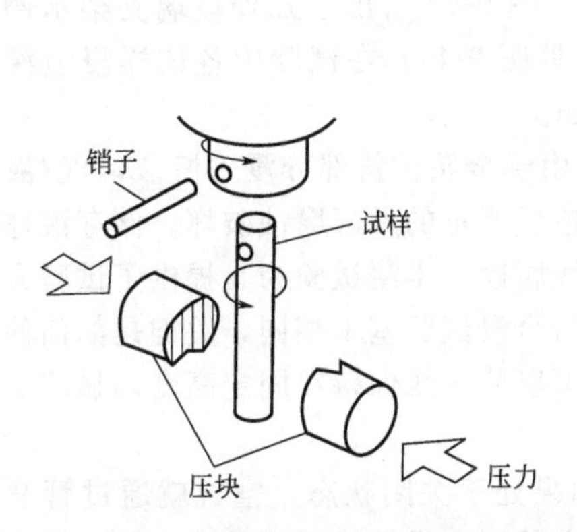


图9-40　Falex磨损试验机工作原理示意图

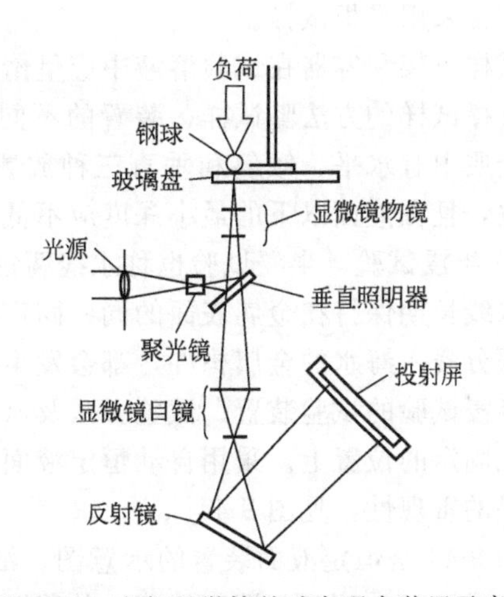


图9-41　金相显微镜的动态观察装置示意图

④ 磨损的动态观察　将光学显微镜进行适当改装，配上摩擦磨损试验装置，便能够直接观察磨损表面发生的各种微观变化，这就是所谓的动态观察。通过动态观察，可以从微观方面阐明材料之间的黏着磨损现象。

图 9-41 是一个在金相显微镜工作台上改装的摩擦装置示意图。钢球固定，并通过一个可调节压力的波纹管对盘加载，盘是由硅酸硼玻璃制成的，由直流电机驱动。钢球与玻璃盘滑动接触的情况可用金相显微镜的照相机拍摄下来，放大倍数为 150～300 倍。

## 9.7　金属耐腐蚀性的检测

金属在周围介质的作用下遭受破坏的现象称为金属的腐蚀。抗蚀性是金属的重要性能之一。为了了解不同金属的抗蚀性能，以便根据用途来选择金属材料和防蚀方法，需要掌握金属耐腐蚀性能的检测方法。这里主要介绍浸泡腐蚀试验、盐雾腐蚀试验、局部腐蚀试验方法和腐蚀程度评定方法。

### 9.7.1　浸泡腐蚀试验

**(1) 静态浸泡试验**

这是一种广泛应用的水溶液腐蚀试验，试验方法简单。按照要求将金属材料制成试样，在实验室配制的溶液中或在取自现场的介质中浸泡一定时间，用选定的测试方法评定腐蚀。根据试样与溶液的相对关系，浸泡试验可分为全浸、半浸和间浸三种类型试验。

① 全浸试验　试样完全浸入溶液的浸泡试验称为全浸试验，此方法操作简便，重现性好，比较容易控制某些重要的试验因素。为了正确地规划试验和解释试验结果，必须考虑溶液成分、温度、试样表面状态、试样支撑方法、试验周期以及试样的清洗等对试验结果的影响。

试验过程中溶液的蒸发损失可采用恒定水平面装置控制或定时地添加溶液，使溶液体积的波动不超过±1%。为避免腐蚀产物积累影响腐蚀规律，一般将介质容量与试样表面积的比例控制在 20～200mL/cm$^2$。通常要求每个试验装置中只浸泡一种合金，以避免一种合金的腐蚀产物对另一种合金腐蚀规律的干扰。为了提高试验结果的重现性及称重灵敏度，常常采用平板试样。

试样支架和容器在试验溶液中应呈惰性，保证自身不受腐蚀而破坏，也不污染试验溶液。支撑试样的方法随试样、装置的不同而不同，图 9-42 给出了几种玻璃支架示例。试样在介质中有水平、倾斜和垂直三种放置方式，见图 9-43。在试验中各试样浸泡深度务求一致，且在液面以下的最小深度应不低于 20mm。

② 半浸试验　半浸试验也称水线腐蚀试验。由于金属材料部分浸入溶液，气/液相交界的水线长期保持在金属表面的同一固定位置而造成严重的局部腐蚀破坏。储存液体的容器及部分浸入海水的金属构件，都会发生这种水线腐蚀，半浸试验为其提供了试验方法。

半浸试验的试验装置、试验方法及试验条件与全浸试验基本相同，关键是如何使水线保持在固定的位置上。采用自动恒定液面装置，可以使水线保持在固定高度，显著提高试验结果的重现性，见图 9-44。

图 9-44 是恒定液面装置的示意图。活塞 8 如果处于关闭状态，空气就通过管 9 进入瓶内，借助于玻璃管 9 端部把瓶中的蒸馏水以恒定的压力供给一系列试验容器。补充是自

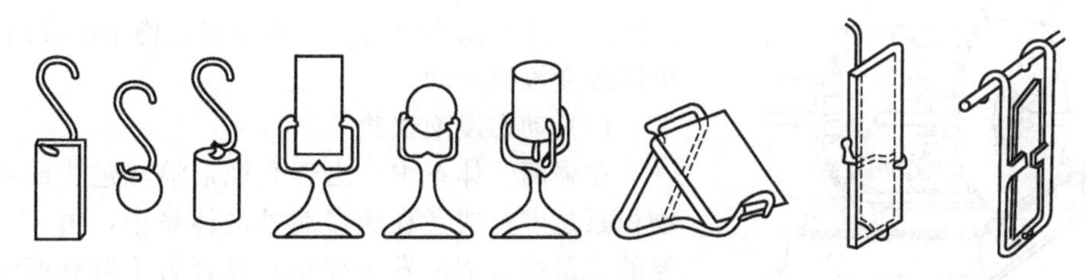

图 9-42 放置腐蚀试样用的玻璃支架

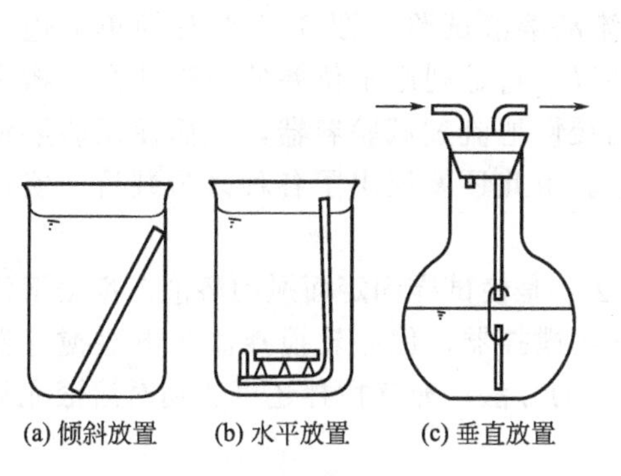


图 9-43 试样在溶液中的放置方式

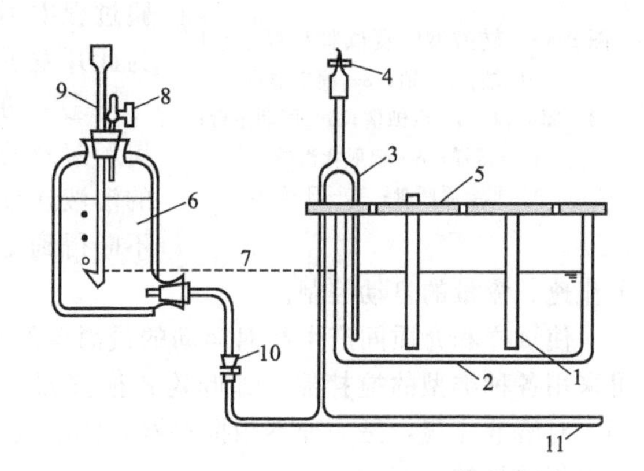


图 9-44 恒定液面装置示意图

1—试样；2—试验容器；3—虹吸管；4，8，10—活塞；5—盖；6—下口瓶；7—溶液水平面；9—玻璃管；11—连到其他容器的管子

动进行的，并且腐蚀试验容器的液面始终控制在管9端头的水平面上，液面波动的范围在±0.1mm。当用力学性能变化来评定试验结果时，应把水线位置调整在拉伸试样的标距之内。

③ 间浸试验 间浸试验又称间断浸泡腐蚀试验或交替浸泡腐蚀试验，即金属试样交替地浸入液态腐蚀介质和暴露在空气中。这种试验提供了加速腐蚀的条件：在空气中暴露时，试样表面是几乎被氧所饱和的腐蚀溶液；水分在空气中蒸发，使溶液中的腐蚀性组分浓度增大；试样在空气中干燥使腐蚀产物膜破裂。这些导致腐蚀加速。

间浸试验结果与干湿变化的频率、环境的温度和湿度密切相关，所以必须合理设计干湿变化周期并在连续试验中保持不变。同样，应合理控制环境温度和湿度，以保证试样在大气暴露期间有恒定的干燥速度。根据不同的试验要求，有时在湿度相当高的密闭装置中进行间浸试验，使试样离开溶液后始终保持湿润状态；有时在空气中暴露时用干燥热风吹拂，以加速干燥。

间浸试验条件的选择与所用试验装置的工作原理有关。为了实现干湿交替，可以交替地将试样浸入和提出溶液，也可使试样固定不动，而让溶液相对试样升降。通常使试样运动比移动腐蚀介质更容易实现。浸入溶液与暴露在空气中的时间比，应视试验的具体要求而定，一般为(1∶10)～(1∶1)。一次循环的总时间常为1～60min不等，有时也可达24h。

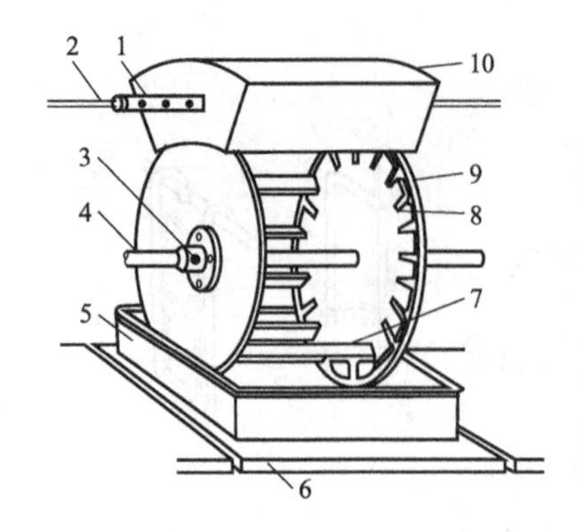


图 9-45 转鼓型间浸试验装置示意图
1—枢轴；2—轴；3—固定螺母；
4—驱动轴；5—腐蚀槽；6—可动平台；
7—试样；8—辐射状沟槽；
9—非金属圆盘；10—干燥箱

图 9-45 是转鼓型间浸试验装置示意图，窄条试样固定在连续转动的转鼓的周缘，可使其周期性地浸没在溶液中或暴露在空气中。调节腐蚀槽中溶液的高度，可以改变浸没时间。

**(2) 动态浸泡试验**

在强腐蚀体系中，由于腐蚀剂消耗过快或腐蚀产物积累过多；或者在缓慢腐蚀的体系中，由于一些重要的微量组分浓度发生变化；或者为了考察腐蚀介质和金属材料间相对运动等对腐蚀的影响，往往要求试验过程中不断更新溶液或使试样与溶液产生相对运动，为此开发了动态浸泡试验。

① 一般流动溶液试验　图 9-46 为最简单的连续更新溶液的装置，它是利用水位差的原理使高位槽中的溶液连续而缓慢地流过试验容器，从而使试验溶液不断得到更新。由此还发展出了各种改型装置，实现了流速、流量的自动控制。

使试样和介质间产生相对运动的最简单的方法，是使试样固定而搅动溶液。搅动溶液可采用各种类型的搅拌器，如叶轮式搅拌器、管式搅拌器、偏心轮搅拌器和电磁搅拌器等。对溶液充气，是一种不用搅拌器而使溶液运动的方法，充气搅拌还可达到对溶液充氧或除氧的目的。

② 循环流动溶液试验　为了保证试样表面的溶液流速，往往把试样固定在管道中，或者直接用试验材料制成管路系统中的一段管路，利用泵使溶液在其中循环流过。当只能用有限量溶液进行较长时间试验时，也经常采用循环溶液的试验。

最简单的方法是用注流泵使溶液循环流动。注流泵在运行时，空气泡随同试验溶液一起被吸入，从而使溶液不断充气。这种情况适用于中性或弱酸性敞开溶液体系，它可以不改变腐蚀过程的机理而加速腐蚀。

循环溶液试验需注意，如果溶液流速太大，可能会由于流体吸收了泵的搅动能而使液体温度显著升高。此外还要注意，当循环回路的一部分是试验材料管路时，不同材料的管路之间需绝缘隔开。

③ 高速流动溶液试验　有时，金属构件会受到高速流动溶液造成的腐蚀破坏。试样高速转动的试验，只能实现试样与溶液之间的高速相对运动，但其表面腐蚀形态甚至腐蚀机理都可能与纵向液流引起的结果不同。为直接研究高速流动溶液的腐蚀作用，可用图 9-47 中的试样支架，把试样放在一个固定尺寸的水道中。支架可用尼龙制造，用泵提供高速流动溶液，试样表面的溶液流速最高可达 145km/h。试验之后可用表观检查和失重法评定结果，并可在同一流速下比较不同材料的耐蚀性。

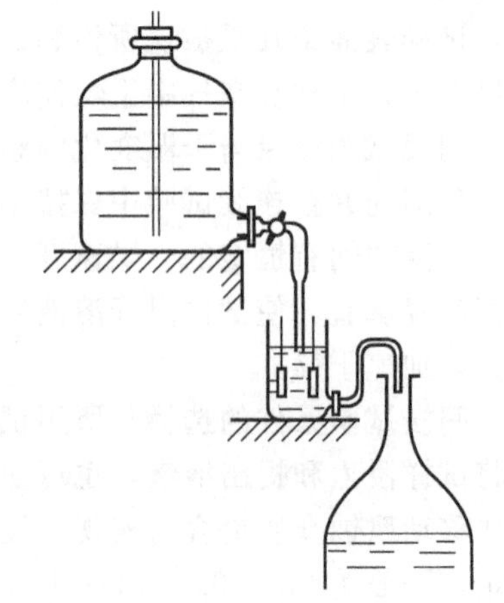

图 9-46 连续更新溶液的腐蚀试验装置

④ 转动试样的腐蚀试验　该试验装置可以获得很高的相对速度，在有限的试验溶液中就可实现高流

速腐蚀试验。通常在旋转圆盘装置上做这种试验，所谓的旋转圆盘装置是指试样在驱动轴上垂直配置，并与心轴一起作同心圆运动的装置。

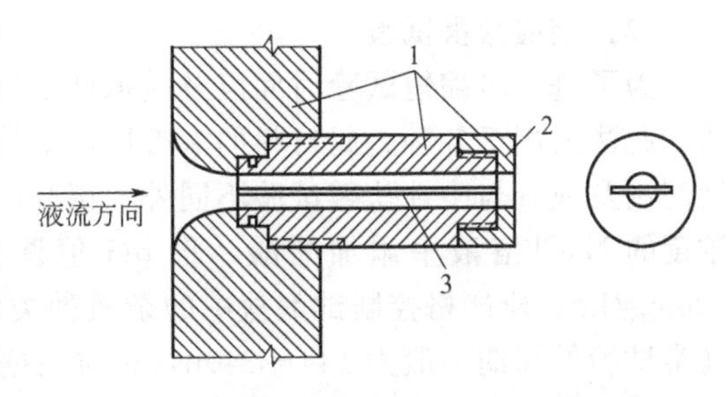

图 9-47　高速流动溶液试验中的试样及支架
1—尼龙；2—试样固定环；3—试样

借助高速转动的心轴，试样的不同部位得到不同的相对运动速度。改变旋转速度可在试样上建立一系列不同的圆周速度，因此，心轴的旋转角速度对试验结果有显著影响。使用相同尺寸的试样和同样的旋转速度，可以比较不同金属材料的耐蚀性能。图 9-48为一种实用的旋转圆盘试验装置。把经过仔细加工的试片安装在可高速旋转的心轴上，浸入试验溶液中。如果金属材料对速度是敏感的，则沿着试片长度方向会出现分布不均匀的腐蚀破坏。

## 9.7.2　盐雾试验

盐雾试验是评定金属材料的耐蚀性以及涂层对基体金属保护程度的加速试验方法，该方法已广泛用于确定各种保护涂层的厚度均匀性和孔隙度，作为评定批量产品或筛选涂层的试验方法。近年来，某些循环酸性盐雾试验已被用来检验铝合金的剥落腐蚀敏感性。盐雾试验亦被认为是模拟海洋大气对金属作用的最有用的实验室加速腐蚀试验方法。

**(1) 中性盐雾试验**

中性盐雾试验是一种广泛应用的人工加速腐蚀试验方法，适用于检验多种金属材料和涂镀层的耐蚀性。将试样按规定暴露于盐雾试验箱中，试验时喷入经雾化的试验溶液，盐雾在自重作用下均匀地沉降在试样表面。试验溶液为浓度 5% 的 NaCl（质量百分数）溶液，其中总固体含量不超过 20mg/kg，pH 值在 6.5～7.2 之间。试验时盐雾箱内温度恒定保持在 (35±1)℃。

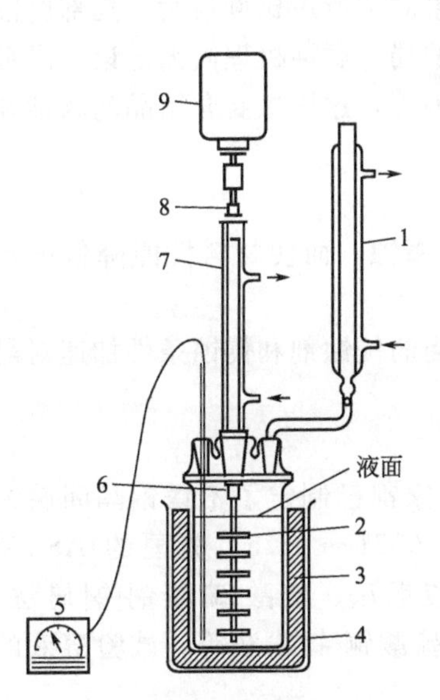

图 9-48　旋转圆盘试验装置
1—冷凝器；2—试样；
3—加热套；4—不锈钢烧杯；
5—温度计；6，8—聚四氟乙烯轴承；
7—聚四氟乙烯冷凝器；9—电动机

试样在盐雾箱内的位置，应使受检验的主要表面与垂直方向成 15°～30°的角度。试样间的距离应使盐雾能自由沉降在所有试样上，且试样表面的盐水溶液不应滴落在任何其他试样上。试样间互不接触，试样与支架间保持电绝缘。

喷雾量的大小和均匀性由喷嘴的位置和角度来控制，并通过盐雾收集器收集的盐水量来判断。一般规定喷雾 24h 后，在 $80cm^2$ 的水平面积上，每小时平均应收集到 1～2mL 盐水，其中的 NaCl 浓度应在 5%±1%范围内。

由于试验的产品、材料和涂镀层的种类不同，试验总时间可在 8～3000h 范围内选定。国际标准规定：试验应采用 24h 连续喷雾方式；有时按照试验的具体情况选定，如采用 8h 喷雾后停喷 16h 为一周期。

**(2) 醋酸盐雾试验**

为了进一步缩短试验时间以及模拟城市污染大气和酸雨环境，发展了醋酸盐雾试验方法。此法适用于各种金属材料的涂镀层，如检验装饰性镀铬层和铜镀层等的耐蚀性。除溶液配制及成分与中性盐雾试验不同外，试验的方法和各项要求均相同。试验溶液为在5%浓度的NaCl溶液中添加醋酸，将pH值调节到3.1～3.3。溶液中总固体含量不超过200mg/kg；应严格控制试剂盐中的杂质种类和含量。试验温度控制在(35±1)℃。醋酸盐雾试验的周期一般为144～240h，有时根据试验需要可缩短至16h。

**(3) 铜加速的醋酸盐雾试验**

铜加速醋酸盐雾试验主要用于快速检验锌压铸件及钢铁件表面的镀铬层，也适用于检验经阳极氧化、磷化或铬酸盐等处理的铝材。方法的可靠性、重现性及精确性依赖于试验因素的严格控制。试验溶液的配制为，每3.8L的5%浓度的NaCl溶液中加入1g氯化铜($CuCl_2 \cdot 2H_2O$)，溶解并充分搅拌。然后，用醋酸将溶液pH值调节到3.1～3.3。试验温度控制在(49±1)℃。试验周期一般为6～720h。试验方法和其他各项要求与中性盐雾试验相同。

**(4) 其他盐雾试验方法**

为了在更接近某种特殊用途的条件下进行试验，发展了许多新的盐雾试验方法，例如循环酸化盐雾试验、酸化合成海水盐雾试验、盐/二氧化硫喷雾试验等。循环酸化盐雾试验和酸化合成海水盐雾试验主要用于各种铝合金生产中对热处理制度的控制，防止剥蚀损坏；盐/二氧化硫喷雾试验主要用于检验各种铝合金和其他有色金属材料、钢铁材料及涂层在含$SO_2$的盐雾气体条件下的耐剥落腐蚀性能。

### 9.7.3 局部腐蚀试验

局部腐蚀较全面腐蚀危害更大，局部腐蚀在腐蚀失效事故中所占比例很大。局部腐蚀的预测、检查、监控比全面腐蚀复杂得多，其中某些类型的局部腐蚀机理尚无定论。局部腐蚀包括晶间腐蚀、应力腐蚀、疲劳腐蚀、缝隙腐蚀、磨蚀等，这里主要介绍晶间腐蚀和应力腐蚀的试验方法。

**(1) 晶间腐蚀试验**

晶间腐蚀是金属材料在特定的腐蚀介质中沿晶界发生腐蚀，而使材料性能降低的现象。不锈钢、铝合金、铜合金、镍合金都会发生晶间腐蚀。

从原理上看，各种晶间腐蚀试验方法都是通过选择适当的侵蚀剂和侵蚀条件加速对晶界区的腐蚀，通常可以采用化学浸泡和电化学方法实现。

① 化学浸泡试验

a. 不锈钢和镍合金晶间腐蚀试验方法。我国和许多国家都已制定了不锈钢晶间腐蚀试验方法标准，如我国的GB 43342—84、日本的JISG 0571～0575、美国的ASTM A262、前苏联的ГОСТ6032等。主要方法包括硫酸-硫酸铜法、硫酸-硫酸铜-铜屑法、65%沸腾硝酸法、硝酸-氟化物法、硫酸-硫酸铁法、硫酸-硫酸铜-锌粉法等。试验溶液的成分、试验条件和适用钢种等见表9-9。

酸性硫酸铁法的试验溶液中的$Fe_2(SO_4)_3$可以解离出$Fe^{3+}$，从而能够抑制不锈钢在硫酸中的全面腐蚀速度。通过调整$Fe_2(SO_4)_3$和$H_2SO_4$的组成，可以抑制酸对晶粒表面的腐蚀，而仅侵蚀由于碳化铬沉淀形成的晶界贫铬区。本方法可用于检测铁素体和双相不锈钢，特别适用于评定高铬不锈钢。酸性硫酸铁试验可以检测321和347型稳定奥氏体不

锈钢中 $\sigma$ 相引起的晶间腐蚀，但不能检测含钼奥氏体不锈钢中 $\sigma$ 相所引起的晶间腐蚀。该方法也适用于 Ni-Cr-Mo 合金和高镍合金，如果这些合金中存在晶界贫铬区（或贫钼区），或晶界有 $\sigma$ 相存在时，可检测出晶间腐蚀敏感性。

沸腾硝酸试验在美国应用最广，它以失重评定试验结果，在某些情况下辅以肉眼或显微镜观察晶粒脱落情况。沸腾硝酸试验条件严苛，试验溶液不仅侵蚀贫铬区、$\sigma$ 相、TiC、$Cr_{23}C_6$ 等碳化物，甚至非金属夹杂物等也有腐蚀倾向。如果它们在晶界呈连续网状分布，也会在沸腾硝酸中表现出晶间腐蚀倾向。这种方法对于用在硝酸或其他强氧化性酸溶液中的合金的晶间腐蚀倾向，是一种较好的检验方法。溶液中 $Cr^{6+}$ 含量对沸腾硝酸试验结果有重大影响，$Cr^{6+}$ 对晶间腐蚀有加速作用。为此应采取相应措施，控制溶液中的 $Cr^{6+}$ 含量。

**表 9-9　不锈钢晶间腐蚀试验方法**

| 试验方法 | 试验标准编号 | 溶液组成 | 温度/℃ | 时间/h | 适用钢种 |
|---|---|---|---|---|---|
| 硫酸-硫酸铜法 | ASTM A708—79 | 100mL $H_2SO_4$+100g $CuSO_4$+1000mL 蒸馏水 | 沸腾 | 24 | 对晶间腐蚀性能仅有一定程度要求的钢种 |
| 硫酸-硫酸铜-铜屑法 | GB 4334.5—84 | 100mL $H_2SO_4$+100g $CuSO_4$+蒸馏水稀释至1000mL+铜屑 | 沸腾 | 16 | 奥氏体、奥氏体-铁素体不锈钢 |
|  | ASTM A262—79E | 100mL $H_2SO_4$+100g $CuSO_4$+蒸馏水稀释至1000mL+铜屑 | 沸腾 | 24 | 304,304L,316,316L,317,317L,321,347 |
|  | ГОСТ 6032—79 | 100mL $H_2SO_4$+160g $CuSO_4$+1000mL 蒸馏水+铜屑 | 沸腾 | 24 |  |
|  | JISG 0575—75 | 100mL $H_2SO_4$+100g $CuSO_4$+蒸馏水至 1000mL+铜屑 | 沸腾 | 16 | 奥氏体不锈钢 |
| 硝酸-氟化物法 | GB 4334.4—84 | 10%$HNO_3$+3%HF | 70±0.5 | 2×2 | 含钼奥氏体不锈钢 |
|  | ASTM A262—79D | 10%$HNO_3$+3%HF | 70±0.5 | 2×2 | 316,316L,317,317L |
|  | ГОСТ 6032—79 | 10%$HNO_3$+2%NaF | 80±2 | 1×(2～3) |  |
|  | JIS G0574—75 | 10%$HNO_3$+3%HF | 70±0.5 | 2×2 | 含钼不锈钢 |
| 沸腾硝酸法 | GB 4334.3—84 | (65%±0.2%)$HNO_3$ | 沸腾 | 48×5 |  |
|  | ASTM A262—79C | (65%±0.2%)$HNO_3$ | 沸腾 | 48×5 | 304,304L,316,316L,317,317L,347,CF-3M CF-8M |
|  | ГОСТ 6032—79П | (65%±0.2%)$HNO_3$ | 沸腾 | 48×5 |  |
|  | JIS G0573—75 | (65%±0.2%)$HNO_3$ | 沸腾 | 48×5 |  |
| 硫酸-硫酸铁法 | GB 4334.2—84 | (50%±0.3%)$H_2SO_4$ 溶液 600mL+25g $Fe_2(SO_4)_3$ | 沸腾 | 120 | 奥氏体不锈钢 |
|  | ASTM A262—79B | 400mL 蒸馏水+236mL $H_2SO_4$+25g $Fe_2(SO_4)_3$ | 沸腾 | 120 | 304,304L,316,316L,317,317L,CF-3M,CF-8M |
|  | JIS G0572—75 | 60%$H_2SO_4$ 溶液 600mL+25g $Fe_2(SO_4)_3$ | 沸腾 | 120 | 奥氏体不锈钢 |
| 硫酸-硫酸铜-锌粉法 | ГОСТ 6032—75B | 55mL $H_2SO_4$+110g $CuSO_4$+1000mL 蒸馏水+5g 锌粉 | 沸腾 | 144 | 06ХН28МДТ 03ХН28МДТ |

$HNO_3$-HF腐蚀试验方法，适用于检验含钼奥氏体不锈钢由于晶界贫铬引起的晶间腐蚀倾向。试验结果由失重评定，不锈钢在这种试验溶液中的腐蚀率很高。

酸性硫酸铜溶液试验是应用最早的晶间腐蚀试验方法，是检验奥氏体不锈钢晶间腐蚀的重要方法。试验溶液中 $CuSO_4$ 为钝化剂，$H_2SO_4$ 则为腐蚀剂。与其他试验方法相比，酸性硫酸铜试验条件是不太苛刻的。为了加速试验，在 $H_2SO_4+CuSO_4$ 溶液中添加铜屑，它比不加铜屑的酸性硫酸铜试验条件更为严苛，试验灵敏度也高，并大大缩短了试验时间。由于这种方法能够迅速检测晶间腐蚀的敏感性，试验条件稳定而且易于控制，目前已被广泛采用。这种方法适于检验奥氏体和双相不锈钢由于贫铬区引起的晶间腐蚀。

试验结果用弯曲法和金相法评定。对于压力加工件和焊接件，试样弯曲角度为180°，焊接接头沿熔合线弯曲。铸钢件弯曲角度为90°。弯曲后的试样在10倍放大镜下观察，评定有无晶间腐蚀裂纹。试样不能进行弯曲评定或裂纹难以判定时，则用金相法评定。

$CuSO_4$-$H_2SO_4$-Zn试验，适用于检验高镍铬、含钼，且用钛稳定化的不锈钢的晶间腐蚀。评定方法用弯曲法或金相法检查。

b. 铝合金的晶间腐蚀试验方法。含镁3%以上的变形铝合金，在某些加工条件下或经历175℃左右的高温后，会产生晶间腐蚀。这是由于 $Mg_2Al_3$ 相在晶界连续析出的缘故。$Mg_2Al_3$ 是阳极相，在大多数腐蚀环境中都会优先腐蚀。这种合金晶间腐蚀试验的方法是，将试样浸泡在30℃的 $HNO_3$ 中24h，然后根据单位面积的质量损失评定晶间腐蚀敏感性。当第二相沿晶界呈连续网状沉积时，晶界的优先腐蚀导致晶粒脱落，因此质量损失可达25～75mg/cm$^2$；而耐蚀材料的质量损失仅为1～15mg/cm$^2$。

此外，可根据Al-Cu-Mg合金在3%NaCl+1%HCl溶液中规定时间内的析出氢气的体积来定量评定晶间腐蚀的严重程度。

c. 其他合金的晶间腐蚀试验。除不锈钢和铝合金以外，其他合金也可能出现晶间腐蚀。表9-10是镁、铜、铅、锌合金晶间腐蚀的试验介质和试验条件。在这些试验中是否发生晶间腐蚀，不一定能反映材料在其他腐蚀环境中的行为。

**表9-10 镁、铜、铅、锌合金晶间腐蚀试验条件**

| 合金 | 介质 | 浓度 | 温度/℃ |
|---|---|---|---|
| 镁合金 | NaCl+HCl | | 室温 |
| 铜合金 | NaCl+$H_2SO_4$ 或 NaCl+$HNO_3$ | NaCl：酸=1：0.3 | 40～50 |
| 铅合金 | HAc或HCl | | 室温 |
| 锌合金 | 潮湿空气 | 相对湿度100% | 95 |

② 不锈钢电解侵蚀试验　这种电解侵蚀试验使用的腐蚀液是由900mL蒸馏水和100g草酸组成。试验中，溶液温度保持在20～50℃，电流密度为1A/cm$^2$，试样为阳极，电解侵蚀时间为1.5min，试验装置见图9-49。然后在150～500倍金相显微镜下检查试样。根据晶界破坏程度确定材料是否有晶间腐蚀敏感性，或者是否需用另一种试验方法再进行试验。

用金相显微镜观察经草酸电解侵蚀的晶界形态结构。根据腐蚀程度，晶界结构分为七类，见表9-11和表9-12。如果试样表面呈“台阶”结构（图9-50），没有晶界腐蚀沟槽，就可确定该材料无晶间腐蚀敏感性，如果试样表面呈“沟槽”状结构（连续腐蚀沟槽包围晶粒）或“混合”型结构（台阶结构与不连续腐蚀沟槽并存），则应选择一种适当的试验方法进一步检查材料的晶间腐蚀敏感性。

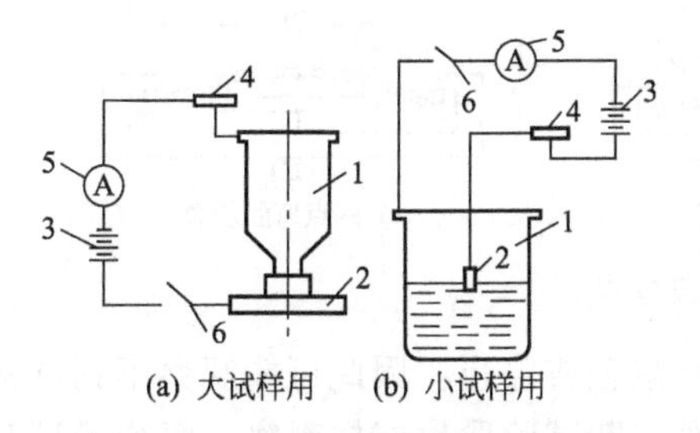


图 9-49　电解侵蚀试验装置示意图

1—不锈钢容器；2—试样；3—直流电源；4—电阻器；5—电流表；6—开关

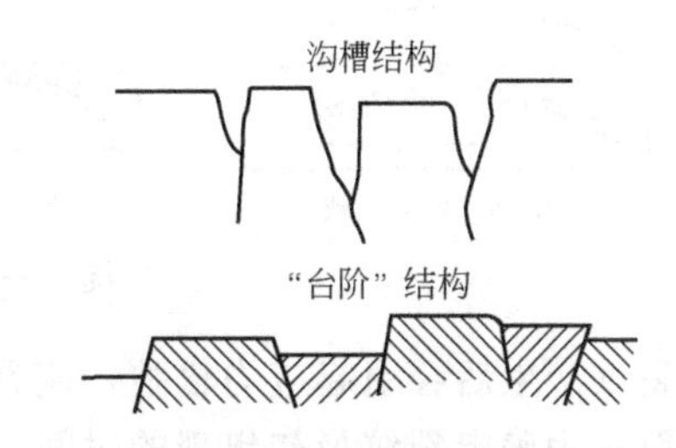


图 9-50　草酸电解侵蚀试验的"沟槽"和"台阶"结构示意图

**表 9-11　晶界形态的分类**

| 类别 | 名　称 | 组　织　特　征 |
|---|---|---|
| 一类 | 阶梯组织 | 晶界无腐蚀沟,晶粒间呈台阶状 |
| 二类 | 混合组织 | 晶界有腐蚀沟,但没有一个晶粒被腐蚀沟包围 |
| 三类 | 沟状组织 | 晶界有腐蚀沟,个别或全部晶粒被腐蚀沟包围 |
| 四类 | 游离铁素体组织 | 铸钢件及焊接接头晶界无腐蚀沟,铁素体被显现 |
| 五类 | 连续沟状组织 | 铸钢件及焊接接头沟状组织很深,并形成连续沟状组织 |

**表 9-12　凹坑形态的分类**

| 类别 | 名　称 | 组　织　特　征 |
|---|---|---|
| 六类 | 凹坑组织Ⅰ | 浅凹坑多,深凹坑少的组织 |
| 七类 | 凹坑组织Ⅱ | 浅凹坑少,深凹坑多的组织 |

草酸电解侵蚀试验的工作电位在 2.00V 以上，在这样高的电位下，晶界处的碳化铬溶解速度至少比晶粒母体要快一个数量级，因此在显微镜下能观察到试样表面的"沟槽"结构。出现"台阶"结构是由于不同晶面的溶解速度不同之故。如果碳化铬在晶界处的存在是不连续的，就可观察到"混合"型结构。此试验方法适用于检验奥氏体不锈钢因碳化铬沉淀引起的晶间腐蚀敏感性；此法不能检验 $\sigma$ 相引起的晶间腐蚀敏感性，也不适用于检验铁素体不锈钢。

凡能通过草酸电解侵蚀试验者（以台阶结构表征），可以证明材料没有发生碳化铬沉淀作用，不会发生由晶界贫铬区造成的晶间腐蚀；也就是说，它能筛选出优质材料，从而减少一部分不必要的检验工作。凡不能通过这种试验者（以沟槽或混合结构表征），并不能判废任何材料，尚需选用适当方法做进一步的敏感性检查。

**(2) 应力腐蚀开裂试验**

应力腐蚀开裂试验的目的是测定合金在特定环境中的抗应力腐蚀开裂的性能。现已开发出了多种试验方法，按照加载方式的不同，可分为恒变形试验、恒负荷试验、断裂力学试验和慢应变速率试验；根据材料的种类及实际运行构件的形状，可分别采用光滑试样、带缺口试样或预制裂纹试样进行的应力腐蚀开裂试验。这里主要介绍应力腐蚀的经典试验方法：恒变形试验和恒载荷试验。

① 恒变形法　恒变形法是通过使试样产生一定的变形来达到加载的目的。一般利用卡具或螺栓固定试样的变形以加载应力。这种方法的优点是简便、经济、试样紧凑，适合于在有限空间的容器内进行成批试验。这类试验的主要缺点是：一般不能准确测定应力

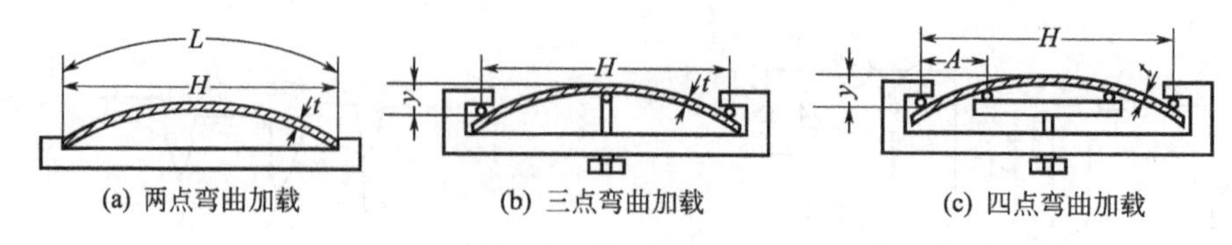


图 9-51 弯梁加载方式

值；当裂纹产生后会引起应力松弛，使裂纹的发展减轻或停止，因此可能观察不到试样的完全断裂；为确定裂纹最初出现的时间，经常需要中断试验取出试样观察。恒变形试验方法又可分为许多种。

a. 弯梁法。弯梁法通常用于板状试样，按照支点的数目又可分为二支点、三支点、四支点弯梁法，见图 9-51(a)、图 9-51(b)、图 9-51(c)。弯梁法的优点是可以利用适当校正的弯梁公式或借助应变仪，比较精确地计算出承受力。弯梁试样外侧（凸面最高点）存在最大纵向拉应力，拉应力沿试样厚度方向由外侧向内侧逐渐下降，超过中线面后由拉应力转为压应力，至最内点则承受最大的压应力。拉应力沿试样长度方向由外弦顶点（中部）向两端逐渐下降，它的分布形式与加载方式有关。此外，因为受到横向应力的影响，纵向应力沿试样宽度方向在不同位置也有变化。以下给出的计算公式只涉及最大拉应力，并仅适合于材料弹性极限以内的应力。

两点弯梁试样制备简单，但应力计算较复杂，可以采用下述公式计算最大拉应力 $\sigma$：

$$L=\frac{KtE}{\sigma}\sin^2\left(\frac{H\sigma}{KtE}\right) \tag{9-16}$$

式中 $L$——试样长度，m；

$H$——两支点间距离，m；

$t$——试样厚度，m；

$E$——弹性模量，$N/m^2$；

$K$——常数（=1.280）。

三点弯梁也是常用的试样，它比较简单，特别适于厚而强度高的材料。试样的应力从中央到两端逐渐下降，至外侧支点为零。试样外表面中心部位的最大弹性应力可按式（9-17）计算：

$$\sigma_{\max}=\frac{6tEy}{H^2} \tag{9-17}$$

式中 $\sigma_{\max}$——最大应力值，MPa；

$E$——材料的弹性模量，MPa；

$t$——试样厚度，mm；

$y$——试样最大挠度，mm；

$H$——两外支点间的距离，mm。

这种方法的缺点是在中央支点有显著的局部最高应力，在腐蚀试验时支点处可能产生缝隙腐蚀或点蚀，这种局部腐蚀可能对试样产生阴极保护，阻止本来可能产生的裂纹形成。

四点弯梁试样的最大应力是在两个内支点之间，在此区域内应力是恒定的。从内支点到外支点应力直线下降，直至为零。从式（9-18）可以计算两内支点之间试样外表面所承受的弹性应力：

$$\sigma_{\max}=\frac{12tEy}{3H^2-4A^2} \tag{9-18}$$

式中 $A$——内外支点之间的距离，mm；

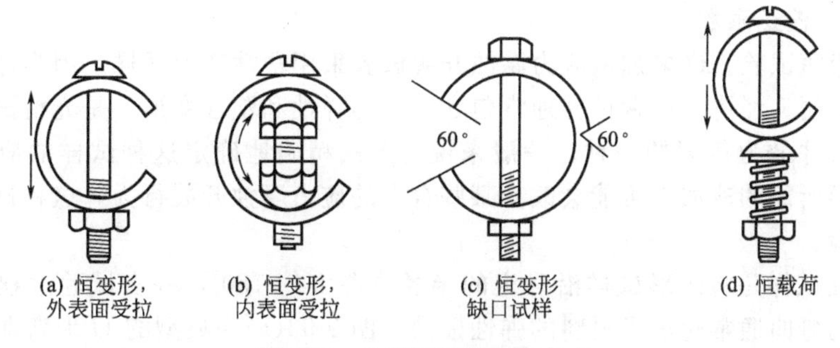


图 9-52 C形环试样加载方式

其余符号同上。

b. C形环法。C形环试样是一种应用广泛而经济的试样，可精确地计算加载应力。C形环是一种恒变形试样，通过紧固一个位于环直径中心线上的螺栓而在环外表面造成拉应力，图 9-52(a)；也可以扩张C形环，在内表面造成拉应力，图 9-52(b)；也有在试样顶端开有缺口以造成应力集中的方法，图 9-52(c)。采用经过校准的弹簧在螺栓上加载为恒负荷试样，图 9-52(d)。

C形环试样尺寸小，加载方法简单，可暴露于几乎任何一种腐蚀环境中。它可以定量测定各种合金的应力腐蚀开裂敏感性，特别适用于管材和棒材的试验。

C形环的尺寸可在很宽的范围内变动，但不推荐使用外径小于16mm的C形环，因其尺寸过小不便加工，而且测应力不准确。在C形环试验中主要关心的是周向应力，但它是不均匀的，从栓孔处为零沿环形弧线直至弧线中点逐步增大到最大应力。此外，沿厚度方向和宽度方向都存在着应力变化。

最准确的加载方法是，把电阻应变片贴在周向和横向的拉伸表面上，紧固螺栓直到应变片指示达到所需应力为止。周向应力（$\sigma_c$）和横向应力（$\sigma_t$）可分别按式（9-19）和式（9-20）计算。

$$\sigma_c=\frac{E}{1-\nu^2}(\varepsilon_c+\nu\varepsilon_t) \tag{9-19}$$

$$\sigma_t=\frac{E}{1-\nu^2}(\varepsilon_t+\nu\varepsilon_c) \tag{9-20}$$

式中 $\nu$——泊松系数；

$\varepsilon_c$——周向应变，%；

$\varepsilon_t$——切向应变，%；

$E$——弹性模量，MPa。

为达到所需加载的应力，也可用式（9-21）计算C形环受力后的最终外径（$OD_f$）：

$$OD_f=OD-\Delta \tag{9-21}$$

$$\Delta=\sigma\pi d^2/4Etz \tag{9-22}$$

式中 $OD$——受力前的C形环外径，mm；

$OD_f$——受力的C形环最终外径，mm；

$\sigma$——外加应力（在比例极限以内），MPa；

$\Delta$——外力导致的$OD$变化，mm；

$d$——平均直径，mm；

$t$——壁厚，mm；

$E$——弹性模量，MPa；

$z$——校正系数。

c. U 形弯曲试验。许多加速应力腐蚀开裂试验采用塑性变形试样，因为这种试样的制造和使用既方便又经济。这种试样通常包含大量的弹性和塑性变形，是光滑试样应力腐蚀开裂试验中条件最为苛刻的一种。一般来说，无法精确地确定这种试样的应力状况。另外，试样成形所需的冷加工可能会改变某些合金的应力腐蚀开裂行为，这种试验方法主要用作筛选试验。

U 形弯曲试样是将矩形试样沿确定的半径弯曲大约 180°，并在试验过程中保持这种变形。这样的弯曲通常超过了材料的弹性极限。图 9-53(a)为典型的 U 形弯曲试样和加载方式；图 9-53(b)和表 9-13 是典型 U 形弯曲试样的几何尺寸。

U 形弯曲试样的周向应力分布是不均匀的，准确计算应力值是很困难的。对于 U 形弯曲试样，当其厚度 $t$ 比弯曲半径 $R$ 小时，弯曲外表面上的总应变 $\varepsilon$ 可由式（9-23）近似计算。

$$\varepsilon=\frac{t}{2R} \tag{9-23}$$

d. 其他恒变形试验。为了检测焊接后残余应力对腐蚀速度的影响，可以采用各种预制焊缝的试样，图 9-54 是一些典型的焊接试样。

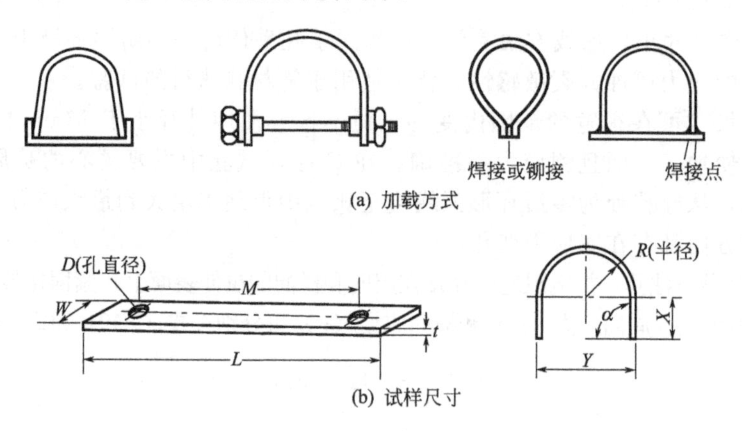


图 9-53　U 形弯曲试样的加载方式和试样尺寸

表 9-13　U 形弯曲试样的尺寸

| 序　号 | $L$ | $M$ | $W$ | $t$ | $D$ | $X$ | $Y$ | $R$ |
|---|---|---|---|---|---|---|---|---|
| $A$ | 80 | 50 | 20 | 2.5 | 10 | 32 | 14 | 5 |
| $B$ | 100 | 90 | 9 | 3.0 | 7 | 25 | 38 | 16 |
| $C$ | 120 | 90 | 20 | 1.5 | 8 | 35 | 35 | 16 |
| $D$ | 130 | 100 | 15 | 3.0 | 6 | 45 | 32 | 13 |
| $E$ | 150 | 140 | 15 | 0.8 | 3 | 61 | 20 | 9 |
| $F$ | 310 | 250 | 25 | 13.0 | 13 | 105 | 90 | 32 |
| $G$ | 510 | 460 | 25 | 6.5 | 13 | 136 | 165 | 76 |

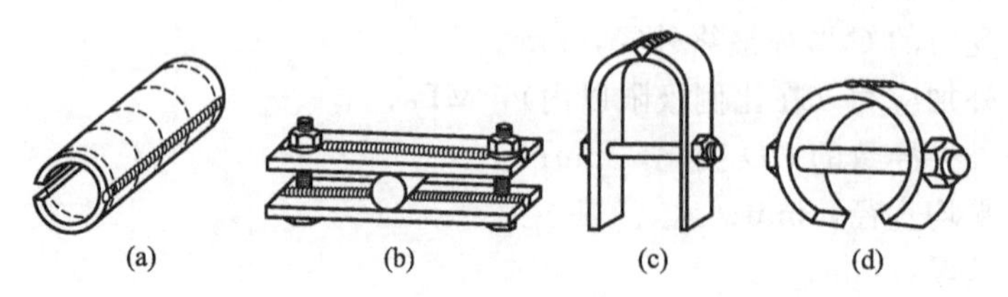


图 9-54　典型的焊接试样

② 恒载荷法　利用砝码、力矩、弹簧等给试样加上一定的载荷而达到加载的目的，这种加载方法称为恒载荷法。这种加载方式往往被用来模拟工程构件可能受到的工作应力或外加应力。可以采用直接拉伸加载，也可对弯曲试样实现恒载荷加载。恒载荷法中，虽然载荷是恒定的，但试样在腐蚀过程中由于腐蚀和产生裂纹使其横截面积不断减小，因此断裂面上的有效应力是不断增加的。与恒变形试验相比，该方法必然导致试样更快断裂。所以，恒载荷试验条件更为严苛，试样寿命更短，应力腐蚀开裂的临界应力更低。

a. 直接拉伸加载。直接拉伸加载最简单的方法是把试样的一端固定，在另一端直接悬挂砝码。对于大截面的高强度金属材料试样，采用庞大的设备和笨重的砝码是不方便的，可以采用杠杆系统加载，见图 9-55(a)；为了简化试验装置，可以用一个标定过的弹簧对试样加载，见图 9-55(b)；也可以采用拉伸环加载，见图 9-55(c)。这是一种简单、紧凑且易于操作的恒载荷系统，可通过测定拉伸环直径的变化来确定载荷量，或用伸长计测量试样的应变。对于矩形截面的拉伸环可用式（9-24）计算载荷：

$$P=2.67E\delta b\left(\frac{D}{R}\right)^3 \qquad (9\text{-}24)$$

式中　$P$——载荷，N；

$E$——弹性模量，$N/m^2$；

$\delta$——环直径变化，m；

$b$——环的宽度，m；

$D$——环的厚度，m：

$R$——环的平均半径，m。

直接拉伸试样的形式和尺寸通常根据实际情况确定，但只要有可能就应与标准拉伸试样一致，实验室试验用得较多的是小截面试样。

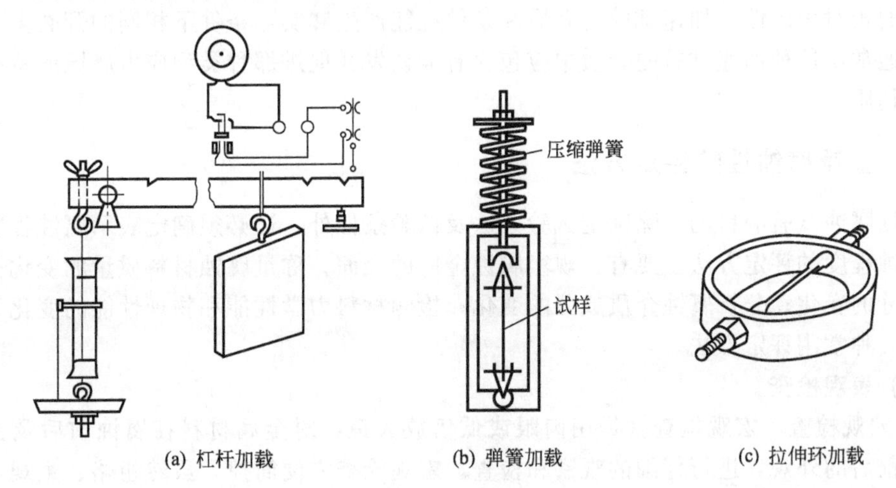


(a) 杠杆加载　(b) 弹簧加载　(c) 拉伸环加载

图 9-55　恒载荷加载方法

b. 弯曲试样加载。除了直接拉伸加载外，还可对弯曲试样加载实现恒载荷的应力腐蚀试验，如三点加载、四点加载、悬臂梁和偏心加载等。

三点加载见图 9-56(a)，对于具有简单截面形状的弯梁试样，根据材料力学可计算梁的横截面上任一点处的正应力。对于长度为 $L$、厚度为 $t$、宽度为 $b$ 的矩形弯梁，在三点加载情况下，其外侧表面中部受到最大拉伸应力，并可按式（9-25）计算：

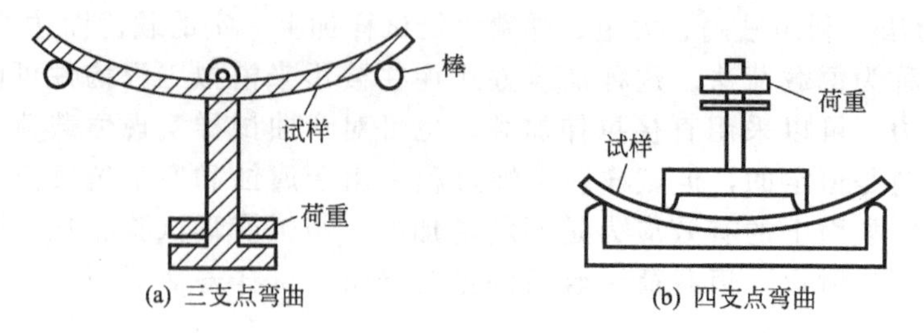


图 9-56 弯曲试样的加载方法

$$\sigma_{\max}=\frac{3PL}{2bt^2} \tag{9-25}$$

式中 $P$——所加载荷。

式（9-25）的使用条件是应力小于材料的弹性极限。

四点弯曲加载见图 9-56(b)，对于四点弯曲的情况，其最大应力可按式（9-26）计算：

$$\sigma_{\max}=\frac{6PL}{bt^2} \tag{9-26}$$

式中 $L$——内支点与外支点之间的距离。

悬臂梁加载时，臂长为 $L$ 矩形截面的悬臂梁的自由端加有载荷 $P$，则悬臂梁根部受有最大拉应力，其值可按式（9-26）计算。

现场应力腐蚀开裂试验是把加载试样或构件置于实际使用的环境介质中进行试验。应力腐蚀现象的一个特点是，特定的金属材料对环境中某种特定的化学因素十分敏感。除了化学因素外，应力腐蚀往往还受温度、湿度、pH 值、溶解气体以及溶液的对流或扩散速度等因素的影响。在接近实际条件的模拟介质中进行实验室模拟试验，通常可以获得较可靠的结果。但这种试验费时冗长，因此往往通过加速的应力腐蚀试验快速评定应力腐蚀开裂试验的相对敏感性。加速试验的介质和条件应能产生和实际条件下相同的开裂类型和规律性。通常，这种加速试验的介质中应包含有能诱发并促进那种类型应力腐蚀的特种离子或化学物质。

### 9.7.4 金属腐蚀性的评定方法

根据腐蚀试验的目的，除确定试验方法及试验条件外，还必须确定表示腐蚀程度的指标。腐蚀程度的评定方法主要有：观察腐蚀金属的表面；称量腐蚀材料质量的变化；测试材料尺寸的变化；分析腐蚀介质成分的变化；检测材料力学性能和物理性能的变化等。这里介绍几种常用评定方法。

**(1) 表观检查**

① 宏观检查 宏观检查就是用肉眼或低倍放大镜，对金属材料在腐蚀前后及去除腐蚀产物前后的外观，进行仔细的观察和检查。宏观检查方便简捷，虽然粗略、主观，但却是一种有价值的定性方法。它不依靠任何精密仪器，就能初步确定金属材料的腐蚀形态、类型、程度和受腐蚀的部位。

在腐蚀试验之前，必须仔细地记录试样的初始状态。在试验过程中，根据确定的时间间隔，对腐蚀试样进行观察。腐蚀试验应注意观察和记录以下几点：材料表面的颜色与状态的变化；腐蚀产物的颜色、形态、类型、附着及分布情况；腐蚀介质的变化，如溶液颜色的变化；判别腐蚀类型，全面腐蚀导致试样均匀减薄，应测量厚度的变化，局部腐蚀应确定部位，判明类型并检测腐蚀程度；观察重点部位，如材料加工变形及应力集中部位、焊缝及热影响区、气液交界部位、温度与浓度变化部位、流速或压力变化部位。

② 微观检查　微观检查就是利用金相显微镜、扫描电镜、透射电镜、电子探针、X射线结构分析仪等仪器，对被腐蚀试样的表面和断口进行检查，它可以研究连续的腐蚀动态过程及局部腐蚀的特征。

微观检查一般有跟踪连续观察和制备显微磨片进行观察两种方法。跟踪连续观察是显微镜与跟踪装置配合使用，连续观察记录金属腐蚀破坏的过程和发展速度。制备磨片方法是定时切取试片，制成金相试样进行观察，金相试样可以长期保留。

光学显微镜是腐蚀检测常用的仪器。光学显微镜可用来检查金属腐蚀前后的金相组织，判定腐蚀类型，确定腐蚀程度，确定析出相与腐蚀的关系，研究腐蚀产生的原因等。

除光学显微镜外，还可以用电子显微镜，特别是扫描电镜检测和研究金属腐蚀问题。扫描电镜不仅其倍数连续可调，观察金相组织方便，而且能相当清楚地显示点蚀、应力腐蚀的主体构造以及氯化物、碳化物等的分布与形状。而电子探针可以定量地研究各种金属组织夹杂物，腐蚀产物相的组成和结构。腐蚀样品断口形貌的电镜观察，可以进一步了解腐蚀破坏与金属微观组织结构之间的关系，进而确定开裂是由腐蚀疲劳还是由应力腐蚀造成的，或是由氢脆引起的。

**(2) 称重法**

金属材料在腐蚀介质中，一部分金属可能被腐蚀而溶入溶液或逸入气相中，使试样质量减轻；也可能腐蚀试验产生的腐蚀产物附着在材料表面上，使试样质量增加。因此，试样可能增重，也可能失重。实际情况下，试样在腐蚀过程中，可能同时经历着增重和失重两种相反过程。

虽然近年来发展了许多新的检测方法，但称重法仍然是最基本的定量评定腐蚀程度的方法，并得到了广泛使用。重量法简单而直观，适用于实验室和现场试验，它分为增重法和失重法两种。

① 增重法　当腐蚀产物牢固地附着在试样上，又几乎不溶于溶液，也不为外部物质所沾污时，用增重法测定腐蚀破坏程度是合理的。增重法适用于评定全面腐蚀和晶间腐蚀，而不适用于其他类型的局部腐蚀。

增重法的试验过程为：将预先制备的试样量好尺寸、称重后置于腐蚀介质中，试验结束后取出试样（连同已脱落的腐蚀产物），烘干，再称重。用试样的增重加上沉淀物的重量表征材料的腐蚀程度。试样的干燥程度会给检测结果带来误差，故试样应放在干燥器中储存3天后称重。在称重法中，一个试样通常只在腐蚀量-时间曲线上提供一个数据点。当腐蚀产物确实是牢固地附着于试样表面，且具有恒定的组分时，就能用同一试样连续或周期性地测量增重，因而适合于研究腐蚀速度随时间变化的规律。

② 失重法　这是一种简单而直接的方法。它不要求腐蚀产物牢固地附着在材料表面，也不考虑腐蚀产物的可溶性。因为腐蚀试验后必须从试样上清除全部腐蚀产物。失重法用因腐蚀而损失的材料质量表示腐蚀速度。不需经过腐蚀产物的化学组成分析和换算。这些优点使失重法得到广泛的应用。失重法适用于均匀腐蚀，而对高度选择性的腐蚀如晶间腐蚀、点腐蚀等，一般不予采用。

失重法试验过程为：试样经过加工处理后，去除油污，测量尺寸，干燥后进行称重，精确到0.1mg；然后在介质中进行腐蚀浸泡试验。试样数量一般为3片，取数据的平均值作为试验结果。试验结束后，取出试样，观察并记录试样和介质的状况，并尽快清除试样表面的腐蚀产物，清洗干燥后放入干燥器中，24h 后称重。

失重法腐蚀试验记录包括如下内容：试样的编号、材料；试样表面的处理方法；腐蚀介质的化学成分及控制条件；试验温度及控制方法；腐蚀产物的清除方法；试样表面腐蚀情况；溶液颜色变化；试验前后试样重量和尺寸的变化等。

③ 测定结果评定　称重法用试样在腐蚀前后质量的变化来表示腐蚀速度。增重法是在腐蚀试验后，试样连同全部腐蚀产物一起称重；失重法则是清除全部腐蚀产物后称重试样。用单位时间、单位面积上的质量变化表示腐蚀速度，即平均腐蚀速度，如 $g/(m^2 \cdot h)$，以便对不同试验及不同试样的数据进行比较。用腐蚀试验前后试样的质量差计算腐蚀速度，即：

增重速度

$$V_{+W}=\frac{W_1-W_0}{At} \tag{9-27}$$

失重速度

$$V_{-W}=\frac{W_0-W_2-W_3}{At} \tag{9-28}$$

式中　$A$——试样面积；

$t$——试验周期；

$W_0$——试样原始质量；

$W_1$——腐蚀试验后带腐蚀产物的试样质量；

$W_2$——腐蚀试验后不带腐蚀产物的试样质量；

$W_3$——失重质量的校正值。

金属的腐蚀速度在腐蚀过程中并非恒速地进行，也就是说其瞬时腐蚀速度可能发生变化。因此，用称重法计算腐蚀速度只是平均腐蚀速度，不是瞬时腐蚀速度。此外，称重法测定的腐蚀速度通常只适用于均匀腐蚀。

由于各种金属材料的密度不同，即使是均匀腐蚀，这种腐蚀速度单位也不能表征腐蚀损耗深度。为此可将平均腐蚀速度换算成单位时间内的平均侵蚀深度，如：mm/a。这两类腐蚀速度之间的换算公式为：

$$R=8.76\frac{V}{\rho} \tag{9-29}$$

式中　$R$——按深度计算的腐蚀速度，mm/a；

$V$——按质量计算的腐蚀速度，$g/(m^2 \cdot h)$；

$\rho$——金属的密度，$g/cm^3$；

8.76——换算常数，由$\frac{24\times 365}{1000}$而来。

④ 腐蚀产物的清除方法　失重法表示腐蚀速度时，必须清除试样表面的腐蚀产物。要把腐蚀产物全部去除干净，而金属基材本身不受到损伤是不可能的，只要求损伤对腐蚀结果无明显影响即可。清除腐蚀产物是失重法的一个关键步骤，对于不同金属材料及不同的腐蚀产物应采用不同的方法。常用方法有如下三种。

a. 机械方法。不管用哪种方法清理，从试样表面清除腐蚀产物总是由机械法开始。先用自来水冲洗，并用橡皮或硬毛刷擦洗，或用木制刮刀、塑料刮刀刮擦。对绝大部分疏松的腐蚀产物用此法可清除干净。但要完全清除腐蚀产物以精确地测试或检查局部腐蚀状况时，尚需采用其他方法。

b. 化学方法。选择适宜的化学溶液溶解掉试样表面的腐蚀产物。表 9-14 列出了一些常用的清除腐蚀产物的化学方法。这些方法并不复杂，但在使用时有可能损伤基体，造成

表 9-14 清除腐蚀产物的化学方法

| 材料 | 溶液 | 时间 | 温度 | 备注 |
|---|---|---|---|---|
| 铝合金 | 70% $HNO_3$ | 2～3min | 室温 | 随后轻轻擦洗 |
| | 20% $CrO_3$，5% $H_3PO_4$ 溶液 | 10min | 79～85℃ | 用于氧化膜不溶于 $HNO_3$ 的情况，随后仍用 70% $HNO_3$ 处理 |
| 铜及其合金 | 15%～20% HCl | 2～3min | 室温 | 随后轻轻擦洗 |
| | 5%～10% $H_2SO_4$ | 2～3min | 室温 | 随后轻轻擦洗 |
| 铅及其合金 | 10%醋酸 | 10min | 沸腾 | 随后轻轻擦洗，可除去 PbO |
| | 5%醋酸铵 | | 热 | 随后轻轻擦洗，可除去 PbO |
| | 80g/L NaOH，50g/L 甘露糖醇，0.62g/L 硫酸肼 | 30min 或至清除为止 | 沸腾 | 随后轻轻擦洗 |
| 铁和钢 | 20% NaOH，200g/L 锌粉 | 5min | 沸腾 | |
| | 浓 HCl，50g/L $SnCl_2$ + 20g/L $SbCl_3$ | 25min 或至清除为止 | 冷 | 溶液应搅拌 |
| | 10%或 20% $HNO_3$ | 20min | 60℃ | 用于不锈钢，需避免氯化物污染 |
| | 含有 0.15%（体积）有机缓冲剂的 15%（体积）的浓 $H_3PO_4$ | 清除为止 | 室温 | 可除去氧化条件下钢表面形成的氧化皮 |
| 镁及其合金 | 15% $CrO_3$，1% $AgCrO_4$ 溶液 | 15min | 沸腾 | |
| 镍及其合金 | 15%～20% HCl | 清除为止 | 室温 | |
| | 10% $H_2SO_4$ | 清除为止 | 室温 | |
| 锡及其合金 | 15% $Na_3PO_4$ | 10min | 沸腾 | 随后轻轻擦洗 |
| 锌 | 10% $NH_4Cl$<br>然后用 5% $CrO_3$，1% $AgNO_3$ 溶液 | 5min<br>20s | 室温<br>沸腾 | 随后轻轻擦洗 |
| | 饱和醋酸铵 | 清除为止 | 室温 | 随后轻轻擦洗 |
| | 100g/L NaCN | 15min | 室温 | |

试验误差。为此，在清除时，将未经腐蚀的同种材料、同样尺寸的试样在相同条件下处理，求其失重。在实际试样的失重中减去此数，得出比较合乎真实的试样失重。

c. 电化学方法。电化学清除法是选择适当的阳极及电解质，以试样为阴极，外加直流电。电解时阴极产生氢气，在氢气泡的机械作用下，使腐蚀产物剥离，残留的疏松物质用机械方法即可冲刷除净。这种方法效果好，适用于多种金属和合金。

一种常用的电化学方法是：电解液为 5% 的 $H_2SiO_4$，阳极为碳棒，阴极为试样，阴极电流密度为 $20A/m^2$，缓蚀剂为有机缓蚀剂（如若丁），2mL/L，温度为 75℃，暴露时间为 3min。

**(3) 失厚测量与点蚀深度测量**

对于设备和大型试件等不便于使用质量法的情况，或为了了解局部腐蚀情况，可以测量试样的腐蚀失厚或点蚀深度。

① 失厚测量　测量腐蚀前后或腐蚀过程某两时刻的试样厚度，可直接得到腐蚀损失量。单位时间内的腐蚀失厚即为侵蚀率，常以 mm/a 表示。但是对于不均匀腐蚀来说，这种方法是很不准确的。

可用计量工具或仪器直接测量试样厚度，如测量内外径的卡钳、测量平面厚度的卡尺、螺旋测微器、带标度的双筒显微镜等。由于腐蚀引起的厚度变化常常导致许多其他性质的变化，根据这些性质变化发展出许多无损测厚的方法，如涡流法、超声波法、射线照相法和电阻法等。

② 点蚀深度测量　点蚀也称孔蚀，它的危害很大，但测量和表示却比较困难。测量

点蚀深度的方法有：用配有刚性细长探针的微米规探测孔深；在金相显微镜下观测试样点蚀小孔截面的磨片；以试样的某个未腐蚀面为基准面，通过机械切削达到蚀孔底部来测量孔深；用显微镜分别聚焦在未受腐蚀的蚀孔边缘和蚀孔底部，测量蚀孔深度。

为了表示点蚀严重程度，应综合评定点蚀密度、蚀孔直径和点蚀深度。前两项指标表征点蚀范围，而后一项指标则表征点蚀强度。相比之下，后一项具有更重要的实际意义。为此，经常测量面积为 $1dm^2$ 的试样上 10 个最大蚀孔的深度，并取其最大蚀孔深度和平均蚀孔深度来表征点蚀严重程度。也可采用点蚀系数来表征点蚀程度，见图 9-57。点蚀系数的定义是：最大点蚀深度 $P$ 与按全面腐蚀计算的平均侵蚀深度 $d$ 的比值。这个数值越大，则表示点蚀程度越严重，而在全面均匀腐蚀的情况下，点蚀系数为 1。

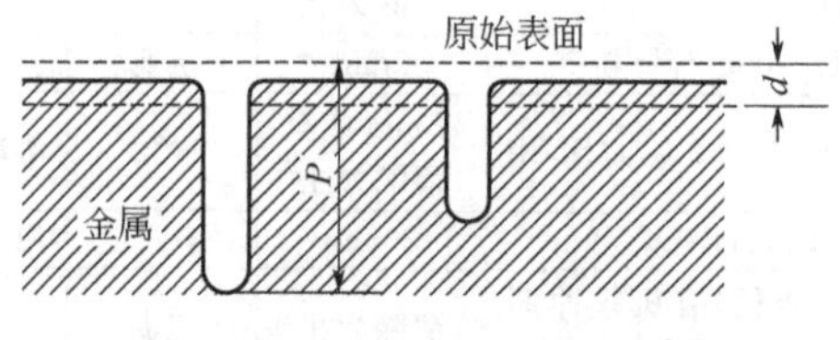


图 9-57　点蚀系数计算示意图

# 第 10 章　电子显微分析

## 10.1　电子显微镜简介

电子显微镜（简称电镜，EM）就是以电子束为照明光源的显微镜。由于电子束在外部磁场或电场的作用下可以发生弯曲，形成类似于可见光通过玻璃时的折射现象，所以我们就可以利用这一物理效应制造出电子束的“透镜”，从而开发出电子显微镜。

电子显微镜最早的出现可追溯到 20 世纪 30 年代，1931 年，德国的克诺尔和鲁斯卡，用冷阴极放电电子源和三个电子透镜改装了一台高压示波器，并获得了放大十几倍的图像，证实了电子显微镜放大成像的可能性。1932 年，经过鲁斯卡的改进，电子显微镜的分辨能力达到了 50nm，约为当时光学显微镜分辨本领的 10 倍，于是电子显微镜开始受到人们的重视。电子显微镜的发明者鲁斯卡（E. Ruska）教授因而获得了 1986 年诺贝尔物理学奖。经过 50 多年的发展，电子显微镜已成为现代科学研究中不可缺少的重要工具。到了 20 世纪 40 年代，美国的希尔用消像散器补偿电子透镜的旋转不对称性，使电子显微镜的分辨本领有了新的突破，逐步达到了现代水平。

1958 年中国研制成功透射式电子显微镜，其分辨本领为 3nm，1979 年又制成分辨本领为 0.3nm 的大型电子显微镜。在半个多世纪的发展中，电子显微学的奋斗目标主要是力求观察更微小的物体结构、更细小的实体，甚至单个原子，并获得有关试样的更多的信息，如表征非晶和微晶、成分分布、晶粒形状和尺寸，晶体的相、晶体取向、晶界和晶体缺陷等特征，以便对材料的显微结构进行综合分析及表征研究。

## 10.2　电子显微镜的基本原理

### 10.2.1　光学显微镜的局限性

显微镜的用途都是将物体放大，使物体上的细微部分清晰地显示出来，帮助人们观察用肉眼无法直接看见的东西。假如物体上两个相隔一定距离的点，利用显微镜把它们区分开来，这个距离的最小极限，即可以分辨的两个点的最短距离称为显微镜的分辨率，或称分辨本领。人的眼睛的分辨本领为 0.5mm 左右。一个物体上的两个相邻点能被显微镜分辨清晰，主要依靠显微镜的物镜。假如在物镜形成的像中，这两点未被分开的话，则无论利用多大倍数的投影镜或目镜，也不能再把它们分开。根据光学原理，两个发光点的分辨距离为：

$$\Delta r_0 = \frac{0.61\lambda}{n\sin\alpha} \tag{10-1}$$

式中 $\Delta r_0$——两物点的间距；

$\lambda$——光线的波长；

$n$——透镜周围介质的折射率；

$n\sin\alpha$——数值孔径。

将玻璃透镜的一般参数代入，式（10-1）可化简为：

$$\Delta r_0 \approx \frac{\lambda}{2} \tag{10-2}$$

这说明，显微镜的分辨率取决于可见光的波长，而可见光的波长范围为 390～760nm，故而光学显微镜的分辨率不可能高于 200nm。这个数值就是光学显微镜的分辨率的极限，为进一步提高分辨率，唯一的可能是利用更短波长的射线。例如：用紫外线（10～390nm）作光源，分辨率可提高一倍，但紫外线为不可见光。曾有人提出利用 X 射线和 γ 射线，但在技术上比较困难，至今没有很大发展。自从电子的波动性被发现后，很快就被用来作为提高显微镜分辨率的新光源，即出现了电子显微镜。目前电子显微镜的放大倍数已达到 300 万倍，这是光学显微镜所无法达到的。

### 10.2.2 电子光学基础

1924 年法国物理学家得布罗意提出“运动的微观粒子与光的性质之间存在着深刻的类似性，即微观粒子服从波粒二相性”。电子束具有波动性，对于运动速度为 $v$，质量为 $m$ 的电子，其波长为 $\lambda = h/mv$。当一个初速度为零的电子，在电场中从电位为零处开始运动，因受加速电压 $U$（阴极和阳极之间的电位差）的作用获得运动速度为 $v$，那么加速每个电子所做的功（$eU$）就是电子获得的全部动能，即：

$$\frac{1}{2}mv^2 = eU \tag{10-3}$$

将式（10-3）代入 $\lambda = h/mv$ 中，可得 $\lambda = \frac{h}{\sqrt{2emU}} \approx \frac{1.226}{\sqrt{U}}$（nm）；如果加速电压很高，经电场加速后的电子速度很大，此时就应进行相对论修正，$m = \frac{m_0}{\sqrt{1-(v/C)^2}}$，$m_0$ 为静止质量，$v$ 为加速后的速度，$C$ 为光速，将相对论矫正的电子质量代入波长的计算公式中可以得到：$\lambda = \frac{12.26}{\sqrt{U}(1+0.9788\times10^{-6}U)}$Å。加速电压与电子波长的关系如表 10-1 所示。

由表 10-1 可见，随着加速电压的提高，电子波波长不断减小，当加速电压为 100kV 时，电子束的波长约为可见光波长的十万分之一。因此若用电子束作为照明源，显微镜的分辨率将提高很多。基于此点，利用高压加速电子就成为近代电镜的最重要特点，用此电子波作照明源就可显著提高显微镜的分辨本领。

**表 10-1 加速电压与电子波长关系**

| 加速电压/kV | 电子波长/nm | 加速电压/kV | 电子波长/nm |
|---|---|---|---|
| 1 | 0.0388 | 100 | 0.0037 |
| 10 | 0.0122 | 500 | 0.00142 |
| 50 | 0.00536 | 1000 | 0.000687 |

### 10.2.3 电磁透镜

**(1) 电磁透镜的构造与原理**

光学显微镜是利用玻璃透镜使可见光聚焦成像的。电子和可见光不同，它是一带电粒子，不能凭借光学透镜会聚成像。但电子显微镜可以利用电场或磁场使电子束聚焦成像，其中用静电场成像的透镜称为静电透镜，用电磁场成像的称为电磁透镜。由于静电透镜其性能上不如电磁透镜，所以在目前研制的电子显微镜中大都采用电磁透镜。图 10-1 是一常用的电磁透镜剖面图。它由一个铁壳（A），一个螺旋管线圈（B）和一对中间嵌有黄铜的极靴（C）组成。

这种线圈产生的磁场有几个特点：轴对称磁场；非均匀磁场；磁力线不和线圈平行；中间部分的磁场比两边的强。运动电子在磁场中受到洛仑兹（Lorentz）力作用，其表达式为：

$$\vec{F}=-E\vec{V}\times\vec{B} \tag{10-4}$$

式中 $E$——运动电子的电荷；

$\vec{V}$——电子运动速度矢量；

$\vec{B}$——磁感应强度矢量；

$\vec{F}$——洛仑兹力，$\vec{F}$的方向垂直于矢量$\vec{V}$和$\vec{B}$所决定的平面，它的方向可由右手法则确定。

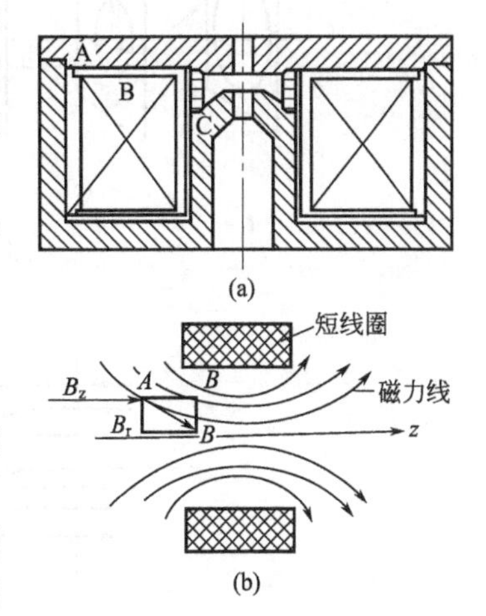

图 10-1 电磁透镜剖面与磁场分布

图 10-2 为电磁透镜聚焦原理示意图。通电的短线圈就是一个简单的电磁透镜，它能形成一种轴对称不均匀分布的磁场。磁力线围绕导线呈环状，磁力线上任意一点的磁感应强度 $B$ 都可以分解为平行于透镜主轴 $B_z$ 和垂直于透镜主轴的分量 $B_r$，当一个速度为 $V$ 的电子进入磁场时，位于 $A$ 的电子将受到径向磁感应强度 $B_r$。根据右手定则电子所受的切应力 $F_t$ 方向如图 10-2（b）所示，$F_t$ 使电子获得一个切向速度 $V_r$。$V_t$ 与 $B_z$ 分量叉乘，形成另一个向透镜主轴靠近的径向力 $F_r$，使电子向主轴方向偏转（聚焦）。当电子穿越线圈走到 $B$ 点位置，$B_r$ 方向改变了 180°，$F_t$ 随之反向，但 $F_t$ 的方向只能使 $V_t$ 减小，而不改变 $V_t$ 方向，因此穿过线圈的电子仍然趋向于向主轴靠近。结果使电子如图 10-2（c）所示那样的圆锥螺旋近轴运动。一束平行于主轴的入射电子束透过电磁透镜时将被聚焦到轴线上一点，即焦点，见图 10-3，这与光学凸透镜对平行入射的平行光的聚焦作用十分类似。

通过上面分析可以知道：如果电子运动速度方向平行于磁场方向，即：$\vec{V}\times\vec{B}$，则 $F=0$，电子不受磁场力作用，其运动速度的大小及方向不变；如果$\vec{V}\times\vec{B}$，则 $\vec{F}=-E\vec{V}\times\vec{B}$，方向反平行与$\vec{V}\times\vec{B}$，即只改变运动方向，不改变运动速度，从而使电子在垂直于磁力线方向的平面上做匀速圆周运动；如果$\vec{V}$与$\vec{B}$既不垂直也不平行，而成一定夹角，则其运动轨迹为螺旋线。

电磁透镜中为了增强磁感应强度，通常将线圈置于一个由软磁材料（纯铁或低碳钢）制成的具有内环形间隙的壳子里，见图 10-4。

光学透镜成像时，物距 $L_1$、像距 $L_2$ 和焦距 $f$ 三者之间满足如下关系：

$$\frac{1}{f}=\frac{1}{L_1}+\frac{1}{L_2} \tag{10-5}$$

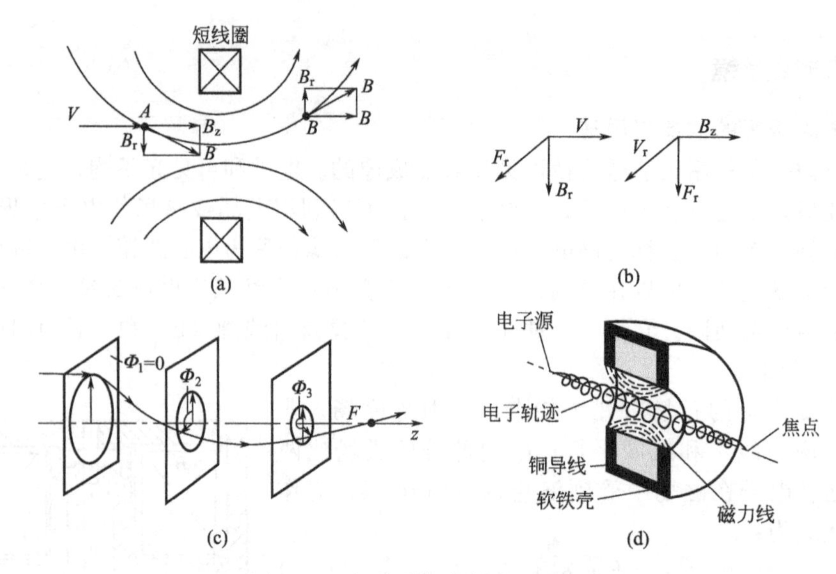


图 10-2 电磁透镜聚焦原理示意图

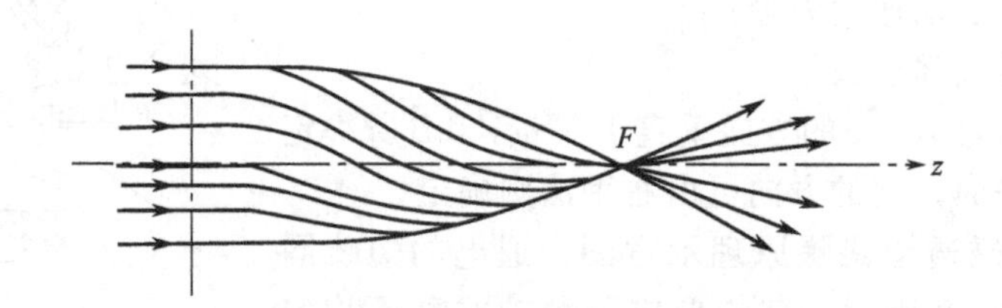


图 10-3 电磁透镜的聚焦作用

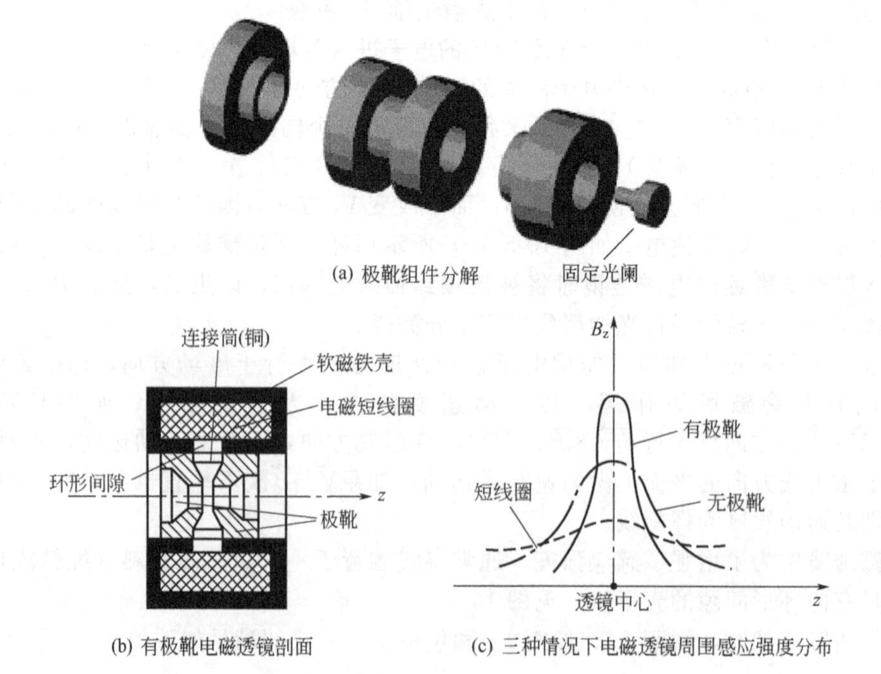


图 10-4 电磁透镜示意图

电磁透镜成像时也可以应用式（10-5）。所不同的是，光学透镜的焦距是固定不变的，而电磁透镜的焦距是可变的。电磁透镜焦距 $f$ 常用的近似公式为：

$$f \approx K\frac{U_r}{(IN)^2} \tag{10-6}$$

式中　$K$——常数；

$U_r$——经相对论校正的电子加速电压；

$IN$——电磁透镜的激磁安匝数。

由式（10-6）可以发现，改变激磁电流可以方便地改变电磁透镜的焦距。而且电磁透镜的焦距总是正值，这意味着电磁透镜不存在凹透镜，只是凸透镜。

**（2）电磁透镜的分辨本领**

电子波波长很短，在 100kV 的加速电压下，电子波波长为 0.0037nm，用这样短波长的电子波做显微镜照明源，根据 $\Delta r_0=0.61\lambda/(n\sin\alpha)$ 计算，显微镜的最小分辨率可达 0.002nm 左右。然而到目前为止，电镜的最佳分辨率仍停留在 0.1～0.2nm 的水平，由此看出理论分辨率和实际分辨率相差达百倍以上。这是因为电磁透镜也和光学透镜一样，除了衍射效应对分辨率的影响外，还有像差对分辨率的影响。由于像差的存在，使得电磁透镜的分辨率低于理论值。像差分为两类：几何像差和色差。几何像差是由于透镜磁场几何形状上的缺陷造成的，几何像差主要有球差和像散。色散是由于电子波波长或能量发生一定幅度的波动而造成的。

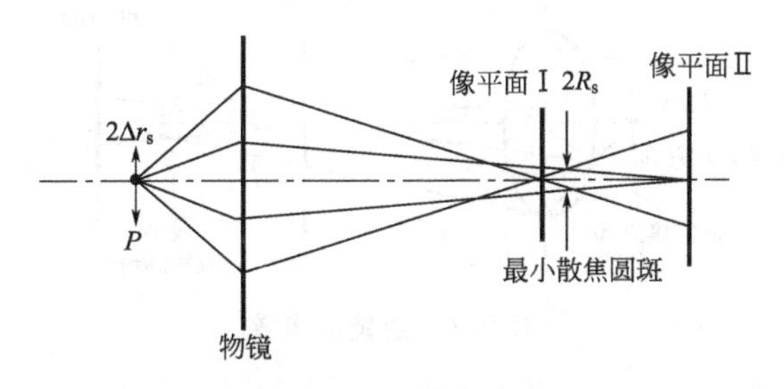


图 10-5　透镜的球差

① 球差　球差即球面像差，是由于电磁透镜中心区域和边缘区域对电子会聚能力不同而造成的。图 10-5 示意地表示了这种缺陷。远轴电子通过透镜时被折射得比近轴电子厉害得多，因而有同一物点散射的电子经过透镜后不交在一点上，而是在透镜相平面上变成了一个漫射圆斑。

如果像平面沿着近轴焦点和远轴焦点之间运动就可以得到一个最小的散焦圆斑（$R_s$），如果 $R_s$ 除以放大倍数，就可以把它折算到物平面上，其大小 $\Delta r_s=R_s/M$，$\Delta r_s$ 为球差大小。如果物平面上两点距离小于 $2\Delta r_s$ 时，该透镜不能分辨，在透镜上为一个点。球差计算公式为：

$$\Delta r_s=\frac{1}{4}C_s\alpha^3 \tag{10-7}$$

式中　$C_s$——球差系数，一般情况下物镜的为 1～3mm；

$\alpha$——孔径半角，(°)。

由此式可知，球差可以通过减小孔径半角和 $C_s$ 来实现。因为球差与孔径半角成 3 次方关系，所以用小孔径角成像时，可使球差明显减小。球差是限制电子透镜分辨本领最主要的因素。对于光学显微镜来讲，可以通过凸透镜和凹透镜的组合等办法来校正像差，使之对分辨本量的影响远远小于衍射效应的影响，但电子透镜只有会聚透镜，而没有发散透镜，所以至今还没有找到一种能矫正球差的办法。

② 像散　这是由于透镜的磁场轴向不对称所引起的一种像差。磁场的不同方向对电子的折射能力不一样，电子经透镜后形成界面为椭圆状的光束，是圆形物点的像变成了一个漫射圆斑，如图 10-6 所示。

像散是由透镜磁场的非旋转对称引起的像差。当极靴内孔不圆、上下极靴的轴线错位、制作极靴的磁性材料的材质不均以及极靴孔周围的局部污染等都会引起透镜的磁场产生椭圆度。在聚焦最好的情况下，能得到一个最小的散焦斑，把最小的散焦斑半径 $R_A$ 折算到物平面上，就会得到一个半径为 $\Delta r_A$ 的漫散圆斑，用 $\Delta r_A$ 表示像散的大小，其计算公式为：$\Delta r_A=\Delta f_A\alpha$，其中 $\Delta f_A$ 为电磁透镜出现椭圆度时造成的焦距差。像散是可以消除的像差，可以通过引入一个强度和方位可调的矫正磁场来进行补偿，产生这个矫正磁场的装置叫消像散器。

③ 色差　这是由于成像电子的能量或波长不同而引起的一种像差。能量大的电子在距透镜中心比较远的地点聚焦，而能量较低的电子在距透镜中心比较近的地点聚焦。结果使得由同一物点散射的具有不同能量的电子经透镜后不再会聚于一点，而是在像面上形成一漫射圆斑，见图 10-7。

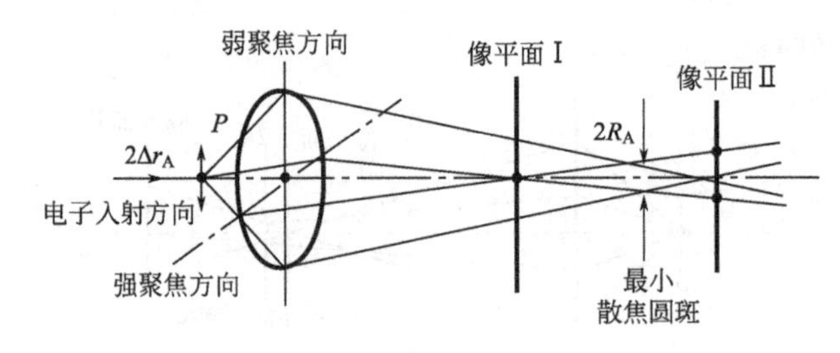


图 10-6　透镜的像散

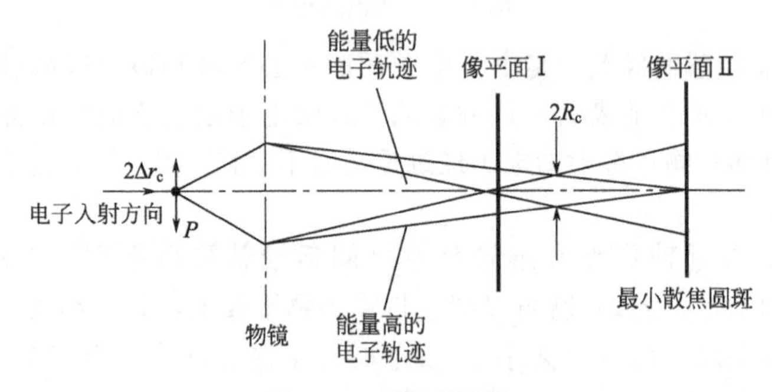


图 10-7　透镜的色差

如果将像平面在长焦和短焦点之间移动，可以得到一个最小的散焦斑 $R_c$，把它除以透镜的放大倍数 $M$，也就是把散焦斑的半径折算到物点位置上，这个半径 $\Delta r_c$ 可表示为 $\Delta r_c=\dfrac{R_c}{M}$，其值可以通过 $\Delta r_c=C_c\alpha\left|\dfrac{\Delta E}{E}\right|$ 计算，其中 $C_c$ 为色差系数，$\Delta E/E$ 为电子束能量变化率。能量变化率取决于加速电压的稳定性和电子穿透样品时发生非弹性散射程度，如果样品很薄，则可把后者的影响忽略，因此可以采取稳定加速电压的方法可以有效的减少色差。另外色差系数和球差系数均随透镜激磁电流的增加而减小。

由于上述像差的存在，虽然电子波长只有光波长的十万分之一左右，但尚不能使电磁透镜的分辨率提高十万倍。目前还不能制造出无像差的大孔径角的电磁透镜，而只能采用很小的孔径角尽可能减小球差等缺陷的影响，但电磁透镜的分辨率是由电磁透镜的衍射效应和球面像差共同决定。通过比较衍射分辨率公式和像差公式，可以发现孔径半角 $\alpha$ 对衍射效应的分辨率和球差造成的分辨率的影响是相反的。提高孔径半角 $\alpha$ 可以提高分辨率 $\Delta r_0$，但却大大降低了 $\Delta r_s$。因此在电镜设计中必须兼顾两者。唯一的办法是让 $\Delta r_s=\Delta r_0$，考虑到电磁透镜中孔径半角 $\alpha$ 很小（$10^{-3}\sim10^{-2}$ rad)，则：

$$\Delta r_0=\frac{0.61\lambda}{n\sin\alpha}\approx0.61\frac{\lambda}{\alpha}=\frac{1}{4}C_s\alpha_0^3 \tag{10-8}$$

整理得：

$$\alpha_0=1.25\left(\frac{\lambda}{C_s}\right)^{\frac{1}{4}} \tag{10-9}$$

由此可以推出电磁透镜的分辨率：

$$\Delta r_0=0.49C_s^{\frac{1}{4}}\lambda^{\frac{3}{4}} \tag{10-10}$$

目前，透射电镜孔径半角 $\alpha$ 通常是 $10^{-3}\sim10^{-2}$ rad，因此最佳的电镜分辨率只能达到 0.1nm 左右。

### 10.2.4　电磁透镜的景深和焦长

电磁透镜的一个特点就是景深较大，焦长很长，这是由于小孔径角成像的结果（见图 10-8)。透镜的景深是指在保持物像清晰的前提下，试样在物平面上下沿镜轴可移动的距离 $D_f$［见图 10-8（a)］，换言之，在景深范围内，样品位置的变化并不影响物像的清晰度。

造成景深现象的原因是像差和衍射综合影响的结果。景深大小 $D_f$ 与物镜的分辨本领 $\Delta r_0$ 成正比，而与孔径半角 $\alpha$ 成反比，即：

$$D_f=\frac{2\Delta r_0}{\tan\alpha}\approx\frac{2\Delta r_0}{\alpha} \tag{10-11}$$

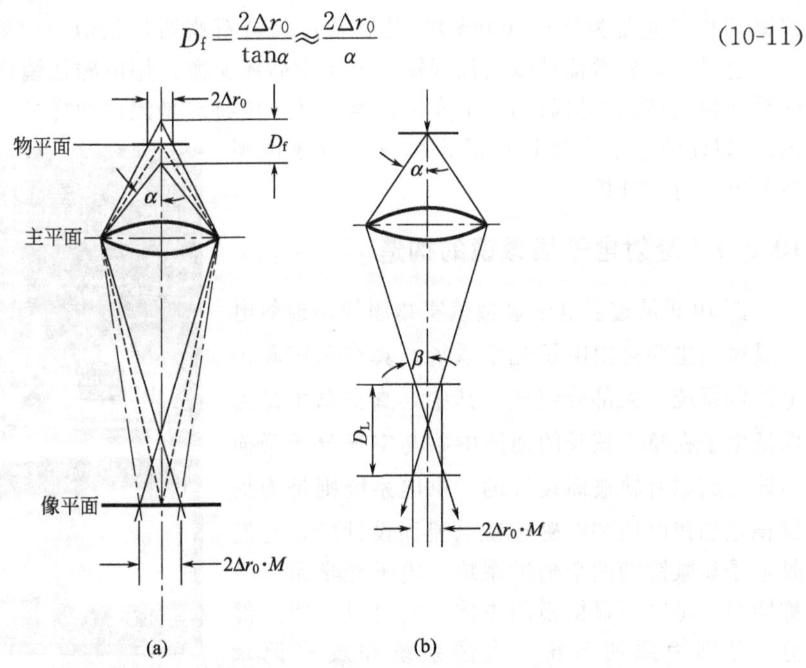


图 10-8　电磁透镜的景深和焦长示意图

利用景深的这一性质可以产生一些特殊效果，例如选择孔径半角的大小，可以得到背景和主题都清晰的图像，或者只有主题清晰，而背景被虚化掉。在金相摄影中只要景深允许，可以使样品表面凸凹不平的形貌在照片上都得到清晰的图像。透镜的焦长是指在保持像清晰的前提下像平面沿镜轴上下移动的距离［见图 10-8（b）］：

$$D_L=\frac{2R_0}{\tan\beta}=\frac{2\Delta r_0 M}{\tan\beta}\approx\frac{2\Delta r_0 M}{\beta}$$

$$\beta=\frac{\alpha}{M}$$

$$D_L\approx\frac{2\Delta r_0}{\alpha}M^2 \tag{10-12}$$

式中的 $M$ 为总放大倍数。可见，焦长在数值上是很大的。例如，$M=104$，$D_f=140\text{nm}$ 时，$D_L=14\text{m}$。因此，当用倾斜观察屏观察像时，以及当照相底片不位于观察屏同一像平面时，所拍摄的像也是清晰的。投影仪的投影平面之所以对距离要求不严也是由于焦长很大的缘故。

## 10.3 透射电子显微镜

透射电镜通常采用热阴极电子枪来获得电子束作为照明源，热阴极发射的电子在阳极加速电压的作用下，高速穿过阳极孔，然后被聚焦镜会聚成具有一定直径的束斑照射到样品上，透过样品的电子数的强度取决于样品微区的厚度、平均原子序数、晶体结构或位相差别等多种信息。它是以电子束透过样品经过聚焦与放大后所产生的物像，投射到荧光屏上或照相底片上进行观察。透射电镜的分辨率为 0.1～0.2nm，放大倍数为几万倍至几十万倍。由于电子易散射或被物体吸收，故穿透力低，必须制备更薄的超薄切片（通常为50～100nm）。其制备过程与石蜡切片相似，但要求极严格。

透射电子显微镜是以波长很短的电子束做照明源，用电磁透镜聚焦成像的一种具有高分辨本领、高放大倍数的电子光学仪器。其主要特点是测试的样品要求厚度极薄（几十纳米），以便使电子束透过样品，可以进行成像观察和电子衍射分析。

### 10.3.1 透射电子显微镜的构造

图 10-9 是透射电子显微镜实物照片。透射电子显微镜主要是由电子光学系统、真空系统和供电控制系统三大部分组成。其中，真空系统是为保证电子在整个狭长的通道中不与空气分子碰撞而改变其原有轨迹而设计的，供电系统则是为提供稳定加速电压和电磁透镜电流而设计的，它们是电子显微镜的两个辅助系统。电子光学系统又称镜筒，是电子显微镜的主体，它可以分成三部分，分别为照明系统、成像系统和观察记录系统。

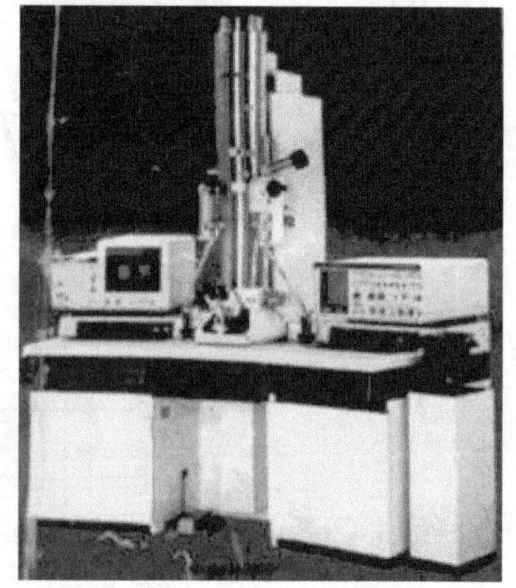

图 10-9 透射电子显微镜

在透射电子显微镜的最上部分是照明系统，它主要是由电子枪和聚光镜组成；它的作用就是提供一束亮度高、照明孔径角小、平行度好、束流稳定的照明源。电子枪是发射电子的照明光源，为了获得高亮度且相干性好的照明源，电子枪由早期的发夹式钨灯丝，发展到 $LaB_6$ 单晶灯丝，现在又开发出场发射电子枪。一般钨丝阴极在加热状态下发射电子经过电场加速，形成一个直径 50μm 大小的电子源（相当于光学显微镜的光源）。聚光镜用来会聚电子枪射出的电子束，以最小的损失照明样品，调节照明强度、孔径角和束斑大小。电子枪一般都采用双聚光镜系统：第一聚光镜是强激磁透镜，束斑缩小率为 10～50 倍左右，将电子枪第一交叉点束斑缩小为 1～5μm；而第二聚光镜是弱激磁透镜，适焦时放大倍数为 2 倍左右，结果在样品平面上可获得 2～10μm 的照明电子束斑。

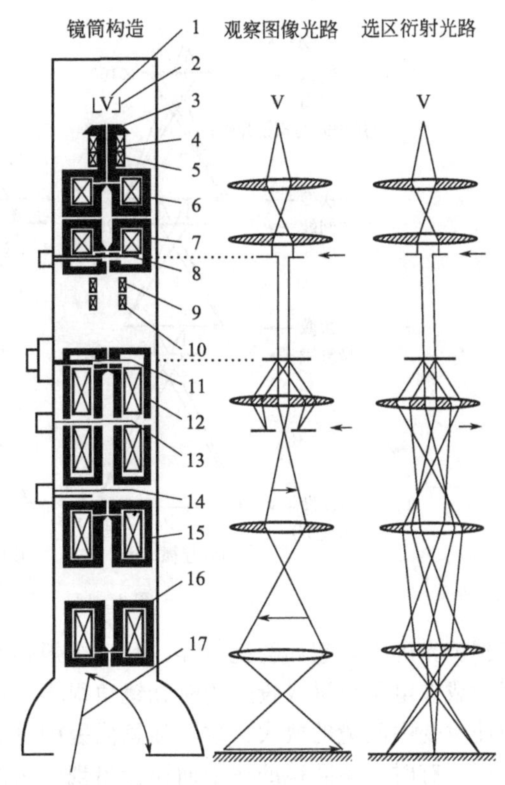


图 10-10 透射电子显微镜结构示意图
1—灯丝；2—栅极；3—阳极；4—枪倾斜；5—枪平移；6—一级聚光镜；7—二级聚光镜；8—聚光镜光阑；9—光倾斜；10—光平移；11—试样台；12—物镜；13—物镜光阑；14—选区光阑；15—中间镜；16—投影镜；17—荧光屏

透射电子显微镜的成像系统主要由物镜、中间镜和投影镜组成，见图 10-10。

物镜是用来形成第一幅高分辨率电子显微图像或电子衍射花样的透镜。透射电子显微镜分辨本领的高低主要取决于物镜。物镜的任何缺陷都将被成像系统中其他透镜进一步放大，因此欲获得物镜的高分辨率，必须尽可能降低物镜的像差。通常采用强激磁、短焦距的物镜。物镜是一个强激磁、短焦距的透镜，它的放大倍数较高，一般为 100～300 倍。目前，高质量的物镜其分辨率可达 0.1nm 左右。物镜的分辨率主要取决于极靴的形状和加工精度。一般来说，极靴的内孔和上下极之间的距离越小，物镜的分辨率就越高。为了减少物镜的球差，往往在物镜的后焦面上安放一个物镜光阑。物镜光阑不仅具有减少球差、像散和色差的作用，而且可以提高图像的衬度。在用电子显微镜进行图像分析时，物镜和样品之间和距离总是固定不变的（即物距 $L_1$ 不变），因此改变物理学镜放大倍数进行成像时，主要是改变物镜的焦距和像距（即 $f$ 和 $L_2$）来满足成像条件。

中间镜是一个弱激磁的长焦距变倍透镜，可在 0～20 倍范围内调节。当 $M>1$ 时，用来进一步放大物镜的像；当 $M<1$ 时，用来缩小物镜的像。在电镜操作过程中，主要是利用中间镜的可变倍率来控制电镜的放大倍数。如果把中间镜的物平面和物镜的像平面重合，则在荧光屏上得到一幅放大像，这就是电子显微镜中的成像操作，如图 10-11（a）所示。如果把中间镜的物平面和物镜的后焦面重合，则在荧光屏上得到一幅电子衍射花样，这就是电子显微镜中的电子衍射操作，如图 10-11（b）所示。

投影镜的作用是把经中间镜放大（或缩小）的像（电子衍射花样）进一步放大，并投

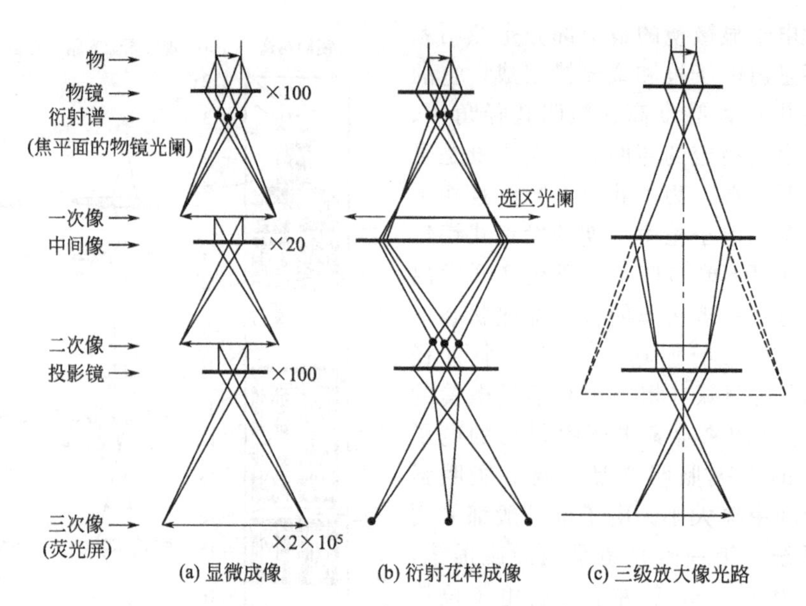


图 10-11 透射电镜的成像方式

影到荧光屏上，它和物镜一样，是一个短焦距的强磁透镜。投影镜的激磁电流是固定的。因为成像电子束进入投影镜时孔镜角很小（约 $10^{-3}$rad)，因此它的景深和焦距都非常大；即使改变中间镜的放大倍数，使显微镜的总放大倍数有很大的变化，也不会影响图像的清晰度。有时，中间镜的像平面还会出现一定的位移，由于这个位移距离仍处于投影镜的景深范围之内，因此，在荧光屏上的图像仍旧是清晰的。

穿过样品的电子束经过物镜在其像平面上形成第一幅高质量的样品形貌放大像，然后再经过中间镜和投影镜的两次放大，最终形成三级放大像而显示在荧光屏上，或当荧光屏竖起来时就被记录在照相底片上。

样品室是电子光学系统中的重要组成部分，位于聚光镜和物镜之间，其作用是通过沿平台承载样品，并能使样品平移，倾斜或旋转，以选择感兴趣的样品区域或位向进行观察分析。在特殊情况下，样品室内还可分别装有加热、冷却或拉伸等各种功能的侧插式样品座，供相变、形变等过程的动态观察。

## 10.3.2 透射电子显微镜成像原理

在透射电子显微镜中，物镜、中间镜和投影镜是以积木方式成像，即上一透镜的像就是下一透镜成像时的物，也就是说，上一透镜的像平面就是下一透镜的物平面，这样才能保证经过连续放大的最终像是一个清晰的像。在这种成像方式中，如果电子显微镜是三级成像，那么总放大倍数就是各个透镜倍率的乘积。

$$M = M_0 \times M_i \times M_p \qquad (10\text{-}13)$$

式中 $M_0$——物镜放大倍率，数值在 50～100 的范围；

$M_i$——中间镜放大倍率，数值在 0～20 的范围；

$M_p$——投影镜放大倍率，数值在 100～150 的范围。

总的放大倍率 $M$ 在 1000～200000 倍内连续变化。

成像系统光路图如图 10-11 所示。当来自照明系统的平行电子束投射到晶体样品上后，除产生透射束外还会产生各级衍射束，经物镜聚焦后在物镜背焦面上产生各级衍射振幅的极大值。每一振幅极大值都可看作是次级相干波源，由它们发出的波在像平面上相干成像，这就是阿贝光栅成像原理。由此看出，透镜成像可分为两个过程：一是平行电子束与样品作用产生衍射束经透镜聚焦后形成各级衍射谱，即物的信息通过衍射谱呈现出来；二是各级衍射谱发出的波通过干涉重新在像面上形成反映样品的特征的像。显然从物样同一点发出的各级衍射波经过上述二过程后在像面上会聚为一点，而从物样不同地点发出的同级衍射波经过透镜后，都会聚到后焦面上的一点。当中间镜物面与物镜像面重合时，得到三级高倍放大显微像［图 10-11（a）］，即得到试样显微成像；当中间镜物面与物镜背焦面重合时，将得到放大了的衍射谱［图 10-11（b）］，即得到试样衍射花样成像；

### 10.3.3　透射电子显微镜的样品制备

透射电子显微镜利用穿透样品的电子束成像，电子散射强度较高导致其透射能力有限，这就要求被观察的样品对入射电子束是“透明”的，电子束穿透固体样品的能力主要取决于加速电压和样品的物质原子序数。一般来说，加速电压越高，样品的原子序数越低，电子束可以穿透样品的厚度就越大。对于透射电镜常用的加速电压为 100kV，适宜的样品厚度约 200nm。因此，为了能够观察到样品形貌，可以通过两种方法获得：一是表面复型技术；二是样品减薄技术。

**(1) 表面复型技术**

表面复型技术就是把金相样品表面经侵蚀后产生的显微组织浮雕复制到一种很薄的膜上，然后把复制膜（叫做“复型”）放到透射电镜中去观察分析，这样才使透射电镜应用于显示金属材料的显微组织有了实际的可能。

用于制备复型的材料必须满足以下特点：

a. 本身必须是“无结构”的（或“非晶体”的），也就是说，为了不干扰对复制表面形貌的观察，要求复型材料即使在高倍（如十万倍）成像时，也不显示其本身的任何结构细节；

b. 必须对电子束足够透明（物质原子序数低）；

c. 必须具有足够的强度和刚度，在复制过程中不致破裂或畸变；

d. 必须具有良好的导电性，耐电子束轰击；

e. 最好是分子尺寸较小的物质——分辨率较高。

常用的复型材料是塑料和真空蒸发沉积碳膜，碳复型比塑料复型要好。常见的复型：塑料一级复型；碳一级复型；塑料碳二级复型；萃取复型。见图 10-12 所示。典型的复型照片见图 10-13。

**(2) 样品减薄技术**

复型技术只能对样品表面形貌进行复制，不能揭示晶体内部组织结构信息，而且受复型材料本身尺寸的限制，电镜的高分辨率本领不能得到充分发挥，萃取复型虽然能对萃取物相作结构分析，但对基体组织仍是表面形貌的复制。在这种情况下，样品减薄技术具有许多特点，特别是金属薄膜样品：

a. 可以最有效地发挥电镜的高分辨率本领；

b. 能够观察金属及其合金的内部结构和晶体缺陷，并能对同一微区进行衍射成像及电子衍射研究，把形貌信息与结构信息联系起来；

c. 能够进行动态观察，研究在变温情况下相变的生核长大过程，以及位错等晶体缺陷在引力下的运动与交互作用。

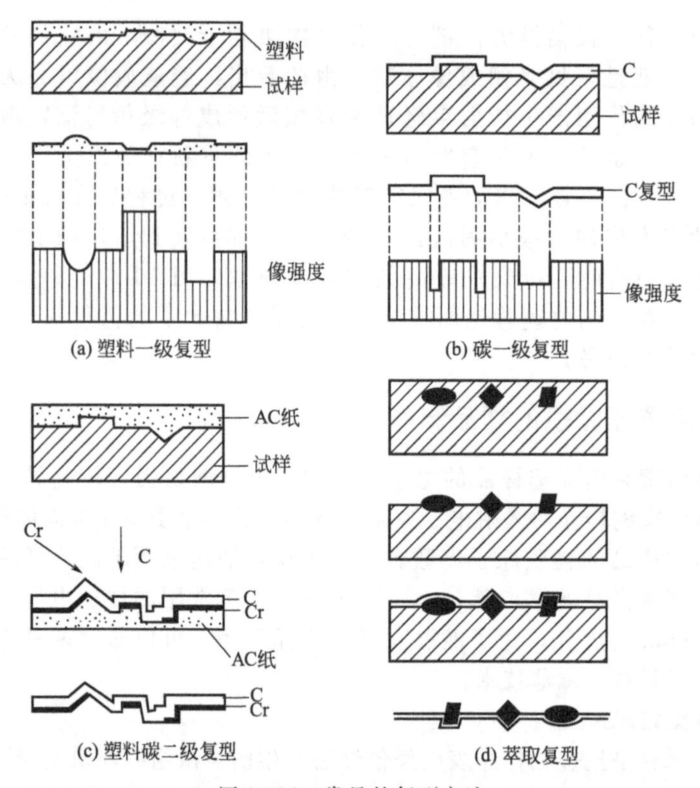

(a) 塑料一级复型　(b) 碳一级复型　(c) 塑料碳二级复型　(d) 萃取复型

图 10-12　常见的复型方法

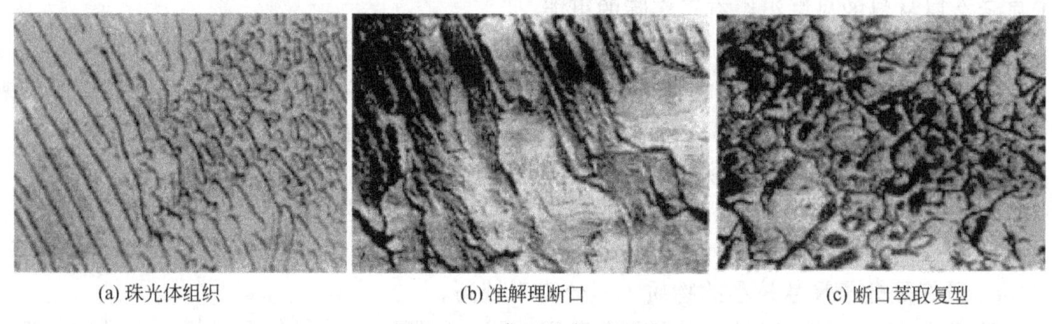
(a) 珠光体组织　(b) 准解理断口　(c) 断口萃取复型

图 10-13　典型的复型照片

用于透射电镜观察式样的要求是：它的上下底面应该大致平行，厚度应在 50～500nm，表面清洁。由大块试样制备薄膜一般需要经历以下三个步骤。

a. 切割试样，利用砂轮片，金属丝或用电火花切割方法切取厚度在 0.3～0.5mm 的薄块，对于非金属不导电样品可以通过金刚石刃内圆切割机切片。

b. 薄片试样预减薄。预减薄有两种方法：一种是机械方法；另一种是化学方法。机械减薄法是通过手工研磨来完成的，把切割好的薄片一面用黏结剂粘接在样品座表面，然后在水砂纸上进行研磨减薄。如果材料较硬，可减薄至 70$\mu$m 左右；若材料较软，则减薄的最终厚度不能小于 100$\mu$m。化学减薄法是把切割好的金属薄片放入配好的试剂中，使它表面受腐蚀而继续减薄。化学减薄的最大优点是表面没有机械硬化层，薄化后样品的厚度可以控制在 20～50$\mu$m。但是，化学减薄时必须先把薄片表面充分清洗，去除油污或其他不洁物，否则将得不到满意的结果。

c. 最终减薄。最终减薄方法有两种：即双喷减薄和离子减薄。对于导电的金属材料

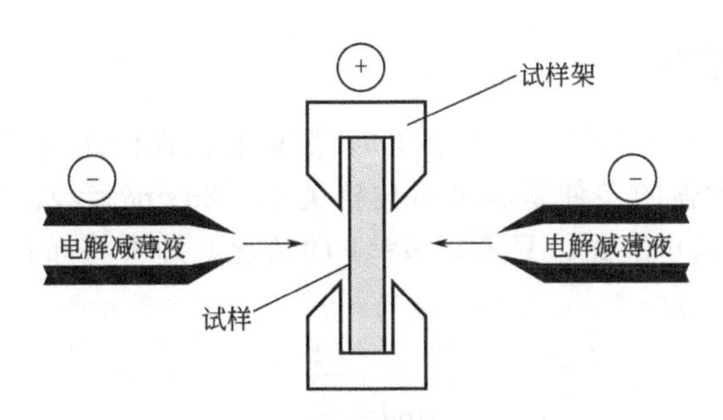


图 10-14　双喷电解减薄方法的示意图

来讲，目前效率最高和最简便的方法是双喷减薄抛光法，见图 10-14，将预先减薄的样品减成直径为 3mm 的圆片，装入样品夹持器中。对于不导电的非金属材料以及多相合金材料等电解抛光不能减薄的场合，最终减薄可以采用离子减薄。离子减薄的效率较低，一般情况下减薄速度为 4μm/h 左右；但是离子减薄的质量高，薄区大。

## 10.4　电子衍射分析

利用透射电镜进行物相形貌观察（如图 10-12 中的各种结果）仅是一种较为直接的应用，透射电镜还可得到另外一类图像——电子衍射图（如图 10-15 所示）。图中每一斑点都分别代表一个晶面族，不同的电子衍射谱图又反映出不同的物质结构。

按照一定规则进行分析，我们可以标定出每一斑点对应的晶面指数，再由标准物质手册，可以查出这两种物质分别是金的多晶体和 Mo23C6 单晶碳化物。可见，利用电子衍射图也可以分析未知的物相。

电子衍射原理和 X 射线衍射原理是完全一样的，但其还有以下特点：

a. 电子衍射可与物像的形貌观察结合起来，使人们能在高倍下选择微区进行晶体结构分析，弄清微区的物像组成；

b. 电子波长短，使单晶电子衍射斑点大都分布在一个二维倒易截面内，这对分析晶体结构和位向关系带来很大方便；

c. 电子衍射强度大，所需曝光时间短，摄取衍射花样时仅需几秒钟。

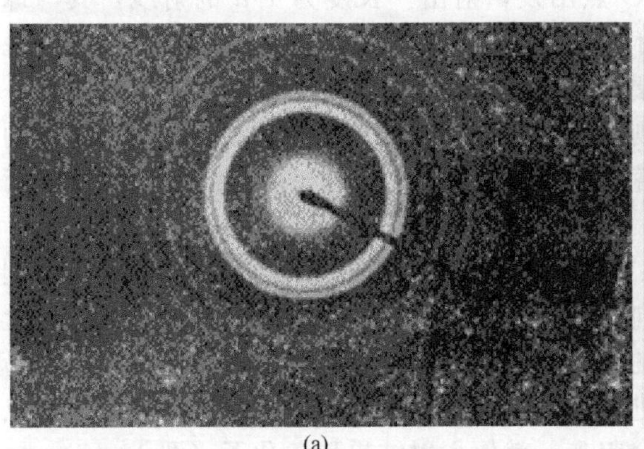

(a)

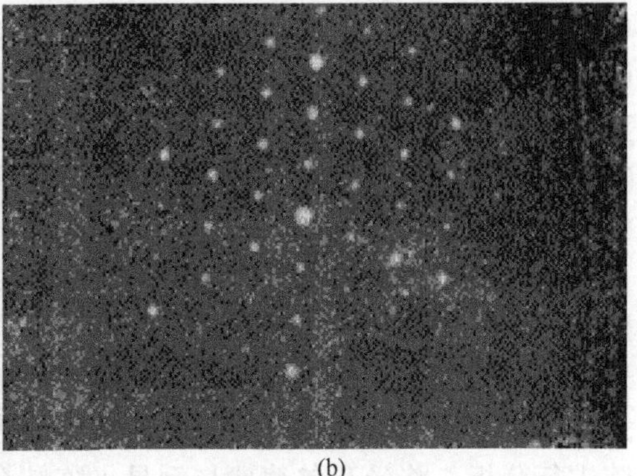

(b)

图 10-15　金蒸发膜的多晶体和钢中 Mo23C6 单晶的电子衍射花样

### 10.4.1 电子衍射原理

当波长为 $\lambda$ 的单色平面电子波以入射角 $\theta$，照射到晶面间距为 $d$ 的平行晶面组时，各个晶面的散射波干涉加强的条件是满足布拉格关系：$2d\sin\theta=n\lambda$。式中 $n=0$，1，2，3，4…称为衍射级数，为简单起见，只考虑 $n=1$ 的情况，即可将布拉格方程写成 $2d\sin\theta=\lambda$ 或更进一步写成：

$$\sin\theta=\frac{\frac{1}{d}}{\frac{2}{\lambda}} \tag{10-14}$$

这一关系的几何意义为布拉格角的正弦函数为直角三角形的对边（$1/d$）与斜边（$2/\lambda$）之比，而满足上式关系的点的集合是以 $1/\lambda$ 为半径，以 $2/\lambda$ 为斜边的球的所有内接三角形的顶点，球面上所有的点均满足布拉格条件。可以想象，$AO'$ 为入射电子束方向，它照射到位于 $O$ 点处的晶体上，一部分透射出去，一部分使晶面间距为 $d$ 的晶面发生衍射，在 $OG$ 方向产生衍射束。由于该表示方法首先由爱瓦尔德（Ewald）提出，故亦称为爱瓦尔德球，见图 10-16。

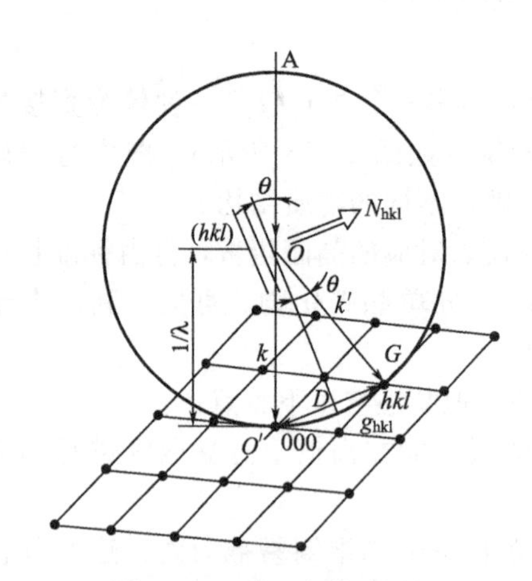


图 10-16 爱瓦尔德球图解

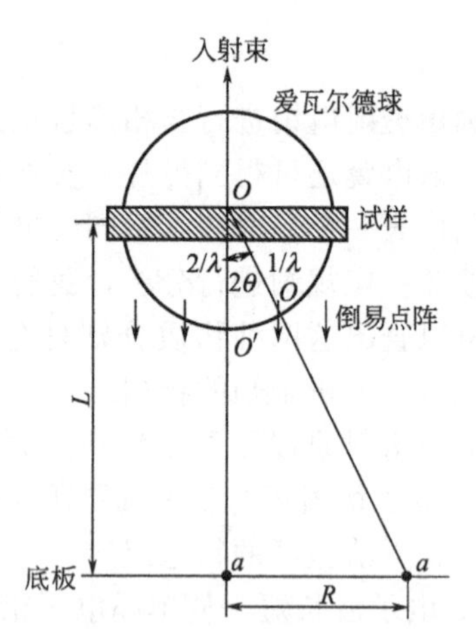


图 10-17 单晶体电子衍射花样形成示意图

如果我们要想判断一个特定的晶面能否产生衍射，或者衍射的方向如何，可以假想将这个晶面放在球心 $O$ 处，沿其法线方向从 $O'$ 点出发，射出一长度为 $1/d$ 的射线，其与球面相交处若能满足布拉格关系（入射角等于反射角），则说明可满足衍射条件；反之，说明不满足衍射条件。显然这种比较太不方便。如果能构造一种特殊的晶体点阵，它的每一节点都能代表一定晶面间距和晶面法向，则只要将这样的特殊点阵原点放在爱瓦尔德球的 $O'$ 点，并根据节点是否恰好位于球面上，就能判断衍射是否发生和衍射线的方向，从而大大简化衍射分析过程。

这种特殊的晶体点阵有两个基本性质：点阵矢量的大小等于正常晶面的面间距的倒数，点阵矢量的方向，就是正常晶面的法向。我们将这个特殊的点阵命名为倒易点阵，上述规则称为倒易变换。显然，任何正空间的点阵都能变为倒易点阵，或者说任何一个倒易点阵都有相应的正点阵存在（只要有耐心进行变换即可），因而以后我们就直接用倒易点阵进行分析。将爱瓦尔德球与倒易点阵结合起来，就使衍射结果形象化了（图 10-17）。

当一电子束照射在单晶体薄膜上时，透射束穿过薄膜到达感光相纸上形成中间亮斑；

衍射束则偏离透射束形成有规则的衍射斑点。这样就解释了单晶体电子衍射谱图的形成原因。对于多晶体而言，由于晶粒数目极大且晶面位向在空间任意分布，多晶体的倒易点阵将变成倒易球。倒易球与爱瓦尔德球相交后在相纸上的投影将成为一个个同心圆。显然，电子衍射结果实际上是得到了被测晶体的倒易点阵花样，对它们进行倒易反变换，从理论上讲就可知道其正点阵的情况——电子衍射花样的标定。

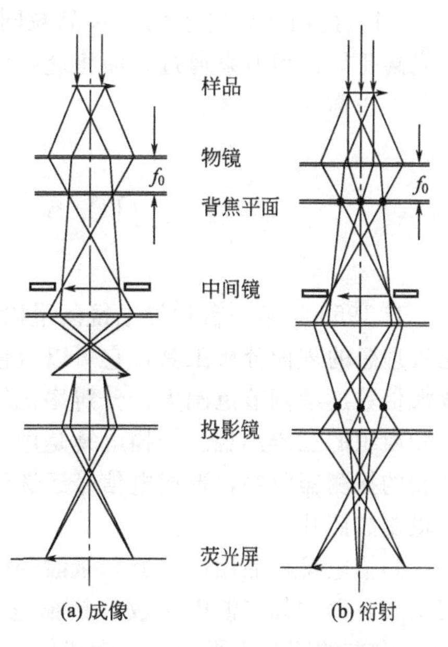


图 10-18　电子成像和电子衍射光路

## 10.4.2　选区电子衍射原理

图 10-18 为选区电子衍射原理图。当入射电子通过样品后，透射束和衍射束将会汇集到物镜的背焦面上形成衍射花样，然后各斑点经干涉后重新在像平面上成像。如果在中间镜上方放一孔径可变的选区光阑，套住想要分析的微区，而把不需要的区域挡掉。这时可以得到选区成像［图 10-18（a)］；维持样品位置和孔径光阑不变，而减弱中间镜电流转变为衍射方式操作，则此时将得到选区衍射结果［图 10-18（b)］。换言之，经过上述两步操作，即可以得到了所需的选区图像及其微区电子衍射。经过对电子衍射花样的标定就可知道选区图像的物质结构——将形貌信息与结构信息关联起来。

## 10.4.3　衍射衬度成像原理

如果相邻两个晶粒 A 和 B，当 $I_0$ 入射电子束仅与 B 晶粒满足布拉格条件，发生衍射，衍射强度为 $I_{hkl}$，那么 B 晶粒透射束的强度就近似写成 $I_0-I_{hkl}$，而 A 晶粒的透射束强度基本与入射束相同 $I_0$，此时如果光阑孔只让透射束通过，而将衍射束挡住。由于 A、B 两个晶粒在像平面上的强度不同，此时在荧光屏上最亮的区域就是 A 晶粒的区域，而 B 晶粒区域相对较暗，这样形成的衍射衬度像就是明场像，见图 10-19（a)。当入射电子束偏

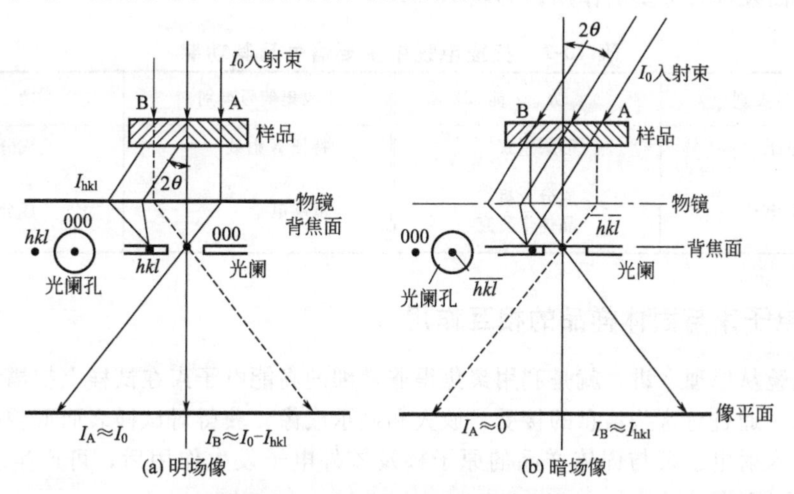


图 10-19　衍射衬度成像原理示意图

转 $2\theta$ 时，此时入射电子束与 B 晶粒同样满足衍射条件，其衍射束的强度为 $I_{hkl}$，此时如果光阑孔只让衍射束通过，而将透射束挡住，此时在像平面上只能显示出 B 晶粒的形貌，这种方法称为暗场像。

## 10.5 扫描电子显微镜

自 1965 年第一台扫描电镜问世以来，扫描电镜便得到了快速发展。扫描电镜是一种比较理想的表面分析工具，它可以直接观察大块试样，样品制备非常方便，而且景深大，放大倍数连续调节范围大，分辨率比较高，适用于观察比较粗糙的表面，例如：材料的断口和组织的三维形貌。扫描电镜是用极细的电子束在样品表面扫描，将产生的二次电子用特制的探测器收集，形成电信号运送到显像管，在荧光屏上显示物体。表面的立体构像，可摄制成照片。

扫描电镜样品用戊二醛和锇酸等固定，经脱水和临界点干燥后，再于样品表面喷镀薄层金膜，以增加二波电子数。扫描电镜能观察较大的组织表面结构，由于它的景深长，1mm 左右的凹凸不平面能清晰成像，故放样品图像富有立体感。

由于透射电镜是利用穿透样品的电子束进行成像的，这就要求样品的厚度必须保证在电子束可穿透的尺寸范围内。为此需要通过各种较为繁琐的样品制备手段将大尺寸样品转变到透射电镜可以接受的尺寸范围。能否直接利用样品表面材料的物质性能进行微观成像，经过努力，这种想法已成为现实——扫描电子显微镜（scanning electronic microscopy，SEM）被开发出来。扫描电镜的优点是：有较高的放大倍数，20～20 万倍之间连续可调；有很大的景深，视野大，成像富有立体感，可直接观察各种试样凹凸不平表面的细微结构；试样制备简单。目前的扫描电镜都配有 X 射线能谱仪装置，这样可以同时进行显微组织形貌的观察和微区成分分析，因此，它像透射电镜一样是当今十分有用的科学研究仪器。

由于扫描电镜可用多种物理信号对材料样品进行综合分析，并具有可以直接观察较大试样、放大倍数范围宽和景深大等特点；因此，在科研、工业产品开发、质量管理及生产在线检查方面发挥着重要的作用。见表 10-2。

**表 10-2 扫描电镜中主要信号及其功能**

| 收集信号类别 | 功　能 | 收集信号类别 | 功　能 |
| --- | --- | --- | --- |
| 二次电子 | 形貌观察 | 特征 X 射线 | 成分分析 |
| 背散射电子 | 成分分析<br>晶体学研究 | 俄歇电子 | 成分分析 |

### 10.5.1 电子束与固体样品的相互作用

扫描电镜从原理上讲，就是利用聚焦得非常细的高能电子束在试样上扫描，激发出各种物理信息。通过对这些信息的接受、放大和显示成像，获得对试样表面形貌的观察。具有高能量的入射电子束与固体样品的原子核及核外电子发生作用后，可产生多种物理信号，如图 10-20 所示。

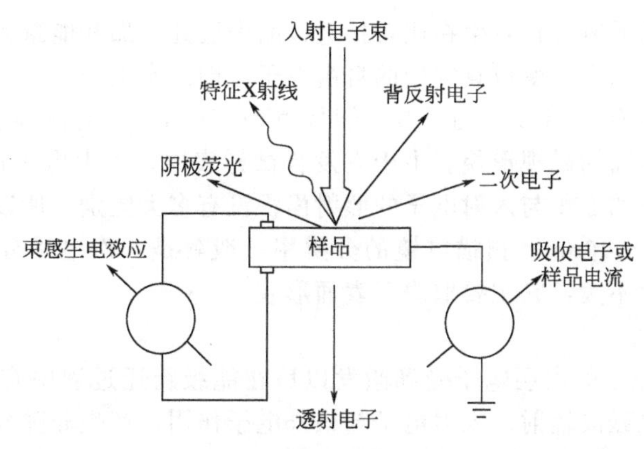


图 10-20　电子束和固体样品表面作用时的物理现象

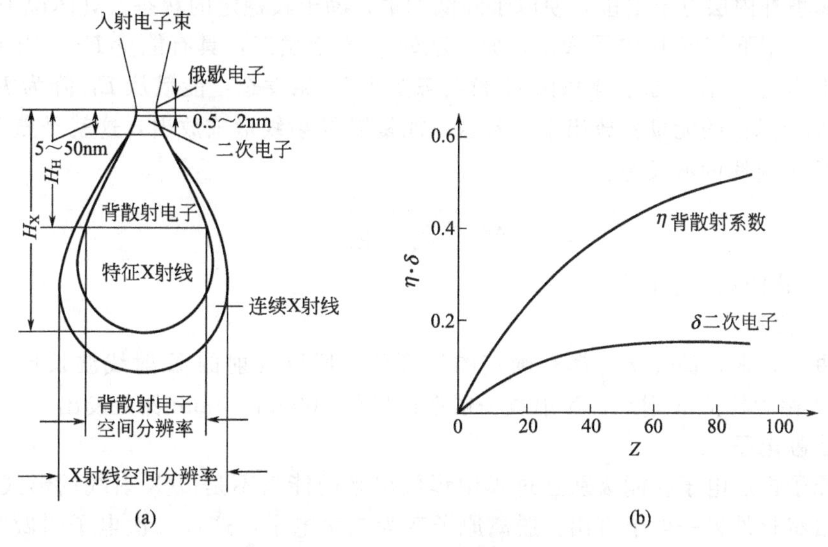


图 10-21　电子束在试样中的散射示意图

**(1) 背反射电子**

背反射电子是指被固体样品原子反射回来的一部分入射电子，其中，包括弹性背反射电子和非弹性背反射电子。弹性背反射电子是指被样品中原子核反弹回来的、散射角大于90°的那些入射电子，其能量基本上没有变化（能量为数千到数万电子伏）。非弹性背反射电子是入射电子和核外电子撞击后产生非弹性散射，不仅能量变化，而且方向也发生变化。非弹性背反射电子的能量范围很宽，从数十电子伏到数千电子伏。从数量上看，弹性背反射电子远比非弹性背反射电子所占的份额多。背反射电子的产生范围在 100nm～1mm 的深度，如图 10-21 所示。

背反射电子产额和二次电子产额与原子序数的关系背反射电子束成像分辨率一般为50～200nm（与电子束斑直径相当）。背反射电子的产额随原子序数的增加而增加（图10-21），因此利用背反射电子作为成像信号不仅能分析新貌特征，也可以用来显示原子序数衬度，定性进行成分分析。

**(2) 二次电子**

二次电子是指由背入射电子轰击出来的核外电子。由于原子核和外层价电子间的结合能很小，当原子的核外电子从入射电子获得了大于相应结合能的能量后，可脱离原子成为自由电子。如果这种散射过程发生在比较接近样品表层处，那些能量大于材料逸出功的自由电子可从样品表面逸出，变成真空中的自由电子，即二次电子。

二次电子来自表面5～10nm的区域，能量为0～50eV。它对试样表面状态非常敏感，能有效地显示试样表面的微观形貌。由于它发自试样表层，入射电子还没有被多次反射，因此，产生二次电子的面积与入射电子的照射面积没有多大区别，所以二次电子的分辨率较高，一般可达到5～10nm。扫描电镜的分辨率一般就是二次电子分辨率。二次电子产额随原子序数的变化不大，它主要取决于表面形貌。

**(3) 特征X射线**

特征X射线是原子的内层电子受到激发以后在能级跃迁过程中直接释放的具有特征能量和波长的一种电磁波辐射。入射电子与核外电子作用，产生非弹性散射，外层电子脱离原子变成二次电子，使原子处于能量较高的激发状态，它是一种不稳定状态。较外层的电子会迅速填补内层电子空位，使原子降低能量，趋于较稳定的状态。具体说来，如在高能入射电子作用下使$K$层电子逸出，原子就处于$K$激发态，具有能量$E_K$。当一个$L_2$层电子填补$K$层空位后，原子体系由$K$激发态变成$L_2$激发态，能量从$E_K$降为$E_{L_2}$，这时就有$d_E = E_K - E_{L_2}$的能量释放出来。若这一能量以X射线形式放出，这就是该元素的$K_\alpha$辐射，此时X射线的波长为：

$$\lambda_{K_\alpha} = \frac{hc}{E_K - E_{L_2}} \tag{10-15}$$

式中 $h$——普朗克常数；

$c$——光速。

对于每一元素，$E_K$、$E_{L_2}$都有确定的特征值，所以发射的X射线波长也有特征值，这种X射线称为特征X射线。X射线一般在试样的500nm～5mm深处发出。

**(4) 俄歇电子**

如果原子内层电子在能级跃迁过程中释放出来的能量不是以X射线的形式释放，而是用该能量将核外另一电子打出，脱离原子变为二次电子，这种二次电子叫做俄歇电子。因每一种原子都有自己特定的壳层能量，所以它们的俄歇电子能量也各有特征值，能量在50～1500eV范围内。俄歇电子是由试样表面极有限的几个原子层中发出的，这说明俄歇电子信号适用于表层化学成分分析。

## 10.5.2 扫描电子显微镜的基本原理和结构

图10-22为扫描电子显微镜的原理结构示意图。由三极电子枪发出的电子束经栅极静电聚焦后成为直径为50mm的电光源。在2～30kV的加速电压下，经过2～3个电磁透镜所组成的电子光学系统，电子束会聚成孔径角较小、束斑为5～10mm的电子束，并在试样表面聚焦。末极透镜上边装有扫描线圈，在它的作用下，电子束在试样表面扫描。高能电子束与样品物质相互作用产生二次电子、背反射电子、X射线等信号。这些信号分别被不同的接收器接收，经放大后用来调制荧光屏的亮度。由于经过扫描线圈上的电流与显像管相应偏转线圈上的电流同步，因此，试样表面任意点发射的信号与显像管荧光屏上相应的亮点一一对应；也就是说，电子束打到试样上一点时，在荧光屏上就有一亮点与之对应，其亮度与激发后的电子能量成正比，换言之，扫描电镜是采用逐点成像的图像分解法进行的。光点成像的顺序是从左上方开始到右下方，直到最后一行右下方的像元扫描完毕

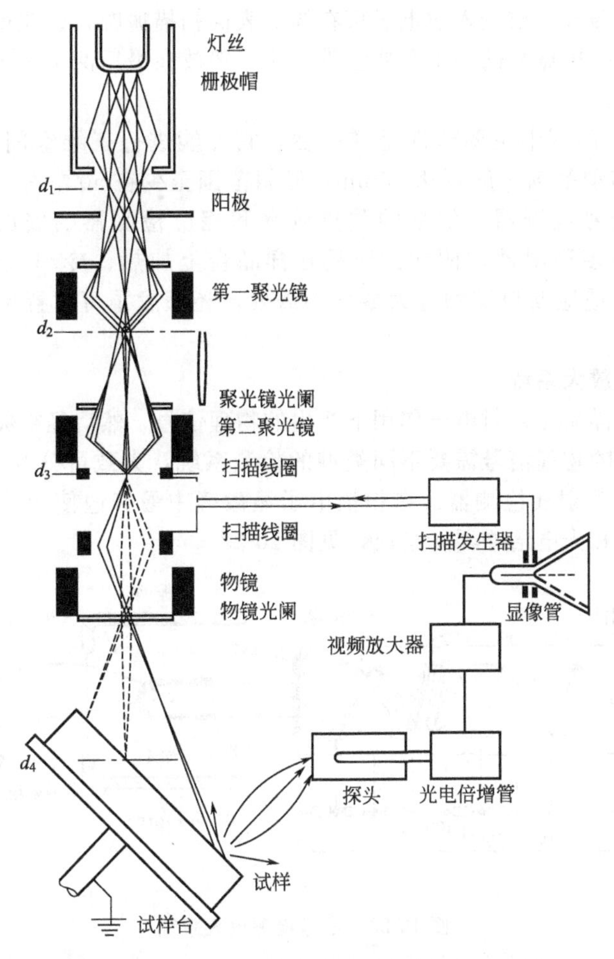


图 10-22 扫描电子显微镜的原理和结构示意图

就算完成一帧图像，这种扫描方式叫做光栅扫描。扫描电镜与透射电子显微镜的构造相似，也是由电子光学系统、信号收集及显示系统、真空系统及电源系统组成。

**(1) 电子光学系统**

电子光学系统由电子枪、电磁透镜、扫描线圈和样品室等部件组成；其作用是用来获得扫描电子束，作为产生物理信号的激发源。为了获得较高的信号强度和图像分辨率，扫描电子束应具有较高的亮度和尽可能小的束斑直径。

① 电子枪　其作用是利用阴极与阳极灯丝间的高压产生高能量的电子束，目前大多数扫描电镜采用热阴极电子枪。其优点是灯丝价格较便宜，对真空度要求不高；缺点是钨丝热电子发射效率低，发射源直径较大，即使经过二级或三级聚光镜，在样品表面上的电子束斑直径也在 5～7nm，因此仪器分辨率受到限制。现在，高等级扫描电镜采用六硼化镧（$LaB_6$）或场发射电子枪，使二次电子像的分辨率达到 2nm。但这种电子枪要求很高的真空度。

② 电磁透镜　其作用主要是把电子枪的束斑逐渐缩小，使原来直径约为 50mm 的束斑缩小成一个只有几个纳米的细小束斑。其工作原理与透射电镜中的电磁透镜相同。扫描电镜一般有三个聚光镜：前两个透镜是强透镜，用来缩小电子束光斑尺寸；第三个聚光镜是弱透镜，具有较长的焦距，在该透镜下方放置样品可避免磁场对二次电子轨迹的干扰。

③ 扫描线圈　其作用是提供入射电子束在样品表面上以及阴极射线管内电子束在荧

光屏上的同步扫描信号。改变入射电子束在样品表面扫描振幅，以获得所需放大倍率的扫描像。扫描线圈是扫描点晶的一个重要组件，它一般放在最后两个透镜之间，也有的放在末级透镜的空间内。

④ 样品室　样品室中主要部件是样品台，它除能进行三维空间的移动，还能倾斜和转动。样品台移动范围一般可达 40mm，倾斜范围至少在 50°左右，转动 360°。样品室中还要安置各种型号检测器。信号的收集效率和相应检测器的安放位置有很大关系。样品台还可以带有多种附件，例如：样品在样品台上加热、冷却或拉伸，可进行动态观察。近年来，为适应断口实物等大零件的需要，还开发了可放置尺寸在 $\phi$125mm 以上的大样品台。

**(2) 信号检测放大系统**

其作用是检测样品在入射电子作用下产生的物理信号，然后经视频放大作为显像系统的调制信号。不同的物理信号需要不同类型的检测系统，大致可分为三类：电子检测器、应急荧光检测器和 X 射线检测器。在扫描电子显微镜中最普遍使用的是电子检测器，它由闪烁体、光导管和光电倍增器所组成，见图 10-23。

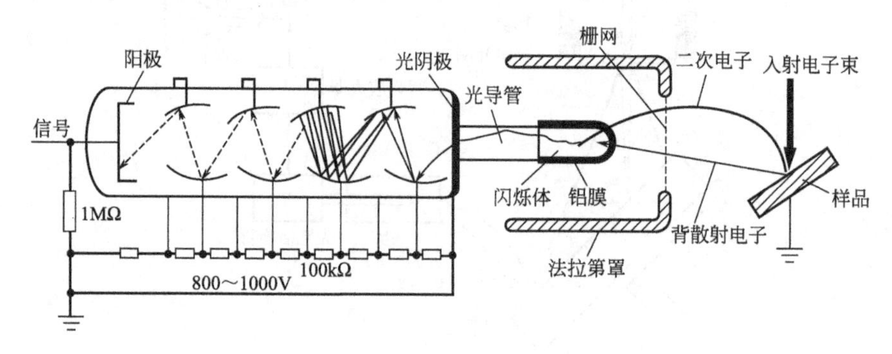


图 10-23　信号检测放大系统

当信号电子进入闪烁体时将引起电离；当离子与自由电子复合时产生可见光。光子沿着没有吸收的光导管传送到光电倍增器进行放大并转变成电流信号输出，电流信号经视频放大器放大后就成为调制信号。这种检测系统的特点是在很宽的信号范围内具有正比于原始信号的输出，具有很宽的频带（10Hz～1MHz）和很高的增益（$10^5$～$10^6$），而且噪声很小。由于镜筒中的电子束和显像管中的电子束是同步扫描，荧光屏上的亮度是根据样品上被激发出来的信号强度来调制的，而由检测器接收的信号强度随样品表面状况不同而变化，那么由信号监测系统输出的反映样品表面状态的调制信号在图像显示和记录系统中就转换成一幅与样品表面特征一致的、放大的扫描像。

**(3) 真空系统和电源系统**

真空系统的作用是为保证电子光学系统正常工作，防止样品污染，提供高真空度，一般情况下要求保持 $10^{-5}$～$10^{-4}$mmHg 的真空度。电源系统由稳压、稳流及相应的安全保护电路所组成，其作用是提供扫描电镜各部分所需的电源。

## 10.5.3　扫描电子显微镜的几种电子像分析

**(1) 扫描电子显微镜的主要性能**

① 放大倍数　当入射电子束作光栅扫描时，若电子束在样品表面扫描的幅度为 $A_s$，在荧光屏阴极射线同步扫描的幅度为 $A_c$，则扫描电镜的放大倍数为 $M=A_c/A_s$。

由于扫描电镜的荧光屏尺寸是固定不变的，因此，放大倍率的变化是通过改变电子束在试样表面的扫描幅度来实现的。荧光屏的宽度 $A_s=100$mm，当 $A_s=5$mm 时，放大倍数为 20 倍；如果减少扫描线圈的电流，电子束在试样上的扫描幅度为 $A_c=0.05$mm，放大倍数可达 2000 倍。可见改变扫描电镜的放大倍数十分方便。目前商品化的扫描电镜放大倍数可以从 20 倍调节到 20 万倍左右。

② 分辨率　分辨率是扫描电镜的主要性能指标。对微区成分分析而言，它是指所能分析的最小区域；对成像而言，它是指所能分辨的两点之间的最小距离。分辨率大小由入射电子束直径和调制信号类型共同决定。电子束直径越小，分辨率越高。但由于用于成像的物理信号不同，例如二次电子和背反射电子，在样品表面的发射范围也不相同，从而影响其分辨率。一般二次电子像的分辨率约为 5～10nm，背反射电子像的分辨率约为 50～200nm。X 射线也可以用来调制成像，但其深度和广度都远较背反射电子的发射范围大，所以 X 射线图像的分辨率远低于二次电子像和背反射电子像。

③ 景深　指一个透镜对高低不平的试样各部位能同时聚焦成像的一个能力范围。与透射电镜景深分析一样，扫描电镜的景深也可表达为 $D_f \gg 2\Delta r_0/\alpha$，式中的 $\alpha$ 为电子束孔径角。可见，电子束孔径角是决定扫描电镜景深的主要因素，它取决于末级透镜的光栅直径和工作距离。

扫描电镜的末级透镜采用小孔径角、长焦距，所以可以获得很大的景深，它比一般光学显微镜景深大 100～500 倍，比透射电镜的景深大 10 倍。由于景深大，扫描电镜图像的立体感强，形态逼真。对于表面粗糙的端口试样来讲，光学显微镜因景深小而无能为力，透射电镜对样品要求苛刻，即使用复型样品也难免出现假像，且景深也较扫描电镜为小；因此用扫描电镜观察分析断口试样具有其他分析仪器无法比拟的优点。

**(2) 扫描电子显微镜的几种电子像分析**

具有高能量的入射电子束与固体样品的原子核及核外电子发生作用后，可产生多种物理信号：二次电子、背射电子、吸收电子、俄歇电子、特征 X 射线，其中是最主要的成像信号。下面分别介绍利用这些物理信号进行电子成像的问题。

① 二次电子像/二次电子信号主要用于样品表面形貌分析

a. 二次电子产额。由于二次电子信号主要来自样品表层 5～10nm 深度范围，大于 10mm 时，虽然入射电子也能使核外电子脱离原子成为自由电子，但因其能量较低以及平均自由程较短，不能逸出样品表面，最终只能被样品吸收。因此，只有当其具有足够的能量克服材料表面的势垒才能使二次电子从样品中发射出来。

入射电子能量 $E$ 较低时，随束能增加二次电子产额 $\delta$ 增加，而在高束能区，$\delta$ 随 $E$ 增加而逐渐降低。这是因为当电子能量开始增加时，激发出来的二次电子数量自然要增加；同时，电子进入到试样内部的深度增加，深部区域产生的低能二次电子在像表面运动过程中被吸收。由于这两种因素的影响入射电子能量与 $\delta$ 之间的曲线上出现极大值，这就是说，在低能区，电子能量的增加主要提供更多的二次电子激发，高能区主要是增加入射电子的穿透深度。对于金属材料，$E_{max}=100\sim800$eV，$\delta_{max}=0.35\sim1.6$，而绝缘体的 $E_{max}=300\sim2000$eV，$\delta_{max}=1\sim10$。

除了与入射能量有关外，$\delta$ 还与二次电子束与试样表面法向夹角有关，三者之间满足以下关系：$\delta \propto 1/\cos\theta$。入射电子束与试样夹角越大，二次电子产额也越大。首先，随 $\theta$ 角的增加入射电子束在样品表层范围内运动的总轨迹增长，引起价电子电离的机会增多，产生二次电子数量就增加；其次，是随着 $\theta$ 角增大，入射电子束作用体积更靠近表面层，作用体积内产生的大量自由电子离开表层的机会增多，从而二次电子的产额增大。

b. 二次电子像衬度。电子像的明暗程度取决于电子束的强弱，当两个区域中的电子强度不同时将出现图像的明暗差异，这种差异就是衬度。影响二次电子像衬度的因素较多：表面凹凸引起的形貌衬度（质量衬度）；原子序数差别引起的成分衬度；电位差引起的电压衬度。由于二次电子对原子序数的变化不敏感，均匀性材料的电位差别不大，在此主要讨论形貌衬度。

在扫描电镜中，二次电子检测器一般装在与入射电子束轴线垂直的方向上。如将一待测平面样品逐渐倾斜，使其法线方向与入射电子束之间的夹角从零逐渐增大，见图10-24，在右边的二次电子检测器连续地测量样品在不同倾斜情况下发射的电子信号。结果正如 $\delta \propto 1/\cos\theta$ 所示，对给定的入射电子束强度，二次电子信号强度随样品倾斜角增大而增大。根据这一原理可知，因为实际样品的表面并非光滑，对于同一入射电子束，与不同部位的法线夹角是不同的，这样就会产生二次电子强度的差异。

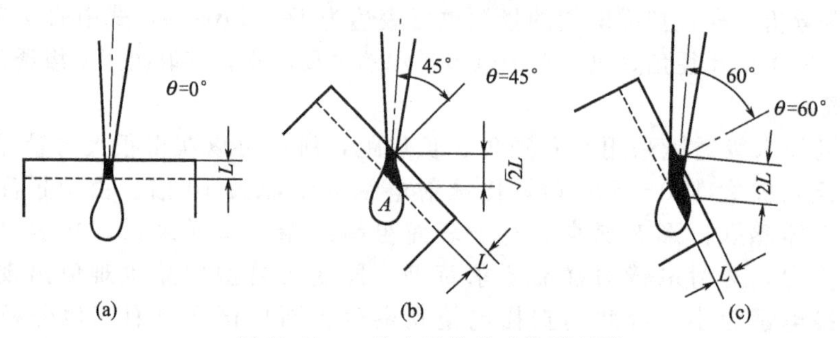


图 10-24　二次电子信号成像原理图

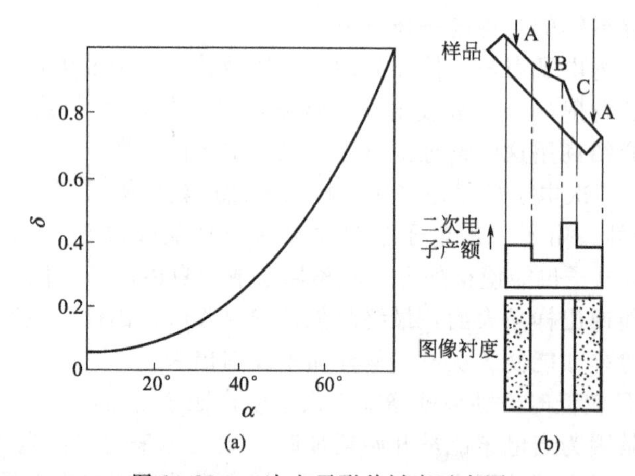


图 10-25　二次电子形貌衬度示意图

图 10-25 为根据二次电子成像原理画出的造成二次电子形貌衬度与样品倾斜角度关系的示意图。样品由三个小刻面组成，其中 $\theta_C > \theta_A > \theta_B$。按照以上规则，会有 $\delta_C > \delta_A > \delta_B$，结果在荧光屏上可以看到：C 小刻面的像比 A 和 B 都亮，B 刻面最暗。

此外，由于二次电子探测器的位置固定，样品表面不同部位相对于探测器的方位角不同，从而被检测到的二次电子信号强弱不同。例如，在样品上一个小山峰的两侧，背向检测器一侧区域所发射的二次电子有可能达不到检测器，从而就可能成为阴影。为了解决这个问题，在电子检测器上加一正偏压（200～500V），吸引低能二次电子，使背向检测器的那些区域产生的二次电子仍有相当一部分可以通过弯曲轨迹到达检测器，从而可减小阴影对形貌显示的不利影响，见图 10-26。

当样品中存在凸起小颗粒或尖角时，对二次电子像衬度也会有很大影响，其原因是，在这些部位电子离开表层的机会增多，即在电子束作用下产生比其余部位高得多的二次电子信号强度，所以在扫描像上可以有异常亮的衬度。实际样品表面形貌要比上面所列举的情况要复杂得多，但不外乎是由具有不同倾斜角的大小刻面、曲面、尖棱、粒子、沟槽等组成。掌握了二次电子形貌衬度基本原理，在根据有关专业知识，就不难理解复杂形貌的扫描图像特征了，见图 10-27。

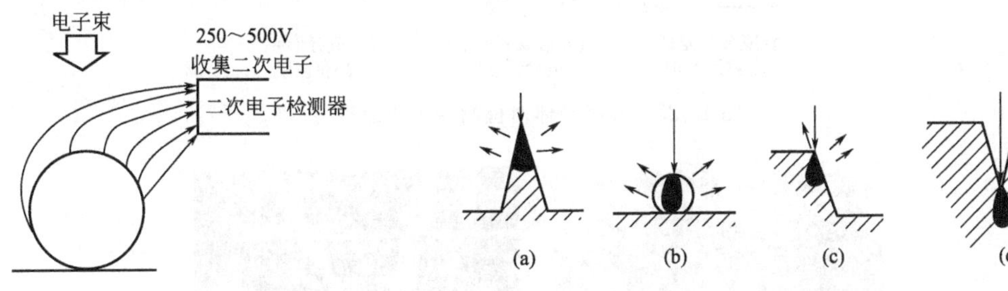


图 10-26　二次电子的运动路线

图 10-27　样品形貌对入射电子束激发区域的影响

② 背射电子像　背射电子信号既可以用来显示形貌衬度，也可以用来显示成分衬度。

a. 形貌衬度。用背反射信号进行形貌分析时，其分辨率远比二次电子低。因为背反射电子是来自一个较大的作用体积。此外，背反射电子能量较高，它们以直线轨迹逸出样品表面，对于背向检测器的样品表面，因检测器无法收集到背反射电子而变成一片阴影，因此在图像上会显示出较强的衬度，而掩盖了许多有用的细节。

b. 成分衬度。成分衬度也成为原子序数衬度，背反射电子信号随原子序数 $Z$ 的变化比二次电子的变化显著得多，因此图像应有较好的成分衬度。样品中原子序数较高的区域中由于收集到的电子数量较多，故荧光屏上的图像较亮。因此，利用原子序数造成的衬度变化可以对各种合金进行定性分析。样品中重元素区域在图像上是亮区，而轻元素在图像上是暗区。由于背反射电子离开样品表面后沿着直线运动，检测到的背反射电子信号强度要比二次电子低得多，所以粗糙表面的原子序数衬度往往被形貌衬度所掩盖。为了避免形貌衬度对原子衬度的干扰，被分析的样品只需抛光而不必进行腐蚀。

对有些既要进行形貌观察又要进行成分分析的样品，可采用一种新型的背散射电子检测器，见图 10-28。它由一对硅半导体组成，以对称于入射束的方位装在样品上方。将左右两个检测器各自得到的电信号进行电路上的加减处理，便能得到单一信息。对于原子序数信息来说，进入左右两个检测器的信号，其大小和极性相同，而对于形貌信息，两个检测器得到的信号绝对相同，而其极性恰恰相反。根据这种关系，如果将两个检测器得到的信号相加，便能得到反映样品原子序数的信息；如果相减便能得到形貌信息。

③ 吸收电子像　吸收电子也是对样品中原子序数敏感的一种物理信号。由入射电子束于样品的相互作用可知：$i_I=i_B+i_A+i_T+i_S$。式中，$i_I$ 是入射电子流；$i_B$、$i_T$ 和 $i_S$ 分别代表背散射电子、透射电子以及二次电子的电流，而 $i_A$ 为吸收电子电流。对于样品厚度足够大时，入射电子不能穿透样品，所以透射电子电流为零，这时的入射电子电流可表示为：$i_I=i_B+i_A+i_S$。由于二次电子信号与原子序数（$Z>20$ 时）无关（可设 $i_S=C$），

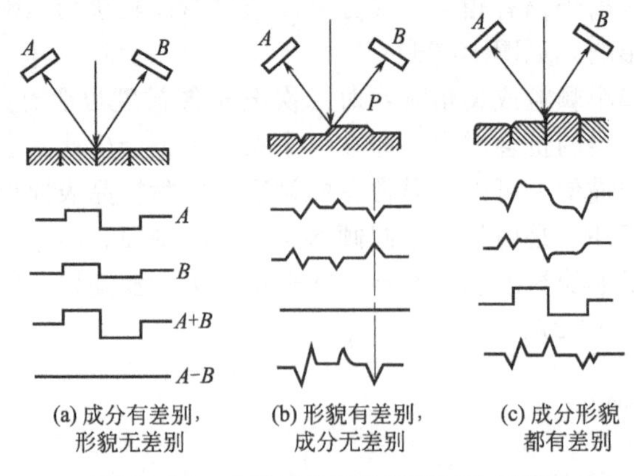


图 10-28 硅半导体对检测器工作原理

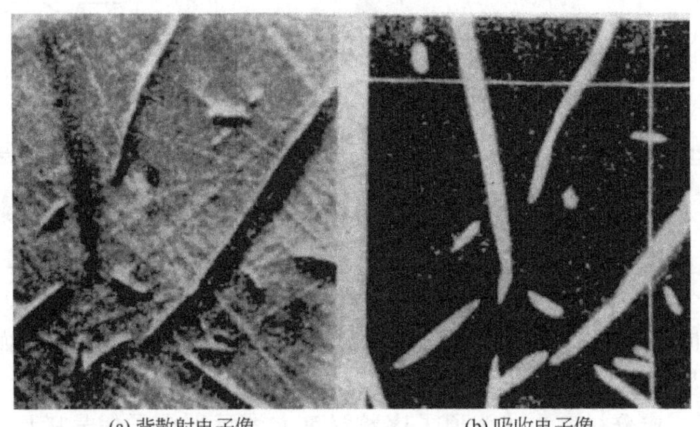

(a) 背散射电子像 (b) 吸收电子像

图 10-29 奥氏体铸铁的显微组织

则吸收电子电流为：$i_A=(i_I-C)-i_B$。在一定条件下，入射电子束电流是一定的，所以吸收电流与背散射电流存在互补关系。

在图 10-29 可以看出，在背散射电子像上的石墨条呈现暗的衬度，而在吸收电子像上呈现亮的衬度。

### 10.5.4 扫描显微镜在金属材料研究中的应用

光学显微镜由于受分辨率的限制，其有效放大倍率只有 1000 倍左右，无法分辨常见材料金相组织中的某些细节，如贝氏体中的碳化物及回火时所析出的碳化物，铝合金有效析出的化合物相等。利用扫描电镜观察金相组织具有下述特点：扫描电镜具有比光学显微镜高的多的分辨率和放大倍数，因而材料中的许多组织细节可以清楚地观察到；利用二次形貌相的衬度效应，对于许多结构材料，特别是某些共晶合金，采用深腐蚀的办法，在扫描电镜下能够形成三维立体形态。

**(1) 钢铁组织形态观察**

图 10-30 (a) 为一碳钢在退火状态下得到的珠光体的二次电子像。珠光体是由铁素体和渗碳体组成的混合组织，铁素体被硝酸酒精溶液腐蚀后，二次电子产额少，在荧光屏上就显得比较暗；片状的渗碳体腐蚀后突出在铁素体上面，产生的二次电子多，故显得比较亮。图 10-30 (b) 为用 2%硝酸酒精腐蚀后的铸铁组织的二次电子像。粗大的黑色相为一

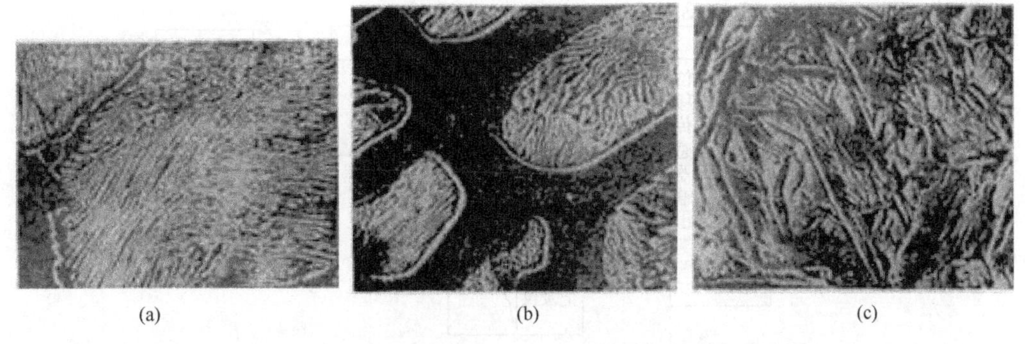

图 10-30　碳钢在退火状态下得到的珠光体的二次电子像

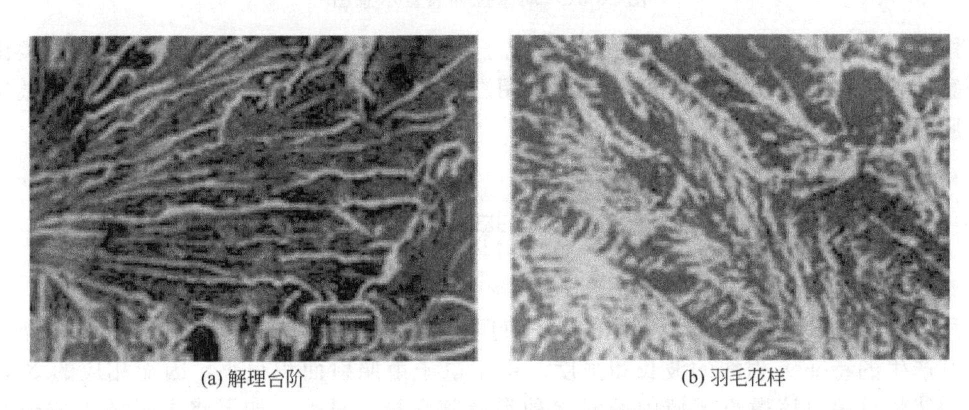

图 10-31　材料断口形貌的扫描电镜图像

次碳化物，细层片为珠光体中的渗碳体，珠光体中的铁素体已被腐蚀。图 10-30（c）为含碳钢高温淬火后得到的马氏体组织的二次电子像，钢中马氏体板条和马氏体片针都能清晰地分辨出来。

**(2) 金属材料断口分析**

解理断口是材料在拉引力作用下沿一定晶面发生的破坏。金属中的解理面通常是一簇相互平行的位于不同高度的晶面，由此形成“解理台阶”。“解理台阶”是解理断口的重要特征之一，由于“解理台阶”边缘形状尖锐，激发产生的二次电子数量较多，这些区域在扫描电镜下就会出现异常的亮区［图 10-31（a）］。解理断口还有羽毛花样和鱼骨状花样，如图 10-31（b）所示。

**(3) 断裂过程的动态研究**

利用扫描电镜的拉伸装置对材料的形变和断裂过程进行原位动态观察，可以直接看到裂纹的萌生和扩展，明确材料显微组织对断裂过程的影响，图 10-32 为动态拉伸装置示意图。加载速度可用手动或步进马达控制，试样上所受载荷大小由半导体压力传感器输出的直流电压信号显示，用 X-Y 记录仪绘出试样的载荷-位移曲线。目前扫描电镜拉伸装置的额定载荷有 20kg、50kg 和 200kg 等几种。

**(4) 样品制备**

扫描电镜的最大优点是样品制备方法简单，对金属和陶瓷等块状样品，只需将它们切割成大小合适的尺寸，用导电胶将其粘接在电镜的样品座上即可直接进行观察。为防止假象的存在，在放试样前应先将试样用丙酮或酒精等进行清洗，必要时用超声波振荡器清洗，或进行表面抛光。对于非导电样品如塑料、矿物等，在电子束作用下会产生电荷堆

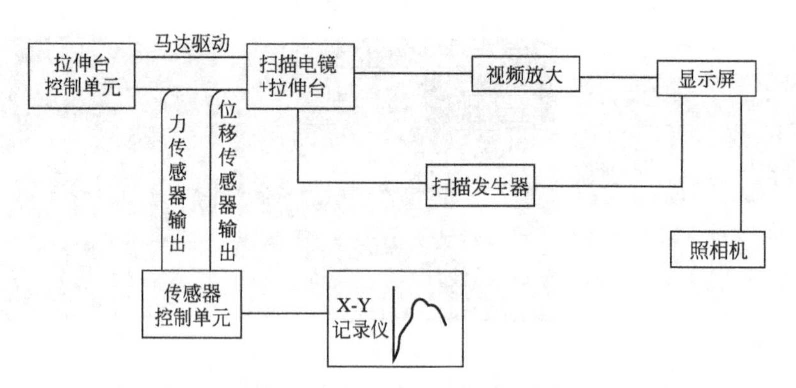


图 10-32 动态拉伸装置示意图

积，影响入射电子束斑和样品发射的二次电子运动轨迹，使图像质量下降。因此这类试样在观察前要喷镀导电层进行处理，通常采用二次电子发射系数较高的金银或碳膜做导电层，膜厚控制在 20nm 左右。

## 10.6 电子探针显微分析

所谓电子探针是指用聚焦很细的电子束照射要检测的样品表面，用 X 射线分光谱仪测量其产生的特征 X 射线的波长和强度。由于电子束照射面积很小，因而相应的 X 射线特征谱线将反映出该微小区域内的元素种类及其含量。显然，如果将电子放大成像与 X 射线衍射分析结合起来，就能将所测微区的形状和物相分析对应起来（微区成分分析），这是电子探针的最大优点。

### 10.6.1 电子探针的分析原理及构造

**(1) 分析原理**

由莫塞莱定律可知，各种元素的特征 X 射线都具有各自确定的波长，并满足以下关系：

$$\lambda=\frac{K}{(Z-\sigma)^2} \tag{10-16}$$

通过探测这些不同波长的 X 射线来确定样品中所含有的元素，这就是电子探针定性分析的依据。而将被测样品与标准样品中元素 Y 的衍射强度进行对比，即：

$$\frac{I_y}{I_0}=\frac{C_y}{C_0}=K_y \tag{10-17}$$

据此公式就能进行电子探针的定量分析。当然利用电子束激发的 X 射线进行元素分析，其前提是入射电子束的能量必须大于某元素原子的内层电子临界电离激发能。

**(2) 扫描电镜构造**

电子探针主要由电子光学系统（镜筒），X 射线谱仪和信息记录显示系统组成。电子探针和扫描电镜在电子光学系统的构造基本相同，它们常常组合成单一的仪器，见图 10-33。

① 电子光学系统　该系统为电子探针分析提供具有足够高的入射能量，足够大的束流和在样品表面轰击处束斑直径尽可能小的电子束，作为 X 射线的激发源。为此，一般

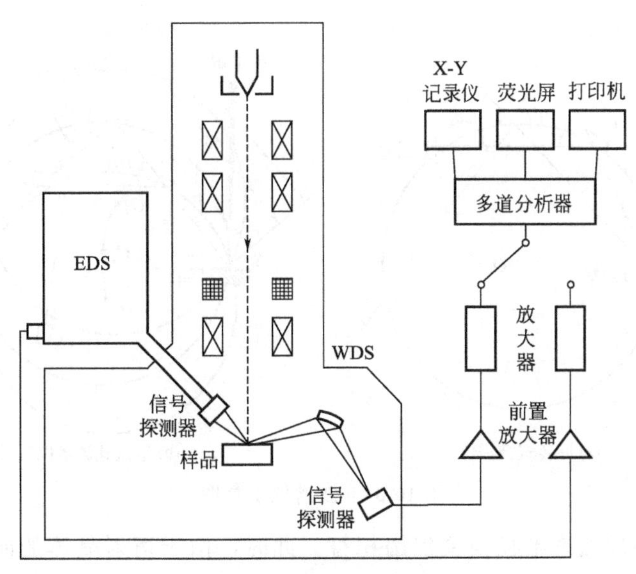


图 10-33　电子探针示意图

也采用钨丝热发射电子枪和 2～3 个聚光镜的结构。为了提高 X 射线的信号强度，电子探针必须采用较扫描电镜更高的入射电子束流（在 $10^{-9}$～$10^{-7}$A 范围），常用的加速电压为 10～30kV，束斑直径约为 0.5μm。

电子探针在镜筒部分与扫描电镜明显不同之处是由光学显微镜。它的作用是选择和确定分析点。其方法是，先利用能发出荧光的材料（如 $ZrO_2$）置于电子束轰击下，这时就能观察到电子束轰击点的位置，通过样品移动装置把它调到光学显微镜目镜十字线交叉点上，这样就能保证电子束正好轰击在分析点上，同时也保证了分析点处于 X 射线分光谱仪的正确位置上。在电子探针上大多使用的光学显微镜是同轴反射式物镜，其优点是光学观察和 X 射线分析可同时进行。放大倍数为 100～500 倍。

② X 射线谱仪　电子束轰击样品表面将产生特征 X 射线，不同的元素有不同的 X 射线特征波长和能量。通过鉴别其特征波长或特征能量，就可以确定所分析的元素。利用特征波长来确定元素的仪器叫做波长色散谱仪（波谱仪），利用特征能量的就称为能量色散谱仪（能谱仪）。

a. 波谱仪。晶面间距为 $d$ 的特定晶体（我们称为分光晶体），当不同特征波长 $\lambda$ 的 X 射线照射其上时，如果满足布拉格条件（$2d\sin\theta=\lambda$）将产生衍射。显然，对于任意一个给定的入射角 $\theta$，仅有一个确定的波长 $\lambda$ 满足衍射条件。这样我们可以事先建立一系列 $\theta$ 角与相应元素的对应关系，当某个由电子束激发的 X 特征射线照射到分光晶体上时，我们可在与入射方向交成 $2\theta$ 角的相应方向上接收到该波长的 X 射线信号，同时也就测出了对应的化学元素。只要令探测器连续进行 $2\theta$ 角的扫描，即可在整个元素范围内实现连续测量。参见图 10-34。

平面分光晶体虽然可将各种不同波长的 X 射线分光展开，但由于只有一点产生的 X 衍射线强度很低，探测器接收到的信号将很弱。为此最好采用 X 射线聚焦的办法，即将多点衍射线汇聚起来以增大强度。由于 X 射线无法通过透镜聚焦，故只能采用弯曲晶体聚焦的办法来实现。弯曲晶体的聚焦条件要求 X 射线源（样品表面被分析点）、分光晶体和 X 射线探测器三者处于同一圆周上（聚焦圆）。晶体被弯曲到其衍射晶面的曲率半径

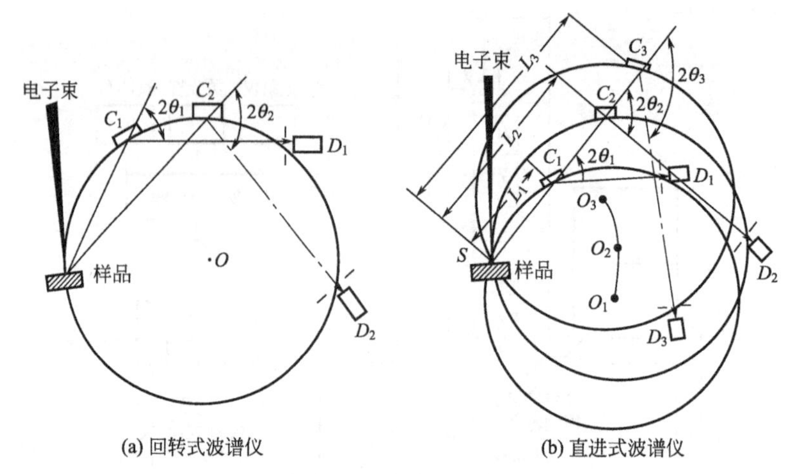


(a) 回转式波谱仪　　(b) 直进式波谱仪

图 10-34　波谱仪示意图

$2R$，并将表面研磨成曲率半径与聚焦圆相符。此时，由于衍射晶体的曲率中心总是位于聚焦圆的圆周上（如 $M$ 点），由 $S$ 点光源发射出、呈发散状态的复合布拉格条件的同一波长的 X 射线，经 $C$ 处的分光晶体反射后聚焦于 $D$ 点。如果将检测器的接收窗口狭缝放在 $D$ 点，即可接收到全部晶体表面强烈衍射的单一波长 X 射线。表 10-3 列出波谱仪常用的分光晶体的基本参数和可测范围。

**表 10-3　波谱仪常用的分光晶体的基本参数和可测范围**

| 常用晶体 | 供衍射用的晶面 | $2d$/nm | 适用波长 $\lambda$/nm |
|---|---|---|---|
| LiF | (200) | 0.40267 | 0.08～0.38 |
| $SiO_2$ | $(10\bar{1}1)$ | 0.66862 | 0.11～0.63 |
| PET | (002) | 0.874 | 0.14～0.83 |
| RAP | (001) | 2.6121 | 0.2～1.83 |
| KAP | $(10\bar{1}0)$ | 2.6632 | 0.45～2.54 |
| TAP | $(10\bar{1}0)$ | 2.59 | 0.61～1.83 |
| 硬脂酸铅 | — | 10.08 | 1.7～9.4 |

由分光晶体所分散的单一波长 X 射线被 X 射线检测器接受，常用的检测器一般是正比计数器。当某一 X 射线光子进入计数管后，管内气体电离，并在电场作用下产生电脉冲信号。图 10-35 显示了电子探针中 X 射线记录和显示装置方框图。可以看出，从计数器输出的电信号要经过前置放大器和主放大器，放大成 0～10V 左右的电压脉冲信号，这个

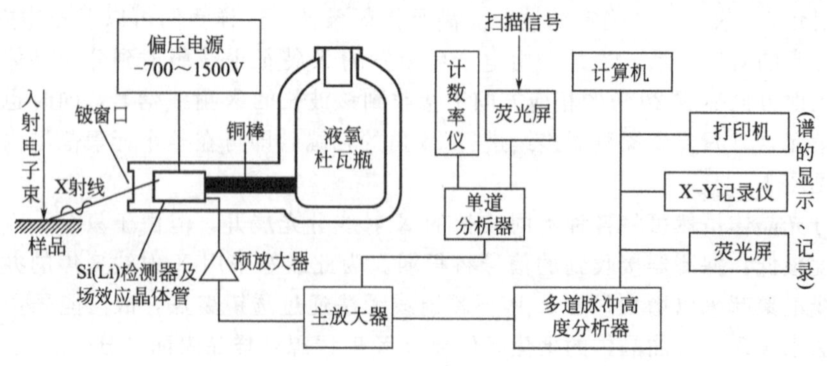


图 10-35　能谱仪的示意图

信号再送到脉冲高度分析器。

b. 能谱仪。来自样品的 X 光子通过铍窗口进入锂漂移硅固态检测器。每个 X 光子能量被硅晶体吸收将在晶体内产生电子空穴对。不同能量的 X 光子将产生不同的电子空穴对数。例如：Fe 的 $K_\alpha$ 辐射可产生 1685 个电子空穴对，而 Cu 为 2110 个。知道电子空穴对数就可以求出相应的电荷量以及在固定电容（1pF）上的电压脉冲。

例如，对 Fe 的 $K_\alpha$ 来说，$V=0.27\text{mV}$，对 Cu 的 $K_\alpha$ 辐射，$V=0.34\text{mV}$。可见，锂漂移硅固态检测器的作用是将 X 射线转换成电信号，产生电脉冲。这个很小的电压脉冲通过高信噪比的场效应管前置放大器和主放大器的两次放大，产生足够强度的电压脉冲。放大后的信号被送入多道脉冲高度分析器。

多道脉冲高度分析器中的数模转换器首先把脉冲信号转换成数字信号，建立起电压脉冲幅值与道址的对应关系（道址号与 X 光子能量间存在对应关系）。常用的 X 光子能量范围在 0.2～20.48keV，如果总道址数为 1024，那么每个道址对应的能量范围是 20eV。X 光子能量低的对应道址号小，能量高的对应道址号大。根据不同道址上记录的 X 光子的数目，就可以确定各种元素的 X 射线强度。它是作为测量样品中各元素相对含量的信息。然后，在 X-Y 记录仪或阴极射线管上把脉冲数与脉冲高度曲线显示出来，这就是 X 光子的能谱曲线。

c. 波谱仪与能谱仪都可以对样品中元素进行分析，但它们的性能有所不同。

ⓐ 能谱仪中锂漂移硅探测器对 X 射线发射源所张的立体角显著大于波谱仪，所以前者可以接收到更多的 X 射线；其次，波谱仪因分光晶体衍射而造成部分 X 射线强度损失，因此能谱仪的检测效率较高。

ⓑ 能谱仪因检测效率高可在较小的电子束流下工作，使束斑直径减小，空间分析能力提高。目前，在分析电镜中的微束操作方式下能谱仪分析的最小微区已经达到毫微米的数量级，而波谱仪的空间分辨率仅处于微米数量级。

ⓒ 能谱仪的最佳能量分辨本领为 149eV，波谱仪的能量分辨本领为 0.5nm，相当于 5～10eV，可见波谱仪的分辨本领比能谱仪高一个数量级。

ⓓ 能谱仪可在同一时间内对分析点内的所有 X 射线光子的能量进行检测和计数，仅需几分钟时间可得到全谱定性分析结果；而波谱仪只能逐个测定每一元素的特征波长，一次全分析往往需要几个小时。

ⓔ 波谱仪可以测量铍（Be）～铀（U）之间的所有元素，而能谱仪中 Si（Li）检测器的铍窗口吸收超轻元素的 X 射线，只能分析钠（Na）以上的元素。

ⓕ 能谱仪结构简单，没有机械传动部分，数据的稳定性和重现性较好；但波谱仪的定量分析误差（1%～5%）远小于能谱仪的定量分析误差（2%～10%）。

ⓖ 波谱仪在检测时要求样品表面平整，以满足聚焦条件；能谱仪对样品表面没有特殊要求，适合于粗糙表面的成分分析。

根据上述分析，能谱仪和波谱仪各有特点，彼此不能取代。近年来，常将二者与扫描电镜结合为一体，在一台仪器上实现快速地进行材料组织结构成分等资料的分析。

### 10.6.2　电子探针分析方法

利用电子探针分析方法，可以探知材料样品的化学组成以及各元素的质量百分数。分析前要根据试验目的制备样品，样品表面要清洁。用波谱仪分析样品时要求样品平整，否则会降低测得的 X 射线强度。

**(1) 定性分析**

① 点分析 定点定性分析是对试样某一选定点（区域）进行定性成分分析，以确定该点区域内存在的元素。其原理如下：用光学显微镜或在荧光屏显示的图像上选定需要分析的点，使聚焦电子束照射在该点上，激发试样元素的特征 X 射线。利用特征 X 射线的波长来判定试样的元素。用谱仪探测并显示 X 射线谱，并根据谱线峰值位置的波长或能量确定分析点区域的试样中存在的元素。当采用能谱仪时，能谱谱线的鉴别可以用以下两种方法：根据经验及谱线所在的能量位量估计某一个峰或某几个峰是某元素的特征 X 射线峰，让能谱仪在荧光屏上显示该元素特征 X 射线标志线来核对；当无法估计可能是什么元素时，根据谱峰所在位置的能量查找元素各系谱线的能量卡片或能量图来确定是什么元素。

② 线分析 用于测定某种元素沿给定直线分布的情况。方法是将 X 射线谱仪（波谱仪或能谱仪）固定在所要测量的某元素特征 X 射线信号（波长或能量）的位置上，把电子束沿着指定的方向做直线轨迹扫描，便可得到该元素沿直线特征 X 射线强度的变化，从而反映了该元素沿直线的浓度分布情况。改变谱仪的位置，便可得到另一元素的 X 射线强度分布。图 10-36 为 50CrNiMo 钢中夹杂 $Al_2O_3$ 的线分析像。可见，在 $Al_2O_3$ 夹杂存在的地方，Al 的 X 射线峰较强。

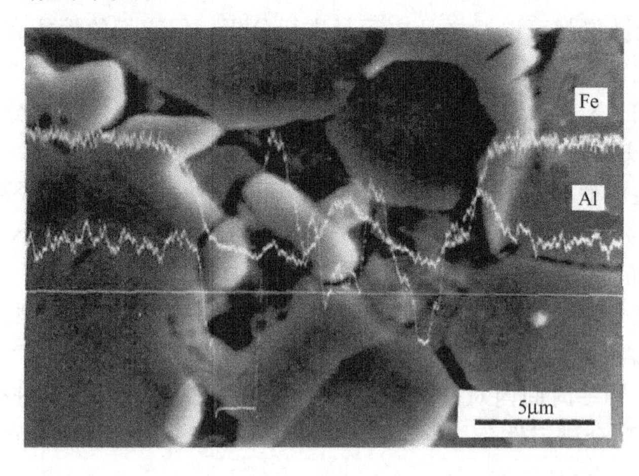


图 10-36 线分析

③ 面分析 用于测定某种元素的面分布情况。方法是将 X 射线谱仪固定在所要测量的某元素特征 X 射线信号的位置上，电子束在样品表面做光栅扫描，此时在荧光屏上便可看到该元素的面分布图像。显像管的亮度由试样给出的 X 射线强度调制。在一幅 X 射线扫描像中，亮区代表元素含量高，灰区代表元素含量较低，黑色区域代表元素含量很低或不存在。图 10-37 中的亮区表示这种元素的含量较高。

**(2) 定量分析**

定量分析时，先测得试样中 Y 元素的特征 X 射线强度 $I_Y$，再在同一条件下测出已知纯元素 Y 的标准试样特征 X 射线强度 $I_O$。然后两者分别扣除背底和计数器死时间对所测值的影响，得到相应的强度值 $I_Y$ 和 $I_O$，两者相除得到 X 射线强度之比 $K_Y=I_Y/I_O$。直接将测得的强度比 $K_Y$ 当作试样中元素 Y 的质量浓度，其结果还有很大误差，通常还需进行三种效应的修正：原子序数效应的修正；吸收效应修正；荧光效应修正。经过修正，误差可控制在±2%以内。

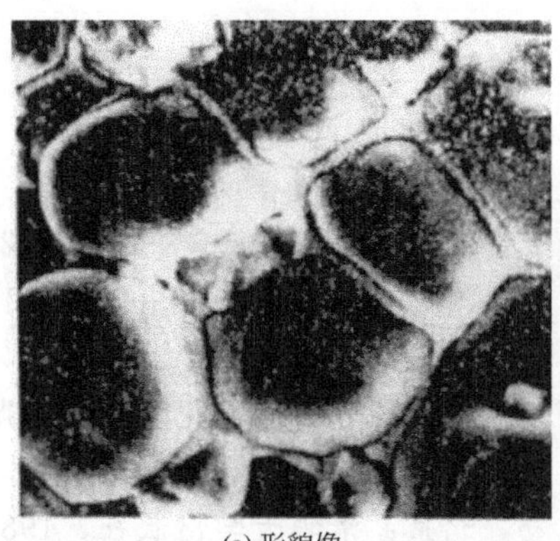
(a) 形貌像

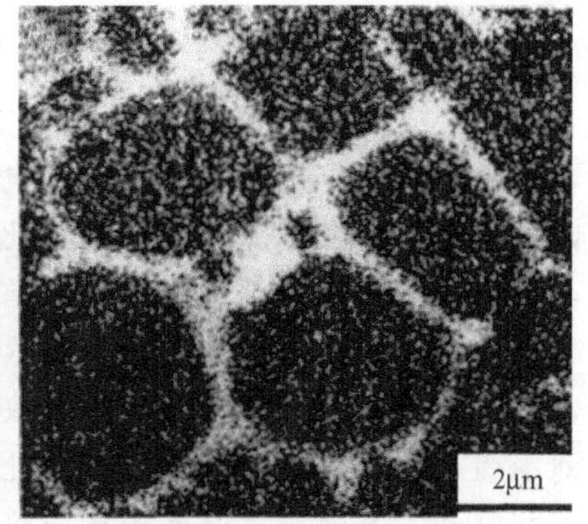

(b) Bi元素的X射线面分布像

图 10-37 ZnO-$Bi_2O_3$ 陶瓷试样烧结自然表面的形貌像

**(3) 应用**

① 测定合金中的相成分　合金中的析出相往往很小，有时几种相同时存在，因而用一般方法鉴别十分困难。例如：不锈钢在 11730 K 以上长期加热后析出很脆的 σ 相和 X 相，其外形相似，金相法难以区别。但用电子探针测定 Cr 和 Mo 的成分，可以从 Cr/Mo 的比值来区分 σ 相（Cr/Mo 为 2.63～4.34）和 X 相（Cr/Mo 为 1.66～2.15）。

② 测定夹杂物　大多数非金属夹杂物对性能起不良的影响。用电子探针和扫描电镜附件能很好地测出它们的成分、大小、形状和分布，为我们选择合理的生产工艺提供了依据。

③ 测定元素的偏析　晶界与晶内，树枝晶中的枝干和枝间，母材与焊缝常造成元素的富集或贫乏现象，这种偏析有时对材料的性能带来极大的危害，用电子探针通常很容易分析出各种元素偏析的情况。

④ 测定元素在氧化层中的分布　表面氧化时金属材料经常发生的现象。利用二次电子像和特征 X 射线扫描像，可把组织形貌和各种元素分布有机结合起来分析，也可用线分析方法，清楚地显示出元素从氧化层表面至内部基体的分布情况。如果把电子探针成分分析和 X 射线衍射像分析结合起来，这样能把氧化层中各种相的形貌和结构对应起来。而用透射电镜难于进行这方面的研究，因为氧化层场疏松难以制成金属薄膜。用类似方法还可测定元素在金属渗层中的分布，为工艺的选择和渗层组织的分析提供有益的信息。

# 参考文献


1 谭福年．常用传感器应用电路．成都：电子科技大学出版社，1996
2 王雪文，张志勇．传感器原理及应用．北京：北京航空航天大学出版社，2004
3 赵家贵，林克真．工程检测技术及模拟信号变换．北京：轻工业出版社，1989
4 赵负图．现代传感器集成电路．北京：人民邮电出版社，2000
5 张宝芬，张毅，曹丽．自动检测技术及仪表控制系统．北京：化学工业出版社，2000
6 张靖，刘少强．检测技术与系统设计．北京：中国电力出版社，2002
7 周培森，刘震涛，吴淑荣．自动检测与仪表．北京：清华大学出版社，1987
8 王家桢，王俊杰．传感器与变送器．北京：清华大学出版社，1996
9 李新光，张华，孙岩等．过程检测技术．北京：机械工业出版社，2004
10 侯国章．测试与传感技术．哈尔滨：哈尔滨工业大学出版社，1998
11 黄长艺，严普强．机械工程测试技术基础．北京：机械工业出版社，1997
12 杨思乾，李付国，张建国．材料加工工艺过程的检测与控制．西安：西北工业大学出版社，2006
13 曾光奇，胡均安，卢文祥．工程测试技术基础．武汉：华中科技大学出版社，2005
14 贾平民，张洪亭，周剑英．测试技术．北京：高等教育出版社，2001
15 孔德仁，朱蕴璞，狄长安．工程测试技术．北京：科学出版社，2004
16 周玉．材料分析方法．北京：机械工业出版社，2006
17 黄长艺，卢文祥．机械工程测量与实验技术．北京：机械工业出版社，2001
18 周国生．机械工程测试技术．北京：北京理工大学出版社，1998
19 施文康，余小芬．机械工程测试技术基础．北京：机械工业出版社，1995
20 郑叔芳，吴晓林．机械工程测量学．北京：科学出版社，1999
21 采文绪，杨帆．传感器与检测技术．北京：高等教育出版社，2004
22 岳珠峰，高行山，王峰会等译．罗氏应力应变公式手册．北京：科学出版社，2005
23 马良珵，冯仁贤，徐德炳．应变电测与传感技术．北京：中国计量出版社，1993
24 张建志．数字显示测量仪表．北京：中国计量出版社，2004
25 邵裕森，巴筱云．过程控制系统及仪表．北京：机械工业出版社，2003
26 林德杰．过程控制仪表及控制系统．北京：机械工业出版社，2004
27 张惠荣．热工仪表及其维护．北京：冶金工业出版社，2005
28 常健生，石要武，常瑞．检测与转换技术．北京：机械工业出版社，2004
29 姜忠良，陈秀云．温度的测量与控制．北京：清华大学出版社，2005
30 王玲生．热工检测仪表．北京：冶金工业出版社，1994
31 王成国，丁洪太，侯绪荣．材料分析测试方法．上海：上海交通大学出版社，1994
32 邱平善，王桂芳，郭立伟．材料近代分析测试方法实验指导．哈尔滨：哈尔滨工业大学出版社，2001
33 李余增．热分析．北京：清华大学出版社，1987
34 赵熹华．焊接检验．北京：机械工业出版社，1993
35 吴荫顺，方智，何积铨等．腐蚀试验方法与防腐蚀检测技术．北京：化学工业出版社，1996

36 刘家浚．材料磨损原理及其耐磨性．北京：清华大学出版社，1993
37 云庆华．无损探伤．北京：劳动出版社，1983
38 上海交通大学．现代铸造测试技术．上海：上海科学技术文献出版社，1984
39 梁启涵．焊接检验．北京：机械工业出版社，1980
40 吴荫顺．金属腐蚀研究方法．北京：冶金工业出版社，1993
41 廖景娱．金属构件失效分析．北京：化学工业出版社，2003
42 李斗星．透射电子显微学的新进展——透射电子显微镜及相关部件的发展及应用．电子显微学报，2004，23 (6)：269～277
43 姚骏恩．电子显微镜的最近进展．电子显微学报，1982，1 (1)：1～9
44 郭可信．晶体电子显微学与诺贝尔奖．电子显微学报，1983，2 (2)：1～5
45 李方华，何万中．场发射高分辨电子显微像的复原．电子显微学报，1997，16 (3)：177～181
46 李日升，关若男．晶体中电子散射的动力学效应与用于观察表面结构的正面成像法．电子显微学报，1998，17 (3)：295～310
47 刘剑霜，谢峰，吴晓京等．扫描电子显微镜．上海计量测试，2003，30 (6)：37～39
48 沈浩元，浦世节．电镜硅锂X射线能谱仪的制备及修理技术．电子显微学报，1995，14 (6)：463～466
49 廖乾初．场发射扫描电镜进展及物理基础．电子显微学报，1998，17 (3)：311～318
50 郭可信．金相学史话——电子显微镜在材料科学中的应用．材料科学与工程，2002，20 (1)：5～10
51 余健业，谢信能，刘廷璧等．高温环境扫描电镜——成像原理及仪器特点．电子显微学报，1997，16 (1)：57～64
52 邵曼君，赵万敏，肖骅昭等．高温环境扫描电镜——调试与应用．电子显微学报，1997，16 (1)：65～70
53 姚骏恩．我国超显微镜的研制与发展．电子显微学报，1996，15 (2～4)：353～370
54 杨阳，惠森兴，张冰阳等．扫描电声显微镜图像质量的提高．电子显微学报，1998，17 (1)：92～96
55 李斗星．透射电子显微学的新进展——衬度像、亚埃透射电子显微学、像差校正透射电子显微学．电子显微学报，2004，23 (6)：278～291
56 朱静．取向成像电子显微术．电子显微学报，1997，16 (3)：210～217
57 王培铭，许乾慰．材料研究方法．北京：科学出版社，2005